陕西师范大学一流学科建设基金资助

陕西师范大学西北历史环境与经济社会发展研究院学术文库

关中水利科技史的理论与实践

Theory and Practice of the History of Water Conservancy Technology in Guanzhong

李令福◎著

中国社会科学出版社

图书在版编目（CIP）数据

关中水利科技史的理论与实践／李令福著．—北京：中国社会科学出版社，2019.9

ISBN 978－7－5203－5043－3

Ⅰ.①关…　Ⅱ.①李…　Ⅲ.①水利史—研究—陕西　Ⅳ.①TV－092

中国版本图书馆 CIP 数据核字(2019)第 204152 号

出 版 人　赵剑英
责任编辑　张　林
特约编辑　张　虎
责任校对　周　昊
责任印制　戴　宽

出　　版　中国社会科学出版社
社　　址　北京鼓楼西大街甲 158 号
邮　　编　100720
网　　址　http://www.csspw.cn
发 行 部　010－84083685
门 市 部　010－84029450
经　　销　新华书店及其他书店

印刷装订　北京君升印刷有限公司
版　　次　2019 年 9 月第 1 版
印　　次　2019 年 9 月第 1 次印刷

开　　本　710×1000　1/16
印　　张　24.25
字　　数　375 千字
定　　价　128.00 元

前　言

笔者接触关中水利科技史的研究应该说是开始于1997年。那年暑假，史念海先生与日本国妹尾达彦、鹤间和幸两教授合作开展的历史地理研究课题“中国黄土高原的都城与生态环境变迁”顺利启动。为深入研究关中平原历史时期人文与自然环境的变迁，中日双方课题组成员开始了连续四年的野外历史地理考察，主要是古代关中的水利遗迹及现存状况。笔者作为考察队中方组织者参与了所有考察，踏勘了历代引泾工程（郑国渠、白渠到泾惠渠）、龙首渠（今洛惠渠）、渭惠渠、汉唐漕渠、宝鸡峡灌区等，有些地方调研了多次。在中日两地举行了三次学术研讨会，笔者都参加了。会后出版了论文集，其中中文版两册分别为《汉唐长安与黄土高原》与《汉唐长安与关中平原》，史先生作为主编，委托笔者作为责任编辑。

这次中日合作历史地理课题的研究使笔者对关中水利开发历程产生较深入的理解，笔者设计的“渭河平原水利开发的历史地理学研究”项目2000年得到了国家社科基金的资助。此项目最终成果为《关中水利开发与环境》的专著，2004年在人民出版社出版，并获得陕西省社科优秀成果二等奖。与此同时，陕西师范大学西北历史环境与经济社会发展研究中心（现在改称研究院）获得了科学技术史的硕士学位授予点，笔者成为中国水利科技史方向的指导老师。在授课与指导研究生的时候开始从科学技术史的视角思考问题，对于原来研究的一些领域也产生一些新的问题及解决思路。

2002年曲江新区管委会委托笔者研究曲江的历史文化，笔者设计的“曲江历史文化资源的整合与评价”课题，从历代文献记曲江、历代诗词咏曲江、古今图像绘曲江与现代学者论曲江四个方面整合其文化资源，并撰写曲江历史文化发展总论来论述其文化特点、地位价值及形成原因。后来华清池、泾惠渠、昆明池与汉城湖等这几个与水文化相关的单位均找笔者开展多种形式的水利与水文化的研究与应用工作，使笔者在学术研究的第二个十年这段时间主要从事的是关中水利科学技术史的理论研究与社会实践。

本书由发表的论文与水文化建设成果编辑而成，全书共分六章，以下介绍基本内容与研究方法。

第一章是关于历代引泾灌溉水利工程的研究，共分四节。第一节在淤灌性质、引水方式与持续时间方面论述了自己的观点。笔者认为郑国渠并不是一般的引水灌溉工程，而是具有淤灌压碱性质的大型水利工程。也就是说郑国渠不是浇灌农田，而主要在于引浑淤地。对于郑国渠引水方式这个问题，笔者认为筑坝成库蓄水与无坝自流引水这两种传统观点都有无法通解之处，从实际遗存、文献记载、当时泾河水文特点及引浑淤灌性质来看，郑国渠初修时采取的是筑导流土堰壅水入渠的引水方式，后来转变为凿渠引水的方法。至于学界看法颇多的郑国渠存续时间，笔者不仅赞同汉白渠与郑国渠是同时并存的两大灌渠，而且还认为，西汉以后郑国渠经过历代的多次修复，仍然断续地发挥其放淤与浇灌的作用，历魏晋北朝到唐代中期才发生了根本变化，再不可恢复。第二节在论述唐代引泾灌渠的渠系变化上，笔者认为对白渠渠线改造最大的修建活动是太和二年刘仁师全面改造三白渠系。唐代引泾灌溉系统以白渠为主，经过多次修复、改建与扩大，唐代中后期白渠发展成南北中三条干渠，设三限闸、彭城堰，分水设施健全，干支斗渠配套，是一个灌溉范围广大的较完备的灌溉体系，奠定了宋元明清乃至今日引泾灌溉渠系的规制。

第二章研究秦汉都市水利，主要对汉武帝所修昆明池的水系、功能及对环境的影响做了深入探讨。认为西汉昆明池基本具备有引水、蓄水、排水诸功能，是一个复杂而又自成体系的综合性都市水利工程，发挥着训练水军、生产鱼鳖、园林游览、摹拟天象、供水首都的多重效用。昆明池对西汉首都长安城南郊的水文环境影响很大：面积三百余顷的人工湖面改善了自身及周边的生态环境；对上游潏滈诸水进行了大规模的人工整理，引这两个河流的一部分西流入沣，形成了新的河流——交水；在下游开凿了三条人工水渠通过泬水及其支渠向长安供水。本章第一节所论秦始皇陵的 K0007 陪葬坑为地下礼制性建筑，人工水景具有通天娱神功能，也是新观点。

第三章隋唐都市水利是本书的重点，除探讨唐代昆明池与华清池外，主要集中在曲江池的园林文化研究及其复兴实践上。2002 年笔者接受了曲江新区委托的“曲江历史文化资源的整合与评价”课题，开始系统研究曲江池的水文化，后来还参与了大唐芙蓉园的建设以及曲江新区的一些文化项目策划。

曲江位于今西安市东南部，正处于渭河阶地向黄土台原的过渡地带，地形复杂，川原相间，高下相宜，多有泉池流水，自然风光绝佳，为园林文化区的兴起与繁盛奠定了自然地理基础。秦人的宜春苑、隑州以曲江园林文化的源头而载入史册。汉武帝拓展上林苑时，整修园林，找到了“汉武泉”，还因其水曲折有似广陵之江，命名为曲江。汉宣帝特别喜爱曲江以北乐游原高地的景致，专门以登高远望的乐游原为主体建立禁苑。至此，曲江池地区低洼的池水与高耸的原面即山与水两种资源都得到开发利用。

隋大兴城倚曲池而建，并以曲江为中心营建皇家禁苑芙蓉园，曲江成为首都城市建设的一部分，也就是说其性质由秦汉郊外的皇家园林转变为隋朝都城中的皇家园林。隋炀帝时代，把魏晋南朝开始的文人曲水流觞故事引入了宫苑之中，给曲江胜迹赋与了一种人文精神。唐代在隋朝基础上，扩大了曲江园林的建设规模和文化内涵，除芙蓉园、曲江池外，还建成了杏园、慈恩寺、乐游园、青龙寺等多个景点。园林景致优美，人文建筑壮观，成为都城长安皇族、高官、士人、僧侣、平民汇聚胜游之区，曲江流饮、杏园关宴、雁塔题名、乐游原登高、月登阁打球等在中国古代史上脍炙人口的文坛佳话就发生在这里。唐时的曲江性质大变，成为首都长安城唯一的公共园林，达到了她发展史上最繁荣昌盛的时期，成为盛唐文化的荟萃地，唐都长安的标志性区域，也奏响了中华文化的最强音。曲江之所以能成为唐长安城的文化中心，是因为她正位于唐都长安的龙脉与水脉的交汇处。2005 年 4 月 11 日（阴历三月三日）重新建成开放的大唐芙蓉园是一个以水景为核心，以古典皇家园林格局为载体，集体验观光、休闲度假、餐饮娱乐为一体，浓缩盛唐文化的大型主题公园。本章最后一节曲江新区经济社会开发的地理基础与水土资源的论述，是曲江新区中长期规划的基础研究之一。

第四章主要研究西汉关中平原的水运交通以及关中水利开发与地理环境相互关系的规律。前者认为西汉关中的水运交通发展到古代历史上的最高峰，当时利用了渭汧两大自然河流的水路联运道路，还特别重视运河的开凿，先后修建了三条人工漕渠。在漕渠水源与渠首段路线方面得出一些新结论，如从《水经注·渭水》所载灞河东岸的水道路线，发现西汉时在漕渠上游开凿有引灞支渠，用于引水济漕。第二节论述了关中地区自然环境差异对水利发展起到了极大的制约作用：地理环境的东西差异制约着水利开发的进程，地形、水文条件的差异规定着关中农田水利事业的南北与东西的不同特征，环境变迁也影响着引水工程的规模大小甚至兴废。另外，水利开发对地理环境的影响也涉及水文环境、微地貌以及土壤三个方面。

第五章分四节探讨了中国古代水利基础的相关专题。第一节主要从《史记·河渠书》与《汉书·沟洫志》所载内容分析，中国水利发展的第一阶段应该是防洪治河为主，第二阶段则以航运交通为主，到了战国秦汉时代，大型农田水利建设在北方兴起，构成了中国水利发展第三阶段的主体。而作为第三阶段代表的四个大型农田水利设施即漳水渠、郑国渠、河东渠与龙首渠，都是放淤性质为主的，因而笔者认为淤灌是中国农田水利的第一个重要阶段。第二节主要论述北魏艾山渠的引水技术与经济效益。艾山渠的引水技术从渠口选址、渠首坝特征两方面可以给予科学意义的解释，都相当合理与先进。第三节考证汉唐时代渭水上架设三座大桥的位置，并以之与今天的渭河相比较，探求古今渭河是否发生了位置移动，进而求取其侧蚀速率的平均数值。结论认为唐东渭桥在今渭水南岸2600余米，则渭河此处在研究时段平均每年北移了2.3米有余。汉中渭桥处渭水河床向北移动了3600余米，是秦汉以来两千年渭河向北逐渐侵蚀的结果，其侵蚀过程有越向后越强烈的趋势，尤其是20世纪五六十年代由于人为因素的参与北移速度最大。为什么渭水河床在中渭桥与东渭桥处有大规模的侵蚀北移，而在文王嘴西渭桥附近的渭河却能两千多年基本没有变化呢？笔者认为这是由于该区域特殊的地形、土质、水文与地质结构所决定的。第四节认为黄河下游地区的地形条件对河道决徙以及决徙后的影响范围具有很大控制作用：地形大势决定了黄河决徙及其泛滥范围，平原低谷是黄河决徙泛滥的天然通道，邙山与大伾山控制着黄河的基本流向。

第六章为西安市“水与长安”陈列馆的文字与图片介绍，从八水绕长安：神奇的西安小平原、水与西周丰镐、水与秦都咸阳、水与西汉长安城、水与隋唐长安、水与宋至民国西安城、重现辉煌七个主题，告诉你一个“水与长安”的故事。作者展望历史，总结出长安水利五次走在了全国前列。同时又对未来充满希望，认为21世纪“引汉济渭”工程与大西安建设的同步推进，渭河将成为西安的城中河，由“八水绕西安”到“八水润西安”，“长安水利”重新走向辉煌。这是作者研究长安水利在实践上的应用，陈列馆于2017年底在汉城湖大风阁建成开放。

本书关于关中水利科技史的理论与实践让笔者在学术研究的第二个十年对历史地理学的研究方法有更深入的理解。2018年12月，吴宏岐教授邀请笔者在暨南大学做“文献释读与田野考察——历史地理研究方法实证”的学术报告。笔者从四个方面对自己的科研方法进行了总结，其中多数与上述研究成果有关。一是历史典籍会说话，现代科技新释读：以《史记·河渠书》的释读为例；二是探寻文献未洽处，时空融通最关键：以唐代泾渠分水体系演变的研究实证；三是田野考察功能大，提出问题兼证据：以隋大兴城六爻地形的利用及渭水变迁的考察为证；四是历史地理有用于世，社会实践引导学术：以唐代园林布局及昆明池功能的研究为例。

本书第五章第一节的结论“淤灌是中国农田水利的第一个重要阶段”，完全就是对《史记·河渠书》与《汉书·沟洫志》原文的分析得来。而本书第一章第二节论述唐代引泾灌渠的渠系变化不仅利用了科技史的新视角，用图像表现了《水部式》斗门堰限水分水的具体方式，而且利用资料长编的传统方法找到了解决问题的时间节点。从文献记载会提出一个重要问题，即元代以前何时完成的分水枢纽三限闸？在收集资料完成长编列表后，发现宝历元年（825）与太和二年（828）时间上很近。这才在时间上联通起来，认为宝历元年刘仁师兴修彭城堰在分水上有技术创新，因为这个局部实验的成功，所以可以在太和二年推广到全渠系统上来。时间与空间上有了融通，自己才敢下结论，认为可能是刘仁师全面整修时建立了控制三大干渠分水的三限闸。作者认为科学史上的基本研究方法是叠加的而不是替代的，像传统的考据方法在今日考古学、社会人类学、环境史学等盛行时代，仍不失其基础作用。本书第五章第三节通过历史文献与考古资料综合考证出汉唐渭河三桥的位置，并以其与今天的渭河河道对比，探讨了历史时期西安咸阳间渭水河道北移的时空特征。这是学习史念海先生定量研究黄土高原河流侵蚀速度的方法，就是主要利用古遗址定点定年，利用实地考察、古文献与地图资料测算其侧蚀距离，从而计算出黄河在中游的侵蚀（下切、侧蚀与溯源）速度。

本书贯彻历史地理学最基本之“历史文献考证与实地考察相结合”的研究方法，运用科学技术史的思维方式与研究手段，特别关注社会实践对科学研究的推动作用，在关中水利科技史领域作了一定深度的学术研究与实践探索。

目 录

第一章

引泾灌溉水利

第一节　战国秦郑国渠的若干问题

战国时秦人修建的郑国渠是中国历史上最早的大型水利工程之一，具有巨大的现实效益与深远的历史意义，从20世纪30年代修建泾惠渠开始，国内外学者对其的研究和调查持续不断，水利、考古、历史、地理、方志等方面的专家纷纷撰文，发表自己的见解，促进了郑国渠研究的深入发展。不可避免的是，由于专业不同，在郑国渠的引水方式与性质、横绝方式、淤灌面积、存续时间等诸多问题上观点仍有差异。本书在实地考察与文献考证相结合的基础上，对前人学术观点进行综合分析，首先叙述前贤已经提出的观点及其主要证据，接下来对那些仍无法通解之问题提出自己的新思考，对前人歧异的看法进行辨析，选择出相对合理的解释，并尽可能地给予补充论述。需要说明的是，无论本书赞同与否，文中提到的前贤观点都是国内外学术界具有代表性的观点，是他们推动了相关问题的深入研究，本书也是在其基础上才得以完成的。

一　郑国渠的修建及其淤灌性质

历史文献详细记载了郑国渠的修建过程与淤灌压碱性质。《史记·河渠书》曰："韩闻秦之好兴事，欲罢之，毋令东伐，乃使水工郑国间说秦，令凿泾水自中山西邸瓠口为渠，并北山东注洛三百余里，欲以溉田。中作而觉，秦欲杀郑国。郑国曰：'始臣为间，然渠成亦秦之利也。'秦以为然，卒使就渠。渠就，用注填阏之水，溉泽卤之地四万余顷，收皆亩一钟。于是关中为沃野，无凶年，秦以富强，卒并诸侯，因命曰郑国渠。”《汉书·沟洫志》所记基本相同。

1. 郑国渠的修建过程

秦国自商鞅变法成功后，政治面貌焕然一新，社会经济蒸蒸日上，遂东向逐鹿中原，“有席卷天下、包举宇内、囊括四海之意，并吞八荒之心”[①]。至秦昭王时，秦国东进趋势已不可阻挡，大败楚国，数困三晋，长平之战坑杀赵卒40余万，东方六国的有生军事力量基本上被摧毁，由秦完成统一全国的宏伟大业几成必然。而韩国因区位关系，首当其冲，无可奈何之际，乃使出“疲秦”之计，派水工郑国到秦，劝秦开凿大型水利工程，多用人力，从而无力东伐。据《史记·六国年表》，秦王政元年（前246），“作郑国渠”。《汉书·沟洫志》则曰：“自郑国渠起，至元鼎六年（前111）百三十六年。”二书所记年份完全相符，证明郑国渠创修年代必为秦王政元年。

秦王政为王前后，秦国政局动荡。其前短短数年，先后有三位国君相继登位，他们分别是孝文王、庄襄王与秦王政。孝文王享国不过三天，庄襄王在位也仅仅三年。秦王政即位时才13岁，尚无能力执掌朝政，只好委政于太后，于是又经历了太后干政、权臣弄事、吕不韦与嫪毐争权的非常政局。郑国此时来搞间谍活动，确实易于成功。

《吕氏春秋·上农》曰：“量力不足，不敢渠地而耕。”一种解释是说，如果劳动力不足的话，就不要开渠而扩大耕地面积。反过来也可以说，开渠要消耗大量劳动力。这就必然能把秦人的力量集中于国内，从而无力东进。这也正是韩国此项阴谋的目的所在。

秦王政九年（前238），王政亲政后，迅速铲除了嫪毐与吕不韦两大政治集团，结束了太后干政的局面，牢牢地控制了秦国的军政大权。就在此时，郑国间秦的阴谋被揭发出来，秦王大怒，欲杀郑国。颇有胆略和远见的郑国对秦王说：修成此渠只能“为韩延数岁之命，而为秦建万世之功”[②]。秦王认识到渠利巨大，于是让郑国继续施工。经过成千上万劳动人民十多年的艰苦工作，渠道终于完成，而且效益显著，故以郑国的名字为其命名，叫作郑国渠。

---

① 贾谊：《过秦论》。

② 《汉书》卷二九《沟洫志》。

由上可知，郑国渠的兴修利用了韩国的水工技术和秦国的人力资源，规模巨大，时间较长，而且是经过秦国国王正式批准和组织才最后完成的。可以说，郑国渠是中国历史上最早由国家政府主持动用全国之力兴修的大型水利工程。

2. 郑国渠的淤灌压碱性质

郑国渠并不是一般的引水灌溉工程，而是具有淤灌压碱性质的大型水利工程。《史记·河渠书》明言："渠就，用注填阏之水，溉泽卤之地。"《汉书·沟洫志》也说："渠成而用（溉）注填阏之水，溉泻卤之地。"其表达的意思完全相同。唐人颜师古注曰："注，引也。阏读与淤同，音于据反。填阏谓壅泥也。言引淤浊之水灌碱卤之田，更令肥美，故一亩之收至六斛四斗。"这里有两层意思，一是郑国渠所引之水为高泥沙浑水。泾水为多泥沙河流，汉人歌之曰："泾水一石，其泥数斗"，今人测量结果是，泾水多年平均含沙量高达每立方米180千克以上。这种从陇东高原带下来含有机质的泥沙，随水一起输送到低洼沼泽盐碱地区，则有淤高地面、冲刷盐碱、改沼泽盐卤为沃野良田的功效。二是郑国渠淤灌之地是未垦殖的沼泽盐碱地，不是农耕地。《史记》明确地说是"溉泽卤之地"，《汉书》则说"溉泻卤之地"。泻是指咸水浸渍的土地，其实意思并无不同。

郑国渠首起瓠口，傍北山东行入洛，共三百余里，其渠道以南地势相对低洼，原为泾、渭、清峪、浊峪、洛诸水汇渚，形成面积广大的湖泊沼泽区域，古人称作沮洳地。这是著名历史地理学家史念海与农学家辛树帜两位先生提出来并详细论证的观点。史先生在《古代的关中》一文中指出：郑国渠"所经过的地区本是一片盐碱土地，是不适于种植农作物的。由于郑国渠的开凿成功，盐碱土地得到渠水的冲刷，过去荒芜的原野变成稼禾茂盛的沃土"①。辛树帜先生著《禹贡新解》以为："我曾观察泾阳、三原、富平相交之地，推想古代农事未兴，这里是可以为沮洳沼泽的"，"这里沮水之得名或因此"。并引《诗经》中的《周颂·潜》与《小雅·吉日》来说明，西周时期郑国渠淤灌地区不仅是狩猎的场所，而且还是捕鱼的佳地，也由此推出了最后结论："由此可见，郑国

① 史念海：《古代的关中》，《河山集》，生活·读书·新知三联书店1963年版，第18页。

渠未开之前，漆沮所经之地可能是沼泽纵横、草木丛生、麋鹿成群，是最早的猎场。”这种沮洳之地是包括今石川河以西的，《尔雅·释地》列举全国著名泽薮，于周人旧地说到焦获，按其方位在今泾阳、三原诸县间，大致是泾水出口的瓠口向东一直达到漆沮水流经的石川河。焦获泽这个泽薮似乎与漆沮之沮洳地连在一起，这些地方不是缺水，而是盐碱低洼。于是郑国渠引来浑水淤高地面，降低地下水位，冲走盐碱成分，形成了肥沃的淤灌地。

总体来看，郑国渠下流地区远古是三门湖之遗存，后经河流挟带泥沙与风吹黄土的堆积淤高，陆续有陆地生成，也有了人类居住的遗迹。部分遗留下来的湖泊逐渐富营养化，杂草生长，发展成沮洳（沼泽）之地。在湖泊沼泽陆地之间，土质多带卤性，是盐碱严重之区，非有河流冲刷碱卤不能种植，而靠自然河流的塑造，已有少量土地成为垦殖之田，但较为零星。郑国渠的开凿，人为地大规模引来浑水淤灌，始迅速淤成良田美壤，“于是关中为沃野，无凶年”。也就是说，郑国渠不是浇灌农田，而主要在于引浑淤地，改良低洼盐碱，扩大耕地面积，使关中东部低洼平原得到基本开发。

郑国渠这种淤灌压碱性质是有深刻历史渊源的，历史上著名的西门豹、史起引漳溉邺也是淤灌性质的。漳水流经邺境，常有水患，土地盐碱化严重，在邺县下游不远处有以“斥漳”为名的县，郦道元《水经注·浊漳水》：“（漳水）又东北过斥漳县南……其国斥卤，故曰斥漳。”魏文侯时任邺令的西门豹，为解除水害，“即发民凿十二渠”。后来，史起为邺令，复治此渠。故左思《魏都赋》称：“西门溉其前，史起灌其后。”《汉书·沟洫志》则明确地说出了其淤灌效益：“决漳水兮灌邺旁，终古泻卤兮生稻粱。”

认识到郑国渠的淤灌性质方能更好地解明与此密切相关的郑国渠的引水方式、渠系工程、效益面积等相关问题。

二　郑国渠的引水方式及渠首遗存

郑国渠是中国北方古代最有影响的水利工程，《史记·河渠书》与《汉书·沟洫志》详细叙述了其修建过程和巨大功效，却没有明确记载是如何从泾河中引水入渠。到了明代，袁化中明确指出郑国渠渠首筑有石囤堰，又经过近现代水利、农史、考古等各方面学者的进一步论述，形成了颇有影响的郑国渠首筑有土石大坝的观点。一些水利史志学者也提出了郑国渠无坝自流引水的论点。笔者认为这两种观点的提出对解决这一问题有一定的贡献，但也都有无法通解之处，从实际遗存、文献记载、当时泾河水文特点及引浑淤灌性质来看，郑国渠初修时采取的是筑导流土堰壅水入渠的引水方式，后来转变为凿渠引水的方法。

1. 前人观点的提出及其发展

最早明确提出郑国渠筑石囤堰引水的是明代末期万历时代的袁化中。他在《开吊儿嘴议》中说："昔韩恶秦之强也，阴使水工郑国入秦，兴水利以疲之。国使至秦北山之下，视泾河巨石嶙嶙约三四里许，而泾水流于其中，堪以作堰。于是立石囤以壅水，每行用一百余囤，凡一百十二行，借天生众石之力以为堰骨，又恃三四里许众石之多以为堰势，故泾水于此不甚激，亦不甚浊。且堰高地下，一泻百里，东投洛水，达于同州，灌田四万余顷，利何溥也。"[①] 袁化中是泾阳知县，对泾渠水利工程一定比较熟悉，其所论筑堤壅水入渠的原理也能够成立，故其观点在近现代产生了很大影响。

民国时期，著名水利专家李仪祉主持兴修泾惠渠之前，对古代泾渠进行了调查研究，并在明袁化中观点的基础上提出了郑国渠筑坝蓄水的观点。1923 年其作《陕西渭北水利工程局引泾第一期报告书》，在引述袁化中《开吊儿嘴议》以后，继续发挥说："按此每囤宽广各丈，则行长百余丈。泾谷狭隘，水面决不如是广，必积升甚高，使可有此数也。是则俨然一巨堰，不仅以之遏水，且以之蓄水矣。袁化中又云，泾流于此不甚激亦不甚浊。不激，停之功也；不浊，淀之功也，是岂非完全一水库耶！至郑堰何以能为如是之高，数十年而不堕，则半由人，半由地址之

① 此段引文以《重修泾阳县志》卷四《水利志》引文为底本，参照（雍正）《陕西通志·水利》与（民国）高士蔼《泾渠志稿·历代泾渠名人议论杂纪》而成。关于题目，《志稿》为《开吊儿嘴议》，《通志》作《泾渠议》，而《县志》却无题目。考虑到题目为各编者拟定，且万历时"因三原王恩行请开吊儿嘴，部议久不决"，故有此议，是本书从《志稿》。又"泾水流于其中"，《通志》作"泾水流于其下"；"凡一百十二行"，《通志》作"凡一百二十行"。今从《县志》与《志稿》。"堰高地下"乃《通志》引文，而《县志》《志稿》皆作"堰地高下"，不从。"东投洛水"乃《县志》引文，《通志》《志稿》皆作"东收洛水"，显误。其余字的差别尚多，因不影响文义，皆从底本。

得势[①]。”提出了郑国渠修石囤堰甚高且固，不仅“以之遏水，且以之蓄水”，“完全一水库”的观点。同年所著的《陕西渭北灌溉工程报告》以英文形式发表在《北京导报》上，更推测了郑国渠大坝的长度和高度：“郑国渠从泾河的谷口引水，灌溉面积四百多万亩，郑国渠坝必须建造得既坚且高，以储蓄地表水，才能灌如此广阔地区。一般认为郑国渠修坝的方法是用装满了石头的大笼子建造在天然基岩的河床上，这样的笼子有120排，每排有100多个。假定每个笼子的尺寸是直径10尺，高10尺，按现今泾河谷的地形，坝顶长度应有1000尺（305米）以上和坝高100尺（30.5米）以上[②]。”

李仪祉先生关于郑国渠渠首筑坝蓄水形成一水库的观点较袁化中筑石堰壅水的认识大为发展。李先生是民国时中国最著名的水利专家，主持兴修了泾惠渠等，其论文又以中英文广泛传播，影响甚广。

1959年出版的《中国农学史》用《管子·度地》记载的水工技术说明郑国渠渠首不仅有拦河坝，而且还有导水路的工程：“秦代的郑国渠在工程的技术方面趋于复杂化，已具有科学的性质。这时工程分为三部：（1）渠口，在泾水通过仲山的山峡中做拦河坝，即《度地篇》所说的‘故高其上领，瓴之’。（2）由渠口到灌溉渠中间要有导水路的工程。凡是大型灌溉工程都需要有这种导水路，从古以来陕甘叫做‘引水渠’，东北有的地方群众叫‘水脖子’……郑国渠渠口由中山起至瓠口止，其导水路不过15—20里。（3）灌溉渠。这一观点的理论基础源于《管子·度地》：“水可扼而使东西南北及高乎？……可。夫水之性，以高走下，则疾至于濡石；而下向高，即留而不行。故高其上领，瓴之，尺有十，分之三，里满四十九者，水可走也。”《中国农学史》解释说：“扼水使之东西南北，是用人工方法改变水流的方向。扼水使下向高，是用人工方法把低水引向高处，利用以灌田……‘高其上领，瓴之’，是在大河上游用石截河做拦河坝，我国从古相传叫做‘堰’。‘尺有十’，是指拦河坝顶的宽度或坝身的高度。‘分之三’，是导水路与河水平行，在一定的距离内

① 黄河水利委员会选辑：《李仪祉水利论著选集》，水利电力出版社1988年版，第226页。

② 转引自李林《郑国渠是否有世界上最高的第一座土石大坝》，《水利史志专刊》1990年第4辑。

做成三个拦河分坝。以上是渠口工程。‘里满四十九者，水可走也’，是由渠口到灌溉的导水路，这是从渠口到灌溉渠之间的导水路工程[①]。”可以说，《中国农学史》对《管子·度地》的解释为郑国渠大坝蓄水说奠定了水工理论上的基础，许多农史学者著文时引用这一观点。

自 1985 年开始，陕西省考古工作者对历代引泾水利工程之渠首遗址进行了近一年时间的考古调查、钻探与试掘工作，结果发现“在今泾阳县王桥乡上然村北，有一座东起泾河东岸木梳湾村南尖嘴、西至泾河西岸湾里王村南的大坝遗迹。该坝今残长 1800 多米，顶宽约 10 米，底宽 150 多米，距地表残高 5—6 米。根据大坝土质、包含物以及后代灰坑、墓葬的打破关系和热释光年代测定，可以断定它就是修筑于战国末期的秦郑国渠渠首大坝遗迹”。“今残存于泾河一级阶地上的东段残坝是由一种富含有机质的土壤——黑红土和黄沙土与小砾石，按 3∶6∶1 的比例，均匀混合而成。坝土无明显夯砸痕迹，但有镇压层理（厚约 40—100 厘米）。”河面部分的 350 余米早被冲毁，而且可能是经过特殊处理的大坝。“就残存坝体看来，郑国渠大坝气势宏伟，结构合理，拦蓄力强。”在坝前形成一较大蓄水区，“若以坝前蓄水 5 米计，则可蓄水 1500 万立方米以上，相当现代一座中型水库。”同时，“从所残存的大坝等渠首工程遗迹，我们仍可以看出，郑国渠的渠首工程设计是比较完备的。现代水坝工程的所谓‘三大件’——拦河坝、退水槽、引水渠等配套设施，都已经完备。”考古工作者具体说明了郑国渠大坝的规模、形制、分布、物质构成和建筑方法，认为大坝具有拦河蓄水作用，其前形成了一中型水库，还确认有引水配套的退水槽与引水渠等，“由此可见，郑国渠大坝等渠首枢纽设施，基本上与近代水坝的科学规范相同。它是一座非常先进的水利工程建筑。”[②]

考古专家“发现和确认了郑国渠大坝”，认定郑国渠首筑有拦河坝，用蓄水方式引流入渠。此观点确实造成了很大轰动，1986 年 7 月 3 日的

---

① 中国农业科学院、南京农学院中国农业遗产研究室编著：《中国农学史》（初稿上册），科学出版社 1959 年版，第 137—138 页。此处关于《管子·度地》句读，也是按照《中国农学史》，实际有误，正确者见下文。

② 赵荣、秦建明：《秦郑国渠大坝的发现与渠首建筑特征》，《西北大学学报》（自然版）1987 年第 1 期。

《人民日报》、7月4日的《陕西日报》与8月22日的《文物报》都对此进行了专门报道，《新华文摘》1987年第1期摘编有《郑国渠首发现我国最早的拦河坝遗址》，认为“这是我国迄今已发现的时代最早、规模最大、保存最完整的拦河坝”。《农业考古》1987年第2期发表有题为《陕西发现秦代郑国渠拦河坝和水库遗址》的文章。

最早是明代袁化中筑石囤堰的古典记载，近代有著名水利专家李仪祉的判定，加上农史学者从《管子·度地》中找到的水工理论上的依据，最后又由考古人员在现场找到了残存的所谓渠首大坝遗迹。不同专业的学者从多方面相互论证，从而使郑国渠大坝蓄水的观点逐渐发展形成并流行于国内外学术界。

就在郑国渠首筑坝蓄水观点引起学界轰动之时，水利史志学者也开始深入现场，开展深入的调查研究。他们与考古专家相互交流，但所得结论却完全不同，陕西省泾惠渠管理局1986年8月刊印的调查小组所著《历代引泾渠首遗迹调查报告》认为：“在二千二百多年以前的战国时代，修建拦河坝并形成水库，客观条件是不具备的。”后来《泾惠渠志》主编叶遇春先生著文多篇，不仅论证了郑国渠首筑坝拦河蓄水的不可能性，而且建立了自己的无坝自流引水的观点。“从历史记载分析，郑国渠的引水方式，《史记》《汉书》的一致记载是‘凿泾水自中山西邸瓠口为渠’，即无坝自流引水”①。现场勘查发现两个引水渠口，一个距今泾惠渠引水闸4850米，上口宽19米，底宽4.5米，渠深7米；另一个在其南100米，上口宽20米，底宽3米，渠深8米。两渠皆坐落于砂砾石层之上，高程基本一致。“按照历史记载、地形情况及古渠首遗迹等判断，此处应为郑国渠首位置。”② 二引水口向东南合成一渠，又向东直到古惠民桥长500余米，与东部的郑国渠故道相接。至于考古人员发现的所谓郑国渠大坝，“经考察认为，由尖嘴到泾河东岸现有的这道土梁，其东部1400米原为郑白二渠故道，从万分之一的地形图上可以清楚地看到原渠遗迹……土梁西部长约450米，其形状即报上所述土坝断面，以其位置和长

---

① 叶遇春：《郑国渠首引水方式辨析》，《水利史志专刊》1991年第2期；又参见叶遇春、张骅《郑国渠渠首引水方式的争论与考证》，《文博》1992年第1期。

② 叶遇春：《历代引泾灌溉工程再探》，1986年10月油印稿。

度分析，可能是郑国渠开渠或淘修时的弃土，置于渠道之南侧，在低台地上形成拦洪土堤，利于引洪入渠，并非所谓昔日的泾河拦河大坝”。“这些引水口、引水渠及挡水土堤遗迹，构成了郑国渠较为完整的无坝引洪灌溉渠首布局。”①

综括上述，随着学术研究的深入发展和不同学科的相互交流，历史上记载简略的郑国渠引水方式这个问题逐渐引起大家注意，并从各种角度提供论据进行论证，逐渐形成了两大对立的学术观点，或曰筑坝成库蓄水，或曰无坝自流引水。

2. 对前人观点的评述

上述各家观点对郑国渠引水方式问题的提出与解决都做出了一定贡献，但也都存在偏颇之处，在实际遗存与文献记载上皆很难通解，无法使人信服。

袁化中第一次提出了郑国渠渠首引水的具体方式，引起大家对此问题的注意和研究，且其筑堰壅水观点也有一定道理，这是其贡献。但是其对堰的具体描写，即在泾河中流修筑的石堰，“每行一百余囤，凡一百十二行”，却是根据元明时代泾堰的实际来推测的，如元人李好文说：“本朝因前代故迹初修洪口石堰，当河中流，直抵两岸，立石囤以壅水，囤行东西长八百五十尺，每行一百零六个，计十一行，阔八十五尺②。”其观点以今例古，当然很难成立。

李仪祉先生认为，郑国渠首筑有长305米高30.5米的大坝除了依据袁化中观点外，其余几乎全是假定和推测。其所说石囤120行和每行为百余个，是引用袁化中的数据，而石囤为高10尺的正方体，虽有来历③，但石囤10层筑成的大坝高度却是完全假设的，坝长也不全按袁化中数据，而是据今日泾水河谷地形宽度推测的。如上所论袁化中观点很难成立，则建立在其基础上进行大胆推论的李仪祉先生观点也就完全失去了

---

① 叶遇春主编：《泾惠渠志》，三秦出版社1991年版，第42页；叶遇春、张骅：《郑国渠渠首引水方式的争论与考证》。

② 《长安志图》卷下《泾渠图说·洪堰制度》。

③ 据戴望著《管子校正》卷十八《度地第五十七》，“故高其上领，瓴之”注曰：“每领而有十尺，即长一丈也。”此即李先生石囤高和长均一丈的依据吧！但高度是否有一丈却有很大疑问。

依据。1935年李先生著《黄河流域之水库问题》，认为在高含沙河流上建筑水库很困难："黄河河水含沙量以重量言，有高至百分之五十者，是则非水而成泥浆。洛河亦达百分之三十，渭河百分之四十。是以言水库问题，实不易解决。在洛惠渠曾建十五公尺坝，八日后全为泥沙所淤积，由此可想见一般矣。"① 泾河也是典型的高泥沙河流，在其上建高坝水库谈何容易。这才是李先生通过实践总结出来的真知灼见。

《中国农学史》对《管子》的解释有许多不可理解甚或错误之处，比如其释"尺有十"是指"拦河坝的宽度或坝身的高度"，并无任何依据；"分之三"释为"做成三个拦河分坝"更是不可理解，一是三个拦河分坝的含义是什么，不明确；二是既做拦河坝，又做拦河分坝，也令人费解。又释"里满四十九者，水可走也"是指"从渠口到灌溉渠之间的导水路工程"，也说不通，为何导水路要做49里长呢？其谓"郑国渠渠口由中山起至瓠口止，其导水路不过15—20里"，则导水路与渠道又有何区别呢？

笔者认为《中国水利史稿》对《管子·度地》的解释很正确，其认为："引水，首先要修建渠首取水建筑物，'领瓴之'也就是说干渠进口（领），要用砖瓦等修砌（瓴之）……'尺有十分之，三里满四十九者，水可走也。'这里'有'即'又'，'尺有十分之'就是一寸。若渠道断面较均匀，在三里的距离内，渠底降落四十九寸，在这样坡降的渠道里，则'水可走也'。'三里满四十九'大约相当于千分之一的坡降②。"《管子·度地》说的是砖砌取水口和渠道比降，根本没有说到拦河坝、拦河分坝、导水路工程之类的渠首建筑，所以它绝对不能作为郑国渠筑有拦河坝的水工理论依据。

考古人员对郑国渠引水方式问题的研究做出了很大贡献，首先，他们长期深入现场勘查，找出了2200年前郑国渠渠首的遗存——由尖嘴向西延伸1800余米的高大土梁，而且用各种方法证明其时代，尤其是土梁之上发现有判明为西汉时代的墓葬、陶窑和秦至西汉早期的五角形陶质水道，使该遗址被确认为战国末期的秦郑国渠渠首遗存。③ 虽有不少学者

---

① 黄河水利委员会选辑：《李仪祉水利论著选集》，水利电力出版社1988年版，第136页。

② 《中国水利史稿》（上册），水利电力出版社1979年版，第104页。

③ 民国时高士蔼已经找到了此段渠首遗址，并立碑标志。其编著《泾渠志稿》曰："按郑渠故首，代远年堙，久不可考。今所存者，惠民桥西有大渠口一道，宽十六丈，下流无迹可寻，当是郑国昔引泾渠口，所谓自中山西邸瓠口。古迹宛然，故竖碑记之。"

对考古学者判定此遗址为郑国渠拦河大坝提出质疑，却都公认此遗址时代属战国末期。郑国渠首遗迹的确认为解决郑国渠引水方式等许多学术问题奠定了基础，是一个重要的发现。其次，考古工作者发表和宣传自己的研究成果，引起政府部门和学术各界的广泛关注和热烈讨论，使包括郑国渠在内的历代引泾遗址成为国家级文物保护单位，而有关郑国渠引水方式的争论也成为学界热点问题，这些都可以促进对此问题的深入研究。

但是，考古人员把其发现的土梁视作郑国渠拦河大坝，认为大坝“确实起到了拦蓄河水、调节水量的作用”，使得各级报刊报道时提出了郑国渠大坝拦河蓄水形成水库的观点，库区范围是“南至大坝，西北至泾河西岸，东北至高台地下缘，这块平面呈三角形的地带为蓄水区”，且认为：“大坝内侧有砾石与白沙土淤积层，说明秦时在这里蓄过水。”郑国渠筑坝拦河建库蓄水的观点发表以后，立即遭到水利史志工作者的反对，叶遇春先生著有《郑国渠渠首引水方式辨析》一文，从郑国渠总体规划、渠首地带淤积情况、渠库并存的矛盾、所谓“拦河坝”遗迹、土质、蓄水区范围、输水设施、泄水设施、郑国渠所处的历史背景和历史记载等十个方面论述了水库蓄水方式的不能成立。[①] 李林、谢方五先生又著《郑国渠是否有世界上最高的第一座土石大坝》《郑国坝析疑》二文，也认为郑国渠筑坝蓄水观点是不正确的。[②] 对此，笔者认为他们的论述很有道理，从现存遗迹、文献记载及水工原理上讲，郑国渠筑坝蓄水说无法成立。

现存遗迹不仅无法指认考古人员所说的退水槽、溢洪设施等配套工程的遗迹，看不出郑国渠“完备的渠首枢纽建筑”，而且连考古人员所谓“直横河谷，壅拦泾水”的拦河大坝也不能确认。1967 年测绘的万分之一地形图较清晰地反映了郑国渠渠首一带地貌特征，见图 1—1 郑国渠、六辅渠渠首遗迹图。从图中确实可以看出存在着一个土梁，它从东部尖嘴经古马道桥、古惠民桥向西达到泾河东岸。但却很难判定它是拦河大坝，

---

① 该文撰写于 1987 年 6 月，发表于《水利史志专刊》1991 年第 2 期。

② 分别发表于《水利史志专刊》1990 年第 4 辑与中国水利学会水利史研究会编《中国近代水利史论文集》，河海大学出版社 1992 年 11 月版。

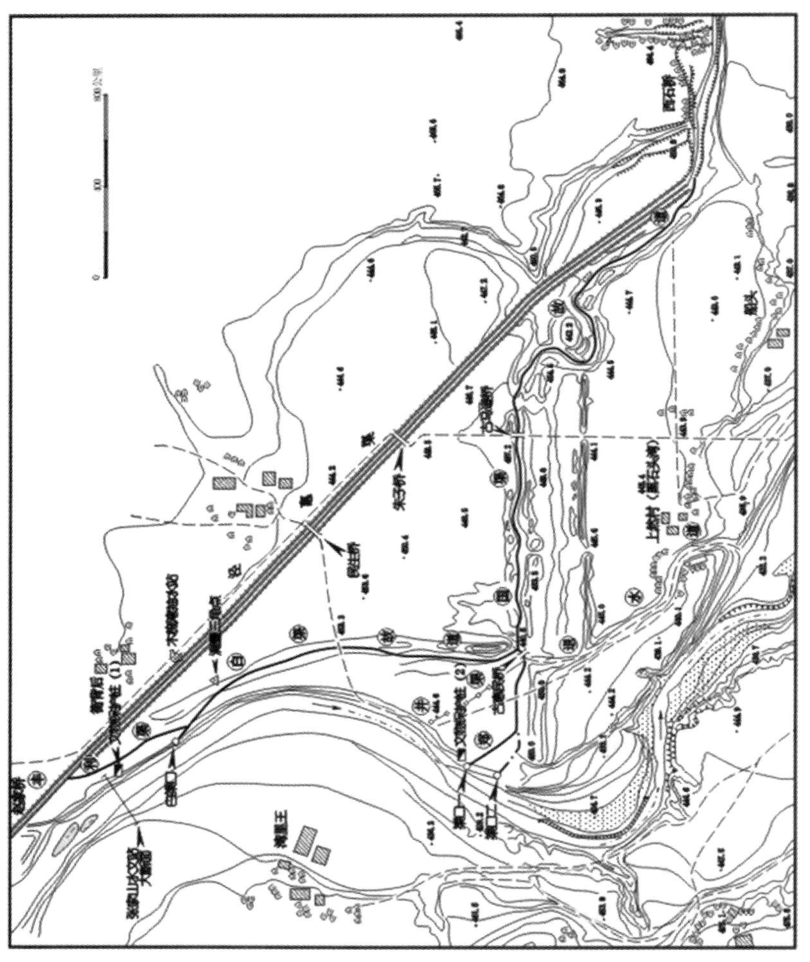

图1—1 郑国渠、六辅渠渠首遗迹图

因为土梁延伸到泾河东岸，全长1800余米，与考古人员所说“西至泾河西岸湾里王村南的大坝遗迹”完全不同。考古人员也承认“大坝西段为泾河河谷冲毁，已无痕可寻”，“当时文献记载不清（实际是没有记载），今实物亦未发现”。那么，其筑有拦河坝的判断就缺乏可靠的依据，仅一句被水冲走难以服人。而且土梁东部至惠民桥一段1400余米，较惠民桥以西部分宽阔且均向北偏出，中间有一凹形低槽，显系渠道遗存，应是郑国渠故道遗存，而不是拦河坝。只有古惠民桥向西一段约450米土梁的形状符合考古人员描述的断面。此段土梁没有夯筑痕迹①，经泾惠渠管理局取土测验，其土壤干么重仅1.17—1.21，以此类建筑当作拦河坝之一部分无疑存在安全稳定问题。战国时期，夯筑技术已为人们普遍掌握，秦都雍城、咸阳的夯土建筑遗迹多有发现，如果秦人要修筑拦河大坝，不加夯筑是不可能的。

总之，考古人员发现的郑国渠首遗迹，只有郑国渠道一段故道和连接故道上游南侧的一段土梁，根本没有退水槽、溢洪设施的遗存，也无法证明拦河坝的修筑，绝对不能算发现了郑国渠“完备的渠首枢纽建筑。”

从文献记载上分析，《史记·河渠书》与《汉书·沟洫志》对郑国渠渠首的记载完全一致：“凿泾水自中山西抵瓠口为渠。”《水经注·沮水》也基本相同：“凿泾引水，渭之郑渠，渠首上承泾水于中山西瓠口。”如果郑国渠是筑坝拦河蓄水方式，文献只要改一个字，将“凿”改为“拦”或“截”，并不增加篇幅，就可以正确地反映出这一重要工程实际。司马迁、班固、郦道元这些著名历史或地理学家能有一致的记载，只能反映郑国渠不可能筑有拦截泾河的大坝。

从水工原理上分析，郑国渠筑坝形成水库也是不可能的。泾河是一个流量变幅很大的中等河流，据现代水文观测，年径流量为19.3亿立方米，最大洪水流量9200立方米/秒，常流量15—30立方米/秒。所谓郑国渠坝前水库的有效库容在800万立方米以下②，此有效库容仅相当于一次

① 《中国文物地图集·陕西分册》（下），西安地图出版社1998年版，第433页。所谓“坝体夯筑”令人费解，因为它不仅与考古人员自己的结论“无明显夯砸痕迹”相矛盾，而且也与我们多次的勘察结果不同。

② 以泾河谷口地形范围衡量，蓄水面积约2平方千米，即200万平方米，以平均蓄水4米计算。考古人员认为有效库容为1500万立方米，而水利史志学者认为是500万—600万立方米，可供参考。

中常洪水量的十分之一，涨洪时洪峰未到，库已蓄满，大量洪水要通过泄洪设施下泄，泄洪设施就会变成河道。以泾河四年一遇的洪水流量3000立方米/秒、流速2米/秒推算，泄洪道过水断面需要宽达200—300米，水深5—7.5米。泄洪道底部低于水库死水位，有效库容消失了。但不修泄洪设施，势必会坝决库毁。可见在泾河上修建这么小的水库，泄洪设施不修不得了，修了了不得，存在着人力无法克服的根本性矛盾。

其次，泾河含沙量特大，秦汉时已是“填阏之水”，号称“泾水一石，其泥数斗”。据现代水文资料，泾河年输沙量为2.65亿吨，即使只有1/10泥沙沉积库中，不到一年即可淤满水库，如遇稍大一点的洪水，一场洪水已是满库泥沙，根本无法调节水量。

再次，报载“大坝内侧有砾石与白沙土淤积层，说明秦时在这里蓄过水”，并不符合水库淤积规律。一般说来，进入水库的水流会逐渐减速，挟砂能力也随之降低，故而较重的砾石、卵石等物质应淤积于库区上游。报载土梁内侧有砾石与白砂土淤积层正说明这一地带实际上未曾有筑坝成库的蓄水现象。

最后，《史记》等明确记载，郑国渠是“引注填阏之水，溉泽卤之地”的引浑淤灌性质，《汉书》也肯定了此点：“郑国在前，白渠起后……泾水一石，其泥数斗，且溉且粪，长我禾黍。”所谓郑国渠首筑坝拦河蓄水的“引清”方式与上述引浑淤灌实际相矛盾。

水利史志学者的主要贡献是从各种角度对大坝蓄水说进行了驳论，其论证深入细致，确实可使人认识到大坝蓄水说的不能成立。他们强调郑国渠无坝自流引水，并确认出两个引水渠口，对此问题的深入研讨也有促进作用。但其观点即无坝自流引水也有自相矛盾之处，既然有两渠口自流引水入渠，为何又指认其南侧30—100米外的土梁“是挡水土堤，以利于引洪入渠”呢？如果挡水土堤起到了壅水“引洪入渠”的作用，则其指认的古惠民桥以西至两引水口之间的郑国渠故道将全部失去作用，且有被洪水泥沙淤塞的可能性，两引水口的自流作用也就无从谈起，今天也无法清晰地从地面上看到渠道和堤岸的遗存。自流说的学者批评大坝说时认为，“很明显的道理，在同一个引水系统，凿渠引水与建库蓄水是不可能同时存在的”，但自己却又把凿渠引水与筑堤挡水放在了一起，这又作何解释呢？且其所谓土堤积土来源于开渠或清淤弃土的观点也无直接依据，因为渠与堤相距甚远，东部是30余米而到西头则达到百余米，且土堤上下层质地均匀，有镇压层理，厚40—100厘米，很像一次性建筑而成，与清淤弃土那样多年堆积而成有差别。如此看来，土堤的建筑应该有其独特作用，把它当作引水渠的副产品似乎不符合历史实际。

3. 郑国渠引水方式之我见

从郑国渠引浑淤灌对渠首的工程技术要求与当时瓠口一带地形水文环境来衡量现代学者发现的郑国渠首遗存，笔者认为，郑国渠建造之初采取的是筑导流堰壅水入渠的引水方式，考古人员发现土梁的古惠民桥以西部分应该是郑国渠导流堰的遗存，其东侧则是郑国渠故道。后来由于河道的发育演变逐渐开始在导流堰上游开渠引水，尤其是六辅渠建成后，其利用郑国渠首引泾且是常流时引水浇田，故开渠直接引水方式占据了主要地位，水利史志学者发现的两引水口及其引水渠道应该是六辅渠建成后郑国渠渠首的引水工程。

《史记·河渠书》明记郑国渠“用注填阏之水，溉泽卤之地”，唐人颜师古释曰：“注，引也；阏读与淤同，音于据反；填阏谓壅泥也。言引淤浊之水灌泽卤之田，更令肥美。”是郑国渠乃引高含泥沙的泾水淤灌低洼沼泽盐碱之地，起到淤高地面、改良沼泽盐碱为沃野良田的功效。[①] 郑国渠的这种引浑淤灌性质决定了其只能在洪水期引水，而洪水期河流水量大，流速急，常常冲淤和泛涨，故对渠首的位置选择和渠首工程有较为严格的要求。第一，渠首应选定在河床较窄、少崩塌的地方，保证能长期使用并能安全泄洪。第二，渠道工程一般由导流堰、引洪口、渠道三部分组成，参见图1—2引浑淤灌的导流堰示意图。导流堰，也叫导洪堰，是在引洪口向河中心修筑适当长度的土堰，有一定壅水作用，并能控制洪水流路，导洪入渠。在河道较宽与洪水位较低时为保证一定的引洪流量必须如此。导流堰不横亘河谷，算不上拦河堰（坝）。这两个原则也成为我们判定遗存至今的郑国渠首引水建筑发挥如何作用的重要依据。

---

① 李令福：《对郑国渠淤灌四万余顷的新认识》，《中国历史地理论丛》1997年第4辑。

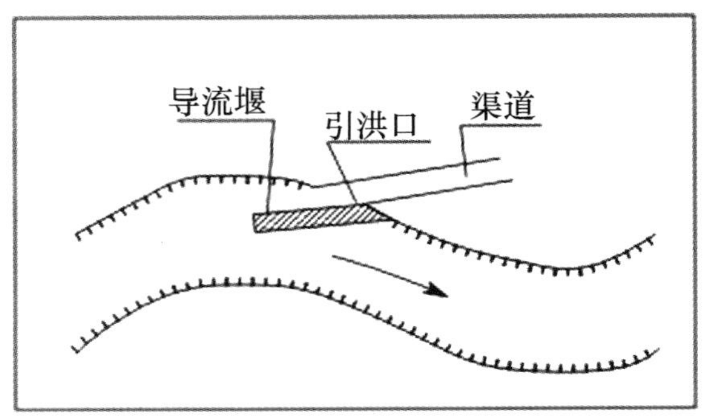

图 1—2 引浑淤灌的导流堰示意图

泾河出九嵕山、仲山之石质山口后流入古洪积层上，由于河形骤宽，流速顿减，河漫滩发育，河曲也随之出现。以泾河出山口为顶点向下游，河漫滩渐为扩展，左岸至今木梳湾村南尖嘴形成第一河曲，又向南至王桥西街形成第二河曲。它们与河西岸的九嵕山坡前缓丘地貌相对应，450米等高线正好形成一个“瓠（葫芦）”状的大河曲地貌，古人形象地称此地带为“瓠口”。今日发现的郑国渠渠首建筑遗迹正位于“瓠”状地形的细腰部，东有北山老洪积扇向西伸出的尖嘴，西有湾里王村南的缓丘台地向东发展，形成一处峡口，是泾河出山口最窄的地方，见图 1—1。郑国渠选择此处作为引水位置，正符合淤灌对渠首位置的要求。

此处虽为峡口地形，但仍宽达 2300 余米。其前三角形地带是泾河出山口的洪积扇范围，战国末期泾河在此的河床相对较浅且宽阔，深 5—6米，与今日泾水河床深达 22 米不可同日而语。① 受下部峡口地形的影响，洪水到来时会形成一道壅水，洪水至此受阻就会溢向整个三角形地带的洪积滩，落洪后又归于河床。河床浅宽，洪水泛溢范围广大，水深自然会降低，这种水文环境正要求引浑水时必须修建导流堰。就现存遗迹看，郑国渠渠首的导流堰由古惠民桥一带接引洪口，向西延伸450余米，是一座由黑红土、黄沙土与小砾石按 3∶6∶1 的比例混合堆积而成的土堰，有

① 此处发现的两引水渠深 7—8 米，除去 2 米左右渠堤高度，是渠底较当时地面的高度在 5—6 米间，而这还是汉六辅渠建成后郑国渠引水渠的遗存。估计在战国末期的河床深度与此相差不大。

镇压层理，具备一定的抗冲蚀能力。堰体为一梯形断面，迎水坡坡比约1∶6，背水坡坡比约1∶10，下底宽达100—150米，壅水作用明显。从物质组成上推测，导流堰的土方主要源于其前侧的河漫滩地，这样修筑起来不仅节省人力，而且会在堰前形成大面积的低洼地面，从而加强导流堰集水壅水导洪的作用。

总起来看，笔者认为郑国渠修建之初，泾水河床较浅，更由于峡口束壅，一般规模的洪水都可以泛涨到其东侧的冲积扇上形成广大的河漫滩。郑国渠在峡口筑引水渠和导洪堰，在堰前造成一集洪区，引取浑水很方便，是一个符合水工技术原理的引洪渠首。

郑国渠筑导流堰壅水入渠的引水方式不仅符合今日发现郑国渠渠首遗迹的实际，适合当时瓠口的水文地形特征，达到了洪水期引浑淤灌的技术要求，而且也与文献记载相一致。郑国渠引水渠已经深入到峡口中部的古惠民桥附近，导流堰自然地向前伸延。此导流堰与引水渠均是挖掘原冲积层上的泥土进行简单镇压堆积而成，区别只是导流堰把渠道的北岸取消或移加于南岸之上。且导流路线较短，没有拦截河床，仅起到壅水导流作用，文献用“凿泾水”来描述整个郑国渠渠首也很自然。

泾河谷地东侧导流土堰的修筑与利用，阻壅了冲积扇东部的水流，使其泥沙沉积速度加快，导致地面逐渐抬升。而导流堰以西为泾河主流所经，侧蚀与下切也会相应加速，河床不仅会向西扩大，而且还会逐渐刷深。郑国渠渠首地形的如此变化，会引起一般洪水来临时较少或根本没有涨溢到导流堰的集水区域，导致入渠水头不够或根本引不来水。为保证引泾入渠的水量，只有在导流堰上游开凿渠道，向前伸向河床中心引水。这种方式在初时尚无固定渠道和引水口，因为导流堰仍起主要作用，洪水高涨时引水渠会被较快地淤塞。后来在郑国渠支流六辅渠建成后，凿渠直接引泾才成为郑国渠主要的引水方式。

三　郑国渠的渠系路线与“横绝”方式

《史记》《汉书》记载郑国渠线只有十个字，“并北山东注洛三百余里”，虽很简略，但也说明了两大问题：一是郑国渠沿北山之南缘，自西向东伸展，很自然地把干渠布置在灌区北边较高的地带，走的是高线。由于泾洛之间这块平原西北高东南低，故其能够控制的自流淤灌面积较大。二是郑国渠首引泾水，尾注洛河，长达三百余里。

北魏郦道元《水经注·沮水》较详细地记载了郑国渠路线，郑国渠自瓠口引泾水后，“渠渎东迳宜秋城北，又东迳中山南……郑渠又东，迳舍车宫南，绝冶谷水。郑渠故渎又东，迳巀嶭山南，池阳县故城北，又东绝清水，又东迳北原下，浊水注焉……又东，历原，迳曲梁城北，又东迳太上陵南原下，北屈，经原东，与沮水合……沮循郑渠，东迳当道城南……又东迳莲芍县故城北，……又东，迳粟邑县故城北……其水又东北流，注于洛水也”。其中指示郑国渠渠线走向的地名有二山、四水、三原、七城、一宫、一陵。在沮水以西的指示地点较详细，且多山川与原这些古今变化缓慢的地物，比如中山、巀嶭山与冶谷水（今称冶峪河）、清水（今称清峪河）、浊水（今称浊峪河）、沮水（今称沮河）今基本仍旧名，皆可指实，原的侵蚀多系沟头延伸，整个原面的侵蚀速度不大。而郑国渠之“并北山”实际上即是循北原之侧畔。在沮水东部只有4个故城作标志，而城的具体位置考证却是相对困难的。这些因素影响到今日对郑国渠路线的研究结果。

杨守敬《水经注图》第一次绘制出了郑国渠路线，颇具开拓之功。其在沮水西部的走向基本准确，而过沮水后，由于把光武故城、粟邑县故城分别考证在今白水县西南和其北28里，其所绘郑国渠乃直趋东北，至白水县城北入洛水。此入洛处海拔高度近900米，自450米左右引水的郑国渠无论如何是流不上去的。杨守敬的观点影响很大，新中国成立初出版的一些地图皆承其说，如《西汉关中水利图说明》[①]、谭其骧所绘《京兆尹》图[②]。

最早指出杨图郑国渠东段路线的错误且提出自己新观点的是史念海先生。1963年其著文说：“郑国渠的故道久已淤塞，一些人们对它的流经地区有了不同的说法，甚至认为它是在现在白水县北入于洛水的。白水县在海拔七百公尺以上的原上，从平川引水流到原上，当时是办不到的事情。这样的说法是不明白当地的地理形势的推测。这一点在拙著《郑

① 《历史教学问题》1958年第10期。

② 《〈汉书·地理志〉选释》，侯仁之：《中国古代地理名著选读》，科学出版社1999年版，第58页。

国渠故道的探索》一文中曾详为论列。"[①] 史先生所提《郑国渠故道的探索》一文未见发表，其在世时，余曾问及，但却没有找到原稿，好在史先生在《古代关中图》中绘出了郑国渠的路线，表明了自己的观点。

1974 年，西北大学历史系、陕西省文物管理委员会和泾惠渠管理局共同组成了调查组勘察了郑国渠渠线及其相关问题。当时根据《水经注》的记述和大量的实地调查资料，结合大比例尺地形图和各地地形特点，绘制出了郑国渠的基本路线，泾管局档案室藏有原件，公开发表的可参见西北大学历史系《郑国渠》编写组编著的《郑国渠》一书与李健超先生的论文。[②] 其所绘渠线由渠首瓠口到入洛河的实际长度 126.03 千米，由汉代一里约为 414 米，三百里相当于 124 千米，故文献记载长度与所绘颇为接近；渠首海拔高约 450 米，渠尾高约 370 米，首尾高差 80 米，渠道平均坡降为 0.6‰。此结论基本上与史先生观点相近，从此杨守敬观点失去了学术市场，再也无人问津。

郑国渠渠线的考证结果现已趋于基本一致，但在具体的位置上也有些不同意见，现以几个有代表性的观点进行讨论。图 1—3 郑国渠渠线位置基本观点示意图绘出了杨守敬、谭其骧《中国历史地图集》《郑国渠》与杨立业先生所绘的郑国渠路线[③]，请参阅。以下分三段进行讨论。

1. 渠首至清峪河段。杨守敬所绘紧贴中山、嶻嶭山，因当时没有地形图可参考，编绘图幅又大，难免有此误差。谭图注意于此，向南移动了一段距离，但仍是穿越西城原东趋直行的，从今日地形图上分析还是稍偏北部的。《郑国渠》认为郑国渠引水后东行，沿今泾惠渠路线经王桥、石桥两镇，绕西城原沿泾河二级阶地而行，后东北趋向清水。李健超、叶遇春等很多学者皆持此观点。只有杨立业先生对此线提出了异议，进行了些许修改，他认为郑国渠过石桥镇后横穿了一段原面，"在此大体沿今 445 米等高线的位置东北而行，至骆驼湾村附近绝冶谷水……渠底高

---

① 史念海：《古代的关中》，《河山集》，生活 · 读书 · 新知三联书店 1963 年版，第 52 页。

② 《郑国渠》，陕西人民出版社 1976 年版；李健超：《秦始皇的农战政策与郑国渠的修凿》，《西北大学学报》（自然版）1975 年第 1 期。

③ 谭其骧：《中国历史地图集》（第二册），中华地图学社 1975 年版，第 5—6 页；杨立业：《郑国渠白公渠渠线考证》，《陕西水利 · 水利志专辑》1987 年第 2 期。杨守敬及《郑国渠》观点出处见前。

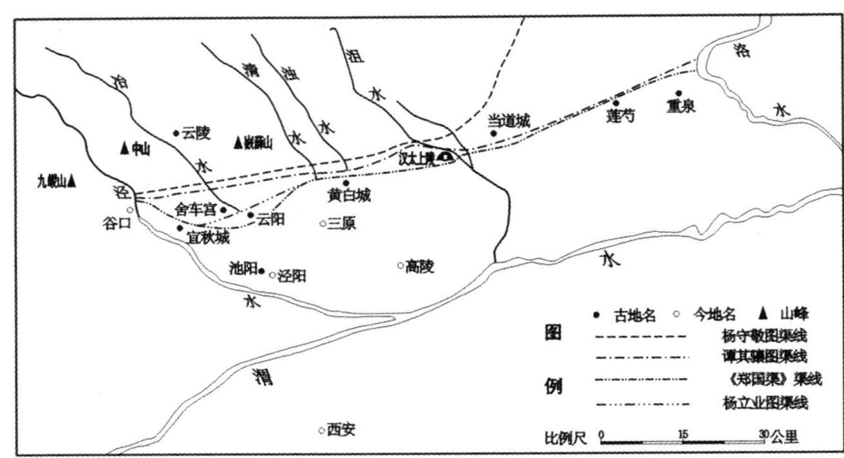

图 1—3 郑国渠渠线位置基本观点示意图

程约在 429.4 米左右，可能出现深掘的渠段（最大挖渠约十五六米）"①。这种观点也应引起注意，如真是渠走原上，有深掘的渠道，则今天似应有所遗存，今后实地考察此段渠系时应该仔细。

2. 浊水至沮水段。清水到浊水一段，大家认识一致，而过浊水后至沮水这段渠线又出现了分歧，谭图走的是荆原以北路线，而其余皆绕荆原南侧东行，然后绕其东侧北折一段距离后合沮水。太上陵至今仍耸立于阎良北侧的荆原上，当地乡亲妇孺能详，而《水经注》明记郑国渠此段"迳太上陵南原下，北屈迳原东与沮水合"。谭图绘在了太上陵以北，显误。

3. 沮水至洛水段。杨守敬直趋东北原上的高线前已证明有误以外，大家观点基本一致。大家多是利用地形图进行描绘的，对《水经注》记载的考证较少。只有杨立业先生考证认为，"粟邑县故城应在重泉县故城"，在今蒲城县钤铒乡重泉村。② 其渠线正位于其北侧。

近年来，著名史学家孙达人先生对郑国渠颇有研究，他正在组织陕西省考古、气象、高校科研队伍进行"郑国渠综合研究"的联合攻关，相信在不久的将来，一定能取得重大突破。他提出了一个新观点，认为

① 杨立业:《郑国渠白公渠渠线考证》,《陕西水利·水利志专辑》1987 年第 2 期。

② 同上。

郑国渠在沮水以东仍然是循北原东流的，杨图渠线失之偏北是肯定的，而一般观点又似乎过于偏南。此看法颇有价值，因其符合郑渠“并北山东行”的布局原则，更为重要的是，如此走向才能合理地解释郦道元的《水经注》。此问题希望引起各位专家的重视，以期得到彻底解决。

综上所述，郑国渠路线大致沿海拔450—370米的高程，自西向东，循北原而行，修建在渭北平原二级阶地的最高线上，这样能够最大限度地控制淤灌面积。在当时的测量技术条件下，因地制宜地选定这条渠线是难能可贵的。

郑国渠引泾注洛三百余里，其间经过几条自然河流，这些河流原皆是由北部山原发源向东南汇入渭河的，与自西而东的郑国渠不可避免地形成交叉。郑国渠是如何处理这种与天然河流的交叉的呢？按《水经注·沮水》记载，郑国渠“绝冶谷水”“绝清水”“与沮水合”，浊水也是注入郑国渠的，即是将沿途与渠道交叉的各河流“横绝”而过。那么“绝”或者大家常说的“横绝”是怎样的工程，则成为摆在学者面前的一大问题。

一般常识，两条水道交叉会有平面与立体交叉两种可能性，立体交叉又有工程在上下部的不同。人工引渠从上部架槽横穿飞渡，通常叫渡槽，今洛惠渠曲里渡槽是也；而人工引渠从下面凿洞横穿潜流，通常叫作倒虹或地下隧洞，今三原县城西泾惠渠横穿清河即采用倒虹的工程。由于大型倒虹工程在古代工程技术条件下可以说完全没有可能性，故研究郑国渠横绝诸川时只有两种方式可供选择，而实际上学术界还真分成了两种对立的观点。

西北大学《郑国渠》编写组认为横绝工程是平面交叉的，采用在较小流量的河流如冶谷、清、浊诸河道中修筑拦河坝，拦截河水入渠的方法，在郑国渠穿越沮水（今石川河上源）这样流量较大的河流时，采用导流堰的形式，将常流量引入渠道，而主泓或洪水大流量经退水渠泄入下游河道。《水经注》记载郑国渠经过浊谷水、清水时“绝”，而至沮水时是“与沮水合”，其下分为两股，一股东南流，即石川河，直入渭河；另一股东流，即郑国渠，其中收入大部分沮水，故有“沮循郑渠”之语。1974年联合调查组勘察，在阎良区断垣村与康桥镇之间，石川河与苇子河一带，发现有郑国渠横穿石川河的“横绝工程”遗迹，具体参见图 1—4。[①] 平面交叉横绝方式得到了多数学者的赞同，如叶遇春主编的《泾惠渠志》等即用此说。

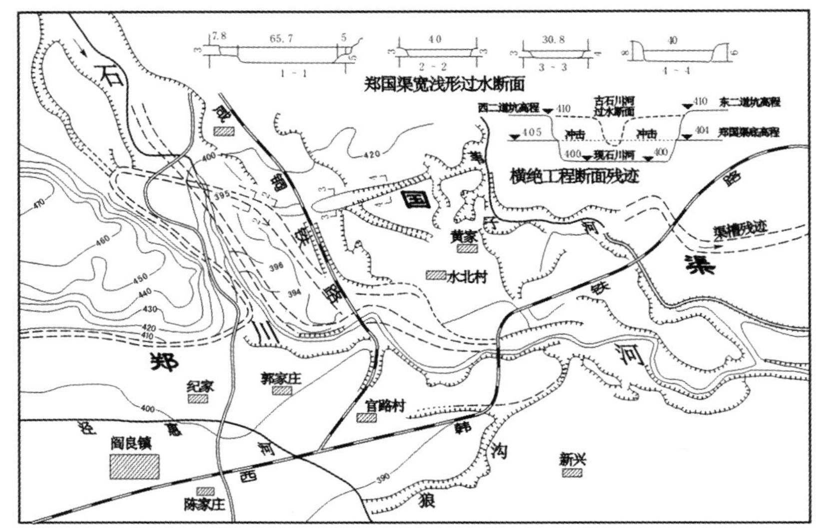

图 1—4　郑国渠横绝石川河工程遗迹示意图

《中国水利史稿》（上册）的作者不同意平面交叉的观点，认为在人工灌渠与天然河道纵横交错处，自然平交或建闸控制均无可能，从文献上和考古上都尚未发现在秦代有这样的技术工程。“从工程技术角度来说，当时或已采取了原始‘立交’技术……具体工程措施或是一种原始形态的简易渡槽”[②]。因为在汉代长安城出现了“飞渠（即渡槽）引水入城”的技术，这在《水经注·渭水》篇中有明确记载。这种观点也有人赞成。

比较上述两种观点，笔者赞同平面交叉的横绝方式，现给予补充论述，并从自然环境角度论述其成立的原因。

首先，从后来许多河川地理变化分析，只能是郑国渠平面横绝河道

① 《郑国渠》，陕西人民出版社 1976 年版。

② 《中国水利史稿》（上册），水利电力出版社 1979 年版，第 123 页。

造成的。据《水经注·沮水》，“浊水……东南出原注郑渠”，而郑国渠“自浊水以上，今无水”，说明浊水在此变成了郑国渠的主要水源，郑国渠傍原东流，浊水出原趋向东南，而现今只有一条傍原东流的浊峪河，说明浊水从楼底坡向东到康家堡，其后浊水消失，但向东接今泾一支渠直到阎良北的一段，都应该是郑国渠故道[①]，也可以说浊水故道在郑国渠下游消失了，后来走的是郑国渠故道。浊水全入郑渠，且后来一直夺郑国渠故道为自己流路，充分说明了郑国渠“横绝”浊水时必是平面交叉形式。与此相似，郑国渠合沮水后，沮水一分为二，一支南流为石川河，一支沿郑国渠故道东流，《水经注》叫作“沮循郑国渠”，说明沮水主流夺郑国渠。这也应该建立在郑渠与沮水平面交叉基础上。

其次，在阎良北部荆原东北侧，郑国渠过今石川河之处，有一些人工渠道遗存，反映出平面交叉的横绝特征。2001 年 11 月 6 日，笔者随中央电视台《探索与发现》栏目的《郑国渠》摄制组到荆原东侧的庙口与魏村之间进行现场考察，发现石川河东岸有沿秦村、唐村到庙口的引水渠遗存，在庙口与魏村之间折向东偏北，东通苇子河，与图 1—4 所绘形势相似。没有发现石川河中有拦河坝或导流堰的遗存，但郑国渠在荆原南侧流来，为了保持一定的高程，郑国渠沿原东缘北折一段距离后才注入沮水（今石川河），而东岸引水渠遗存在郑国渠汇沮处下游，郑国渠水流完全有可能部分地流注入沮东渠，实现跨流域输水。

再次，采用平面交横绝方式，可以把诸小河流水汇总到郑国渠中来，保证了水源，使其沿渠流量渐增，对保障下游淤灌有重要作用。而且涸出的诸河下游河道，可淤灌成耕地，有人估计，这几条河流横绝后，通过放淤可造成耕地十万亩左右。[②] 如系渡槽横绝方式，则只能引用泾河之水，如此要运输三百余里来淤灌不太可取，也是流量不足，放着沿途诸川之水不加利用也是无法说通的。

最后，从当时诸河川水文特征来看，平交横绝也是完全可能的。诸河出北原后因地形关系皆形成一个洪积扇区，当时河床未太发育，

---

① 李健超：《秦始皇的农战政策与郑国渠的修凿》，《西北大学学报》（自然版）1975 年第 1 期。

② 《郑国渠》，陕西人民出版社 1976 年版。

河滩平广，多漫流，容易横截，或在扇形边缘开渠引水也顺应地势，比较便利。当然，拦截之坝也可以是溢流坝，洪水时可漫溢而过，而郑国渠过石川河时，因上游漆沮两水流量较大，采用导游堰形式，引部分流量向下游输送。从这个意义上来说，郑国国横绝石川河也可看作是引沮水、漆水淤灌的独立的水利工程，只是关中西高东低，石川河东侧引水渠口正位于由西东来郑国渠尾口之下，故多看作是郑国渠的延伸。

在实地考察时发现，郑国渠过石川河之地东侧直到苇子河六七里地面，其地下皆存在鹅卵石堆积层，证明古代此为洪积扇区，西周时沮水出原处仍是沮洳之区，推知郑国渠时代河漫滩广平，有利于开沟筑堰引水东流。

北魏刁雍在薄骨律镇修艾山渠时，曾很容易地在黄河西汊河上筑坝，绝断小河，壅水入渠。《魏书·刁雍传》载："西河小狭，水广百四十步……今求从小河东南岸斜断到西北岸，计长二百七十步，广十步，高二丈，绝断小河。二十日功（计用四千人），计得成毕，合计用功六十日。小河之水，尽入新渠，水则充足。"宽140步的黄河汊河很容易地被全流引入渠中，从一方面证明郑国渠平交横绝冶谷、清、浊、沮水也是完全可能的。艾山渠的具体情况，参阅拙文《北魏艾山渠的引水技术与经济效益》，或见本书第五章第二节。

总体来看，由于当时河床尚未深切，河浅滩平，郑渠横穿沿途诸交叉河流时多采用筑坝、修堰、开沟等方式，拦截或导流诸川水入渠，充分利用各小河水利资源补充水量，使泾河至洛河之间的淤灌渠道连成一片，开创了跨流域大规模输水的水利工程先例。这种设计思想对今天的水利建设事业仍有参考价值。

四　郑国渠的淤灌面积与持续时间

1. 对郑国渠淤灌"四万余顷"的新认识

《史记·河渠书》与《汉书·沟洫志》都记有秦修郑国渠的淤灌面积，即"溉泽卤之地四万余顷"，把它折成市亩有两种观点，一是以秦汉时一大亩等于0.69市亩计，折今280万市亩。二是以一小亩等于0.288

市亩计，折今115万市亩。[①] 在判断其中哪个正确时，今人多以之与后代郑白渠的实际灌田面积相比，认为汉唐时白渠干支流较为完备，其实灌田地却远远比不上郑国渠。据《汉书·沟洫志》，太始二年（前195）赵中大夫白公所修与郑国渠齐名的白渠，“二百里，溉田四千五百余顷”，此亩制为大亩，溉田面积却仅相当大亩折算郑国渠淤灌规模的九分之一，也仅及小亩折算郑国渠淤灌面积的三分之一。唐人的三白渠为低坝引水，干渠、支渠、斗渠配套供水，还利用水车以灌高田，效益很好，据《通典·食货二·水利田》，在永徽年间灌田面积最大，可达一万余顷。由于唐亩较今市亩为小，其灌田规模还是无法与秦郑国渠相比。不少人考虑到郑国渠灌溉面积如此之大，使人不敢接受，故多舍大而取小值，用115万亩的观点。更有学者从泾水的流量出发，全盘否定史籍所载郑国渠灌溉面积的准确性，认为“如果单纯引用泾水，郑国渠也只能灌溉五十万亩左右，也达不到所说古代四万顷的五分之一”，“关于郑国渠灌溉效益的记载是存在疑问的，实际上达不到原规划四万顷的数字”[②]。总体来看，学术界多认为有关郑国渠溉田面积的记载是偏大虚夸的，正如杨虎城在《泾惠渠颂并序》碑中所说：“郑多而夸，白少而实。”[③]

只是笔者以为，《史记》《汉书》所记郑国渠“凿泾水自中山西邸瓠口为渠，并北山东注洛三百余里”中的渠道长度基本准确，今人复原的郑渠长126千米，正折合汉代三百里。此数既相差无几，又怎能说其四万余顷的统计为虚夸呢！且郑白二渠距首都长安很近，“衣食京师，亿万之口”，与都城又关系甚密，司马迁著《史记》绝对不敢随意引用无根据的数字，否则，必定会遭到时人的批评，班固著《汉书》时也不会照抄全录。所以，对此数字应该重新认识。

宋朝大观年间，新建成丰利渠，据侯蒙所撰《丰利渠开渠纪略》，“凡溉泾阳、礼泉、高陵、栎阳、云阳、三原、富平七邑之田，总二万五千九十有三顷”，蒋溥《开修洪口石渠题名记》也说：“增溉七县之田，

---

① 秦汉时有大小两种亩制，大亩是六尺为步，二百四十步为亩；小亩是六尺为步，百步为亩，每尺均为0.231米，故大小亩与今市亩的比率分别是0.69与0.288。参见万国鼎《秦汉度量衡亩考》，刊《农业遗产研究集刊》第二册。

② 《中国水利史稿》（上册），水利电力出版社1979年版，第125页。

③ 碑文载王智民编注《历代引泾碑文集》，陕西旅游出版社1992年版，第72页。

一昼夜所溉田六十顷，周一岁可二万顷。”[①] 这两个数字均不是指一年内实际的灌溉面积，均是按一昼夜灌溉六十顷计算所得。从上两碑文中所记丰利渠石渠“下宽一丈二尺，上宽一丈四尺，导泾水五尺”的过水断面推论，其引水流量为每秒十多个立方米，灌溉面积最多只能达到一百万亩。李好文《长安志图》曰：“旧渠可浇地九千余顷”，可能是指宋代丰利渠的规模，较为可信。这提示我们应该注意到古人所论溉田面积除实际灌溉者外，还可能有其他类型的统计。即使在新中国成立前较先进的管理和测量技术下，注册面积与实际灌溉面积仍出现程度不同的差异，如泾惠渠“从开始（1932 年）灌溉到 1949 年，注册面积从 7.3 万亩发展到 69.7 万亩，实际受水面积为 60.6 万亩”[②]。这一事实让笔者调整了传统观察的角度，重审史籍有关记载，从而获得了对郑国渠灌溉“四万余顷”的新认识。

史籍所载郑国渠淤灌面积与后来白渠实际灌田面积性质不同，《史记》原文作“用注填阏之水，溉泽卤之地四万余顷”，而《汉书》则谓白渠“溉田四千五百余顷”，所灌对象明显不同，一是指淤灌低洼盐碱地，一是指浇灌农田，并不具有可比性。郑国渠淤灌 4 万余顷，并不是后来那样指每年所能灌溉的农田数量，而是指渠水多年能够淤灌到的所有低洼地区的总面积。试分析论述如下。

第一，郑国渠是引洪水期的浑水淤灌，则一年之中视洪水大小、引洪多少来确定受水面积，并非每一块地都能保证年年受水，实际灌溉面积无法进行统计。上文论述了郑国渠主要是淤灌性质，而引浑淤灌要求郑国渠在洪水期引水，渠首是无坝的，夏季盛水时浑水自动引入渠道，干渠未闻有支渠、斗渠等工程措施，这些情况反映出郑国渠的灌溉方式是简单易行的大水浸灌，很可能是在主输水渠道上扒开许多引水口导水漫流，至用围堤圈起的荒地，待浑水澄清后排水而去。这就是早期的淤灌技术。

无坝自流引水是无法控制引水总量的，大水漫灌方式也很难统计受水面积。采用这种淤灌技术的郑国渠难以得到每年实际受水面积。

---

① 两碑文见王智民编注《历代引泾碑文集》，陕西旅游出版社 1992 年版，第 7、9 页。

② 叶遇春主编：《泾惠渠志》，三秦出版社 1991 年版，第 259 页。

第二，有人从“四万余顷，收皆亩一钟”，淤灌面积与单产前后相连的史籍记载推定：“四万余顷”是实效灌溉面积，笔者却不以为然，“收”有两种意义，一是收获、产量，二是由收获引申为种植，其文意思是（经过渠水淤灌改良的土地）种植庄稼者，亩产一钟，言外之意，仍有不少淤灌地亩没有垦殖种上庄稼，是休闲的。而且，就是有“四万余顷”的水浇地，也没有许多劳动力来进行全部耕种，战国末期，郑国渠灌区涉及泾阳、高陵、栎阳、下邽、重泉五县，估认人口不超过10万人[①]，其中约有劳动力3万人，以每个劳动力耕种20亩水浇地计，共能耕种60万亩。故无论是用大亩还是小亩计算的郑国渠所溉面积都大大超过了此区劳动力的耕作能力。“四万余顷”无论如何也不能是实效灌溉面积。

第三，郑国渠引浑淤灌低洼泽卤之地，很难像后来那样统计出实际灌溉和农田数量，但却可以大致测算出整个灌区能够受益的低洼沼泽盐碱地的面积。郑国渠长126千米，南至渭河的宽度一般约是30千米，其中有冈阜原、村落与深水湖泊郑国渠无法淤灌，以郑国渠可灌之地占一半计算，则为1890平方千米，折成市亩是283万，这正相当于史籍所载郑国渠的淤灌面积。近代水利专家李仪祉修泾惠渠前，经过勘察测算，认为“渭北平原之面积灌溉可及者计三千六百平方启罗米实（即公里），合华亩五百九十七万六千亩，民居道路及高阜去其六之一，亦可得灌溉面积约五百万亩，若水量有余，亦可分一渠于泾西，以溉礼泉，则不止此数矣”[②]。其计算方法即是以泾洛两河之间长120千米，而南北可灌之区30千米大略地规划出来的。如此则可知郑国渠淤灌“四万余顷”的数字不会是凭空杜撰，而是在测量基础上约略匡算出来的，虽然不知道它是怎么具体推算的，但却可知其反映了郑国渠淤灌的所有地区的总面积，而不是某一年的实际受水面积，更不是实效灌田面积。

---

① 一般认为战国末关中常住人口150万人左右，除首都咸阳人口大量集中外，每县约2万人，灌区五县约为10万人；此数占整个关中人口的近7%，高于今日郑国渠涉及区人口在关中的比例，可见其推算数不低。

② 《再论引泾》，载《李仪祉水利论著选集》，中国水利水电出版社1988年版，第205页。

第四，最后需要说明的是郑国渠淤灌的“四万余顷”折今亩数的问题。有人以为用大亩折算的数值偏大，故取以小亩折算所得的115万亩。笔者不同意这种观点，因为汉武帝以前中国确实存在有大亩与小亩的差异，但在秦关中地区却是实行大亩制的。清考据学家俞正燮在所著《癸巳类稿》《癸巳存稿》中说：“《史记·秦本纪》云商鞅开阡陌，东地渡洛。言开阡陌者，改井田以二百四十步为亩。言东地渡洛，则尽秦地井田皆改。而六国仍以步百为亩，故谓之东亩，对秦田言之也。东田之改，在汉武帝时……续开商鞅开之阡陌，井田至是殆尽。”其基本观点是原实行百步为亩的制度，随生产力的扩大，商鞅改二百四十步为亩，而且推广到秦国全境，于是俞正燮提出了“商鞅田”“秦田”的名词。这已有出土的秦时《田律》可以证明，1979年在四川省青川县出土的木简里，发现有秦武王二年（前389）的田律，其中明确记载二百四十步为一亩，一亩田宽八步，长三十步①。汉武帝时，才把二百四十步之大亩制推广到全国。郑国渠修建于商鞅变法后的关中平原，故实行的亩制一定是大亩，绝不能因折算数额偏大而对此有所怀疑。

综上所述《史记·河渠书》记载郑国渠“溉泽卤之地四万余顷”的真实含义，应作如下理解：其淤灌四万余顷不是实际灌田的面积，也不是某一年实际受水的面积，而是渠水所能达到的灌区的总规模；当时关中的亩制是二百四十步为亩的大亩，郑国渠淤灌“四万余顷”折今280万市亩。

2. 郑渠存续的时间

郑国渠总共存续了多长时间，对此学术界看法颇多，归纳起来总共有以下三种代表性观点。一是认为汉代白渠修成后，与郑国渠形成引泾的南北两大干渠，共同组成郑白灌溉系统，这当然是说郑国渠至少在白渠时仍在发挥作用。黄盛璋《关中农田水利的历史发展及其成就》、戴应新《关中水利史话》、张波《西北农牧史》以及武汉水利电力学院等单位编撰的《中国水利史稿》（上册）等皆持此观点。不过，上述论述中较少论及郑国渠何时完全废弃不用。

二是冀朝鼎提出汉修白渠时，郑国渠“已被淤塞，而且实际上已不

① 四川省博物馆青川县文化馆：《青川县出土秦更修田律木牍》，《文物》1982年第1期。

发挥作用”的观点。[①] 1998 年吕卓民先生对郑国渠“修成后百余年后不免于湮塞不复”的观点进行了详细论证，认为“汉白渠与郑国渠是前后相互替代的关系，即白渠是在郑国渠湮塞不复的情况下新修的引泾工程，并从此取代郑国渠成为泾水灌区的主渠道。因此，白渠与郑国渠不可能成为汉代泾水灌区同时存在的两条引泾渠道”。郑国渠湮塞不复的时间不会晚于汉白渠的修成。[②]

三是 1999 年日本学者滨川荣先生提出的，他认为不带排水设备的灌溉不可避免地下水位的抬升而造成的土壤盐渍化现象，并借用采访泾惠渠总工程师叶遇春先生的话语说：“叶遇春先生推测如下，在泾水流域不带排水设备灌溉场合下，能有效地作用的期间最多也只能是十年。据他的主张，假定郑国渠完工的时期是公元前 232 年，能充分地发挥作用的时间至多到公元前 222 年前后，就是到秦统一中国那年前。”也就是说，他主张郑国渠只维持了 10 年左右的效益。[③]

现在笔者首先分析第三种观点的不能成立。虽然笔者赞同其推断的大前提，即不带排水设备的灌溉容易造成盐渍化，但不太同意其小前提即“郑国渠没有排水设备”，更不能认同郑国渠只维持 10 年左右效益的推论。

第一，灌溉造成的盐渍化只是局部的，并不能很快从整体上导致整个灌渠的废弃。如滨川荣先生所举事例，泾惠渠 20 世纪 30 年代开灌两年后即在下游发生盐渍化危害，但要分析盐渍化土地有多大，在整个灌区所占比例如何。据叶遇春先生论文，“1949 年（泾惠渠）灌区因沼盐危害及雨涝等影响造成严重减产，沼盐面积 4.5 万亩，其中弃耕地 0.9 万亩。”[④] 1949 年泾惠渠实灌面积 60 万亩，泾惠渠由 1932 年通水到 1949 年已有 17 年，盐渍化退耕地只占灌区的 1.5%，故不能片面地夸大盐渍化的危害，一提盐渍化就认为会导致整个灌溉系统的废弃是不对的。

---

① 冀朝鼎：《中国历史上的基本经济区与水利事业的发展》，朱诗鳌译，中国社会科学出版社 1981 年版，第 73 页。

② 吕卓民：《古代关中郑国渠、白渠与六辅渠研究管见》，中日历史地理合作研究论文集第一辑《汉唐长安与黄土高原》，《中国历史地理论丛》增刊，1998 年 4 月。

③ 滨川荣：《关于郑国渠的灌溉效果及其评价问题》，中日历史地理合作研究论文集第二辑《汉唐长安与关中平原》，《中国历史地理论丛》增刊，1999 年 12 月。

④ 叶遇春：《泾惠渠灌区沼盐化及其防治措施》，中日历史地理合作研究论文集第 2 辑《汉唐长安与关中平原》，《中国历史地理论丛》增刊，1999 年 12 月。

第二，郑国渠“不带排水设施”的小前提也是未经论证，没有证据的，笔者认为无法成立。因为郑国渠是引浑淤灌性质，浑水中的泥沙沉淀后，清水要排走，而且要冲洗盐碱，排水沟的修建至为重要，这从现今洛惠渠引浑淤灌的实践中可以理解。其实，郑国渠未修之前，人们已普遍的开挖沟洫，早已掌握了开沟排水的基本知识和技术。而且当时荒地初辟，自然存水的低洼湖泊较多，向下游排水也是比较容易的。

第三，在郑国渠放淤的下游地区，因接纳到部分盐碱成分而不可避免地产生盐渍化危害，这是可以肯定的。但我们也不应忘记，文献明确记载，郑国渠最主要的作用是引来浑水淤灌泽卤之地，淤高地面，增加肥力，改低洼盐碱地为农田。放淤技术要求一年数次连续灌淤某一地块，一般一年淤成，最多不超过两年，其后可以耕种，放淤地块可以转移到别处。也就是说在同一地区不是连续多年的灌水，完全可以放淤成功后停止灌水。这可以防止地下水位的上升。

最后要说的是，滨川先生所引采访叶遇春先生的话语，在理解上出现了问题。几次采访笔者都在现场，也都做了笔记，对叶先生用中文讲解的内容更能深切领会，但笔者只记得叶先生说，郑国渠也会发生盐渍化现象，10 年左右这种盐渍化现象就会反过来对郑国渠产生巨大影响，绝没有郑国渠因盐渍化危害而只能发挥效益 10 年的说法。相反，叶先生在不同的论著中，都较明确地表达了郑渠在汉代仍然发挥效益的观点，他在《引泾灌溉技术初探》一文中说，汉六辅渠是六条渠，“有的可能属（郑渠）支渠，有的也可能相当于斗渠”①。在其主编的《泾惠渠志》上说：“六辅渠的兴建仅是郑国渠的补充，而白渠则是郑国渠后引泾工程大规模的改造，此时郑国渠的引水因河床下切发生困难，下游引用他水灌溉部分农田，灌溉效益已大为减少。”② 这里明确地说明了郑国渠在白渠修成时仍在持续发挥着作用。笔者所看到的叶先生六七篇论著中绝没有提到郑国渠只能维持 10 年的观点。

总之，笔者认为郑国渠只持续发挥效益 10 年的观点推论过程太简单

---

① 叶遇春：《引泾灌溉技术初探——从郑国渠到泾惠渠》，《水利史研究会成立大会论文集》，中国水利电力出版社 1984 年 7 月。

② 《泾惠渠志》，三秦出版社 1991 年版，第 49 页。

化，引用的前提论证条件也很成问题，其不能成立是很明显的。

笔者也不赞同白渠建成时郑国渠已废弃不复的观点，主要理由如下。第一，史籍明言在白渠前16年建成的六辅渠专为灌溉郑国渠旁高亢之地，说明了郑国渠此时仍在淤灌着低下之区。六辅渠又叫辅渠，其名称也表现出其为辅助郑国渠的渠道。笔者认为六辅渠是郑国渠干渠上引出的六大支渠，它改变了郑国渠的淤灌性质，开始了浇灌农田的历史，详细论述请参阅本章第四节。那么，起主干渠作用的郑国渠理应存在并较稳定地发挥作用，否则六辅渠则失去辅助之根基。其后至白渠建成只16年，郑国渠、六辅渠不可能完全废弃不用。

第二，白渠修成后，百姓歌咏道："郑国在前，白渠起后"，是郑白渠并提的，更为重要的是白渠灌区在南部泾阳、高陵一带，没有涉及北侧郑国渠、六辅渠控制区域，在汉武帝于关中大修水利时，如原来著名的郑国渠已经完全失去效用，则修复起来更为容易，因有基础在，而历史事实是汉武帝只在新的地方兴建水利工程，如引泾的白渠、引洛的龙首渠、引渭的成国渠等，没有在原来郑国渠灌区有所建树或恢复。这只能说明郑国渠当时仍然发挥着稳定的作用。班固《西都赋》极铺陈关中郑白两渠的作用，曰："下有郑白之沃，衣食之源。提封五万，疆埸倚分。沟塍刻镂，原隰龙鳞，决渠降雨，荷锸成云，五谷垂颖，桑麻铺棻。"① 这正可反映汉代的情形。

笔者认为汉白渠与郑国渠是同时并存的两大灌渠，或者说是引泾灌溉渠系的南北两大干渠。《中国水利史稿》认为，白渠建成后，"郑国渠当时仍维持石川河以西旧道，白渠则在郑国渠之南，郑白二渠是一个灌区的南北两条渠。此后郑白齐名，并往往统称为郑白渠"②。笔者认为很有道理。不仅如此，笔者还认为，西汉以后郑国渠经过历代的多次修复，仍然断续地发挥其放淤与浇灌的作用，历魏晋北朝，到唐代中期，才发生了根本变化，再不可恢复。

西晋时，江统有《徙戎论》，见《晋书·江统传》。其中言："夫关中土沃物丰……加以泾渭之灌，溉其泻卤，郑国白渠灌浸相通，黍稷之

---

① 《文选》第一卷《赋甲·京都上》。

② 《中国水利史稿》（上册），中国水利电力出版社1979年版，第129页。

饶，亩号一钟。”似乎晋时郑白二渠仍然维持着不错的局面，潘岳《西征赋》也说：“北有清渭浊泾，兰池周曲，浸决郑白之渠。”① 后来五胡侵入，关中沦为战地，农业经济残破，水利设施也遭废弃，但在前秦苻坚时，郑白故渠仍然得以恢复。《晋书·苻坚载记》载其事曰：“（苻）坚以关中水旱不时，依郑白故事，发其王侯以下及豪望富室僮隶三万人，开泾水上源，凿山起堤，通渠引渎，以溉冈卤之田。及春而成，百姓赖其利。”非常明确地说明了是“依郑白故事”，所灌乃“冈卤之田”，对冈地乃是引渠水浇灌农田，以像白渠、六辅渠那样；而卤地则只能像郑国渠那样进行放淤改良。修渠时间不足一年，说明了郑白渠修复起来还很容易。

北魏郦道元时，郑国渠在浊水以上无水，但其下仍接纳浊水、沮水主流东行，当时没有记载其引渠灌田或放淤之事，可以说郑国渠失去了效用。但要知道这种情况是那个时代的普遍现象，就连大家艳称的白渠也不能幸免。据郦道元《水经注·渭水》，白渠干渠与白渠支渎皆是“今无水”，白渠的三条渠线上也都未记载引水灌田之事。此时应该为郑白渠的废置期。

唐朝时，引泾灌溉工程得到恢复，似乎不仅白渠，郑国渠也得到了修复利用，遂有通常所称的“郑白渠”。大历十二年（777），京兆少尹黎干奏曰：“请决开郑白支渠，复秦汉水道，以溉陆田。”光启元年（885）诏称：“关中郑白渠，古今同利，四万顷沃饶之业，亿兆人衣食之源。”② 后来唐对白渠的整理加强，三白渠系完善起来，控制了石川河以西的基本区域；而北部清峪河、冶峪河、浊峪河、石川河等自然河流的小型灌溉工程大量出现，且随河床下切引水渠口向上游发展，各河水利工程各自为政，也较少贯通起来，郑国渠系完全崩溃。此后郑白渠多被三白渠的称呼所取代。宋朝时，仍有官员议修复郑国渠，在经过了一番详细实地勘察与调查后，最后的结论是“郑渠久废不可复”，“郑渠难为兴工，今请遣使先诣三白渠行视，复修旧迹”③。所以笔者把郑国渠系完全失去

---

① 《文选》第十卷《纪行下·潘安仁西征赋》。

② 《册府元龟》卷四九七《邦计部·河渠二》。

③ 《宋史》卷九四《河渠四》。

效用的时代定在了唐朝中期。

在讨论郑国渠存续时间时，不应该否认它曾经出现过一定的间歇期，即在不同时期曾因各种社会原因被弃置不用。这里所谓的持续时期，包括了整个郑国渠渠系经过一定的修复仍可使用的全过程。实际上，其他的一些渠道即如白渠也有相同的情况，在北方高泥沙河流开渠引水，疏修管理特别重要，若逢战乱缺人管理，就很容易废置。还有北方渠道一般要经过30年左右的时间就应大修一次，这也应该特别注意。大修或废置之时只是暂时失去效用，一经修复马上就可利用的话，就不能说整个渠系完全失去了作用。

郑国渠的经济效益是巨大的，它引来浑水淤高沼泽，改良盐碱，垦殖出大片良田美地，关中东部的低洼平原得以全面开发，关中农业区自西向东连成一片，于是，“关中为沃野，无凶年”，才真正取得了“沃野千里”的称誉。而司马迁在《史记·河渠书》中更把郑国渠的修凿提高到政治层面，高度评价其在秦帝国建立上的重要意义。认为郑国渠修成后，“秦以富强，卒并诸侯”。这一评价还是准确的，即郑国渠放淤后，土地肥沃，“亩产一钟”，大量的粮食生产是秦统一天下的经济基础。

从学术上分析，还应该肯定郑国渠在中国水利科技史上具有的独特地位，其引用高泥沙河水进行淤灌、利用“横绝工程”跨流域输水等，至今仍闪耀着不朽的光辉。

本文分开发表过：《论秦郑国渠的引水方式》，《中国历史地理论丛》2001年第1期；《秦郑国渠的初步研究》，《历史环境与文明演进——2004年历史地理国际学术研讨会论文集》，商务印书馆2005年12月；《对郑国渠淤灌四万余顷的新认识》，《中国历史地理论丛》1997年第4期。

第二节　唐代引泾灌渠的渠系变化与效益增加

著名经济史大家傅筑夫先生认为，唐代京畿地方三白渠的灌溉效益较西汉时下降很多，“原来可以溉田四万余顷的郑白渠，到大历时，水田才得六千二百余顷”，并由此得出结论说，唐朝“不重视农田水利……终唐之一代，没有兴建过大规模的灌溉工程。不修新渠，也不注意保持旧渠”①。实际上在农田水利方面，唐朝大力恢复和发展了关中的各项水利建设事业，改修郑白渠为三白渠，使其灌溉体系趋向完善，管理技术空前先进，发挥出了巨大的经济效益。因而上述评价低估了唐代三白渠所获得的灌溉成就，否定了唐三白渠的崇高地位，不符合唐代农田水利事业取得一定发展的事实。兹具体论述如下，不妥之处，敬请指正。

一 北部郑国、六辅渠系的逐步分化

西汉时代的六辅渠改变了郑国渠引洪淤灌的性质和渠系特征，白渠则在郑国渠之南，二者同引泾水，合成为一个大的灌区，郑白二渠可以看作一个灌区的南北两条干渠。其后遂郑白齐名，并往往称作为郑白渠。

直到唐代初期，这种状况仍未改变。《水经注》时代虽然郑国渠“自浊水以上，今无水”，但那是同白渠干流“今无水”一样，都是由于人为原因而废毁未用的。唐前期人们多用郑白渠这个称呼，而到了后期，引泾灌溉渠道的称呼却以“三白渠”为主，这一转变说明了北干郑国渠系发生了较大变化。

这种变化表现在以下三点：首先，郑国渠引泾渠道已废弃不用，北干渠系不再以泾水为源。唐张守节《史记·河渠书》之《正义》曰：“至渠首起云阳西南二十五里，今枯也。”此即指唐代时郑国渠首段已经废弃。其次，郑渠引泾渠首段虽废，但其灌区大部仍未废弃，六辅渠系仍在发挥作用，只其水源变成了冶、清、浊、漆、沮诸水。因此，唐人颜师古注《汉书·倪宽传》时曰：六辅渠乃郑国渠之支渠，“今雍州云阳、三原两县界此渠犹存，乡人名曰六渠，亦号辅渠”。最后，由于诸水河床的下切，以冶、清、浊、漆、沮诸水为源的引水渠道，不再纳入横绝的郑国渠干道，而是各自发展成独立的引水体系，而且为引水便利，引水渠口皆向上游发展。也就是说，原来统一纳入郑国渠的诸多水系此时分化成各自独立的引水渠系。宋人宋敏求《长安志》记宋代时，富平县溉田小型渠堰有堰武渠、石川堰等共 12 个，多是引自漆沮水。② 元李

---

① 傅筑夫：《中国封建社会经济史》第四卷，人民出版社 1986 年版，第 281 页。

② 宋敏求：《长安志》卷一九《富平县》。

好文《长安志图》则曰，云阳、三原“两县境清浊二水溉其高田，即辅渠之遗制也”[①]。从其所附《泾渠总图》可知，直接从冶谷的引水渠有七条，清谷中引出的有六条，浊谷中引出的有五条；所附《富平县境石川溉田图》明确标绘漆沮合流的石川河东西两岸各有引水渠道 7 条，共 14 条，较宋代又多了 2 条，当然从名称上来看，仍多是继承宋代的。

总之，秦汉时代横贯泾洛之间的郑国渠到唐后期已经完全失去效用，由于各河流下切严重，河床固定，很难再围堰横绝，诸川引水渠口相应地也向上移动，于是不仅上游与引泾工程分离，而且诸水的人工灌渠自成体系。

但这并不表示北干渠系完全与引泾的白渠渠系失去了联系，其下游段还是相互连贯在一起的。据开元《水部式》，“京兆府高陵县界，清白二渠交口著斗门堰。清水，恒准水为五分，三分入白渠，二分入清渠。若水雨过多，即与上下用处相知开放，还入清水”。清水即冶峪与清峪水合流后的总称，其不仅是清渠的水源，而且还在高陵县与白渠相交，设置有斗门堰引水补充中白渠的水量，平时使来水的五分之三进入中白渠，五分之二流入清渠。清水的全部流水竟都被引入灌渠溉田，只雨水过多不需溉田时，才把闸门关闭，使全部水量放还清水。中白渠与清渠的分水比例，可能是依据两者灌溉面积来决定的。

二　白渠的修复活动及三白渠系的完善

唐代引泾灌溉系统以白渠为主，经过多次修复、改建与扩大，唐代中后期白渠发展成南北中三条干渠，设三限闸、彭城堰，分水设施健全，干支斗渠配套，是一个灌溉范围广大的较完备的灌溉体系，奠定了宋元明清乃至今日引泾灌溉渠系的规制。

表 1—1 列出了唐代对郑白渠修复、扩建、废硙活动的统计结果。由表可知，第一，早在唐初的武德二年（619），就有扩建白渠至石川河以东灌注金氏陂之举。此举不仅扩大了白渠的灌溉范围，而且明确说明了唐初白渠已经恢复了灌溉作用。

---

① 李好文：《长安志图》卷下《泾渠图说·渠堰因革》。

表 1—1　　唐代对郑白渠的修复、扩建、废硙活动统计

年代	原始史料	工程内容及评估	资料来源
武德二年（619）	（下邽县）东南二十里有金氏二陂，武德二年引白渠灌之，以置监屯	扩修白渠至石川河东金氏陂	《新唐书》卷37《地理志》
永徽六年（655）	大唐永徽六年，雍州长史长孙祥奏言，……于是，高宗令分检渠上碾硙，皆毁撤之	废硙	《元和郡县志》卷一《关内道一·云阳县》
开元九年（721）	京兆少尹李元紘奏疏三辅诸渠。王公之家缘渠立硙，以害水功，一切毁之，百姓大获其利	修复、废硙	《唐会要》卷89《碾硙》
广德二年（764）	关中旧仰郑白渠溉田，而豪戚壅上游取硙利，且百所，夺农用十七。栖筠请皆撤毁，岁得租二百万	废硙	《新唐书》卷146《李栖筠传》
大历十二年（777）	京兆尹黎干开决郑白二水支渠，及稻田、硙碾，复秦汉水道，以溉陆田	整修支渠、废硙。重大事件，次年仍继续	《唐会要》卷89《疏凿利人》
宝历元年（825）	（高陵）令刘仁师请更水道，渠成名曰刘公，堰曰彭城	刘仁师改造完善彭城堰上下渠系体系，影响深远	《新唐书》卷37《地理志》
大和元年（827）	六月，命中使付京兆府，宜令修高陵界白渠斗门，任百姓取水溉田	引水斗门改造试点工程	《册府元龟》卷497《邦计部·河渠二》
大和元年（827）	十一月，京兆府奏，准御史中丞温造等奏，修醴泉、富平等十县渠堰斗门等	在白渠灌区全面推广高陵县渠系堰斗门建设经验	同上
大和二年（828）	以昭应令刘仁师充修渠堰副使	刘仁师主持改造、完善三白渠渠系路线	《唐会要》卷89《疏凿利人》
大和二年（828）	内出水车样，令京兆府造水车，散给沿郑白渠百姓，以溉水田	增加了一种灌溉方式—水车	《唐会要》卷89《疏凿利人》

续表

年代	原始史料	工程内容及评估	资料来源
咸通二年（861）	洪门三白渠造石五门记	引水渠首的改造	《宝刻丛编》卷六
昭宗时（9世纪末）	知柔调三辅，治复旧道，灌浸如约，遂无旱虞	大修	《旧唐书》卷81《睿宗惠宣太子业》

第二，笔者认为对白渠渠线改造最大的修建活动共有两次，一次是大历十二年（777）黎干开决郑白二水支渠，复秦汉水道。第二次则是宝历元年（825）至大和二年（828），由刘仁师兴修高陵渠堰始到全面改造三白渠系结束。

一般认为敦煌发现的唐《水部式》制定于开元二十五年（737）。据其所载，白渠先分成南白渠与北白渠两大干渠，中白渠、偶南渠是从南白渠中引出来的两大支渠，清水向中白渠与清渠提供水源，是《水部式》所记白渠灌溉水系基本如图1—5所示。

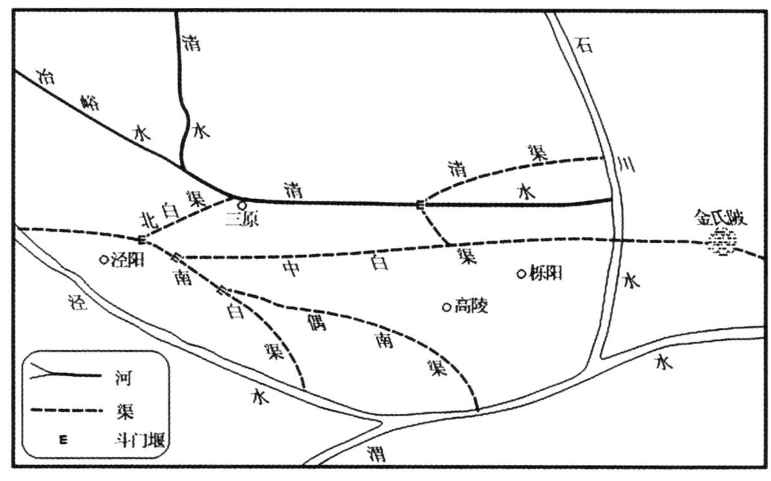

图1—5 唐开元《水部式》泾渠渠系示意图

大历十二年（777），“京兆少尹黎干奏曰：‘臣得畿内百姓连状陈，泾水为碾硙壅隔，不得溉用。请决开郑白支渠，复秦汉水道，以溉陆田，收数倍之利’。乃诏发简覆，不许碾硙妨农。”[①]《唐会要》也说：“京兆尹黎干开决郑白二水支渠及稻田、硙碾，复秦汉水道，以溉陆田。”[②] 京兆少尹正主管白渠渠堰事宜，黎干得百姓联名上书，可能也亲自了解到一些实际情况，认为旱田浇灌相对于碾硙与稻田比较效益要高一些，乃上奏皇帝，请求整理渠道路线，废碾硙，决稻田，以广溉陆田。这次整修三白渠道收获很大，“大历十三年正月四日奏，三白渠下碾有妨合废拆总四十四所，自今以后，如更置即宜录奏。”[③]《新唐书》则记载，此次拆毁硙碾80余所，其中还包括皇帝爱女升平公主的二处。当时韩绅卿为泾阳县令，是基层的执行官员，其墓志曰：“由是迁泾阳令，破豪家水硙，利民田顷凡百万。”[④]

黎干这次行动对渠系也有局部改造，于是元和八年（813）成书的李吉甫《元和郡县图志》所载的三白渠线就与开元《水部式》有所不同：“太白渠，在（泾阳）县东北十里。中白渠，首受太白渠，东流入高陵县界。南白渠，首受中白渠水，东南流，亦入高陵县界。”[⑤] 与《水部式》所记渠系相比，有两个改变，一是北白渠改称太白渠，也许是因为此渠为白渠总引水渠源的原因，故有是称。二是南白渠源出中白渠，中白渠源出太白渠，与《水部式》中白渠源出南白渠不同。具体渠系布局参见图1—6。

无论是《水部式》还是《元和志》时代，三白渠分水之处都是分散在两处，没有形成太白、中白、南白三大干渠集中于一地分水的三限口，这是可以肯定的。到了刘仁师兴修高陵渠堰，改善了高陵、栎阳间的四大渠道，并集中于彭城堰下分水。其后，为管理各县分水，三白渠集中于一地最为有利，于是形成了三限口下分太白、中白、南白三大干渠，彭城堰下分刘公四渠完善的泾渠灌溉系统。参见图1—7。这次是对三白渠渠系工程最大最彻底的改造，影响也最深远，其后至今基本没有大的改变。

---

① 《册府元龟》卷四九七《邦计部·河渠二》。

② 《唐会要》卷八九《疏凿利人》。

③ 《唐会要》卷八九《硙碾》。

④ 《韩昌黎文集校注》第七卷《虢州司户韩府君墓志铭》。

⑤ 李吉甫：《元和郡县图志》卷二《关内道二·泾阳县》。

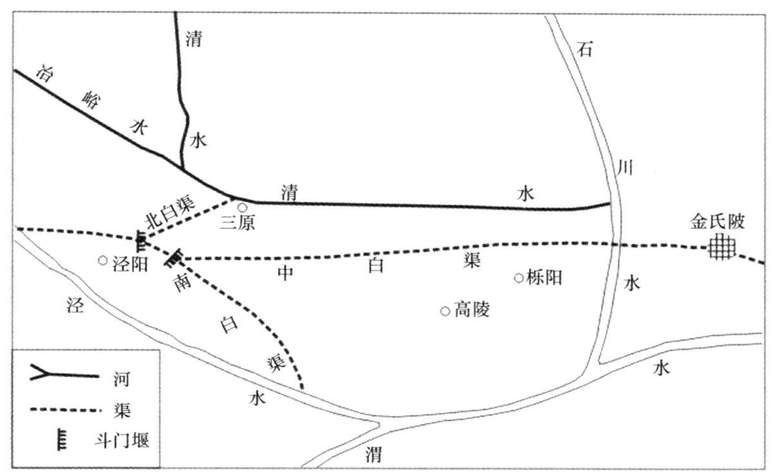

图1—6　《元和郡县志》泾渠渠系示意图

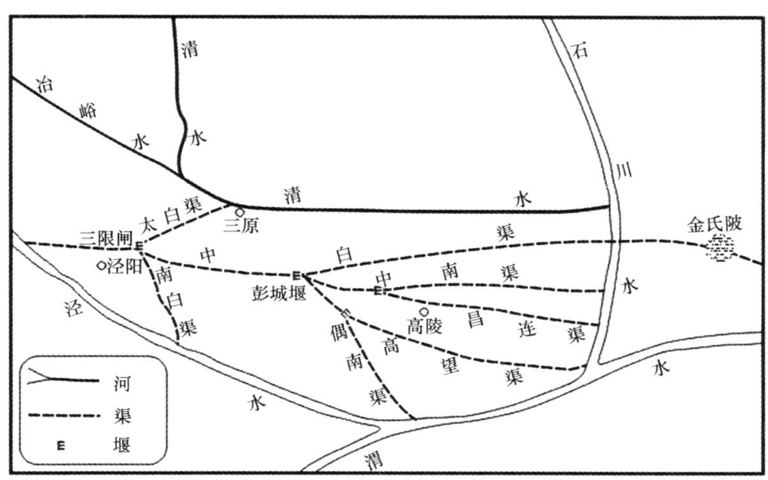

图1—7　刘仁师改造后三白渠渠系示意图

唐王朝后期三白渠灌溉管理松弛，灌区上游泾阳县的豪强之家悍然截断水流而欲独占全渠之利，“私开四窦，泽不及下，泾（阳）田独肥，它邑为枯”。下游的高陵县灌水无着，却交纳着原来水田的高额赋税，负担沉重，受害最深。不平则鸣，有人上访告状，可因霸占泾阳水利者皆权势家，告状者反落下了罪名。长此以往，高陵人只有忍气吞声，敢怒而不敢言。60年后终于等来了为民请愿的救星刘仁师。

刘仁师，字行舆，彭城（今江苏徐州市）人，是唐初名臣刑部尚书刘德威的五代孙，唐代宗时著名诗人刘商的侄子。出身名门，少好文学。其在长庆三年（823）为高陵县令，深入访查民间疾苦，得泾阳豪强霸水之实，于是他根据唐朝颁布的用水管理法规《水部式》的"居上游者不得壅泉而专其腴"的条文①，写明奏章，拟求新开渠道，使水流入高陵地界，请堵私开小渠，上下游各县分水均普，发挥引泾灌渠最大的水利效益。可奏章上奉京兆府，府官怕得罪权贵，犹豫不决，未能及时上闻。

过了两年，正直的郑覃当上了京兆尹，在刘仁师的不断坚持下，于宝历元年（825）九月把这件事报告给皇帝。皇帝派员实地调查，把利弊实情搞清后，批准了刘仁师别开水渠、修筑新堰的请求。十月，新渠堰开始修筑。

但斗争并未结束，正当人们兴高采烈动工凿渠修堰，工程完成七八成的时候，却传来了皇帝"立即停工"的诏令。原来泾阳豪强不甘落败，用诡计买通术士，上奏皇帝说："白渠下游是高祖李渊旧日的别宫所在，龙脉宝地，不宜破土修渠"，皇帝受其惑。② 刘仁师明察秋毫，星夜直奔京师，置乌纱帽甚至个人性命而不顾，据理力争，揭发泾阳人的阴谋，在拜见丞相时表示，如果不能获准继续开工，将一头碰死在车前。丞相彭原公被他的真情所感动，肃然起敬地说："刘君真爱民如子！皇帝只不过未明真相罢了"，并立即入宫奏明皇上。次日，果然有诏，令继续开工，完成工程。

经过两个月的奋战，新渠修成，新堰竣工。开闸放水，渠流滚滚，如血脉贯通，旱田得以浇灌。众民欢呼，挥衣而舞。大家认为"吞恨六

① 水部是唐代工部下属四司之一，式是章程条例。《水部式》是唐朝水利部门制定的法律条例。刘仁师之所以能解决高陵与泾阳的水利纠纷，乃是其成功地运用了《水部式》这一法律武器。近代在甘肃敦煌鸣沙山千佛洞里发现了唐开元二十五年修订的《水部式》残卷，共2600余字，弥足珍贵。见罗振玉《鸣沙石室佚书》。

② 高陵县通远乡李观苏村有唐朝龙跃宫遗迹，据《高陵县志》此乃唐高祖李渊行宫。龙跃宫是皇家盛地，正当新开渠下，古人相信风水学说，故能成为泾人破坏开渠的借口。

十年”，以刘君不畏强权而得以昭雪，请求把新渠命名为“刘公渠”，新堰命名为“彭城堰”，因刘仁师为彭城人氏。

好事往往多磨，成功需要坚持。渠成的次年，泾阳、三原二县又有人在上游干渠上私筑土堰，分散了水势，下游的高陵流量不足。如果不能彻底消除上游霸水之弊，高陵水利必将不得持久。刘仁师又亲至京兆府报告了情况，并请求定一劳永逸之各县分水之则。府里派员到渠上，把不应该修筑的私堰全部拆除，并制定了详细的上下游各县用水数量与法则。从此，高陵人长享灌溉之利，刘仁师除弊兴修高陵水利之功方算最后完成。①

刘公渠与彭城堰建成后，上游引来大股水流汇于彭城堰下，由于堰阻水涨，形成较大的水势。据《高陵令刘君遗爱碑》，“按股引而东千七百步，其广四寻而深半之”，此为刘公渠主干道，约长 2655 米，在 5 里以上，宽 10 米，深 5 米左右。② 堰渠相互配合，形成了较为完善的输水灌溉工程。

大和元年（827），即渠堰修成的第三年，政府又重修了高陵县内各支渠及其斗门，形成了覆盖高陵全境的水渠网络，《册府元龟》卷 497《邦计部·河渠二》记载，此年“六月，命中使付京兆府，宜令修高陵县界白渠斗门，任百姓取水溉田”。斗门即渠系上的取水闸门，《水部式》明确规定，斗门只能按官府规定的尺寸进行修建，而且要接受官员检验，闸座必须用石块砌筑，闸板则是木质，务必坚实牢固。③

彭城堰下较大的支渠共有四条，即如李好文《长安志图》所载，“彭城闸渠分为四，其北曰中白渠，其南曰中南渠，又其南曰高望渠，又其南曰禑南渠”。后人又多称为“刘公四渠”。明嘉靖《高陵县志》保存有刘公四渠流经的路线，中白渠为唐三白渠中支主干，由彭城闸向东流去，经仁村、常家村至栎阳县境，唐时可能还越过石川河注入金氏陂，灌溉高陵、栎阳两县农田，而主体在高陵县内。中南渠从彭城堰下分水，自

① 以上见刘禹锡《高陵令刘君遗爱碑》，《刘梦得文集》卷一八。

② 古代一步为五尺，一寻为八尺。而唐代一尺约等于 0.31 米，见梁方仲《中国历代户口、田地、田赋统计》的附录《中国历代度量衡变迁表》之（甲）中国历代尺的长度标准变迁表。

③ 开元《水部式》第一条：“泾渭白渠及诸大渠用溉灌之处皆安斗门，并须累石及安木傍壁，仰使牢固……其斗门皆须州县官司检行安置，不得私造。”

磨子桥经高桥东至栎阳，尾入石川河，全长55里。高望渠自磨子桥流经魏村、李赵村之间，东至栎阳，尾入渭河，全长55里。禑南渠自磨子桥流经毗沙镇，又东南入栎阳县境，尾入渭河。刘公四渠覆盖了高陵县大部分地区，下游栎阳县部分地区也受此惠。后来又从中南渠中分出昌莲支渠，如此则奠定了今高陵县境内渠系分布的格局，高陵县文化局局长董国柱研究员说："至今本县境内的几支主要干渠，仍沿当年五渠的大致流经路线，至今有刘仁师为高陵渠祖之说。"①

刘公四渠的修建，使高陵县及其下栎阳大片农田得以灌溉，尤其是高陵全境各地渠网纵横，一般年景下，有水浇灌的农田自可倍收，即使遇到旱灾，因有渠水之利，仍可获得丰收。正如《高陵令刘君遗爱碑》所说："仍岁旱沴，而渠下田独有秋。"

当然，位于下游的高陵、栎阳县能持久地享有泾渠水利，除了新修渠堰配套工程外，还得力于刘仁师据理力争，使政府制定了公正合理的上下游各县分水数量与法则，而且能够得以顺利执行。唐开元年间修订的《水部式》已经规定上下游用水必须"均普"，"凡浇田，皆仰预知顷亩，依次取用，水遍即令闭塞，务使均普，不得偏并"，"居上游者不得壅泉而颛其腴"，诸州县差官与渠长、斗门长共同监督执行。《唐六典》卷7《水部郎中员外郎》更明确规定："凡用水自下始。"《新唐书·百官志》也说："溉田自远始，先稻后陆。"这些都要求引泾上下游各县用水必须有一定规则和数量，但在刘仁师以前却是执行不力，甚至达到"有法不依"的程度。刘仁师兴修高陵水利，政府重新制定了上下游各县分水数量与方法，故《高陵令刘君遗爱碑》曰："开塞分寸皆如诏条"，即放水与堵闸都按诏令的规定进行。

这种诏令条文的重新制定当然是刘仁师的重大贡献，但要使诏令长期持续地得以执行，刘仁师还在工程设计上对渠系进行了改造。原来中南渠、南白渠、禑南渠皆分别流入高陵县，向高陵县的分水地点较多。经过改造的刘公渠与彭城堰把流向高陵的水统一在彭城堰中，其下才分支输水。这种把主要各县之分水枢纽集中起来的渠系布局为控制好上下游分水数量提供了便利条件。尤为重要的是，刘仁师不畏强权、据法力

① 董国柱主编：《高陵县文物志》第4卷《遗址·彭城闸遗址》。

争的精神为下游各县民众树立了榜样，也保证了新诏令的持续执行。唐代以后的宋元明清时代，泾渠分水法规皆承唐代制度，使下游高陵县的供水有了一定的保障，这也可以说少不了刘仁师的开创之功。高陵县长享水利之惠，民众富庶，经济繁荣。据明嘉靖《高陵县志》，高陵一直是关中平原农业生产的重要地区，“土饶稼茂，家给人足，一有征调，男无鬻产之忧，女无夜织之戚”，一片升平景象。

刘仁师兴修高陵水利不仅造福高陵一方水土，而且由此掀起了重修引泾灌区渠系斗门工程、新定管理条例的全面整顿工作，开创了唐代引泾灌溉工程的新局面。

据表1—1资料，大和元年（827）六月修整高陵县界白渠斗门，是一个成功的试点工作。当年十一月，就开始向引泾灌区各县推广其试点的成功经验，据《册府元龟》卷497《邦计部·河渠二》，“准御史中丞温造等奏，修礼泉、富平等十县渠堰斗门等……差少尹韦文恪充渠堰使，便令自择泽清强官三人专令巡检修造”。礼泉、富平等皆是三白渠灌区之县，且派遣的渠堰使也是专管三白渠修造事宜者，是知此次十县修造渠堰斗门等工作是引泾灌区一次大规模的工程改造。次年二月，为加强对此次工程改造工作的领导，又聘已改任昭应（今西安市临潼区）令的刘仁师，“兼检校水曹外郎，充修渠堰副使，且赐朱衣银章”，这是因为其对高陵县的渠堰斗门等改造卓有成效。当年“三月，内出水车样，令京兆府造水车，散给沿郑白渠百姓，以溉农田”①。用水车抽渠水来灌高仰之田，这在白渠灌区也是首创，此也说明了政府对白渠灌溉的重视。刘仁师在此项大规模整顿工作中凭借实干经验，施展胸中才学，全面规划了新渠系，制定有具体可行的新规则，为开创唐代引泾灌溉新局面做出了重大贡献，才有“关中大赖焉”的崇高评价。②

总之，刘仁师不仅倡修了高陵的刘公渠与彭城堰，而且全面改造了高陵县渠系配套工程，并把它推广到引泾工程的全灌区，为唐以来白渠体系的完善奠定了基础。而其在制定新的分水条例和维持其执行的管理工作方面也有突出贡献，对唐以后引泾灌溉管理体系的发展影响极大。

---

① 刘禹锡：《高陵令刘君遗爱碑》；《唐会要》卷八九《疏凿利人》。

② 《唐会要》卷八九《疏凿利人》。

刘仁师在引泾灌渠工程与管理上的成就，可以与郑国、白公相提并论，而其后只有近代的李仪祉可以与之媲美。

一县之七品芝麻官，虽号称为人父母，然自古以来，很少有离职后还被人怀想纪念的，更不用说流芳千古了！而刘仁师在高陵兴修水利，为民造福，政绩深入人心，高陵县民刻石立碑，建庙祭祀，千年以来妇孺皆赞其恩典，令人称奇。

大和四年（830），刘仁师离任多年后，高陵人李士清等63人，拿着称赞刘君功德的颂文，到县里请求为其树碑立传。县令把这写成条奏上报京兆府，府又把条奏交给通晓典章法令的官吏，经过严格考核，上报给皇帝审批。结果次年八月初五，皇帝下诏曰：刘仁师政绩显著，深入民心，可以写出来立碑于道旁，以为天下为民父母者榜样。乃请当时著名的文学家刘禹锡撰成《高陵令刘君遗爱碑》文，并刻石立碑来歌颂刘仁师的丰功伟绩。惜今碑已无存，但碑文却流传下来，永远为人们所拜读。

高陵民众为了表达对刘仁师的感激和怀念，“生子以刘名之”，即生了孩子也用“刘”作名字。他们还在彭城堰南侧建刘公庙，专门祭祀刘仁师，其祠历宋元明清香火不断，朝拜者络绎不绝。

高陵人因蒙受刘仁师的恩惠而又惋惜他的离去，从内心深处发出的感激之情变成了赞扬刘君的歌谣，经过刘禹锡的“采其意而变其词”，写入《高陵令刘君遗爱碑》，流传至今。今特录出如下：

> 噫！泾水之逶迤，溉我公兮及我私。水无心兮人多僻，锢上游兮干我泽。时逢理兮官得材，墨绶棨兮刘君来。能爱人兮恤其隐，心既公兮言既尽。县申府兮府闻天，积愤刷兮沉疴痊。划新渠兮百畎流，行龙蛇兮止膏油。遵水式兮复田制，无荒区兮有良岁。嗟刘君兮去翱翔，遗我福兮牵我肠。纪成功兮镌美石，求信词兮昭懿绩。

兹译成白话文如下：

> 啊！泾河的流水曲折漫长，灌溉着我们的公田和私田。水无私情啊人心却偏，堵截上游啊使我们水源枯干。幸逢治世啊朝廷选中了良材，县令上任啊刘君来。能爱百姓啊体恤我们的隐痛，心地公

正啊敢于直言。县令向府君申诉啊府尹又呈报朝廷，终于消除了积愤啊如同给我们治好了重病。新开掘的渠系啊向大片田地输入了水流，如龙蛇游走啊留下了宝贵的膏油。遵守水部规定啊恢复土地灌溉制度，没有荒芜的土地啊年年丰收。感叹刘君啊已经远走高飞，留给我们的福利啊使我们对他永不能忘。为记载他的功绩啊刻立了精美的石碑，用最真挚的语言啊来表彰他的美好政绩。

高陵县人民世世代代享用刘公渠与彭城堰带来的福泽，饮水思源，他们也永远缅怀刘仁师的功绩，歌颂刘仁师的事迹，就像那奔腾的渠水永不停息。怪不得千年以后的今天，刘仁师的芳名仍然是妇孺皆知。

官不在大小，能竭力尽心为民众办实事者将永远活在人民的心中。徐州人刘仁师是今天为政一方且愿建功立业流芳千古者的榜样，祝愿我们的社会多出几个像刘仁师这样的父母官。

三　灌溉效益的扩大及碾硙的开发

《元和郡县志》曰："大唐永徽六年，雍州长史长孙祥奏言：'往日郑白渠溉田四万余顷，今为富僧大贾，竟造碾硙，止溉一万许顷。'于是高宗令分检渠上碾硙，皆毁撤之。未几，所毁皆复。广德二年，臣吉甫先臣文献公为工部侍郎，复陈其弊，代宗命先臣拆去私碾硙七十余所。岁余，先臣出牧常州，私制如初。至大历中，所利及才六千二百余顷。"[①]这就是傅筑夫先生得出本节开头观点的主要依据。

但是这个问题需要认真分析。首先，郑白渠的常年灌溉效益从来就未达到四万余顷，就是在西汉盛期也未曾有过。郑白渠历史上的浇灌面积不能是郑国渠淤灌四万余顷与白渠浇灌四千五百余顷的简单相加，笔者已有专文讨论，秦郑国渠与汉白渠的性质是不一致的，只有在六辅渠修成后，郑渠系统才以浇灌为主，但文献上并没有此时的浇灌面积[②]。其次，郑国渠是跨流域的水利工程，到唐后期，冶、清、浊、漆、沮诸水

① 李吉甫：《元和郡县志》卷一《关内道一·云阳县》。

② 李令福：《秦郑国渠的初步研究》，《历史环境与文明演进——2004年历史地理国际学术研讨会论文集》，商务印书馆2005年版。

各自形成了独立发展的灌渠系统，虽部分与三白渠相连，但多数已不统属于郑白渠灌区，这一点也应该充分注意。最后，唐代完善了引水、输水、分水技术管理体系，建成了新的渠首导流堰，健全了三条输水干渠，完善了各渠分水的堰闸设施，而且浇田的斗门也普遍建立起来。唐代引泾灌溉技术空前提高，保证了其效益的扩大。

唐代渠首应在泾河上游山谷，是苻坚开凿石渠的延伸。杨立业先生从现场地形与文献记载两方面综合分析，认为小龙潭前即今泾惠渠首三号洞处是唐代渠首所在。元宋秉亮即说："白渠口即今小龙潭下是也，上至宋丰利渠五十六步"，应是指唐代三白渠渠首所在。[①] 宋"淳化二年秋，县民杜思渊上书言：'泾河内旧有石翣，以堰水入白渠，溉雍、耀田，岁收三万斛。其后多历年所，石翣坏，三白渠水少，溉田不足，民颇艰食。乾德中，节度判官施继业率民用梢穰、笆篱、栈木，截河为堰，壅水入渠"。至道元年，亲临现场考察的皇甫选等说："泾河中旧有石堰，修广皆百步，捍水雄壮，谓之将军翣，废坏已久。杜思渊尝请兴修，而功不克就。"[②] 乾德是北宋太祖年号，为963—968年，淳化二年是991年，至道元年是995年。上文杜思渊、皇甫选等虽未言将军翣建于唐代，但从其"多历年所""废坏已久"，及宋初乾德年间已改建成木梢堰来看，大家都认为将军翣应该始造于唐代。《中国水利史稿》《中国水利史纲要》《泾惠渠志》等皆主此说。该堰的结构是，"用石，锢以铁，积之于中流，拥为双派，南流者仍为泾水，东注者酾为二渠，故虽骇浪不能坏其防"[③]。上述《宋史·河渠志》也说其"修广皆百步"。将军翣大约是用块石砌筑，用以铁销子锁固，长宽各约百步约合今180米。直插向泾水河床中间，把泾水分成两支，以导水入渠。这种坚固雄伟的分水导流堰提高了白渠的引水能力，相应地也会增加其灌溉效益。

唐代三白渠的水量分配与控制是通过斗门、堰、闸的联合运用来实现的。唐开元《水部式》说："泾渭白渠及诸大渠用水溉灌之处，皆安

① 杨立业：《唐代郑白渠渠首及渠系工程考证》，《中国近代水利史论文集》，河海大学出版社1992年版。

② 《宋史》卷九四《河渠志四》。

③ 《玉海》卷二二。

斗门，并须累石及安木傍壁，仰使牢固，不能当渠造堰……其斗门皆须州县官司检行安置，不得私造”。关于唐代泾渠上斗门的数量，现存唐代文献上未见记载，唯宋敏求《长安志》所引唐人所著《十道志》“太白、中白、南白，谓之三白也。渠上斗门四十八”的部分片段[①]，给我们留下了判断的依据。《十道志》是唐中宗时（705—710）梁载言撰著，所谓“渠上四十八斗”反映的是唐代前期泾渠整个灌区的斗门设置数量。据《宋史》，至道元年（995），考察过郑白渠的皇甫选说，三白渠“旧设节水斗门一百七十有六，皆坏，请悉缮完”[②]。当时距唐朝仅 90 余年时间，其间 60 余年属于五代动乱时期，这些斗门可能就毁于这一时期。此 176 个斗门大概是唐后期的设置数量，《泾惠渠志》还具体说明了唐代各干支渠上斗门的分布数量，只不知其依据何在。[③] 斗门的大量修建反映出唐代泾渠的用水管理及引水技术达到了较先进的水平。今天从分支渠中引水的设施也叫作斗门，其下叫作斗渠，其渊源至少可追溯到唐代三白渠也。

在一些重要的分水地点，设置斗门堰或闸，如三限口的闸主要用于南北中三大干渠的分水，彭城堰主要用于刘公四渠的分水。《水部式》还记载有一种斗门堰限水分水的具体方式，由其可知当时控制水量大小的方法。《水部式》曰：“泾水南白渠、中白渠。南渠水口初分，欲入中白渠、偶南渠处，各著斗门堰。南白渠水，一尺以上二尺以下入中白渠及偶南渠。”南白渠向中白渠、偶南渠（或曰禑南渠）分水处是通过斗门和堰的联合运用来调节水量的。图 1—8 是南白渠向中白渠偶南渠分水的斗门堰布局示意图，图 1—9 是斗门堰的形制示意图。其堰体高一尺，当打开斗门时，正好使南白渠水“一尺以上”的流水进入中南渠及偶南渠。为了控制水量，在每一个分水口处，可能都设有水则（水尺）。[④] 若南白渠水位低于一尺时，因为堰体的阻碍，无法进入分支渠，只能归南白渠自用了。

---

① 宋敏求：《长安志》卷一七《泾阳县》。

② 《宋史》卷九四《河渠志四》。

③ 叶遇春：《泾惠渠志》，三秦出版社 1991 年版，第 57 页。

④ 郭迎堂、周魁一：《历代泾渠用水技术初探》，《中国近代水利史论文集》，河海大学出版社 1992 年版。

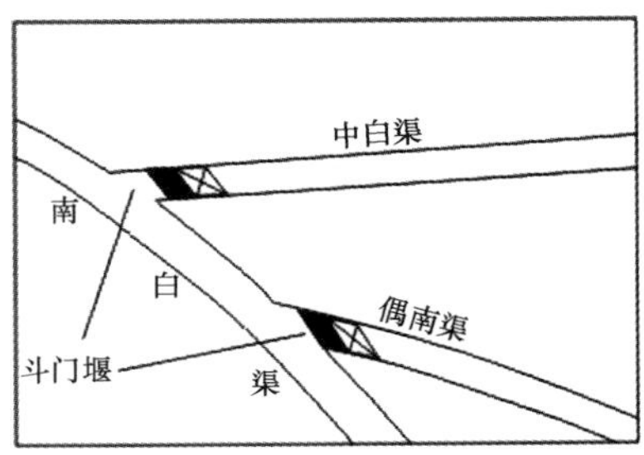

图 1—8　南白渠向中白渠、偶南渠分水布局示意图

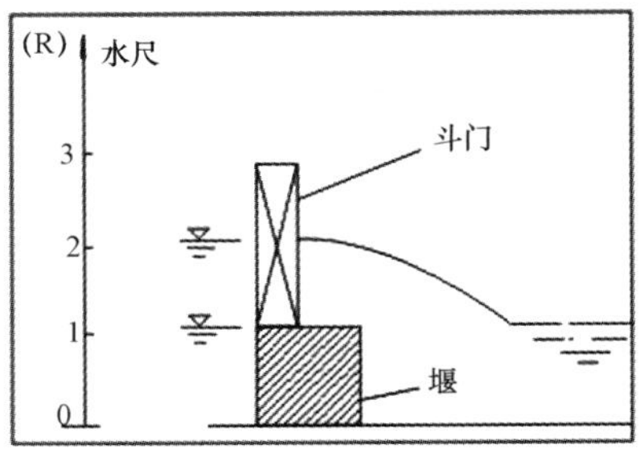

图 1—9　唐斗门堰形制示意图

唐代迅速发展的碾硙如建置不当，确实会影响到三白渠的灌溉效益，许多官僚贵族贪图碾硙的丰厚利益，乃霸占有利地形，多建碾硙，私开渠口引来渠水。因碾硙利用水的动能，如此则会损失较高的水头，下游之水有时就无法再自流灌田。碾硙虽有给谷物脱粒或加工面粉之功，但是它与灌溉争水，严重损害了灌田的农业生产。统治者为了整体利益，不得不采取强制措施，勒令拆除渠上违禁碾硙。于是，在唐代诸多修渠活动中，废毁碾硙就成为最主要的内容之一。如表 1—1 所示，永徽九年、开元九年、广德二年、大历十二年都是如此。在大历十三年的废硙活动中，涉及代宗皇帝爱女升平公主的两个碾硙，“齐国昭懿公主，崔贵妃所生，始封升平。下嫁郭暖。大历末，寰内民诉泾水为硙壅不得溉田，京兆尹黎干以请，诏撤硙以水与民。时主及暖家皆有硙，乞留。帝曰：吾为苍生，若可为诸戚唱（倡）。即日毁，由是废者八十所”①。升平公

① 《新唐书》卷八三《诸帝公主传》。

主还算明理，遂即拆除，其余权势之家也没办法，只得忍痛割爱。这件事反映出当时碾硙与农田灌溉争水，已经达到了比较严重的程度。碾硙的利益丰厚，但只有少数权势之家得利，而广大农民却因渠水流失而灌不上农田遭受损失。两相比较，整个灌区的灌田效益要远远大于碾硙，因此，从国家的整体利益考虑，地方官和皇帝经常出面解决这一难题。

唐代关中碾硙的发展对三白渠灌溉效益有很大的负面影响，《元和郡县图志》就把渠利面积的减少主要归结为碾硙的设置。但也应该看到，碾硙是利用水的动能冲击机械来发挥作用的，这种水力利用也是水利的一种形式。不可否认碾硙的发展也是水利综合利用能力的提高，且众多的碾硙也说明三白渠引水能力的增强。

唐朝政府为了使碾硙作为灌区水利的补充，达到二者均衡发展相得益彰，特制定了一些法律规制。开元《水部式》曰："诸水碾硙，若壅水质泥塞渠，不自疏导，致令水溢渠坏，于公私有妨者，碾硙即令毁破。""诸溉灌小渠上，先有碾硙，其水以下即弃者，每年八月三十日以后正月一日以前听动用。自余之月，仰所管官司于用硙斗门下著锁封印，仍去却硙石，先尽百姓灌溉。若天雨水足，不须浇田，任听动用。其旁渠疑有偷水之硙，亦准此断塞。"这里包含两层意思，第一，在渠道上设置碾硙，如果渠中水头无法满足碾硙的要求，必然要在渠中筑堰壅水，如此就会导致流速降低，泥沙淤积于渠底，最后渠道无法容纳所引水量，使水溢出渠岸，造成渠岸毁坏。在这种情况下，若碾硙主人不能自觉疏浚渠道，则碾硙必须拆除。第二，安置在小渠上的碾硙，水流冲过以后再无法引灌农田者，要求碾硙的使用时间为每年八月三十日至次年正月初一日，因为这段时间灌溉用水量最小。其他日子必须将碾硙的进水闸门加锁封住，并拆下硙石，先满足灌田的需要。如果风调雨顺，无须灌溉，则任凭使用碾硙。若渠旁有弃水的碾硙，也在被禁之列。总之，使用碾硙必须以满足灌溉用水为前提，不得与灌溉争水抢水。[①] 到了唐代后期，随着干支渠分输水堰闸斗门体系的完善，这种限制碾硙的政策还是能够有效地执行下来的。

---

① 周魁一：《〈水部式〉与唐代的农田水利管理》，《历史地理》（第四辑），上海人民出版社 1986 年版。

总之，由于引水石堰的设置，引水量大增，唐代三白渠灌溉面积在永徽年间达到了一万余顷，可以说达到了古代史上的最高峰。其后受碾硙等影响，在安史之乱后的大历年间，灌溉规模一度降至六千余顷。这可能比不上西汉盛期郑白渠合计灌溉面积，但随着大历年间黎干的大规模修复渠系，废拆碾硙，尤其是刘仁师全面兴修三白渠堰斗门等系统，完善了三白渠系，保证了水流的有效利用，其灌溉效益应该有所回升，似乎能够达到一万余顷的高水平。至若《长安志》谓唐成国渠溉田“二万余顷，俗号渭白渠，言其利与泾白相上下”①，则可推断出唐代白渠可灌田两万余顷，似乎有点儿偏大。

最后应该说明的是，碾硙其实也是水利事业的一种类型，属于较高级别的水动力利用，而且经济效益显著。其数量的增多当然也可说明唐代引泾灌渠综合效益的提高。

原刊《中国农史》2008 年第 2 期

第三节　宋元明时代泾渠上的水则

水则是衡量自然河流或人工引水渠道之流量大小的人为标志。在中国古代主要有两种形式：一是刻画或竖立石人、石龟、石鱼等标志物；二是刻画等距离的尺度符号，即水尺。多年来，学者从历史典籍和实地考察中发现了不少古代水则，也进行了较为深入的研究，只分布区域集中于长江中上游地区。我在研究和考察古代关中水利时，发现了古代引泾灌渠上存在的三个水则，今介绍其分布地点、遗存状况，并论述其时代特征与当时的作用。

一　宋元时平流闸旁的石龟

元朝李好文著《长安志图》，其卷下《泾渠图说・洪堰制度》曰：“今时平流闸下石渠岸里有一石龟，前人刻以志水者也。为之语曰：水到龟儿嘴，百二十徼水。尝闻主守者曰：今水虽至其则，犹不及全徼，盖

① 宋敏求：《长安志》卷一四《县四・兴平》。

渠底不及古渠之深也。”明确记载有平流闸下石渠岸里刻一石龟作为水则的事实。

要搞清此水则的具体位置，则必须考证平流闸所在；欲知平流闸所在则应首先论证平流闸在宋元引泾渠道所起的作用。宋大观二年（1108）开修丰利渠，渠道深入石质山谷，两年后完成。负责者著《开修洪口石渠题名记》曰：“惟石渠依泾之东岸，不当水冲，乃即渠口而工，入水凿二渠。各开一丈，南渠百尺，北渠百五十尺，使水势顺流而下。又泾水涨溢不常，乃即火烧岭之北及岭下，因石为二洞，曰回澜，曰澄波，限以七尺。又其南为二闸，曰静浪，曰平流，限以六尺，以节湍激。”[①] 由上可知，其渠道引水枢纽不仅有二支渠入泾引水，而且修有二洞二闸结合以控制水位。据现存清代所绘《龙洞渠图》，火烧岭在今小龙潭东侧，上距今泾惠渠大坝1370米左右。实地考察可知，此处因小龙潭侵蚀，东岸形成一大缺口，其上侧设回澜、澄波二泄水洞，当河流涨汛入渠水量多余时可分泄回注于泾河之中，能控制渠中水深不超过七尺。而在其下侧也即其南部设置静浪、平流二节制闸，控制渠中水深在闸后不超过6尺，为安全流量，如平流闸名称所显示的那样。平流闸是渠首引水枢纽的最后一道控制工程，其下游水量大小基本就是干渠的流量，在此设置一个水则可以测知渠道引水的规模。

元代平流闸仍然存在并断续发挥着作用。元人宋秉亮曾经亲自考察此处，“相视旧二所上下相去四十余步，中间元（原）用退水旧槽，至今且存。平流一闸在退水槽近下十步，渠身两壁亦有砌口四道”，并建议“拟合将二闸修置，以时开闭，则浊泥不得入渠，穿淘之工可以减半。”[②] 推测宋秉亮此建议得以实施，其后李好文时平流闸才得以正常使用，并有“主守者”在此工作。

今陕西省泾惠渠引水渠首此段渠道仍然基本沿用旧道，在今三号洞西侧、小龙潭东南泾河岸边仍有渠道遗迹，其左岸有闸槽一道，估计为宋元平流闸遗存。是知石龟水则具体位置应该在此附近。

此石龟水则估计刻于宋，因其与平流闸配套使用，理应与闸同时完

---

① （宋）蔡溥：《开修洪口石渠题名记》，《历代引泾碑文集》，陕西旅游出版社1992年版。

② 李好文：《长安志图》卷下《泾渠图说》。

成；且到元朝李好文时水则已经达不到原有标准，“今水虽至其则，犹不及全徼”，也说明刻之甚早。故李好文也说：“前人刻以志水者也”，其所谓前人似为宋人。

在平流闸下游石渠旁所刻的石龟水则主要是为了衡量引泾入渠的流量大小，所谓：“水到龟儿嘴，百二十徼水”，是说水面达到石龟嘴部时，则引水规模达到120徼。“徼”是古代反映渠水流量的单位，“凡水广尺深尺为一徼”，即渠道过水断面为一平方尺时的水为一徼。“其法量初入渠水头，深广方一尺谓之一徼，假令渠首上广一丈四尺，下广一丈，上下相折则为一丈二尺，水深一丈，计积一百二十尺，为水一百二十徼”。在渠道断面一定时，进入渠道的水位基本能反映引水量的大小，这就是设置石龟水则的依据。120徼是宋代泾渠引水的最大流量，故《长安志图》之《泾渠图说·洪堰制度》谓：“为水一百二十徼，是水之至限也。”石龟水则也是以此为限的。至于小于此的流量规模此水则是否能够测量，因史籍未载，又没发现此古代水则，不知其形制如何，故也不敢臆断。

“徼”不仅是引水规模的计量单位，也关系到对下游灌田面积的预算。当时规定的灌水定量是：“大概水一徼一昼夜溉田八十亩。”故而探测出引水的徼数，则可作为下游各限各斗渠分配水量的基础，其意义非同一般。在宋元时代，于渠首和各限口设有专职监守人员，“守者以度量水口，具尺寸申报所司，凭以布水，各有等差。”① 在渠首设立石龟水的作用是探测出引水入渠流量的大小，为下游各分支渠分配水量提供依据。

二 元代王御史渠渠首的水尺

此水尺位于上距今泾惠渠大坝1056米处的石渠遗址上，1986年陕西省考古工作者首先发现，其后泾惠渠管理局和陕西省水文总站又对石刻水尺进行了测量，后者还以《丰利渠口水则》为题，报道其勘测结果和研究成果，发表在其内部刊物《陕西水利》1987年第2期上。近几年，笔者曾四次亲临现场考察，今结合历史文献记载，判断此石渠渠首遗址应为元代王御史渠渠首，其水尺当然也是元代所刻。

---

① 李好文：《长安志图》卷下《泾渠图说》。

要探知此石渠渠首的年代及水尺的作用，应首先明确水尺的布局形式及与其相关的渠口建筑遗存。由图1—10王御史渠首建筑、水尺分布示意图可知，此引水石渠口两岸各有闸槽两个，用以固定两面闸板，共同构成一个坚固的闸门。二闸上下相距约6.8米。

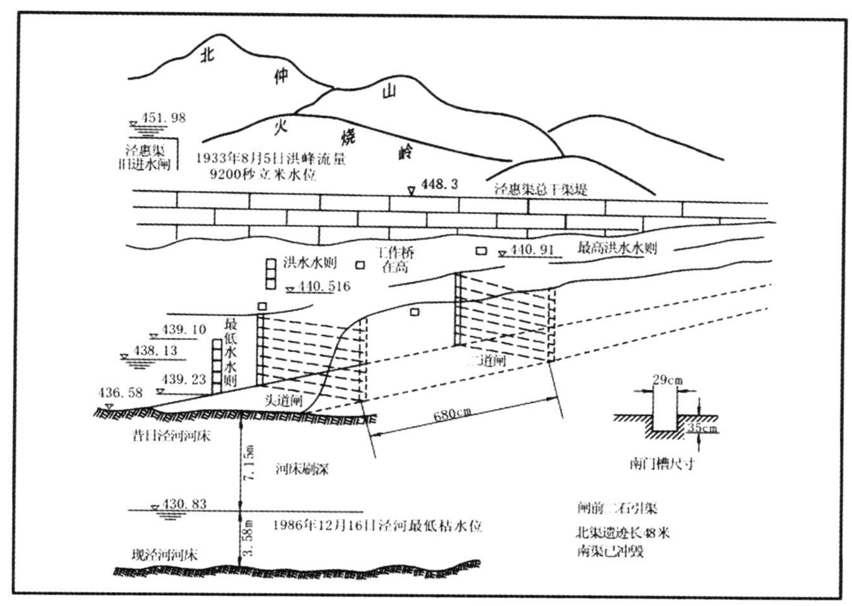

图1—10　王御史渠首建筑、水尺分布示意图

水尺刻在左侧石壁上，与二闸的关系密切：

第一处水尺位于头道闸以外，是竖长方形之中刻划水平分格的形式，长方形底宽32厘米，上下每个水平分隔的高度很均匀，接近等距离，约等于31厘米，基本符合元代一尺的长度。① 现淤泥以上共可见六道水平分隔，在从下向上数第四第五分隔处刻有四字，右面二字依稀可辨，释读作“已上”，作“以上”讲；左边二字，上面者已不可读，下面者释读作“谷”。连读应该是“已上□谷”四字。其刻在引水水尺的上部应有特定含义，似指此水尺刻画结束（被水淹没）后，还有高于此的水尺刻在

① 据陈梦家《亩制与里制》，1元里=1200元尺=378.84米，则1元尺约等于32厘米，见《考古》1966年第1期。

谷内。两闸槽之内侧上部果有两处洪水水尺刻画。

第二处水尺位于头道闸内侧，在第一处水则下游2.6米处，形式与第一处水则类似，底宽32厘米，每水平隔档高31厘米，现在可辨水平刻画五道，隔成四格。

第三处水则在二道闸下游不远，距第二处水则约7米，只有一个刻画的方框，宽37厘米，高24厘米。

陕西省水文总站编志办所著《丰利渠口水则》一文，主要依据引泾古渠口的历史顺序判定此渠口应该是丰利渠渠口："按照引泾古渠口的历史顺序来说，因泾水下切河床刷深，历代石渠口一代接一代地向上转移。若从泾惠渠大坝向下游排列依次为：广惠渠口、王御史渠口、丰利渠口。又由史料和古渠遗迹彼此间的关系，证实新发现的刻有水则的石渠口应该是北宋丰利渠渠口，而不是明朝通济渠或元朝王御史渠渠口。"但从渠首形式、引水设置及所处地理形势分析，此观点无法成立，刻有水则的石渠口不可能是丰利渠渠首，只能是元代王御史渠口。

第一，据蔡溥《开修洪口石渠题名记》，丰利渠引水口不当水冲，乃入水凿二渠引泾入渠。此石渠引水口门就在河边，河水入渠顺畅，并非"不当水冲"，根本没有修二支渠引水的必要和条件，远非蔡溥所记丰利渠渠口的自然特征。

第二，据李好文《长安志图》卷下《泾渠图说·建言利病》："方新渠未开之时，每岁差民起立石囤堰水，计用囤三百八十个，高一丈有余，费役甚广，而水益艰涩。是以王御史乃于上流窄处疏凿此渠，止用囤一百八十个，宜其省费而水可通也。"又《泾渠图说·洪堰制度》下李好文注曰："王御史新开石渠亦同，但身不及耳，其立囤处河身亦窄，今只用囤二行，数皆减于旧矣。"二处皆明言王御史渠渠首选在泾河河槽较窄的岸边，从筑堰石囤数量的明显减少也可证明。据实测，有水则的石渠渠首附近河槽宽仅30米，同上下所存石渠渠道遗址附近的河宽相比较是最窄的。故有水则的石渠渠首只能是王御史渠口，而不应该是宋丰利渠口。

第三，据上引《开修洪口石渠题名记》，丰利渠的引水渠首除二支渠入泾引水处，其下还有二洞，限以七尺，又有二闸，限以六尺。二闸均在火烧岭下方，未闻引水口门有闸。此处二道闸槽修于引水口门上，应该是元宋秉亮对渠首亲自考察后建议改修的，其提议："静浪相离新渠

（口）窎远，浊水入渠，必至淤淀，宜将此闸移于渠口近下一二十步安置。”此石渠渠口近下19米和26米处的两道闸槽，构成一个两头下闸板中间可填土石的坚固闸门，其位置与记载一致，也充分证明了此渠首是王御史渠口。不仅如此，此点还可证明，水尺的刻画时间也是在此次改修过程中，即是说并不与王御史渠同时所修，而应在宋秉亮考察渠首的元至正三年（1343）以后的某年。同时也可知此石渠遗存的闸门应该是元代改修后的静浪闸。

由图1—10所示水尺的高程数据可知，引水水尺顶画高程为439.10米，高出昔日泾河河床2.50米，约合元代八尺。而在元朝王御史时代，此高度应是泾渠引水正常流量的极高限度，因宋代丰利渠正常引水深度为五尺，二洞限以七尺，二闸限以六尺，元代缺乏渠口引水深度的记载，但常流不会高出宋代太多。水尺由渠底开始向上刻画，则只要一看水面在水尺上的刻度，即可明晓引水总量多少。因此，我认为第一处水尺起着探测渠首引水量的作用，应叫作引水水尺。其作用与平流闸下石龟的作用相同，只是测量精度有了进一步的提高。

第二处水尺底刻画高程为440.516米，高出引水水尺最高限度1.416米，这说明二者是不衔接的。应该是洪水到来时，水面淹没引水水尺后至涨到440.516米前的某一时间，就开始逐渐关闭闸门，当洪水小且下游需水灌溉时仍可留下一定空间引水入渠；如洪水达到一定高度，这可以从第二个水尺与闸板的相互位置中读出，就应该把二闸板同时关闭，必要时中间填以土石以固定闸门，抵御洪水冲击。也就是说二闸板与其内侧上部的水尺配合使用，可以在高水位时控制引水，并在洪水猛涨时防止洪水入渠淤积，同时也可探测洪水水位变化以采取相应措施。

当然，闸门如何与其旁水尺配合使用，二洪水水尺为何产生差异，以上仅是笔者个人的推测，还有深入探求的巨大空间。

三　元明时代三限口的石人

元李好文《长安志图》卷下《泾渠图说·建言利病》谓：“又如白渠水小之时宜将限上并中限权行止住，听下县先浇，候水大之时将闸下水程并开（疑为‘闭’之误）二斗或三斗以补之。故限口有志水石，古语云：‘水到石人手，限上开三斗；水到石人腰，限上不得浇。’即前人规模之大方也。”明朝嘉靖年间赵廷瑞、马理纂修的《陕西通志》卷二《土地·山川》也记载：“三限口，在（泾阳）县北五里，分白渠为三。水中置石人，其字刊曰：‘水到石人腰，限上不能浇；水到石人肘，限上开斗口。’”二者所记虽有差异，但具体地点却完全相同，都在三限口前，应该是为控制限上限下分水标准而立的标志。

三限口又称三限闸，建成于唐代，宋元明清相沿不改。元代时，北限为太白渠，引水入三原、栎阳、云阳三县；中限为中白渠，引水灌高陵、三原、栎阳三县田；南限为南白渠，引水入泾阳县，见李好文《长安志图》卷下《泾渠图说·洪堰制度》。关于三限口具体位置，唐人无载，宋人宋敏求《长安志》卷十七《泾阳县》曰：“三限口在（泾阳）县东北”。而元李好文《长安志图》卷下《泾渠图说·洪堰制度》则谓，“三限闸在今洪口下七十里”。上引明嘉靖《陕西通志》明确指出，三限口在泾阳县北五里。三者所指地点实为一处，即今泾阳县北汉堤洞村附近，实地考察与钻探材料也证明此点不误。1999 年 8 月 4 日，泾惠渠管理局总工程师叶遇春先生带我们考察了此地，发现汉堤洞村东有一斜向东北的高大古堤，全长十余里，是古代渠道的遗存。1995 年考古人员在此钻探，发现地下存在大量白灰黏结的砖、条石等，疑为古代三限口建筑遗存。因而此处也是三限口上游渠水中石人水则的分布地点。

此处石人水则始设于何时已不可考，但元明时代都应该存在应没有多大问题，而且从元明史籍记载的差异中还可推测元明时代的石人水则似乎有所不同。明《陕西通志》明确记载水则的操作原则刊刻于石人之上，且石人置于水中，应该是雕刻的石像。元李好文《长安志图》仅说“限口有志水石”，虽从其操作原则上知其也是个石人，但却不敢肯定是石人雕像还是刻在石上的画像。其操作原则是否刊于石上也不一定。其次，操作原则虽没大的不同，但二者毕竟有些出入。除去前后句的颠倒外，仍有两点差异应该讨论：元时谓“水到石人手，限上开三斗”；明人曰：“水到石人肘，限上开斗口”。要开放限上斗口一定是渠水较多水面较高时，也就是说“石人手”“石人肘”所在平面应该高于“石人腰”才行。如此则可判定元代的石人绝对不是垂手而立的，因为那样的话，石人手只能在腰部以下。在手臂自然下垂状态下，人的形体肘部一般与腰部差别不大，故我推测元明时代的石人水则都应是手臂向前平举的。

平举手臂则手、肘、肩处于同一平面，之所以不用肩作为标准可能是因为放在操作原则中不能押韵的缘故。限上“开三斗”与“开斗口”相比，只代表元代较明代规定得具体细致，并没有原则性区别。

元朝时，三限闸为五县分水之要，“至分水时，宜令各县正官一员亲诣限首，眼同分用，庶无偏私”。放水期间，每天都有专测水量者，以便分水公平。“守限者每日探量，具徼数申报。所司凭以分俵，水盛则多给，水少则少给。”① 可知三限口下太白、中白与南白三渠同时供水，即施行续灌制，各渠在同一时间工作，与其下各斗渠间采用轮灌制不同。要保证三限同时供水，一定要维持总干渠内有较高的水头。在清代拒泾引泉水量减少时，只能实行三县轮灌制：“至清拒泾用泉，水量不及，则始定一渠用水，削去临潼、富平诸县水利，由高陵而三原，而泾阳，挨次上浇，不能同时分水也。”② 因此，为保证三限口以下同时三渠分水，在白渠总干渠水少之时，宜将限口以上斗门权行关闭，听下县先浇。具体标准是总干渠水面达到石人肘部时，限上可以开放斗门，此所谓“水到石人肘，限上开斗口”也。其“限上”的具体含义应该是三限口以上，而在宋代宋敏求《长安志》卷十七《泾阳县》中，已有“限上十巡，管斗门十一；限下八巡，管斗门八”的记载，“限上”的概念产生甚早，也很具体明确。

三限口以上水门先行关闭，以抬高水位，保证其下游各渠能同时引水灌田，此点也体现了渠道用水间的“先下后上”原则。而此原则在唐代已经出现，《大唐六典》就明确指出“凡水用，自下始”。

总括上述，宋元明时代泾渠上的水则具有以下特点：一是种类齐全。既有石龟、石人类标志物，又有水尺；二是功能完备。除了在渠首测量引水流量大小以外，还利用徼数来控制下游灌田面积，尤其是其在中游分水枢纽前设置的石人具有明确的上下游水量调节作用，说明泾渠的水则除了水文测量这一功能外，主要体现在用水管理的社会功能方面。这一点在全国都是特别突出的。三是时代偏晚。石龟始于宋，较都江堰石人水则出现于秦汉时要晚得多，而水尺出现于元代也较都江堰水尺出现

① 李好文：《长安志图》卷下《泾渠图说》。

② 高士蔼：《泾渠志稿》之《历史泾渠制度考·水制》。

于宋代为晚。[①] 但应该看到，这一点只是针对我们今天已经发现的三个水则而言的，泾渠上应该还有至今没被发现的更早水则。比如，按唐代《水部式》规定："京兆府高陵县界，清白二渠交口着斗门堰。清水恒准水为五分，三分入中白渠，二分入清渠。""泾水南白渠、中白渠，南渠水口初欲入中白渠、偶南渠处，各着斗门堰，南白渠水一尺以上二尺以下入中白渠及偶南渠。"唐时用斗门与堰的联合类建筑调节水量，而且能够调节到一个准确的比例或高度，这就要求每个分水口处应该设置有衡量水位的标志或水尺，也即是说按唐代泾渠引水技术的水平应该有水则的产生，且其水则可能与斗门堰建筑联系在一起。只具体如何仍有待于今后深入的研究或实物的发现。

原刊《华北水利水电子院学报》2011 年第一期

第四节 秦郑国渠灌区的发展与演变

在战国时代秦人兴修的两大水利工程中，位于南方成都平原的都江堰因其经济效益随着历史的发展不断提高而闻名，至今已是世界文化遗产。位于北方关中平原的郑国渠却没有获得应有的声誉。笔者认为汉六辅渠、汉白渠、唐郑白渠、宋丰利渠、元王御史渠、明广惠渠、清龙洞渠与近现代的泾惠渠都是郑国渠持续发展的结果。从这个意义上来说，郑国渠也是几乎持续两千多年的大型水利工程，而且其发展轨迹明确，充分显示出自己的特点。

一 秦郑国渠是沿北山由泾到洛跨流域供水的大型淤灌工程

历史文献详细记载了郑国渠的修建过程、经行路线、经济效益与淤灌压碱性质。《史记·河渠书》曰："韩闻秦之好兴事，欲罢之，毋令东伐，乃使水工郑国间说秦，令凿泾水自中山西邸瓠口为渠，并北山东注

---

① 据常璩《华阳国志》，都江堰在秦时已有石人水则，秦时"于玉女房下白沙邮作三石人，立三水中。与江神要：水竭不至足，盛不没肩"。而到宋时都江堰又有水尺类水则之设，《宋史·河渠志》载："离堆之趾，旧石为水则，则盈一尺，至十而止。水及六则，流始足用。"

洛三百余里，欲以溉田。中作而觉，秦欲杀郑国。郑国曰：‘始臣为间，然渠成亦秦之利也’。秦以为然，卒使就渠。渠就，用注填阏之水，溉泽卤之地四万余顷，收皆亩一钟。于是关中为沃野，无凶年，秦以富强，卒并诸侯，因命曰郑国渠。”《汉书·沟洫志》所记基本相同。

据《史记·六国年表》，秦王政元年（前246），“作郑国渠”。《汉书·沟洫志》则曰：“自郑国渠起，至元鼎六年（前111）百三十六年。”二书所记年份完全相符，证明郑国渠创修年代必为秦王政元年，即公元前246年。

郑国渠并不是一般的引水灌溉工程，而是具有淤灌压碱性质的大型水利工程。《史记·河渠书》明言：“渠就，用注填阏之水，溉泽卤之地。”《汉书·沟洫志》也说：“渠成而用（溉）注填阏之水，溉泻卤之地。”其表达的意思完全相同。唐人颜师古注曰：“注，引也。阏读与淤同，音于据反。填阏谓壅泥也。言引淤浊之水灌碱卤之田，更令肥美，故一亩之收至六斛四斗。”这里有两层意思，一是郑国渠所引之水为高泥沙浑水。泾水为多泥沙河流，汉人歌之曰：“泾水一石，其泥数斗。”今人测量结果是，泾水多年平均含沙量高达每立方米180千克以上。这种从陇东高原带下来含有机质的泥沙，随水一起输送到低洼沼泽盐碱地区，则有淤高地面、冲刷盐碱、改沼泽盐卤为沃野良田的功效。二是郑国渠淤灌之地是未垦殖的沼泽盐碱地，不是农耕地。《史记》明确地说是“溉泽卤之地”，《汉书》则说“溉泻卤之地”。泻是指咸水浸渍的土地，其实意思并无不同。

郑国渠首起瓠口，傍北山东行入洛，共三百余里，其渠道以南地势相对低洼，原为泾渭清浊洛诸水汇渚，形成面积广大的湖泊沼泽区域，后经河流携带泥沙与风吹黄土的堆积淤高，陆续有陆地生成，也有了人类居住的遗迹。部分遗留下来的湖泊逐渐富营养化，杂草生长，发展成沮洳（沼泽）之地。在湖泊沼泽陆地之间，土质多带卤性，是盐碱严重之区，非有河流冲刷碱卤不能种植，而靠自然河流的塑造，已有少量土地成为垦殖之田，但较为零星。郑国渠的开凿，人为大规模引来浑水淤灌，始迅速淤成良田美壤，“于是关中为沃野，无凶年”。也就是说，郑国渠的作用不是浇灌农田，而主要在于引浑淤地，改良低洼盐碱，扩大耕地面积，使关中东部低洼平原得到基本开发。

《史记》《汉书》记载郑国渠线只有十个字，“并北山东注洛三百余里”，虽很简略，但也说明了两大问题，一是郑国渠沿关中北山之南缘，自西向东伸展，很自然地把干渠布置在灌区北边较高的地带，走的是高线。由于泾洛之间这块平原西北高东南低，故其能够控制的自流淤灌面积较大。二是郑国渠首引泾水，尾注洛河，长达三百余里。

北魏郦道元《水经注・沮水》较详细地记载了郑国渠路线，郑国渠自瓠口引泾水后，“渠渎东迳宜秋城北，又东迳中山南……郑渠又东，迳舍车宫南，绝冶谷水。郑渠故渎又东，迳巀嶭山南，池阳县故城北，又东绝清水，又东迳北原下，浊水注焉……又东，历原，迳曲梁城北，又东迳太上陵南原下，北屈，经原东，与沮水合……沮循郑渠，东迳当道城南……又东迳莲芍县故城北……又东，迳粟邑县故城北……其水又东北流，注于洛水也”。其中指示郑国渠渠线走向的地名有二山、四水、三原、七城、一宫、一陵。1974 年，西北大学历史系、陕西省文物管理委员会和泾惠渠管理局共同组成了调查组勘察了郑国渠渠线及其相关问题。当时根据《水经注》的记述和大量的实地调查资料，结合大比例尺地形图和各地地形特点，绘制出了郑国渠的基本路线，泾管局档案室藏有原件，公开发表的可参见西北大学历史系《郑国渠》编写组编著的《郑国渠》一书与李健超先生的论文。[①] 其所绘渠线大致沿海拔 450—370 米的高程，自西向东，循北原而行，修建在渭北平原二级阶地的最高线上；由渠首瓠口到入洛河的实际长度 126.03 千米，由汉代一里约为 414 米，三百里相当于 124 千米，故文献记载长度与所绘颇为接近；渠首海拔高约 450 米，渠尾高约 370 米，首尾高差 80 米，渠道平均坡降为 0.6‰。

郑国渠引泾注洛三百余里，其间经过几条自然河流，这些河流原皆是由北部山原发源向东南汇入渭河的，与自西而东的郑国渠不可避免地形成交叉。郑国渠是如何处理这种与天然河流的交叉的呢？按《水经注・沮水》记载，郑国渠“绝冶谷水”“绝清水”“与沮水合”，浊水也是注入郑国渠的，即是将沿途与渠道交叉的各河流“横绝”而过。由于当时河床尚未深切，河浅滩平，郑国渠横穿沿途诸交叉河流时多采用筑

---

① 《郑国渠》，陕西人民出版社 1976 年版；李健超：《秦始皇的农战政策与郑国渠的修凿》，《西北大学学报》（自然版）1975 年第 1 期。

坝、修堰、开沟等方式，拦截或导流诸川水入渠，充分利用各小河水利资源补充水量，使泾河至洛河之间的淤灌渠道连成一片，开创了跨流域大规模输水的水利工程先例。

二　汉六辅渠、白渠改造郑国渠为南北两大干渠的灌溉工程

西汉六辅渠、白渠的修建对郑国渠意义重大，它们不仅使引泾水利工程发生了从淤灌到浇灌的技术转变，而且实现了由主要淤灌低洼盐碱地到浇灌高平农田的空间转移，形成了南北两大干渠的农田灌溉工程。

六辅渠是西汉武帝元鼎六年（前111）开凿的，《汉书·沟洫志》曰："自郑国渠起，至元鼎六年，百三十六岁，而倪宽为左内史，奏请穿凿六辅渠，以益溉郑国傍高印之田。"六辅渠是对郑国渠渠系工程的改造，使其性质大变，由淤灌造田转变为浇灌农田，可称得上中国北方大型引河浇田水利工程的开端。

关于六辅渠的修建范围及引水之源，唐人颜师古注《汉书·倪宽传》中明确地说，六辅渠"则于郑国上流南岸更开六道小渠以辅助溉灌耳。今雍州云阳、三原两县界此渠尚存，乡人名曰六渠，亦号辅渠。故《河渠书》云：关内则辅渠灵轵，是也"。其注《汉书·沟洫志》时也说：六辅渠"在郑国渠之里，今尚谓之辅渠，亦曰六渠也"。是说六辅渠以郑国渠为水源，在郑国渠南岸修建了六条支渠以辅助灌溉。唐代六辅渠遗制尚存，除颜师古所载已如上引外，李吉甫也有记载："今此县（指云阳县）与三原界六道小渠犹有存者。"①

六辅渠是从郑国渠干渠中开六条小渠以辅助郑国渠的，但灌溉对象却不一样，郑国渠是"溉泽卤之地"，六辅渠是"益溉郑国旁高印之田"，前者是淤灌性质，后者是浇灌农田性质。至六辅渠建成，关中大规模引河灌渠才有了今天意义上的农田水利性质。

六辅渠又叫"辅渠"，同时也称"六渠"，谓有六条渠道。从其名称看，六辅渠很像郑国渠的六条支渠，多股引水，与今天的农田水利渠系相同。而且其浇灌之田正是郑国渠未能淤灌地方的已垦成农田。郑国渠是淤灌性质，引流浑水，为防其淤塞渠道，故要求输水支渠比降较大，

---

①　李吉甫：《元和郡县图志》卷一《关内道一·云阳县》。

这样向下引流，必有一些较高之处无法自流引到，而实际上这些高地也不需淤灌，人们早已把它开垦成农田。现修六辅渠，适当缩小比降，到了下游地段，支渠将可浇灌到高程相对较高的农田，这是毫无疑问的。

六辅渠是中国北方大型引河灌田水利工程的创始，在此之前虽有些引水灌田的陂池蓄水型工程，但规模特小，无法与六辅渠这种引河灌渠相提并论。六辅渠虽只是郑国渠的六个支渠，但其改变了郑国渠的淤灌性质，使之增加了浇灌农田的内容，成为淤灌与浇灌并举，并越来越以浇灌为主的引泾工程。初时郑国渠的淤灌功能不可能完全丧失，因其控制范围还有一些低洼盐碱地需要淤高改良。我的设想是这样的，在汛期，引浑淤灌，来发挥郑国渠原有的功效；而在平水期，高地农作物需要额外补充水分时，六辅渠又能发挥浇田抗旱之作用。因郑国渠渠线较长，引水河流多，此两种效用是可以同时进行的。

郑国渠引浑淤灌荒地，扩大耕地面积，在数量或外延上提高了农业生产力。相对于此，六辅渠（也包括六辅渠改造过的郑国渠）引水浇灌农田，使农作物增加了抗旱保收、丰收的能力，提高了粮食亩产量，不仅可保证郑国渠新开辟农田的增产，而且连过去已有的旱田也可进行浇灌达到了增产丰收，则是从深层次的内涵上发展了农业生产力。如果说郑国渠的淤灌促使了关中农业区的形成，则六辅渠的浇灌水利可以促成关中农业区更上一层楼，达到中国古代史上的充分开发。

六辅渠上承郑国渠，又改造了郑国渠，下启白渠，具有由淤灌向浇灌水利工程转变的承上启下作用，在中国水利发展史上应该占据重要的一席之地。

六辅渠兴修十六年后的太始二年（前95），关中又兴修了著名的白渠。《汉书·沟洫志》曰："后十六岁，太始二年，赵中大夫白公复奏穿渠。引泾水，首起谷口，尾入栎阳，注渭中，袤二百里，溉田四千五百余顷，因名曰白渠。"

白渠的经济效益主要表现在较为持续稳定地建立了旱地农区的大型浇灌系统，其与北部的经过六辅渠改造后的郑国渠形成引泾灌区的南北两大干渠，浇灌和淤灌着广大的农田和荒地，使渠下田获得丰产丰收，关中农业区走向繁荣，使泾水东部平原成为关中最为发达的地区，建成为供应都城长安数十万人口衣食所需的重要经济基地。《汉书·沟洫志》

曾给其经济效益以高度评价："民得其饶，歌之曰：'田于何所？池阳谷口。郑国在前，白渠起后。举锸为云，决渠为雨。泾水一石，其泥数斗，且溉且粪，长我禾黍。衣食京师，亿万之口'。言此两渠饶也。"班固《西都赋》极铺陈关中郑白两渠的作用："下有郑白之沃，衣食之源。提封五万，疆埸倚分。沟塍刻镂，原隰龙鳞，决渠降雨，荷锸成云，五谷垂颖，桑麻铺棻。"[①] 这正可以反映汉代郑白并存时的情形。

笔者认为汉白渠与郑国渠是引泾灌溉渠系的南北两大干渠，可以说是秦郑国渠的发展。这与20世纪出版的权威水利史著作《中国水利史稿》的观点基本相同。《中国水利史稿》认为，白渠建成后，"郑国渠当时仍维持石川河以西旧道，白渠则在郑国渠之南，郑白二渠是一个灌区的南北两条渠。此后郑白齐名，并往往统称为郑白渠"[②]。

西汉以后郑国渠经过历代的多次修复，仍然断续地发挥其放淤与浇灌的作用，历魏晋北朝，到唐代中期，才发生了重要变化。西晋时，江统有《徙戎论》，见《晋书·江统传》。其中言："夫关中土沃物丰……加以泾渭之灌，溉其泻卤，郑国白渠灌浸相通，黍稷之饶，亩号一钟。"似乎晋时郑白二渠仍然维持着不错的局面，潘岳《西征赋》也说："北有清渭浊泾，兰池周曲，浸决郑白之渠。"[③] 后来五胡侵入，关中沦为战地，农业经济残破，水利设施也遭废弃，但在前秦苻坚时，郑白故渠仍然得以恢复。《晋书·苻坚载记》载其事曰："（苻）坚以关中水旱不时，依郑白故事，发其王侯以下及豪望富室僮隶三万人，开泾水上源，凿山起堤，通渠引渎，以溉冈卤之田。及春而成，百姓赖其利。"非常明确地说明了是"依郑白故事"，所灌乃"冈卤之田"，对冈地乃是引渠水浇灌农田，以像白渠、六辅渠那样；而卤地则只能像郑国渠那样进行放淤改良。

三　唐中后期北系各河流发展起各自独立的引水渠系

唐朝时代，引泾灌溉工程得到恢复，似乎不仅白渠，郑国渠也得到了修复利用，遂有通常所称呼的"郑白渠"。大历十二年（777），京兆少

---

① 《文选》第一卷《赋甲·京都上》。

② 《中国水利史稿》（上册），中国水利电力出版社1979年版，第129页。

③ 《文选》第十卷《纪行下·潘安仁西征赋》。

尹黎干奏曰："请决开郑白支渠，复秦汉水道，以溉陆田。"光启元年（885）诏称："关中郑白渠，古今同利，四万顷沃饶之业，亿兆人衣食之源。"① 北干渠系下游的清水与引泾的白渠渠系相互连贯是有确切文献证明的。据开元《水部式》，"京兆府高陵县界，清白二渠交口著斗门堰。清水，恒准水为五分，三分入白渠，二分入清渠。若水雨过多，即与上下用处相知开放，还入清水。"清水即冶峪与清峪水合流后的总称，其不仅是清渠的水源，而且还在高陵县与白渠相交，设置有斗门堰引水补充中白渠的水量，平时使来水的五分之三进入中白渠，五分之二流入清渠。清水的全部流水竟都被引入灌渠溉田，只雨水过多不需溉田时，才把闸门关闭，使全部水量放还清水。中白渠与清渠的分水比例，可能是依据两者灌溉面积来决定的。

随着唐对南系白渠的整理加强，三白渠系完善起来，控制了石川河以西的基本区域；而北部郑国渠原来横绝的清峪河、冶峪河、浊峪河、石川河等自然河流不再连通，开始出现不少小型的灌溉工程，且随河床下切引水渠口向上游发展，各河水利工程各自为政，不能实现跨流域供水，北部郑国渠系完全失去作用。此后郑白渠多被三白渠的称呼所取代。

唐前期人们多用郑白渠这个称呼，而到了后期，引泾灌渠的称呼却以"三白渠"为主，这一转变说明了北干郑国渠系发生了较大变化。我认为变化表现在以下三点上，首先，郑国渠引泾渠已废弃不用，北干渠系不再以泾水为源。唐张守节《史记·河渠书》之《正义》曰："至渠首起云阳西南二十五里，今枯也。"此即指唐代已废弃。其次，郑国渠引泾渠首段虽废，但其灌区大部仍未废弃，六辅渠系仍在发挥作用，只其水源变成了冶、清、浊、漆、沮诸水。因此，唐人颜师古注《汉书·倪宽传》时曰：六辅渠乃郑国渠之支渠，"今雍州云阳、三原两县界此渠犹存，乡人名曰六渠，亦号辅渠"。最后，由于诸水河床的下切，以冶、清、浊、漆、沮诸水为源的引水渠道，不再纳入横绝的郑国渠干道，而是各自发展成独立的引水体系，而且为引水便利，引水渠口皆向上游发展。也就是说，原来统一纳入郑国渠的诸多水系此时分化成各自独立的引水渠系。

---

① 《册府元龟》卷四九七《邦计部·河渠二》。

宋朝时，仍有官员议修复郑国渠，在经过了一番详细实地勘察与调查后，最后的结论是“郑渠久废不可复”，“郑渠难为兴工，今请遣使先诣三白渠行视，复修旧迹”①。

郑国渠跨流域的干渠完全失去效用，但是原来作为支渠性质的六辅渠仍然成为各河小型水利工程的发展基础。北侧清浊漆沮诸川水下游引水灌溉工程虽然不能贯通成统一的大型水利体系，但是各自不断发展，在宋代成为关中平原地区仅次于泾渠灌溉的水利发达之区。宋敏求《长安志》载：“清水谷河……东溉民田”，“浊谷河……谷口有大堰，其水东流溉民田。”② 清浊二水皆有引水渠浇灌农田，而漆沮水在富平县境的引水渠道竟多达九条，同时还有三堰。“堰武渠在（富平）县西北四十五里义林乡，来自华原县界，流经县，溉民田八里。白马渠在县西北四十里义林乡信义村，引漆沮河水溉民田一十五里。长泽渠在县西北三十里义林乡西阳村，引漆沮河水溉民田一十五里。高望渠在县西北二十五里义林乡闾村，引漆沮河水溉民田三里。文昌渠在县西北一十七里永闰乡，自义林乡引漆沮河水，溉民田一十里。石泉渠在县西北二十五里，引漆沮河水溉民田一十里。永济渠在县西北二十五里，引漆沮河水溉民田一十二里。阳渠在县西南二十八里，引漆沮河水溉民田一十五里。直城渠在县西南二十里，引漆沮河水溉民田二十里。龙门堰在县南二十里，石川堰在县南二十里，常平堰在县东南二十五里。”③ 其中具体说到富平县有九渠引自漆沮河，灌田规模共达百余里，各渠具体分布在李好文《长安志图》附绘《富平县境石川溉田图》中有直观表示，见图1—11。

与宋代相比，引流清浊漆沮诸川水灌田的小型渠道在元代仍然值得称道，它们主要分布于富平、云阳、三原、栎阳四县。其中尤以富平县水利兴盛，由附图1—11可知石川河即漆沮水也，其一水引出的渠道在富平县已有14条之多，比宋代《长安志》所载的九条增加了五条，而据说富平县除引石川河灌田外，金定河也得以利用。“云阳北境高印，泾水不及，今引冶谷水自西北淳化界来，分为七渠，以溉近山之地。三原北境

① 《宋史》卷九四《河渠四》。

② 宋敏求：《长安志》卷二〇《三原县》。

③ 宋敏求：《长安志》卷一九《富平县》。

高卬，泾水不及，今引浊谷水自西北华原界来，分为六渠，以溉近山之地”。云阳、三原引水灌渠各有六七条，也自不少。栎阳县，“其东北境颇高，泾不能及，遂引石川水，迳断原东梁村，过白渠西南以溉其地”。

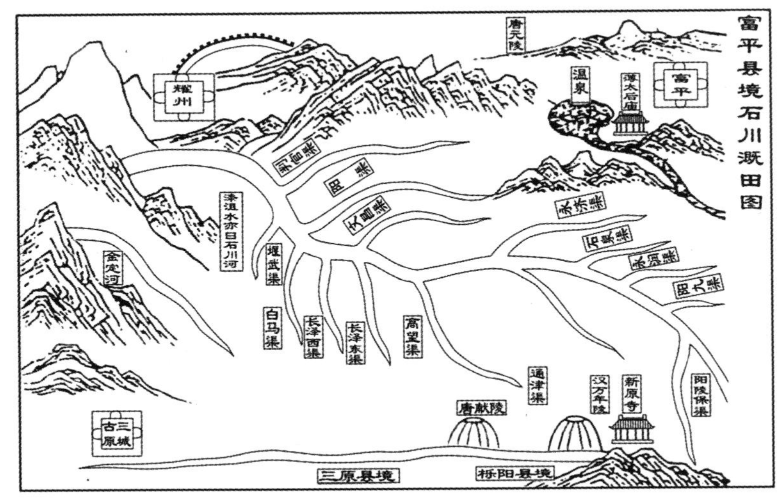

图 1—11　富平县境石川溉田图

总之，秦汉时代横贯泾洛之间的郑国渠到唐后期已经完全失去效用，由于各河流下切严重，河床固定，很难再围堰横绝，诸川引水渠口相应地也向上移动，于是不仅上游与引泾工程分离，而且诸水自成渠系，独立发展起来。

四　唐代南系白渠渠道体系得到完善，灌溉效益提高

南系白渠渠道体系因为彭城堰、三限闸两大分水枢纽的建立得到完善，三白渠路线基本固定下来。唐代引泾水利效益达到了中国古代引泾的最高峰，不仅是实灌万余顷的浇田面积空前绝后，而且还增加了新的内容，引泾之水还用于碾硙这样的水力应用。此后，南系的白渠成为引泾灌溉工程的主体。

经过多次修复、改建与扩大，唐代中后期白渠发展成南北中三条干渠，设三限闸、彭城堰，分水设施健全，干支斗渠配套，灌溉范围广大的较完备的灌溉体系，奠定了宋元明清乃至今日引泾灌溉渠系的规制。

一般认为敦煌发现的唐《水部式》制定于开元二十五年（737）。据其所载，白渠先分成南白渠与北白渠两大干渠，中白渠、偶南渠是从南白渠中引出来的两大支渠，清水向中白渠与清渠提供水源，是《水部式》所记白渠灌溉水系基本路线。

大历十二年（777），“京兆少尹黎干奏曰：‘臣得畿内百姓连状陈，泾水为碾硙壅隔，不得溉用。请决开郑白支渠，复秦汉水道，以溉陆田，收数倍之利’。乃诏发简覆，不许碾硙妨农”①。《唐会要》也曰：“京兆尹黎干开决郑白二水支渠及稻田、硙碾，复秦汉水道，以溉陆田。”② 京兆少尹正主管白渠渠堰事宜，黎干得百姓们联名上书，可能也亲自了解到一些实际情况，认为旱田浇灌相对于碾硙与稻田比较效益要高，乃上奏皇帝，请求整理渠道路线，废碾硙，决稻田，以广溉陆田。这次整修三白渠道收获很大，“大历十三年正月四日奏，三白渠下碾有妨合废拆总四十四所，自今以后，如更置即宜录奏。”③《新唐书》则记载，此次拆毁硙碾八十余所，其中还包括皇帝爱女升平公主的二处。当时韩绅卿为泾阳县令，是基层的执行官员，其墓志曰：“由是迁泾阳令，破豪家水硙，利民田顷凡百万。”④

黎干这次行动对渠系也有局部改造，于是元和八年（813）成书的李吉甫《元和郡县图志》所载的三白渠线就与开元《水部式》有所不同：“太白渠，在（泾阳）县东北十里。中白渠，首受太白渠，东流入高陵县界。南白渠，首受中白渠水，东南流，亦入高陵县界。”⑤ 与《水部式》所记渠系相比，有两个改变，一是北白渠改称太白渠，也许是因为此渠为白渠总引水渠源的原因，故有是称。二是南白渠源出中白渠，中白渠源出太白渠，与《水部式》中白渠源出南白渠不同。

无论是《水部式》还是《元和志》时代，三白渠分水之处都是分散在两处，没有形成太白、中白、南白三大干渠集中于一地分水的三限口，这是可以肯定的。到了刘仁师兴修高陵渠堰，改善了高陵、栎阳间的四

① 《册府元龟》卷四九七《邦计部·河渠二》。

② 《唐会要》卷八九《疏凿利人》。

③ 《唐会要》卷八九《硙碾》。

④ 《韩昌黎文集校注》第七卷《虢州司户韩府君墓志铭》。

⑤ 李吉甫：《元和郡县图志》卷二《关内道二·泾阳县》。

大渠道，并集中于彭城堰下分水。其后，为管理各县分水，三白渠集中于一地最为有利，于是形成了三限口下分太白、中白、南白三大干渠，彭城堰下分刘公四渠的完善的泾渠灌溉系统。参见图1—7刘仁师改造后三白渠渠系示意图。这次是对三白渠渠系工程最大最彻底的改造，影响也最深远，其后至今基本没有大的改变。

刘仁师为彭城人，长庆三年（823）为高陵县令，访查民间疾苦，得泾阳豪强霸水之实。于是他根据唐朝《水部式》“居上游者不得壅泉而专其腴”的条文[①]，写明奏章，拟求新开渠道。经过两年的努力争取，最后终于建起了新渠与新堰，新渠名为“刘公渠”，新堰名为“彭城堰”。同时政府重新制定了上下游各县分水数量与方法，故《高陵令刘君遗爱碑》曰：“开塞分寸皆如诏条”，即放水与堵闸都按诏令的规定进行。

这种诏令条文的重新制定当然是刘仁师的重大贡献，但要使诏令长期持续地得以执行，刘仁师还在工程设计上对渠系进行了改造。原来中南渠、南白渠、偶南渠皆分别流入高陵县，向高陵县的分水地点较多。经过改造的刘公渠与彭城堰把流向高陵的水统一在彭城堰中，其下才分支输水。这种把主要各县之分水枢纽集中起来的渠系布局为控制好上下游分水数量提供了便利条件。唐代以后的宋元明清时代，泾渠分水法规皆承唐代制度，使下游高陵县的供水有了一定的保障，这也可以说少不了刘仁师的开创之功。

大和元年（827），即刘公渠堰修成的第三年，政府又重修了高陵县内各支渠及其斗门，形成了覆盖高陵全境的水渠网络，《册府元龟》卷497《邦计部·河渠二》记载，此年“六月，命中使付京兆府，宜令修高陵县界白渠斗门，任百姓取水溉田”。斗门即渠系上的取水闸门，《水部式》明确规定，斗门只能按官府规定的尺寸进行修建，而且要接受官员检验，闸座必须用石块砌筑，闸板则是木质，务必坚实牢固。[②]

---

① 水部是唐代工部下属四司之一，式是章程条例。《水部式》是唐朝水利部门制定的法律条例。刘仁师之所以能解决高陵与泾阳的水利纠纷，乃是其成功地运用了《水部式》这一法律武器。近代在甘肃敦煌鸣沙山千佛洞里发现了唐开元二十五年修订的《水部式》残卷，共2600余字，弥足珍贵。见罗振玉《鸣沙石室佚书》。

② 开元《水部式》第一条：“泾渭白渠及诸大渠用溉灌之处皆安斗门，并须累石及安木傍壁，仰使牢固……其斗门皆须州县官司检行安置，不得私造。”

大和元年（827）六月修整高陵县界白渠斗门，是一个成功的试点工作。当年十一月，就开始向引泾灌区各县推广其试点的成功经验，据《册府元龟》卷497《邦计部·河渠二》，“准御史中丞温造等奏，修礼泉、富平等十县渠堰斗门等……差少尹韦文恪充渠堰使，便令自择泽清强官三人专令巡检修造”。礼泉、富平等皆是三白渠灌区之县，且派遣的渠堰使也是专管三白渠修造事宜者，是知此次十县修造渠堰斗门等工作是引泾灌区一次大规模的工程改造。次年二月，为加强对此次工程改造工作的领导，又聘已改任昭应（今西安市临潼区）令的刘仁师，“兼检校水曹外郎，充修渠堰副使，且赐朱衣银章”，这是因为其对高陵县的渠堰斗门等改造卓有成效。刘仁师在此项大规模整顿工作中凭借有实干经验，施展了胸中才学，全面规划了新渠系，制定有具体可行的新规则，为开创唐代引泾灌溉新局面作出了重大贡献，才有“关中大赖焉”的崇高评价。[①]

总之，刘仁师不仅倡修了高陵的刘公渠与彭城堰，而且全面改造了高陵县渠系配套工程，并把它推广到引泾工程的全灌区，为唐以来白渠体系的完善奠定了基础。而其在制定新的分水条例和维持其执行的管理工作方面也有突出贡献，对唐以后引泾灌溉管理体系的发展影响极大。刘仁师在引泾灌渠工程与管理上的成就，可以与郑国、白公相提并论，而其后只有近代的李仪祉可以与之媲美。

唐代完善了引水、输水、分水技术管理体系，建成了新的渠首导流堰，健全了三条输水干渠，完善了各渠分水的堰闸设施，而且浇田的斗门也普遍的建立起来。唐代引泾灌溉技术空前提高，保证了其效益的扩大。

《元和郡县志》曰：“大唐永徽六年，雍州长史长孙祥奏言：‘往日郑白渠溉田四万余顷，今为富僧大贾，竟造碾硙，止溉一万许顷。’于是高宗令分检渠上碾硙，皆毁撤之。未几，所毁皆复。广德二年，臣吉甫先臣文献公为工部侍郎，复陈其弊，代宗命先臣拆去私碾硙七十余所。岁余，先臣出牧常州，私制如初。至大历中，所利及才六千二百余顷。”[②]唐代三白渠灌溉面积在永徽年间达一万余顷，可以说达到了古代史上的最高峰。其后受碾硙等影响，在安史乱后的大历年间，灌溉规模一度降

① 《唐会要》卷八九《疏凿利人》。

② 李吉甫：《元和郡县志》卷一《关内道一·云阳县》。

至六千余顷。这可能比不上西汉盛期郑白渠合计灌溉面积，但随着大历年间黎干的大规模修复渠系，废拆碾硙，尤其是刘仁师全面兴修三白渠堰斗门等系统，完善了三白渠系，保证了水流的有效利用，其灌溉效益应该有所回升，似乎能够达到一万余顷的高水平。

唐代关中碾硙的发展对三白渠灌溉效益有很大的负面影响，《元和郡县图志》就把渠利面积的减少主要归结为碾硙的设置。但是，我们还应该看到，碾硙是利用水的动能冲击机械来发挥作用的，这种水力利用也是水利的一种形式。碾硙的发展也不可否认是水利综合利用能力的提高，且众多的碾硙也说明三白渠引水能力的增强。唐朝政府为了使碾硙作为灌区水利的补充，达到二者均衡发展相得益彰，特制定了一些法律规制。开元《水部式》曰："诸水碾硙，若壅水质泥塞渠，不自疏导，致令水溢渠坏，于公私有妨者，碾硙即令毁破。""诸溉灌小渠上，先有碾硙，其水以下即弃者，每年八月三十日以后正月一日以前听动用。自余之月，仰所管官司于用硙斗门下著锁封印，仍去却硙石，先尽百姓灌溉。若天雨水足，不须浇田，任听动用。其旁渠疑有偷水之硙，亦准此断塞。"使用碾硙必须以满足灌溉用水为前提，不得与灌溉争水抢水。[①] 到了唐代后期，随着干支渠分输水堰闸斗门体系的完善，这种限制碾硙的政策还是能够有效执行的。

五　宋元明清南系白渠的发展与衰落

秦汉郑国渠、白渠同引泾水，引水渠口在泾水出谷口的洪积扇上，距泾河谷石质河床约有五里之遥。前秦苻坚凿修郑白渠时，引泾渠口已推移到上游谷口的石质山地。《晋书·苻坚载记》载其复修郑白渠时，由于泾水河道基准面下切，导致秦汉郑白渠口抬升，无法再有效的引水，因而新修引水口向上游延伸，"开泾水上源，凿山起堤。"此时渠首第一次到了泾河谷口石质山地旁边。苻坚此次重修郑白渠，渠口较郑国渠口上移了约五里。

唐代渠首应在泾河上游山谷，是苻坚开凿石渠的延伸。杨立业先生

① 周魁一：《〈水部式〉与唐代的农田水利管理》，《历史地理》（第四辑），上海人民出版社 1986 年版。

从现场地形与文献记载两方面综合分析，认为小龙潭前即今三号洞处是唐代渠首所在。元宋秉亮即说："白渠口即今小龙潭下是也"，应是指唐代三白渠渠首所在。[①]

其后宋丰利渠、元王御史渠、明广惠渠的引水渠口更因为不辞艰辛地凿石开洞，向上游石质谷地内部延伸。泾水河床因自然与人为活动的影响会随着时间的推移而不断下切，这是历代引泾渠口向上推移的最主要原因，进而导致宋元明引泾效益的递减及清中叶以后的"拒泾引泉"。

宋初乾德年间（963—968），"节度判官施继业率民用梢穰、笆篱、栈木，截河为堰，壅水入渠。缘渠之民，颇获其利"。因为唐代石堰被冲毁，宋初即用木梢等制作新堰，恢复了三白渠。其后的淳化二年（991）、至道元年（995）、景德三年（1006）、天圣六年（1028）、康定年间（1040—1041）、庆历年间（1041—1048）、熙宁五年（1072）、熙宁六年（1073）等都有修治泾堰白渠的文献记载。[②]

由于泾渠干支斗渠系在唐代后期已经健全，故宋时只是沿用与维修，最主要的变成了渠口如何能多引泾水。修复渠首堰只能是恢复引水，而重开新渠口则越来越成为势所必然，这是因为随着泾水河床的下切，渠口高仰，水很难引入，故必须向上游别开渠口。至道元年（995），皇甫选已有"别开渠口，以通水道"之举，景德三年（1006）尚宾就成功地改凿渠口，"自介公庙迴白渠洪口，直东南合白渠"。熙宁年间多次修治，皆是以改凿石渠为主，其中侯可的凿新渠口虽然失败，却为丰利渠首选择了路线。大观元年（1107），"闰十月，主客员外郎穆京奉使陕西，以白渠名存而实废者十居八九。二年，诏本路提举常平使者赵佺董其事，循侯可旧迹，九月兴工，越明年四月土渠成，再越明年闰八月石渠成，赐名曰丰利渠"[③]。此次修筑是宋代最大规模地改造泾渠，也取得了宋时的最大效益。

---

① 杨立林：《唐代郑白渠渠首及渠系工程考证》，《中国近代水利史论文集》，河海大学出版社 1992 年版。

② 《宋史》卷九四《河渠志四》。

③ 侯蒙：《开渠记略》，《泾惠渠志》，三秦出版社 1991 年版，第 13 页。

关于丰利渠口位置，蔡溥《开修洪口石渠题名记》是无可代替的第一手资料，也是历代引泾渠首工程中阐述最详细的记载。其中有关丰利渠口位置的记载有①：

（1）“渠之东岸有三沟：曰大王沟、小王沟，又其南曰透槽沟。夏雨则溪谷水集，每与大石俱下壅遏渠水，乃各即其处凿地陷木为柱，密布如棂，贯大木于其上，横当沟之冲，暑雨暴至则水注而下，大石尽格透槽之口与石棚接，如此已无患。余二沟则凿渠两岸，比大木覆其上，沟水入于泾”。这一记载揭示了丰利渠口位置与渠东各沟的关系。

（2）“惟石渠依泾之东岸，不当水冲，乃即渠口而工，入水凿二渠，各开一丈，南渠百尺，北渠百五十尺，使水势顺流而下”。这里描述了丰利渠口的特征：渠口距泾河岸边百尺到百五十尺，渠口前河岸岩面较低，需要在水下施工。据图1—12宋元引泾渠口遗迹示意图所示，以现代泾惠渠大坝为基点，向南1210米的渠口遗迹，距河岸边垂直方向30米，偏北方向40余米，河岸岩面低于上下游河岸2—3米，地形地貌完全符合记载。南渠、北渠已被冲毁，但两渠所在地基仍存。

（3）“又泾水涨溢不常，乃即火烧岭之北及岭下，因石为二洞：曰迴澜，曰澄波，限以七尺。又其南为二闸：曰静浪，曰平流，限以六尺，以节湍激”。本段叙述丰利渠首的枢纽布局：二洞二闸结合，因地制宜。现场情况是，火烧岭在距基点1375米左右；岭下及岭北之二洞遗迹尚存，因渠道改线（即鄠山新渠，三号洞），洞门失效而堵塞。在澄波洞进口上游，现渠道右岸上壁，有闸槽遗迹一道（距基点1232米）。两闸槽遗迹可能是静浪、平流二闸，与两洞结合，便于调节引水流量，防止渠道淤积，布置合理。现场遗迹符合记载，说明距基点1210米处渠口遗迹，应即丰利渠口。

以上从大地形的渠沟关系、小地貌的渠口特征和渠首枢纽布局三方面分析辨别，无论历史记载与现场遗迹，都说明了距基点1210米处的渠口遗迹就是宋丰利渠口。

丰利渠是泾渠在宋代最成功的渠首改造，效益也很显著。蔡溥《开修洪口石渠题名记》曰：“土石之工毕，于是平导泾水深五尺下泻三白故

① 《开修洪口石渠题名记》，《长安志图》卷一《泾渠图说·渠堰因革》。

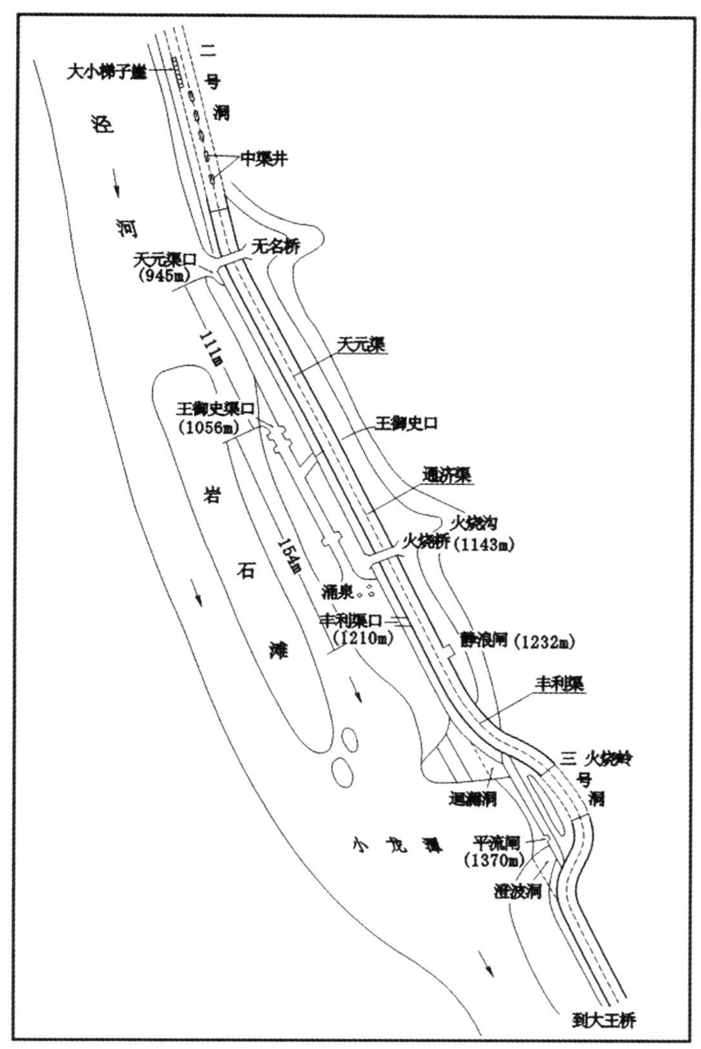

图1—12　宋元引泾渠口遗迹示意图

渠，增溉七县之田，一昼夜所溉田六十顷，周一岁可二万余顷。”侯蒙《丰利渠开渠纪略》则曰：“疏泾水入渠者五尺，汪洋湍驶，不舍昼夜，稚耆欢呼，所未尝见。凡溉泾阳、醴泉、高陵、栎阳、云阳、三原、富平七邑之田总三万五千九十有三顷。”蔡溥和侯蒙所说溉田面积并非实灌面积，而是按一昼夜灌田六十顷365天全部不停来计算出来的理论值。实际上，泾水洪汛期是不能灌溉的，要闭渠，而庄稼在风调雨顺时也不要浇水；同时灌溉农田面积与每年实灌面积也是不一样的，即有些田地每年是浇灌两遍的。元人李好文《长安志图》说："旧日渠下可浇五县地九千余顷"，从丰利渠石渠"下宽一丈二尺，上宽一丈四尺，导泾水五尺"的过水断面估算，其引水流量有十多个立方米/秒，灌到八九十万亩即《长安志图》所谓九千余顷，已属不易，绝对达不到上述宋人所谓的两万甚至三万余顷。

宋建丰利渠初为无坝自流引水，其后因泾河下切，渠高河低，故只得采用筑石囤堰之法，壅水入渠，元代前期曾经多次维修。至大元年(1308)，王琚为西台御史，因其曾为泾阳县尹，亲自参与过泾渠修治工程，能够认识到引渠灌溉的重要性，也能体察泾渠目前存在的主要问题，即宋丰利渠因河道下切而显得太过高悬，于是建言重开引水渠首，向上游延伸。"至大三年（1310），陕西行台御史王承德[①]言。泾阳洪口展修石渠，为万世之利。由是会集奉集奉元路三原、泾阳、临潼、高陵诸县，洎泾阳、渭南、栎阳诸屯官及耆老议，如准所言，展修石渠八十五步，计四百二十五尺，深二丈，广一丈五尺……自延祐元年（1314）二月十日发夫匹入役，至六月十九日委官言，石性坚厚，凿仅一丈，水泉涌出，近前续展一十七步。"[②]

这是元代规模最大影响最深远的改筑渠首工程，不过因工程并未按原设计的标准开凿好引水石渠，故后来屡有兴筑，终至于完成。至元初年，御史宋秉亮详细考察了泾渠渠首，认为上次所开王御史渠"犹有三尺未开，宜与（于）旧凿渠底通行计料，再令开凿加深八尺，如此不待囤堰之设，先有五尺自然之水入渠。"[③] 至元二年（1336），"再开四千四百零二工一分，五年再开一万五千九百六十五工。"[④]

元代最初利用宋代丰利渠首，后来开凿新渠口，即王御史渠首。其

---

① 王承德即王琚，因其官阶为承德郎，元代文牍中以官阶呼之，故有此不同称呼。而高士蔼《泾渠志稿》言："王琚当时为泾阳县尹，大德八年复修泾渠，至大元年，建言另开渠道，而实行监督开渠者，王承德也。"把王琚、王承德看作二人，误。

② 《元史》卷六五《河渠志二》。

③ 李好文：《长安志图》卷下《泾渠图说·建言利病》。

④ 李好文：《长安志图》卷下《泾渠图说·渠堰因革》。

位置据《元史·河渠志》，王琚所修新渠是于丰利渠上“展修石渠，为万世之利”，或曰“更开石渠五十一丈”。用“更开”和“展修”来叙述王御史渠的兴建，说明王御史渠是由丰利渠口向上游延伸，王御史渠口在距今泾惠渠大坝1056米处，参见图1—12。

关于元代泾渠的灌溉面积，文献记载的差别很大。据《元史·河渠志二》，英宗至治元年（1321），陕西屯田府言，泾渠“浇溉官民田七万余亩”；而在文宗天历二年（1329），陕西省准屯田府又认为是：“分流浇溉民田七万余顷。”二者一字不同，而灌田面积却相差百倍。不过，细究起来，二种观点皆不可信，一失之小，一偏于大。《元史·河渠志三》记载有王御史渠修成后的浇灌面积，谓“凡溉农田四万五千余顷”，此也失之偏大。从渠首新开断面尺寸及渠系仍循旧制来看，其灌溉面积不会大于唐宋时代。李好文《长安志图》所载似乎最为可信，其曰：“旧日渠下可溉五县地九千余顷，……即今五县地亦开遍，大约不下七八千顷。”[①]明人项忠也认为泾渠溉田数，“至元犹溉八千顷。”[②]从洪堰引水至多达到120徼来看，元代实际灌溉面积在七八千顷是较为可信的。因为泾河河道下切的自然原因，引水越来越困难。故元代王御史渠建成后的最大灌田规模估计也不会超过此数。

明代直接上承的是元王御史渠，据相关文献记载，明代较大规模地整治引泾工程，至少进行了六次。第六次整治工作议于明英宗天顺八年（1464），开工于宪宗成化元年（1465），竣工于宪宗成化十七年（1481），是明代历次修治泾渠工程中用工最多、历时最长、工程规模最大、灌溉效益最好的一次。此举发动了引泾灌区内的醴泉、泾阳、三原、高陵、临潼、富平六县民众参与其事。渠段的大部分是仍旧迹疏通之。而原渠口位置则因泾河向下切蚀使河床低深，渠口相对显得高仰而难以进水，成为影响洪渠入水量严重不足的主要制约因素。这次更上移渠口，然渠口上移则要穿凿大、小二龙山。二龙山的石质非常坚硬，故在工程进行中，每遇刚顽之石，则聚火镕铄而穿窦，工程艰巨异常，也极耗费工时。此项工程先由右副都御史陕西巡抚项忠主持修凿，未竟工而项忠

---

① 李好文：《长安志图》卷下《泾渠图说·用水则例》。

② 《明史》卷八八《河渠志》。

被召还朝。成化十二年（1476），继由右都御史陕西巡抚余子俊赓续其后，前后“积十七年之久始告竣”，改名为广惠渠，凡溉泾阳、三原等六县田八千三百余顷[①]。

明代后期凿广惠渠石渠时，就遇到了许多泉源，当时聚之天涝池，以冲淤沙，清理渠道，史称“元、明疏泉以行淤，如筛珠、碧玉、鸣翠诸泉汇为天涝池，迨余子俊凿龙眼泉，其颠浚巨井，龙洞之名昉焉。”[②]余子俊于明成化年间续修广惠渠，凿大小龙山，得泉源多处，后广惠渠修成，“决去淤塞，遂引泾入渠，合渠中泉水深八尺余，下流入大渠，汪洋如河。”[③] 如此看来，引泾与聚泉汇入渠中在明代已经是普通的现象，这为清乾隆时拒泾引泉奠定了基础。

清代前期多次对明代所建的广惠渠进行维修，由于明广惠渠首已深入泾谷深处，河谷相对狭窄，每年汛期，洪水泛涨，辄壅入渠道，导致泥沙淤积，石洞充塞，渠利不行，修疏起来特别费力。而凿石洞时所得诸泉流量稳定。“嗣后凿石渠深入数丈，得泉源焉，瀵涌而出，四时不竭，如银汉之落九天，而星海之泛重渊也。异哉！初本为溯泾，至此匪竟另辟一泾了。不假夫泾，天造地设欤？人力欤？异哉！”[④] 且泉水清澈，又无淤渠之虞。于是翰林侍读学士世臣建议拒泾专引泉源。经陕西巡抚商议，决定置坝龙洞北口，阻遏泾水勿令淤渠，并于水磨桥、大王桥、庙前沟等地整修堤岸，聚龙洞泉、筛珠泉、琼珠泉及其他诸泉源，汇流渠中。乾隆二年（1737）十一月动工，两年后完成。从此开始了“拒泾引泉”的历史，改称“龙洞渠”[⑤]。

清龙洞渠拒泾引泉后，引水量大大减少，泉水最大流量不足每秒 2 立方米。[⑥] 引水量的减少，导致龙洞渠灌溉面积锐减，其初建时，溉田

---

① 嘉靖：《陕西通志》卷三八，《政事二·水利》；项忠：《新开广惠渠记》，《历代引泾碑文集》，陕西旅游出版社 1992 年版。

② 唐仲冕：《重修龙洞渠记》，《历代引泾碑文集》，陕西旅游出版社 1992 年版。

③ 安成等：《重修广惠渠记》，《历代引泾碑文集》，陕西旅游出版社 1992 年版。

④ 《重修三白渠碑记》，高士蔼：《泾渠志稿·历代泾渠名人议论杂记》。

⑤ 叶遇春：《泾惠渠志》，三秦出版社 1991 年版，第 80 页。

⑥ 李仪祉：《陕西渭北水利工程局引泾第一期报告书》，《李仪祉水利论著选集》，中国水利电力出版社 1988 年版。

74032 亩。较历史时期引泾灌溉规模何异天壤[①]。随着龙洞渠溉田面积的缩小，其受益范围由唐宋时期的七县，减少到四县，而且主要集中于泾阳县。据蒋湘南《泾渠后志》记载，道光二十二年（1842）龙洞渠共有斗门 106 个，共溉田 67039 亩，其中泾阳县 56697 亩，占总数的 84%；高陵、礼泉、三原三县各不足 4000 亩。[②]

秦郑国渠开创的引泾水利工程历史悠久，规模很大，基本没有间断地发展下来。从秦（郑国渠）、汉（郑国渠、六辅渠、白渠），经唐（三白渠）、宋（丰利渠）、明（广惠渠）、清（龙洞渠），直到近现代的泾惠渠，基本是一脉相承，始终为关中平原也可以说是中国北方最重要的灌溉系统。因此，秦郑国渠的历史意义值得我们深入研究。

本文原刊《亚洲农业的过去、现在与未来》，
中国农业出版社 2011 年版

① 唐仲冕：《重修龙洞渠记》，《历代引泾碑文集》，陕西旅游出版社 1992 年版。

② 叶遇春：《泾惠渠志》，三秦出版社 1992 年版，第 82 页。

第二章

秦汉都市水利

第一节　秦都咸阳城郊的水利

经过2001—2003年的考古发掘，秦始皇陵K0007陪葬坑的部分内容已揭示出来，其中有人工营造的水文环境，随葬着青铜水禽与乐舞人俑。从人工河池、水禽、乐舞俑的有规律布设来看，秦人的意识和实践中已经出现了较为成熟的人造水景。这不仅说明了秦都咸阳应该会有人工水利的开发和利用，而且还反映了其水利的功能具有多样性。前人对秦都咸阳的都市水利多语焉不详，今特辑历史文献与考古发掘资料，对渭河南北咸阳城郊范围内的水利发展、种类、功能及其历史地理基础进行初步的研究。

一　秦陵北侧K0007陪葬坑所见的河池水景

2000年，在秦始皇陵东北鱼池遗址的东侧钻探出一个700平方米的陪葬坑，距陵园外城东北角900米，被定名为K0007陪葬坑。经过此后的局部发掘，坑中出土的青铜水禽与特殊姿势的陶俑引起了人们极大的关注和兴趣。

K0007坑中出土有青铜水禽44件，已经辨识的为仙鹤、天鹅、鸿雁等，全为青铜铸造。这些青铜水禽都位于陪葬坑底两侧的垫木台阶之上，斜向成行排列。两侧台阶的中间有条形深槽，槽中有水生动物，明显是一水文环境，代表着河川流水。

如此众多的水禽，栖息在河槽两边，嬉戏自乐，逸然自得，构成了一幅美妙的水景图画。已经辨识的青铜鸿雁16件，体长48厘米，高40厘米；

青铜天鹅 14 件，长 57.6 厘米，高 27.5—47.5 厘米不等；青铜仙鹤形体高大，高 77 厘米，长达 125 厘米，是此坑出土文物最大的水禽造型。

在 K0007 坑的另一个发掘探方中，出土有 15 尊陶俑。从已经修复完整陈列出来的两尊来看，一尊呈箕踞坐姿，也就是直身坐下，双腿向前平伸，上身稍前倾，双臂斜向下垂置于双腿之上，右手掌心朝下，手指内收；左手掌心朝上，半握。从其形体姿态分析，该俑似乎在演奏乐器，左手应持一长长的乐器，右手向下似在拨动乐器上的弦索。他头戴布帻，身穿长襦，下着长裤，腰系革带，右腰际悬有长方形扁囊，头微低，神态专注，显示出他不是政府官员，而像一个技艺纯熟的乐人。

另一尊为跽姿陶俑，双膝跪地，左膝前伸；左臂自然下垂，右臂微屈上举，拇指平伸，其余四指半握。从其姿势看，右手原来好像执有一长方形物件。他头戴布帻，身穿长襦，腰系革带，右腰际悬有长方形扁囊，脚穿布袜。目光下视，面呈祥和之态，似乎是一个正在舞蹈的陶俑。虽然多数陶俑没有能够修复，“但这是一组乐舞形像是不成问题的”[①]。

据 2004 年 7 月 27 日段清波研究员的《秦陵考古四题与文献记载》学术报告，K0007 陪葬坑中的俑人是乐师，因为坑中出土了很多的乐器部件，如银义甲一件，骨气眼多件，骨垫片多件等。这也与上述结论基本一致。

中间为水流，两侧有水禽，旁边又有乐舞人群，K0007 陪葬坑的这些内容代表着什么意思呢？

首先，我们来分析一下水体的含义。水与人类的生产生活息息相关，是人类生存必不可少的物质和环境之一，因而古代的人们认为水泽具有神灵之性，进而人们还会人为营造池沼水景作为神明的居处，以便与神相通。周人有“灵沼”在“灵囿”之中，与“灵台”相伴而生[②]。汉代有“灵沼”，有“神池”，有时二者并称，《文选》卷一班固《西都赋》所谓：“神池，灵沼，往往而在”；有时二者互称相通，《三辅黄图》卷四引《三秦记》曰：“昆明池中有灵沼，名神池。”也就是说，人工水景水体除了具有园林景致、养殖生产与生活用水的功能之外，还作为供奉神

① 张敏、张文立：《秦始皇帝陵》，三秦出版社 2003 年版，第 91 页。

② 《诗经·大雅·灵台》。

灵之处以便娱神通灵。具体到 K0007 陪葬坑这个地下礼制性建筑，后一种功能应该是主要的。

其次，分析一下水禽的意义。远古时期人类有万物皆灵的意识，鸟兽也不可避免地具有了神性。正因为此，鸟兽也就可以充当下达天帝之命令的使者，《诗经》所谓“天命玄鸟，降而生商”，就是典型的例子。帝王为应天承命之举也总要同时有鸟兽等“符瑞”出现才名正言顺，才能让周边的人们来迷信自己，誓死追随。当然很多祥瑞都是帝王及其部下们自己人为营造出来的。《礼记·礼运》就说：“天降甘露，地出醴泉，山出器车，河出马图，凤皇麒麟，皆在郊薮，龟龙在宫沼，其余鸟兽之卵胎，皆可俯而窥也。”《白虎通义·封禅》也说：“德至鸟兽则凤凰翔……白雉降，白鹿见，白马下。”在众多的“符瑞”名列的鸟兽中，人们最看重的是龙（鱼）、凤（燕、雉、鹤）、麒（鹿）等几种。K0007 坑中的鹤、天鹅、鸿雁等水禽都是美丽珍稀的鸟类，在古代均是吉祥神异之鸟，鹤被神化有延年益寿之功，鸿雁在秦人心目中是志向高远的飞禽，陈胜所谓“燕雀焉知鸿鹄之志”即为明证。因而 K0007 陪葬坑青铜水禽不仅有祈寿祈福的性质，更多的可能还是传达天神旨意，向人间呈祥献瑞的意味。

再次，来看乐舞俑的功用。池沼岸边，乐师们演奏着神秘庄严的祭曲，巫师们手舞足蹈，凭着特殊的感觉，随时将神的意志传达给周围的人们；同时也把世人对水神天地的崇拜与祈福之情上达天庭。也就是说乐舞俑似乎具有享神娱人即承担着人神相通的神圣使命。

K0007 陪葬坑有神灵居住的水泽，又有上天降临的瑞鸟与人类表演的乐舞，表现的主题是在水景下人与神的相通。周文王大修灵台与灵池，就有此情此景，这在《诗经·大雅·灵台》诗篇中有具体描述：“经始灵台，经之营之。庶民攻之，不日成之。经始勿亟，庶民子来。王在灵囿，麀鹿攸伏。麀鹿濯濯，白鸟翯翯。王在灵沼，于牣鱼跃。虡业维枞，贲鼓维镛。于论鼓钟，于乐辟廱。于论鼓钟，于乐辟廱。龟鼓逢逢，矇瞍奏公。”此诗叙述周文王营造灵台、灵囿、灵池，以承接天命，有兴周翦商之兆。首先是万民拥戴，得人之利；其次是灵囿中鸟兽献瑞，灵沼中鱼跃龙腾，符瑞毕观，是得天授神权之天时；台池周围，众多的人民在巫师率领下敲钟击鼓，载歌载舞，喜庆热烈庄重的气氛上达于天，以冀神灵的欢愉；同时，人们也由此而更感到了神的崇高，尤其是意识到神与自己的同在，达到了人类意志与灵沼灵台之神性的交流与沟通。在水景边娱神，使人的精神得到最大满足，达到那个时代意识形态极高的层位。K0007 陪葬坑的意义也应基本如此。

K0007 陪葬坑是秦始皇陵的地下礼制性建筑，在其人工水景下营造的通天娱神场景反映到地面现实建设上，第一，说明秦都咸阳城郊范围内应该有河池水景的建设，因秦陵是仿照秦都咸阳的基本制度营建的。众所周知，物质决定意识，先有地面上客观存在的事实，才能有地表下陵寝制中的仿制建筑。第二，说明了秦咸阳城都市水利建设的目的是多样性的。通常我们认识到它能够提供城市居民生活与生产用水，而这是物质层面上的；实际上还有更深的精神层面上的功效，即水景的营造还有改善环境的生态效应，又有供人游乐的园林功用，更有与神相通的祭祀作用。

秦都咸阳城初修于渭河以北，位于今咸阳渭城区窑店镇附近，后来扩展到渭水南岸，形成渭水贯都的庞大规模。秦每破诸侯，写仿其宫室作于咸阳北阪上，掠其王室财富，所得诸侯美人钟鼓甚多，皆运之咸阳，统一天下后，“徙天下豪富于咸阳十二万户”，咸阳城成为当时全国最大的政治经济文化中心。

渭北是咸阳的主体，宫殿区位于北阪上，手工业商业与居民区在渭河之滨。在渭河南岸，分布着咸阳的宗庙、宫殿、章台、陵寝与上林苑①。渭南与渭北两大区域构成秦都咸阳的城郊范围，以下按此分区论述其都市水利建设。

二　渭北区兰池的建设与凿井汲水

咸阳的城郊水利在战国秦朝时代有较大的发展，秦人因地制宜，在渭北城区修建了兰池，开创了中国水景园林一池三神山的营建格局；在渭河边凿井汲水，供应城市生活和手工业生产用水。

1. 兰池的建设

《史记·秦始皇本纪》记载，始皇帝三十一年（前 216），“始皇为

---

① 李令福：《论秦都咸阳的城郊范围》，《中国历史地理论丛》2002 年第 2 期。

微行咸阳，与武士四人俱，夜出，逢盗兰池。见窘，武士击杀盗。关中大索二十日”。据《括地志辑校》卷一《雍州·咸阳县》：“兰池陂即秦之兰池也，在雍州咸阳界。”《元和郡县图志》卷一《京兆府·咸阳县》记载，秦兰池“在（唐咸阳）县东二十五里”，是始皇逢盗之处，而同时还记载“秦兰池宫在县东二十五里”。宫与池里距相等，说明兰池宫正建于兰池之旁，借水景成为一游乐胜地。从出土写有“兰池宫当”文字的瓦当可知兰池宫位于今窑店东柏家嘴一带，而其东侧是一个呈簸箕形的杨家湾，北西东三面有高约5米的崖畔，南面平坦开阔而达渭河之滨，为今渭河电厂家属区所在地。此湾内淤泥层甚厚，钻探得知秦汉以来的覆盖物有二十多个文化层，浅处30米可见生土，深处70米才到生土层，可见当时水很深。此处为秦兰池所在，西汉时仍为水体游览区，称周氏陂。

兰池的具体情况只有《三秦记》给予简要的记述，但原本失佚，后来的引文多有歧义。刘昭《郡国志补注》引《三秦记》曰：“始皇引渭水为长池，东西二百里，南北二十里，刻石为鲸鱼，长二百丈。”[①]《括地志》引曰：“始皇都长安，引渭水为池，筑为蓬莱山，刻石为鲸，长二百丈。”《元和郡县图志》等史地著作多综录之。是可知兰池是秦始皇引渭水为水源营建的以水体为主景的园林式建筑，水面浩大，其中垒石以像蓬莱仙山，刻石为巨鲸，当然其他辅助设施一定不少。从秦始皇多次东巡到海上，相信方士“海中有三神山，名曰蓬莱、方丈、瀛洲，仙人居之”的上书，派徐福率童男童女入海求仙人，且从黄土高原到浩渺大海边的那种惊喜，见到鲸鱼这般庞然大物的诧异，令其营建兰池并在其中筑山刻鲸，也是很可信的。这种模仿海中三山的造园方法对后世影响颇大。程大昌《雍录》认为“武帝之凿昆明池，刻石为鲸鱼及牵牛织女，正以秦之兰池为则也。”[②] 可以说后世一池三神山的造园方法就是从秦代开始的。

只是如《三秦记》所言，兰池“东西二百里”，又谓之长池，则其引渭水口定会在秦都咸阳以西，只其过咸阳城时是在今断崖下呢，还是咸阳宫以北今高干渠一线即同西汉成国渠线走向一致，根本无法确定，因

---

① 《括地志辑校》卷一《雍州·咸阳县》。

② 《雍录》卷第六《兰池宫》。

为无论是古典文献还是实地勘察都找不到确切的线索。①

2. 滨渭地区的陶井

在渭河北岸，从西龙村到长兴村之间，发现有数以百计的陶井，尤其是店上村、滩毛村一线向北推进到长陵车站一带最为集中，往往三五成群，排列密布，在西北方的石桥乡摆旗寨村也有发现。这些陶井多开凿于二道原下，因历史时期渭河的北移，现在大多分布于渭河滩地上。

水井密布地区土质疏松，上层覆盖有半米至一米的黄土层，其下全为沙质土。为固定井壁以防流沙，秦人采用了叠垒陶井圈的方法，即先凿好井筒直至深入到水面以下，再由井底向上一层层地垒叠陶质井圈，并在圈外填土以保证井体的稳定。陶井圈呈圆筒状，直径 65—90 厘米，高 30—34 厘米，壁厚 3—4 厘米。各井垒放陶圈数量不等，少则 5 节，多则可达 9 节以上。井深在 1. 18—3. 9 米。有些井壁不用陶井圈，而用瓦片杂以陶器碎片砌筑而成。还有部分井壁同时采用上述两种方法，即下部垒陶圈，上部砌瓦片。参见图 2—1 秦咸阳城水井立面图。

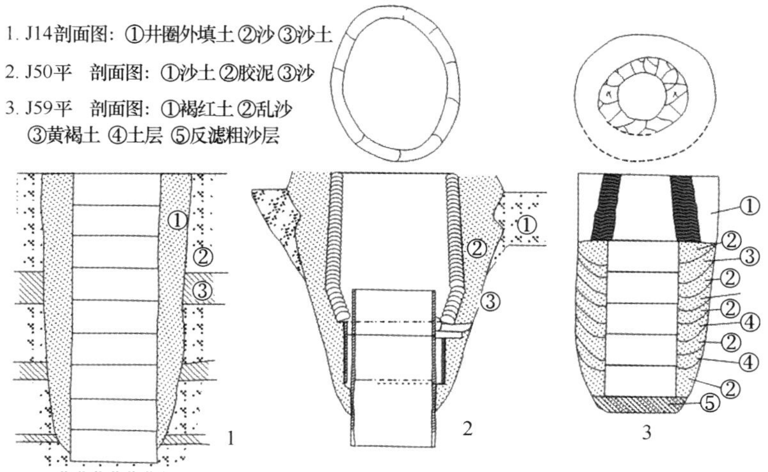

图 2—1　秦咸阳城水井立面图

① 王学理先生在《咸阳帝都记》（三秦出版社 1999 年版）第 151 页中提出一个新观点，认为秦长池是从眉县引渭水沿今渭惠高干渠路线东行入咸阳东兰池的，其主要依据是《三秦记》所谓的“引渭水东西二百里”的记载，其注释中所写的实地考察资料，既没有说明资料出处，也没有分清秦与汉的时代不同，因为汉成国渠与其推测路线相同，可能是用汉成国渠的资料。故其说现在仍未得以证实。

发现陶井之处是咸阳的手工业作坊区，陶井的开凿保证了城市手工业生产的大量用水，当然也可以供应咸阳居民的生活用水。

三 渭南的湖池泉源利用

秦都咸阳渭南城郊应用水体造景和沐浴者共有三类，一是用于沐浴的温泉，在骊山；二是大型宫殿内部或近旁的池沼，多人工凿修，本书谓之宫中之池。兴乐宫中的酒池是其著名者也，阿房宫中也发现五个不知名湖沼；三是利用自然湖沼造景，也可养殖渔产，多位于禁苑之中，本书称之为苑中之池。上林苑的牛首池、滈池、滮池，杜南苑的曲江即此类。

1. 丽山温泉

丽山今写作骊山，位于今西安市临潼区东南，其地质构造很特殊，正处于多个断层的交汇处，来自地下千余米深的热水常年涌流，温度保持在43℃左右。聚之为池，景色绝佳；且泉水含多种矿物质，洗浴具有疗养作用。人们很早就认识到这些，并加以利用，据说西周时代已开始用此温泉，因当时无宫室建筑，沐浴时可见天上星辰月亮，故曰星辰汤。《汉武帝故事》记载："初始皇砌石起宇，至汉武帝又加修饰焉"，谓秦始皇时开始在此砌石作浴池并营建屋宇。《水经注·渭水》引《三秦记》曰："丽山西北有温水，祭则得入，不祭则烂人肉。俗云始皇与神女游而忤其旨，神女唾之生疮，始皇谢之，神女为出温水，后人因以洗疮。"其中强调了温泉的神异，却也说明了秦始皇时已经认识到温泉的疗养价值。这也应成为始皇帝在此修池筑屋的一个重要原因。

秦时不仅利用温泉洗浴疗养，而且还利用温泉水灌溉，培育出早熟的东陵瓜。据卫宏《古文尚书序》，秦始皇尝"密令冬种瓜于骊山坑谷中温处，瓜实成"，因成熟期较早，博士诸生异之，言人人殊。《史记·萧相国世家》则说，秦东陵侯召（读如邵）平在秦亡后种瓜于骊山西麓，今临潼区仍有邵平店的村名。两个故事联系起来看，秦时引温泉水栽培出东陵早熟之瓜也是可能的。

在对唐华清宫遗址考古发掘的过程中，发现了堆积有绳纹板瓦、筒瓦、条砖、方砖及房屋构架物、门楣、门栓等秦代物质的文化层，残存的房基有断壁和砖铺地面，陶质、石块与方砖砌筑的水道，表明当时已有浴池的修筑。考古资料充分证实了上述文献的准确性，秦始皇时代丽山温泉确实已有人工修建的浴池和屋宇。

丽山与东陵为邻，秦封泥中出现的“东苑”可能在此范围，如此则丽山温泉似应为秦东苑中之汤池。

2. 宫中之池

酒池。《三辅黄图》卷之四《池沼》曰：“秦酒池，在长安故城中，《庙记》曰：‘长乐宫中有鱼池、酒池，池上有肉炙树，秦始皇造’”。长乐宫是以秦兴乐宫为基础改建的，是秦始皇所造的酒池当在兴乐宫内，汉代又利用并扩建之，故《三辅黄图》接下去说汉武帝“行舟于池中，酒池北起台，天子于上观牛饮者三千人”。又曰：“武帝作，以夸羌胡，饮以铁杯，重不能举，皆抵牛饮。”

酒池在秦兴乐宫即汉长乐宫中，大致位置在西汉故城东南，只具体所在在北魏时已经不太清楚。北魏郦道元《水经注·渭水》中，长乐宫殿“东北有池，池北有层台，所谓是池为酒池，非也”。其相对位置文献上有所记载，《括地志》谓：“汉太上皇庙在雍州长安县西北长安故城中，酒池之北。”《汉书·西域传》臣赞补注引徐松曰：“酒池约在长乐宫中东司马门内，其水来自未央宫”，是酒池约在长乐宫即秦兴乐宫之东北隅。

秦酒池是兴乐宫中人造景观，只具体形制设施全未可知。商纣王有酒池，据说为酒注之池，汉武帝时在酒池泛舟设宴饮酒，是知秦酒池也应该是游赏宴乐之地。上述资料中的鱼池似也为秦始皇建造，其主要具有生产效用。

阿房宫中之池。1994 年年底西安市文物局文物处与西安市文物保护考古所联合对秦阿房宫遗址进行了调查与钻探，在传称秦始皇“上天台”遗址东南，沈家寨与府东寨两村的南北两侧共发现五大片湖相沉积物，总面积达到 27 万平方米，距地表 1.2 米深处分布有大面积细沙，沙质为黄色，部分地带有泥沙分布。[①] 史称阿房宫“络樊川以为池”，是说把自然水源樊川纳入宫中，而此 5 个小湖泊在阿房宫范围之中，应是其宫中的水体风景区，水源来自其东侧不远的潏水，今称皂河。其水面很大，推测是利用自然湖泊而又经过人为改造建成的宫中湖泊。

---

① 《秦阿房宫遗址考古调查报告》，《文博》1998 年第 1 期。

3. 苑中之池

牛首池。秦上林苑中之池。《三辅黄图》卷四《池沼》曰："牛首池在上林苑中西头"；《长安志》卷三《宫室·秦》载："秦上林苑有牛首池，在苑西头。"《文选》卷八《上林赋》云："西驰宣曲，濯鷁牛首"，言西游上林苑，过了宣曲宫，下牛首池划船。郭璞注："牛首，在丰水西北，近漕河是也。"而《括地志辑校》卷一《雍州·长安县》则明确说："牛首池在雍州长安县西北三十八里。"如此则可大致推测出牛首池的位置，其在苑西头，而秦上林苑西不过沣水，至郭璞所谓"在丰水西北"乃是指后代丰水尾闾改为东北行之时，说明牛首池在丰水下游一带，且据《括地志》，由唐代长安县驻地向西北 38 里也正在此处。是牛首池应该是丰水尾闾摆动而形成的水体，是秦上林苑西头的一个池沼。

镐池。亦写作滈池、鄗池。《史记·秦始皇本纪》载：三十六年（前211）"秋，使者从关东夜过华阴平舒道。有人持璧遮使者曰：'为吾遗滈池君'。因言曰：'今年祖龙死'。使者问其故，因忽不见，置其璧去。使者奉璧具以闻。始皇默然良久曰：'山鬼固不过知一岁事也'。退言曰：'祖龙者，人之先也'。使御府视璧，乃二十八年行渡江所沉璧也。"是说秦始皇快要死去之时，江神道华山下还其祭祀之璧。《春秋后传》也记有相似的故事，只其情节更加神异，同小说家言，谓使者郑容真的见到了滈池君。①《三辅黄图·池沼》曰："镐池，在昆明池之北，即周之故都也。"郦道元引《十道志》曰："镐池一名元耻，在昆明池北，始皇毁之。"镐池一名滈池，又作鄗池，原是西周镐京的一大池沼，是都城的重要水源区，也是天子与贵族渔猎、游乐的场所。秦代将镐池辟为上林苑中的一处风景区，是否有祭礼娱神之用不可得知，从镐池君之掌管祖龙生死簿来看，镐池是人神相通之灵异处无疑。

镐池的位置文献记载非常明确，《庙记》与《三辅黄图》都谓在昆明池北，《水经注·渭水》曰镐水"上承镐池于昆明池北"，位置也相同。

① 郦道元《水经·渭水注》引《春秋后传》曰："使者郑容入柏谷关至平舒置，见华山有素车白马，问郑容安之，答曰之咸阳，车上人曰：'吾华山君使，原托书致镐池君。子之咸阳过镐池，见大梓下有文石，取以款列梓，当有应者，以书与之。勿妄发，致之得所欲'。郑容行至镐池，见一梓下果有文石，取以款梓，应曰：诺。郑容如睡觉而见宫阙若王者之居焉，谒者出受书，入有顷，闻语声言祖龙死。神道茫昧，理难辨测，故无以精其幽致矣。"

《括地志辑校》卷一《雍州·长安县》曰："镐京在今县治西北十八里镐池"，《长安志》卷十二《长安县》也谓："镐水出县西北十八里镐池。"据文献可知镐池在唐长安县城西北 18 里，位于昆明池以北。昆明池是汉武帝在西周镐京位置凿建的，唐代又有扩建，使位居其北的镐池在唐时并入昆明池中。学者经过实地勘察，多认为镐池遗址就是今牛郎石像以北至斡龙岭之间的洼池。其范围北不过斡龙岭，南不过北常家庄，东西两侧不超过唐代昆明池遗址的东西两岸。大致相当于《庙记》所言的"周匝二十二里"。

滮池。滮池也应是上林苑中的沼池，周时已经利用，《诗经》曰："滮池北流，浸彼稻田。"《水经注·渭水》："鄗水又北流，西北注与滮池合，北出鄗池西，而北流入于鄗"，明确说明滮池在鄗池西北部。《长安志》卷十二《长安县》："滮池水出县西北二十里滮池"，则谓滮池在鄗池西二里许。现在学者勘察，多认为滮池遗址在今长安县北部丰镐村与落水村之间，池周约十五里，当地群众俗称为小昆明池。

曲江。秦杜南苑苑中之池，旁有宜春宫，汉武帝时"周迴五里"，为游览胜地，位处今西安市东南曲江乡曲江村。汉司马相如《哀二世赋》中有对此处景色的描述："登陂池之长阪兮，坌入曾宫之嵯峨。临曲江之隑州兮，望南山之参差。岩岩深山之谾谾（音龙）兮，通豁兮谽（音酣）谺（音瞎）。汩淢（音域）噏习以永逝兮，注平皋之广衍。观众树之塕薆兮，览竹林之榛榛。东驰土山兮，北揭石濑。"意思是：登上陂池的漫长阪道，进入嵯峨壮观的宜春宫。俯视曲江弯曲的隑州，遥望高峻层叠的南山。三面土山夹着长谷，通谷宽阔而深邃。汩汩急流飘然向下流逝，浇灌那近水的平畴沃野。观赏谷中浓荫蔽日的树木，游览那莽莽榛榛的竹林，东上土原而走马驰骋，北行提衣踩石而过急流。湖池、宫观、山原、竹树混然相间，景色绝佳，园林生态效用明显。

有学者认为汉代上林苑中昆明、镐池、牛首诸池，所产鱼类等水产品除用于祭祀外，有余则供皇家饮食宴会，有时还送到长安市场上出售。以此类比，秦代苑中之池，除游览、观光功用外，实际的经济价值也是不容忽视的，兴乐宫中还有秦始皇造的鱼池呢。在秦始皇陵北侧 K0007 陪葬坑的西部有一个以动物为主的陪葬坑，出土有鱼鳖等 8 种动物①，均

① 段清波：《秦陵还会有多少陪葬坑》，《文物天地·秦俑秦陵秦始皇特刊》2002 年。

是活体陪葬，就是此点的有力证明。

宋敏求《长安志》卷十三《咸阳县》引《括地志》："漆渠，胡亥筑阿房宫开此渠，而运南山之漆。"因阿房宫和南山皆在渭河南岸，故此渠也应该在渭河以南区域，只具体所在已不可考知了。

四 秦都咸阳城郊水利开发的历史地理背景

秦都咸阳都市水利开发技术较为先进，既有凿井汲水之制，又有引流河川湖沼的修渠建池之法；其功能多样，既能满足都市居民生活用水，又提供制陶等手工作坊用水，也有鱼鳖养殖等渔业生产用水，还能够营造出园池景观，具有生态游乐效用，最独特的是其具有通天娱神之功；在区域分布上明显地表现出渭水南北两岸的差异性。秦咸阳城郊水利这些特点的形成有着深刻的历史地理基础，并对汉都长安城都市水利开发有巨大影响。

首先分析影响秦都咸阳城郊水利开发的思想背景。秦统一天下后，"始皇推终始五德之传，以为周得火德，秦代周德，从所不胜……更名河曰德水，以为水德之始。"[①]《史记·封禅书》也说："秦始皇既并天下而帝，或曰：'黄帝得土德，黄龙地螾见。夏得木德，青龙止于郊，草木畅茂。殷得金德，银自山溢。周得火德，有赤乌之符。今秦变周，水德之时。昔秦文公出猎，获黑龙，此其水德之瑞'。于是秦更命河曰'德水'。"这是说秦始皇信奉阴阳五行家的"五德终始"思想，认为在水、火、金、木、土这五德之中，相生相克循环以进，秦为水德，故可以代替火德的周，而且秦先祖文公曾获黑龙，是已经显现出其水德之符瑞。秦始皇以水为德，当然对池沼水泽有一种更深的崇拜，这从其改河水为德水可以看出；其对水利开发也更加关注，秦人创修的都江堰、郑国渠、灵渠都是举世闻名功在千秋的大型水利工程，具有创始性。《史记·封禅书》所谓："及秦并天下，令祠官所常奉天地名山大川鬼神可得而序也……霸、产、长、沣、涝、泾、渭等非大川，以近咸阳，尽得比山川祠，而无诸加。"这说明秦对首都城郊的水泽更加礼遇，对其水利开发当然也是用力最勤了。秦陵 K0007 陪葬坑所表现的神人相通之处是水景，

---

① 《史记》卷六《秦始皇本纪》。

与秦水德思想应该大有关系吧。

对秦都咸阳水利开发产生巨大影响的另一个思想因素是来自齐地方士的神仙术。《史记・封禅书》曰："自威、宣、燕昭使人入海求蓬莱、方丈、瀛洲。此三神山者，其传在勃海中，去人不远；患且至，则船风引而去。盖尝有至者，诸仙人及不死之药皆在焉。……及至秦始皇并天下，至海上，则方士言之不可胜数。始皇自以为至海上而恐不及矣，使人仍赍童男女入海求之。"这种神话认为东海之中有蓬莱、方丈、瀛洲三神山，山上有壮丽的宫殿、珍禽异兽、不死之药和长生不老的仙人等，为了求得不死之药，秦始皇统一六国后不惜投入巨额人力物力去海中求仙。始皇帝数次东游，皆以临海为高潮正说明了这一点，如二十八年临之罘、琅琊，立石颂秦德；二十九年，再临之罘，刻石颂德；三十二年临碣石，又刻石，这在《史记・秦始皇本纪》中有详细记载。海在秦人心目中有着无比崇高的地位，原因很多，比如海上有仙山、仙人、仙药，蔚蓝辽阔的大海对于来自黄土高原的秦始皇来说有一种视觉上的震撼，这种巨大的反差产生了极大的吸引力，同时海洋在空间上无边无际的特点更适于空前统一大帝国的心理需要，而且秦又以水为德。秦始皇信奉东海神仙术更加提高了水体在园林景观中的地位，兰池建设中引入的三神山与鲸鱼石刻的内容，就是蓬莱神话对秦咸阳城都市水利开发产生的直接影响。

其次，我们来讨论一下影响秦都咸阳都市水利开发的生产技术条件。战国末期，随着铁农具的推广普及，兴修各种水利工程的生产力条件基本完备，而当时水利知识的积累和人工开渠凿井技术的成熟，从技术上为都市水利的兴修奠定了基础。秦人建设的三大水利工程各有特点，建于成都平原的都江堰具有引水灌田与水运交通双重功效，关中平原的郑国渠是北方大型淤灌工程的创始，灵渠沟通南岭交通，它们的开凿成功证明了秦人水利工程技术已达到相当先进的水平。

在秦始皇陵的建设过程中也运用了极为先进的水工技术，如《史记・秦始皇本纪》记载，秦陵地宫"穿三泉，下铜而致木椁……以水银为百川江河大海，机相灌输，上具天文，下具地理。以人鱼膏为烛，度不灭者久之"。这些已被现代的考古成果基本证实，通过对各布点水银含量的测量，可知地宫附近土壤中汞（水银）异常；通过对秦陵地宫南侧地下排水沟及挡水墙结构及材料的考古发掘和分析，说明了秦陵地下水处理的技术已经较为合理和科学。地面以下尚且能够堵泉引水，地面上的建设更不在话下。

最后，分析渭河南北两岸产生区域差异的地理基础。渭北咸阳城原下滨渭部分，地下水位浅，凿井汲水特别方便，故秦时以凿井汲水为主。咸阳头道原上部分，原面高亢，河流湖泊稀少，据李吉甫《元和郡县图志》，整个咸阳原“南北数十里，东西二三百里，无山川陂湖，井深五十丈”①。《三秦记》也说：“长安城北有平原，广数百里，民井汲巢居，井深五十丈”②，现在咸阳原地下水位深及20—50米。秦代咸阳城原区部分也应以凿井取用地下水为主，这当然是由其原区自然地理特征决定的。

渭河南岸河流纵横，湖泉众多，咸阳城郊范围广大，东有灞浐，南有潏滈，西括沣涝，加上北部的泾渭，形成了“荡荡乎八川分流”横贯环绕的局面。灞河原名滋水，春秋时秦穆公为显示其称霸之功，改称霸水，多写作灞水。其发源于秦岭山麓，循白鹿原之东，接纳西南来的浐水后，北流入渭。潏水发源于终南山大义峪，流经路线基本同今皂河。滈河位于潏水之西，今名太平河，先入注滈池，池水北出注入渭河。古时候潏滈二河水量丰沛，曾为秦在上林苑营建的阿房宫的水源，杜牧《阿房宫赋》歌之曰：“二川溶溶，流入宫墙”，似应指此二川。沣河源于终南山的沣峪，北流注渭，周文王所建丰京就在沣水西岸。涝河源于户县西南秦岭北坡，北流入渭。咸阳渭南地区除了有密如蛛网的河流外，还有繁若群星的池泽，上林苑中的牛首池、滈池、滮池、皇子陂、曲江、兴乐宫中的酒池等在秦汉时代见于文献记载，所言均与秦代史实有关。它们既提供了咸阳渭南地区的生产与生活用水，又为秦离宫苑囿带来了秀丽风景，从秦陵K0007陪葬坑性质来看，这些池沼有些还有人神相通的祭礼功能。这种河湖泉源地表水丰富的自然地理条件决定了咸阳渭南地区的都市水利发展与布局的特征。

原刊《秦文化论丛》，三秦出版社2005年7月

---

① 《元和郡县图志》卷一《关内道一·咸阳县》。

② 郦道元：《水经注·渭水》引。

第二节　汉唐长安昆明池的建设与功能

位于西汉都城长安西南的昆明池是汉武帝开凿的人工湖，规模很大。它在南面设堰引取潏滈合流的交水，在东、北两面开了三条引水渠直接或通过泬水间接地供应汉长安城的都市用水和漕渠用水，其西侧又开渠以通沣河来调节水位，已基本具备引水、蓄水、排水诸功能，可以说是一个较为复杂而又自成体系的综合性都市水利工程。西汉时期，昆明池发挥着训练水军、生产鱼鳖、园林游览、模拟天象、供水首都的多重效用。到了唐代，其功能大幅度下降，仅仅作为都城郊区重要的园林与水产基地在发挥作用。唐代末年，昆明池因失修而逐渐干涸，以至变成了农田。

一　前人的研究成果

《史记》《汉书》记述有汉武帝兴修昆明池的原因及过程，《三辅旧事》《三辅黄图》等文献则记载了昆明池的范围、具体功能，给我们保留了最基本的研究资料。北魏著名学者郦道元著《水经注》，详细叙说了昆明池下游昆明池水与昆明故渠的流路，为后代学者详细考证昆明池水系与正确分析其与长安城的关系打下了基础。

宋代学者程大昌著《雍录》，首先注意到昆明池与汉长安城的水源密切相关，其先述《长安志》引《水经》曰："交水西至石碣，武帝穿昆明池所造，有石闼堰在县西南三十二里。"继而推断说："则昆明之周三百余顷者，用此堰之水也。昆明基高，故其下流尚可壅激以为都城之用。于是并城疏别三派，城内外皆赖之。"[①] 其主要依据是《水经注》，他认为昆明池的水源来自泬水以及樊杜诸水，其下开三渠：一是《水经注》所载的昆明故渠，二是章门外飞渠引水入城的泬水枝渠，第三支是堨水陂水，下接《水经注》所记泬水主干。其研究成果还配有地图《汉唐都城要水图》，虽是示意性质，但昆明池"池水分三派"的位置、名称还是让人一目了然。程大昌第一次提出昆明池具有为西汉都城供水的都市水

① 程大昌：《雍录》卷第六《昆明池》。

利功能，而且理出都城引水的线索，把《水经注》纷繁交错的水道归为三派，具有开创之功。

现代历史地理学者黄盛璋先生把程大昌的观点发扬光大，通过文献考证与实地考察，明确认为昆明池就是作为汉长安城的蓄水水库而开凿的。他考证认为，《水经注》“沉水又北与昆明故池会”中的“池”实为“渠”之误，因为：第一，昆明池当时仍在，不得称为故池。昆明故渠乃东北通漕渠水道，正横绝沉水，《水经注》有交代。第二，沉水如果是会昆明池，下游应自昆明池北出，《水经注》文中无此记载。《水经注》叙述昆明故渠时曾提到“又东合沉水”，叙述沉水时自当相应提到，除此外别无“会昆明故渠”字样。可见所会为渠，非池。第三，沉水会昆明池，即不得“迳揭水陂东，又北得陂水”，从地形上看，这样布置也不合理。[①]此一结论意义重大，这就把昆明池与沉水两大水系的关系基本搞清楚了。

考古学者在昆明池的具体范围、周边建设及现代遗存的研究中贡献最大。先是有中国社会科学院考古工作人员在1963年对昆明池遗址进行的考古学踏勘、铲探，其主要成果为胡谦盈先生所写的两篇论文：《丰镐地区诸水道的踏察——兼论周都丰镐位置》与《汉昆明池及其有关遗存踏察记》。[②] 论文就汉唐昆明池具体范围及其与滈池的相互关系进行了明确判断，认为“现存池址即唐昆明池的范围，实际上包括了西周滈池和汉代昆明池两个池址在内。今‘牛郎’石像以北至‘斡龙岭’之间的洼地，原是滈池旧址。汉代昆明池的位置，是在今北常家庄村以南。汉昆明池的具体范围：北缘在今北常家庄之南；东缘在孟家寨、万村之西；南缘在细柳原北侧，即今石匣口村；西界在张村和马营寨之东。池址总面积约10平方公里”。“（唐）昆明池遗址今日从地面上仍然清晰可辨。池址是一片面积约十多平方公里的洼地，地势比周围岸边低2—4米以上。池址南缘就在细柳原的北侧，即今石匣口村。东界在孟家寨、万村的西边。西界在张村、马营寨、白家庄之东。北界在上泉北村和南丰镐村之间的土堤南侧”。“今南丰镐村一带的汉代建筑群（按：指的是‘牛

① 黄盛璋：《西安城市发展中的给水问题以及今后水源的利用与开发》，《历史地理论集》，人民出版社1982年版。

② 分别发表在《考古》1963年第4期与《考古与文物》1980年创刊号。

郎’石像东北约100米处的西汉夯土建筑基址），部分沦没于昆明池中，当是汉以后浚池或扩建时被破坏了的，或许唐代昆明池的范围比汉代的范围要大一些。”胡谦盈先生还钻探出昆明池东岸万村北侧通往潏水与西岸通往沣水的两条昆明池水故道，并对昆明池周边的豫章台 、“牛郎”“织女”二石像、白杨观、细柳观、宣曲宫等遗存的具体位置，作了具体的分析和论断。

胡谦盈先生的观点影响很大，其所作的《汉昆明池及其有关遗存位置示意图》为后来学者所遵用，著名历史地理学家史念海先生主编的《西安历史地图集》中的汉唐昆明池范围就是基本参照此观点的。

2005年4—9月，中国社会科学院考古研究所汉长安城工作队对昆明池遗址进行了考古钻探、试掘和测量，基本探明了遗址的范围、时代、进水渠、出水渠、池内四个高地以及池岸建筑遗址的分布等情况，并在遗址以北探明了另外两个古代水池——镐池（或作滈池）与彪池（或作滮池）遗址，取得了一系列考古收获。[①] 这最新的研究成果是经过详细钻探和部分发掘得出的，比较准确和令人信服。这次考古结果与以前的认识有几点大的不同，值得我们深入研究：一是新的成果认为汉唐昆明池范围基本相同，东北角现今石婆庙附近汉代就是池水范围，而胡谦盈先生认为这里原来是滈池所在，到了唐代才被开辟成昆明池；新成果认为昆明池东岸万村北边的水道是进水口，水源来自潏水，这与原来判定的这是接济漕渠的昆明池水不同；关于石婆庙内“牵牛”石像的位置，胡谦盈判定“现在位置也就是汉代的原址了”，现在却不这么认为，“经在该石像附近钻探，全为淤泥，说明石像已不在原来的位置，推测西汉时期石像应在昆明池的东岸上”。

本书就是在前辈学者的研究基础上，把昆明池作为一个都市水利系统的整体，对其修建、功能及其汉唐时代上的变化进行一个综合研究。

二 昆明池的兴修及其规模

昆明池创建于西汉武帝元狩三年（前120），这在历史文献中有明确记载。《汉书·武帝纪》说，元狩三年，“发谪吏穿昆明池”。《汉书·五行

① 《西安市汉唐昆明池遗址的钻探与试掘简报》，《考古》2006年第10期。

志》："元狩三年夏，大旱。是岁，发天下故吏伐棘上林，穿昆明池。"

《资治通鉴》卷第十九记载："上将讨昆明，以昆明有滇池方三百里，乃作昆明池以习水战。是时法既益严，吏多废免。兵革数动，民多买复及五大夫，征发之士益鲜。于是除千夫、五大夫为吏，不欲者出马，以故吏弄法，皆谪令伐棘上林，穿昆明池。"这与《汉书》卷二四下《食货志第四下》的记载基本相同，说明西汉武帝元狩三年开凿昆明池，一方面可能是因为当年大旱，考虑到都城附近需要一个大水池，以保障后来干旱年份各方用水有充足的水源；另一方面，也是为了习练水战，以伐西南夷之越巂、昆明国。由于当时对外连年用兵，对内大兴土木，以至于没有足够的劳役可派，征发来凿昆明池的多是那些没有按法律办事的谪吏。

昆明池不是一次挖掘完成的，从文献上来分析，在汉武帝元鼎元年（前 114）可能有第二次的扩修活动。《史记》载："初，大农筦盐铁官布多，置水衡，欲以主盐铁。及杨可告缗钱，上林财物众，乃令水衡主上林。上林既充满，益广。是时越欲与汉用船战逐，乃大修昆明池，列观环之。治楼船，高十余丈，旗帜加其上，甚壮。于是天子感之，乃作柏梁台，高数十丈。宫室之修，由此日丽。"① 《索隐》曰："盖始穿昆明池，欲与滇王战，今乃更大修之，将与南越吕嘉战逐，故作楼船，于是杨仆有将军之号。又下云'因南方楼船卒二十余万击南越'也。昆明池有豫章馆。豫章，地名，以言将出军于豫章也。"这里记述的大修昆明池的时间，是在杨可告缗以后，同时又在作柏梁台之前。《汉书·酷吏传》载："至冬，杨可方受告缗……后一岁，张汤亦死。"杨可主告缗是在张汤死前一年，据《汉书·武帝纪》张汤死于元鼎二年冬十一月，则杨可主告缗应在元鼎元年冬。又据《汉书·武帝纪》："（元鼎二年）春，起柏梁台。"所以大修昆明池的时间当在元鼎元年冬至二年春之间。而且这次大修同样出于军事目的，只是对象有了改变，由原来的西南夷变成了南越。这一点在《索隐》中已经很明确地给予说明。

经过武帝元狩三年与元鼎元年的两次修建，基本奠定了西汉昆明池的规模，作为工程的组成部分，湖堰、引水闸和进、出水渠道也都应该

---

① 《史记》卷三〇《平准书第八》。

顺利完成。同时，在第二次扩建过程中，还在岸边新建或重修了一些楼台亭馆如豫章观、细柳观等，在池水中建造高大的楼船，达到了“列观环之；治楼船，高十余丈，旗帜加其上，甚壮”的效果。

汉代昆明池的范围广大，《汉书·武帝纪》臣瓒注：“（昆明池）在长安西南，周回四十里”；《三辅黄图》卷四也说：“汉昆明池，武帝元狩三年穿，在长安西南，周回四十里。”《三辅旧事》曰：“昆明池，地三百三十二顷。”《太平御览》引《三辅旧事》作盖地三百二十五顷，程大昌《雍录》又引作三百二十顷也。

汉武帝所建的昆明池周长达到四十里，面积332顷，这是古代学者的共同记载。按汉代一里（一里为300步，一步为6尺，一尺为0.231米）约合今415.8米计算，大致折合16632米，也就是约16.6千米。其面积或曰332顷，或曰320顷，相差也不太大。按汉代一顷（1顷为100亩，1亩为240方步）约合今46103平方米计算[①]，320顷约合14752960平方米，也就是14.75平方千米。

现代考古学者的勘察和钻探发掘证实，上述文献所载的昆明池范围是基本正确的。中国社科院考古研究所汉长安城工作队在2005年的考古结论是：“通过钻探和测量，得知昆明池遗址大体位于斗门镇、石匣口村、万村和南丰村之间，其范围东西约4.25、南北约5.69公里，周长约17.6公里，面积约16.6平方公里。遗址内有普渡、花园、西白家庄、南白家庄、北常家庄、常家庄、西常家庄、镐京乡、小白店、梦驾庄、常家滩、太平庄、马营寨、齐家曹村、新堡子、杨家庄、袁旗寨、谷雨庄、五星村、北寨子、南寨子、下店等二十多个村庄，遗址周边有南丰村、大白店、万村、蒲阳村、石匣口、堰下张村、斗门镇、上泉北村、落水村共9个村镇。”[②] 参见图2—2昆明池遗址范围示意图。这次考古的对象是唐代扩大了的昆明池的遗址，所以具体数字有所扩大，但所指基本的区域与范围还是基本相同的。只是在唐代扩大昆明池的范围上，汉城工作队的观点与胡谦盈先生不同，认为常家庄以北至眉坞岭之

① 陈梦家：《亩制与里制》，《考古》1966年第1期。

② 中国社会科学院考古研究所汉长安城工作队：《西安市汉唐昆明池遗址的钻探与试掘简报》，《考古》2006年第10期。

间在汉代就成为昆明池的一部分，而胡先生认为是到唐朝才被扩大成昆明池的。

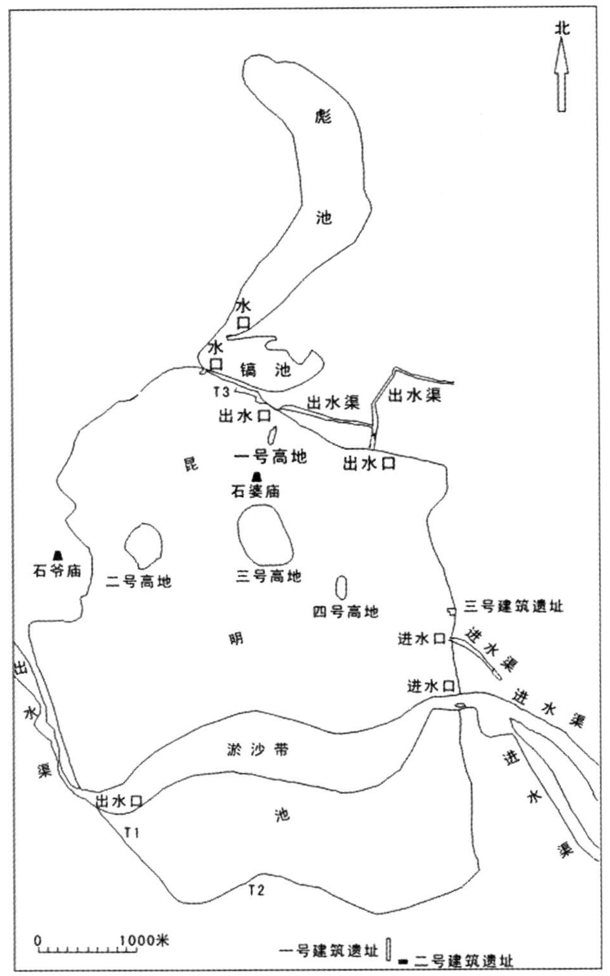

图 2—2　昆明池遗址范围示意图

（《西安市汉唐昆明池遗址的钻探与试掘简报》）

从对昆明池北岸的钻探和石婆庙一带地层的解剖来看，“北池岸有早晚两期，早期应为西汉开凿昆明池时形成的生土池岸，由于池岸内淤泥逐渐抬高，加上土堤不断倒塌毁坏，所以后来维修池岸时在岸边生土岭的上部人工夯筑加高，并向池内修成斜坡状，再平铺大卵石形成晚期池岸，其时代应为唐代。”北常庄之北石婆像附近的钻探，证明周边全为淤泥，所以我们还是觉得中国社会科学院考古研究所汉长安城工作队的结论较有说服力。

也就是说，经过唐代稍微扩大了的昆明池遗址周长是 17.6 千米，面积约 16.6 平方千米。这与上述历史文献记载的汉代昆明池周长 16.6 千米，面积 14.75 平方千米相比较，假如考虑到唐代有一定的扩大，则可知文献所记的汉代昆明池范围还是基本可信的。

由上可知，汉代昆明池规模巨大，周长 16.6 千米，面积 14.75 平方千米。这当然是个很大的人工湖泊，不仅可以说是史无前例的，而且在中国古代，除了唐代在此基础上修筑的昆明池以外，笔者还没见到有哪个人工湖泊的面积超过它。

汉昆明池仿照滇池而建，水面辽阔，浩渺的景象可以想见。昆明池的名字就大有内涵，“昆”字是“日”下面一个“比”，这是说像太阳那样光明；而“明”字则是“日”“月”合在一起组成的字。中国传统文化中，阴阳观念是中心思想之一，而日月是阴阳两极的典型代表，日月又行运于天上，故可判定说：昆明池首先是光明之池，像明镜那样；同时，昆明池更是天上之池，是天河之象征。班固《西都赋》写道：“左牵牛而右织女，似云汉之无涯。”张衡《西京赋》也说：“日月于是乎出入，象扶桑与蒙汜。”潘岳《西征赋》的如下文字也可以看作对汉时昆明池规模的追忆：“乃有昆明池乎其中，其池则汤汤汗汗，滉瀁弥漫，浩如河汉。日月丽天，出入乎东西，旦似汤谷，夕类虞渊。昔豫章之名宇，披玄流而特起。仪景星于天汉，列牛女以双峙。”昆明池东西两岸石爷、石婆像的安排也可得到合理解释。怪不得汉武帝夜游昆明池时，要与随行的司马迁与司马相如讨论天上的银河与星辰，并让他们为文颂之。[1]

---

① 南朝·陆云公《星赋》曰：“汉武帝夜游昆明之池，顾谓司马迁、相如曰：星之明丽矣，考之于歌颂，求之于经史。龙尾着于虢童，天汉表于周土。既妖谣之体陋，嗟怨刺之蚩鄙，每郁悒而未摅，思命篇于二子。”见《全上古三代秦汉三国六朝文》之《全梁文》卷 53，第 3259 页。

三 汉都长安最大的蓄水库及其多种功能

昆明池自沣河上游引水，在汉长安城西南高地上形成一个巨大的湖泊，这使昆明池具有了多种功能。首先是保证汉长安城供水与调节漕运水源的都市水库功能，实质上这是其最为重要的功能，至于训练水军、水上游览、养鱼基地和模拟天象等，则是其附属作用。

1. 池则无涯象滇河——长安最大的蓄水库

昆明池自沣河上游引水，在汉长安城西南高地上形成一个巨大的湖泊，这使昆明池具有了供水长安的功能：一是保证汉长安城的供水，二是调节漕运水源。昆明池及其上游全部位于皇家控制的上林苑中，可以保证水源的清洁和卫生；地势高于长安城，可以自流入城；库容巨大，能供给长安这样的大型都城以充足的水源。除此而外，当时的长安由于人口众多，粮食供给比较紧张，漕运是从关东向关中运输粮食的重要手段，一年至少要几十万石。但是渭河水浅，运输困难，要用渭水南岸的人工漕渠通船运输，昆明池就是这条漕渠的上源和重要的运输通道。

汉长安城是以秦在渭河南岸的兴乐宫、章台和信宫等为基础修建起来的，沿用了旧日宫苑的水源和输水工程，即引渭河支流之滈水入滈池，通过滈池的调节再输入都城，加上直接引自城西潏水（即泬水）的水源，基本能满足汉初用水的需求。汉武帝时，大兴土木，都城迅速膨胀；人口也越来越多，汉长安城城区人口有40万之众，包括郊区陵邑远远超过100万；此外，汉代也是历史上旱灾频繁的朝代，“两汉旱魃之灾共计112次，旱灾年份占两汉总年数的26%以上，也就是说，两汉时期平均不到四年就要发生一次旱灾。”① 并且大旱年份多，旱情程度颇重，如《汉书·五行志》载，惠帝五年（前190）夏，“大旱，江河水少，溪谷绝。”旧有的水源已不能满足城市用水的需要，于是汉武帝就在长安西南开凿了昆明池供水工程，形成了一个规模很大的人工水库，并通过纵横交错的供水渠道，将水引到城内各处。就在开挖的当年依然是“元狩三年夏，大旱”，可见当时昆明池开挖的必要性和紧迫性。

---

① 陈业新：《灾害与两汉社会研究》，上海人民出版社2004年版。

昆明池水利系统由洨水、石碣、引水渠、泄水渠、堨水陂、“飞渠”以及四周湖堤等设施组成，见图 2—3。洨水是指把潏水与滈水在上游连接起来并向西入沣河的人工河道，既保证了昆明池有稳定的水源，又可以避免多量来水带来的洪水威胁；石碣是一座建在洨水上引水北流入昆明池的滚水石坝，其下有渠道提供昆明池的水源；引水渠共有三条，建在昆明池东、北两面，引池水直接或通过泬水间接地供应汉长安城的都市用水和漕渠用水；泄水渠是昆明池西侧沟通沣河的人工渠道，以排泄昆明池多余的水来调节水位；堨水陂为昆明池的二级调蓄水库；“飞渠”则是在建章门处专门引水入城的渡槽；这些设施与居中的昆明池大水库连接起来构成为复杂而又自成体系的综合性都市水利工程。

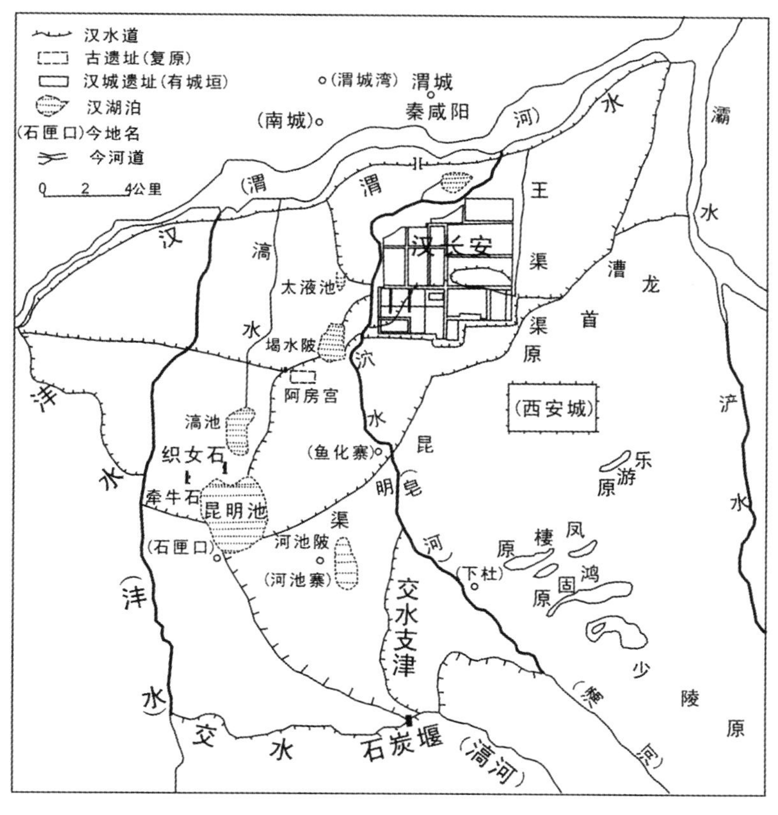

图 2—3　昆明池在汉长安城郊水利中的位置

昆明池的水源是来自交水（或作洨水），《水经注》载："交水又西南流与丰水枝津合，其北又有汉故渠出焉，又西至石碣分为二水：一水西流注丰水，一水自石碣经细柳诸塬北流入昆明池。"为保障昆明池安全稳定的蓄水而且又不对下游长安城造成危害，西汉时期对潏滈诸水进行了大规模的人工整理，使它们改道西流入沣，形成了新的河流——交水。[①] 文中的"石碣"又称石闼堰，大致位于今长安区西堰头村，堰引洨水北流，穿过细柳塬，流入昆明池。经笔者调查，洨河在西堰头村向北弯曲，距离细柳塬最近，又可利用河道向北弯曲的自然之势，顺势拦截，导引北流，故在此筑堰当了无疑义。石闼堰是一座滚水石坝，当洨水平水期可尽拦截入昆明池，当洨水平水期可尽拦截入昆明池，洪水期多余的水量则漫顶而过泄入丰水，以保证昆明池水库的安全，设计十分科学。[②]

昆明池建在细柳塬与高阳塬之间，池址海拔，高于汉长安城区，向都城引水十分方便。黄盛璋先生对昆明池供水系统进行了详细的探讨，"昆明池通过东、北两条渠道向下游供水。向东的一条叫昆明故渠，专门接济运河（漕渠）用水；向北的一条叫昆明池水，专供城区用水。昆明池水下接堨水陂，是进入城区前的又一级调节水库。堨水陂下游又分为两支，一支北流入建章宫，宫内有太液池，其尾水入渭水；另一支东北流，由架空渡槽引水入城，然后入沧池最后排出城外，汇入漕渠"[③]。

汉代昆明池的面积广大，蓄水量在3000万—5000万立方米，相当于现代的中型水库。[④] 昆明池及其引水渠道的修建，解决了汉长安城的蓄水供水问题，使汉长安城的用水得到可靠保证。昆明池选址得当，闸坝设

---

① 交河的开凿大致始于西汉时代，或为开凿昆明池所派生或是在昆明池修成后汉城遭受水害时进行增修的。其作用是拦截潏滈二水主流，向西排入沣河，以便于控制向昆明池的引水，解除对汉长安城的水害威胁。在峪口导引潏滈二水入沣，上流水源被截断，昆明池水就可缩减，地表水就会下降，水浸对长安城的影响就会缓解。同时相应地在截流处建设一些堰坝水利设施，还能够较稳定地保持昆明池的水源，使昆明池这一汉城蓄水库的作用能够持久充分地发挥出来。

② 李令福：《昆明池的开凿及其对汉长安城环境的影响》，《陕西师范大学学报》2008年第4期。

③ 黄盛璋：《西安城市发展中的给水问题以及今后水源的利用与开发》，《地理学报》1958年第2期，第406—426页。

④ 吴庆洲估算昆明池可蓄水3549.7万立方米，见《中国古代城市防洪研究》，中国建筑工业出版社1995年版。

置和渠道布设也恰到好处，石闼堰、堨水陂、飞渠的设置，都可以称为奇迹。西汉长安城开辟了中国都城地面水供水的新格局，第一次成功地解决了中国都城的供水问题，是亘古以来的重大事件，开始了中国城市供水的新纪元。

2. 楼船旌旗校五兵——教习水战的功用

汉武帝凿昆明池之原因，史书明记是为了训练水军以征伐昆明夷和南越。最早提及昆明池操练水军功能的是《史记·平准书》：元鼎元年（前114），“乃大修昆明池，列观环之。治楼船，高十余丈，旗帜加其上，甚壮。”杜甫在《秋兴》诗中写道：“昆明池水汉时功，武帝旌旗在眼中。”操练水师的规模宏大，场面壮观，战船众多，《西京杂记》卷六载：“昆明池中有戈船、楼船各数百艘。楼船上建楼橹，戈船上建戈矛。四角悉垂，幡旄，旍葆麾盖，照灼涯涘。余少时犹忆见之。”戈船，《汉书·武帝纪》注引臣瓒曰：“伍子胥有戈船，以载干戈，因谓之戈船也。”即配备有可刺可钩之戟的战船。楼船，《汉书·武帝纪》注引应劭曰：“作大船，上施楼也。”在最近的考古调查中，调查者“在池内一些砖厂取土形成的断崖上观察到一条条‘U’形沟槽，沟槽内填满淤泥。这些沟槽有一定的宽度和走向，深度也较一般池底深得多，它们应是专门为像‘楼船’这些吃水较深的大船修建的航道”①。这是很有可能的。汉武帝凿昆明池之原因，史书明记是为了训练水军以征伐昆明夷和南越。在“国之大事，在祀与戎”的古代，军功需要是国家的头等大事。这也是后来南朝昆明池多为水军训练基地，连乾隆皇帝所修昆明池也有训练水军之原因。

除了楼船、戈船以外，《广博物志》卷四十还记载：“昆明池中有弋檀舟，昆明池中有撞雷舸。”这两种船也应该是军事用途的战舰。

总体来看，汉武帝修治昆明池的同时，命人建造了大批军舰，仅戈船、楼船两种船只，就各有数百艘，再加上弋檀舟、撞雷舸等战艇，组成了一支威武雄壮的水师，游弋在周回四十里的辽阔水域上。唐代文人王起作一首《昆明池习水战赋》曰：“伊昔汉武，将吞远戎。凿昆池之澮

---

① 中国社会科学院考古研究所汉城队：《西安市汉唐昆明池遗址的钻探与试掘简报》，《考古》2006年第10期。

澹，习水战之雄雄。池则无涯，泻滇河之象；战思拓土，合水国之风。将以规远略，恢圣功。遐方不拥，犷俗来同。岂徒列万艘之逦迤，甑一沼之冲融。乃命搜舢舻，征卒伍。剡檝棹，备金鼓。得佽飞于荆江，获文身于越土。榜人来萃，水客斯观。介夫佐化，将牵牛以交映；画鶂呀呀，与石鲸而对吐。奚去陆以习坎，方整众而耀武。武之耀兮昭彰，众之整兮张皇。揽繁弱，拔干将。可以摧南方之锐，可以挫北方之强。列万夫之貔豹。”①

昆明池操练水军的功能历时并不是很长，汉代也仅仅持续了武帝后期一段时期。随着汉武帝以后开疆拓土、征伐连年时代的基本结束，昆明池也渐渐丧失了作为一个水军基地的功能。《三辅故事》中也写道："武帝作昆明池，学水战法。后昭帝年少，不能复征伐。"但是，昆明池的军事地位我们仍然不可低估。到了东汉初期，昆明池的军事作用仍然发挥了巨大的作用，东汉开国大将邓禹就是驻军昆明池，平定长安并进而收复整个关中的。《后汉书》详细地记载着这件事："（东汉光武帝建武）二年（26年）春，遣使者更封禹为梁侯，食四县。时赤眉西走扶风，禹乃南至长安，军昆明池，大飨士卒。率诸将斋戒，择吉日，修礼谒祠高庙，收十一帝神主，遣使奉诣洛阳，因循行园陵，为置吏士奉守焉。"②

3. 泛舟闻韶昆明池——园林与游览胜地

由于开凿了昆明池和对有关河道的整治，附近的自然风景与人文建筑亦相应地得到开发，汉代昆明池地区成为上林苑中最优美的园林景观区之一，也成为当时皇家贵族的游览胜地。

昆明池园林景观最吸引人的首先是那独一无二的广大水面，浩渺无涯，有时候平坦如镜，有时候碧波荡漾，有时候波涛冲天，尤其是到了晚上，涟漪泛着星光，与天上的银河相映生辉，因而昆明池被当成了降到地上的天河。辽阔的湖面除了演习水战以外，游乐功能特别突出。湖中战船之外，另有许多游船，帝王常率歌儿舞女，在此荡舟作乐。

《庙记》曰："池中作豫章大船，可载万人，上起宫室，因欲游戏。"

---

① 《文苑英华》卷66，第299页。

② 《后汉书》卷一六《邓寇列传第六》。

《三辅故事》又曰："池中有龙首船，常令宫女泛舟池中，张凤盖，建华旗，作棹歌（棹歌，棹发歌也，又曰棹歌讴舟人歌也），杂以鼓吹，帝御豫章观，临观焉。"豫章大船可坐万人，上有起居的宫室，是个大型的游览船只。龙首船可能是画着龙头或者船头就做成龙首的样子，主要用于游览，被称作彩舟。

昆明池水中鱼翔浅底，绿草点点，环池一带绿树成荫，动植物资源丰富多彩，也是皇家观赏游猎的好地方。那昆明池中的鱼鸟就更多了，种类数不胜数。班固在《西都赋》中给我们描写了帝王游宴昆明池所见到的景象："飨赐毕，劳逸齐，大辂鸣銮，容与徘徊，集乎豫章之宇，临乎昆明之池。左牵牛而右织女，似云汉之无涯，茂树荫蔚，芳草被堤，兰茝发色，煜煜猗猗，若摛锦与布绣，爥耀乎其陂。鸟则玄鹤白鹭，黄鹄䴔䴖，鸧鸹鸨鶂，凫鹥鸿鴈，朝发河海，夕宿江汉，沈浮往来，云集雾散。于是后宫乘輚辂，登龙舟，张凤盖，建华旗，祛黼帷，镜清流，靡微风，澹淡浮。棹女讴，鼓吹震，声激越，謍厉天，鸟群翔，鱼窥渊。招白鹇，下双鹄，投文竿，出比目。抚鸿罿，御矰缴，方舟并骛，俛仰极乐。遂乃风举云摇，浮游溥览。"

除了无限的自然风光外，人们还在昆明池周边建筑了许多瑰丽的宫殿和观赏建筑，即所谓"列观环之"，"宫室之修，由此日丽。"昆明池的池中岛上和四周岸边，修建了许多离宫别馆，昆明池东岸有豫章观与白杨观，池南岸有细柳观，池西边有宣室宫等。各建筑雕梁画栋，金碧辉煌，林树掩映，风景十分迷人。

昆明池东岸豫章观的主体建筑为豫章台，"皆豫章木为台馆也。"其功能是观赏昆明池水波浩荡之景象，以及宫女在池中嬉水、泛舟歌舞，还有水军乘楼船演练武艺的。昆明池面广大，观赏的范围广阔，视点的要求就很高，欲广瞻而眺远，需筑台而登高，建设豫章台的原因或在于此。

广池沼与兴台观，从工程角度则可谓相反相成，是加与减的土方平衡问题。是秦汉时造园，凿池与累（城）台是土方平衡的重要措施，一池三神山的池苑模式，有其内在的合理性。台与池的关系，是"挖土成池，累土成台"。昆明池周回 20 千米，池中筑台，就显得孤峙无依，台与浩渺的水面难以协调。池中未筑三神山，而是在东岸边一个大的洲屿上，建造了以豫章台为主的组群建筑，亦称豫章观。由于台的高显昭出巨大的作用，而称之为豫章宫。包括台在内的组群建筑，既是昆明池上的主要景观，其本身也是一处独立的水上景点。

池西的宣室宫也是当年皇帝泛舟游览昆明池时必到的一处景点，各种文献都说到皇帝的上林游猎，“西驰宣室”。

昆明池以人工湖水面为主景，布设楼台亭阁，融人工建筑于自然山水之中，形成的湖面水体一望无际，清澈涟漪，殿阁亭台倒映湖中，与回廊、绿树、鲜花、雕刻交相辉映，绚丽异常，成为皇家园林中的最佳，也为皇家贵族提供了良好的游憩场所。

昆明池的景色是汉武帝的最爱之一，《广博物志》卷四十九记载着他在池中泛舟歌咏的故事：“昆明池，汉时有豫章船一艘，载一千人。汉武帝思怀往者李夫人不可复得，时始穿昆灵之池，泛翔禽之舟，帝自造歌曲，使女伶歌之，时日已西倾，凉风激水，女伶歌声甚遒，因赋落叶哀蝉之曲，曰：罗袂兮无声，玉墀兮尘生，虚房冷而寂寞，落叶依于重扃，望彼美之女兮感余心之未宁。帝闻唱动心，闷闷不自支，持命龙膏之灯，以照舟，内悲不自止。”

昆明池在中国的园林建设发展史上意义深远，它开创了我国以大型水体为核心来布置园林景观的先河。“在以往单纯以山或高台建筑为核心，以道路和建筑为纽带的园林形式中加入了以水体为核心和纽带的新格局，这不仅大大丰富了园林的艺术手段，促进了山、水、建筑及植物景观间更复杂的穿插、渗透、映衬等组合关系的出现和发展，而且为中国古典园林最终采取一种流畅、柔美，富于自然韵致的组合方式准备了必要的条件。”①

4. 定是昆明池中鱼——渔业生产基地

在长期发展过程中，昆明池不仅有习练水军的军事功用，水嬉娱游的观赏功能，其作为一种生产资源，在物质生活资料的生产上，对帝室也起到了重要作用。

《三辅黄图》引《庙记》云昆明池中：“养鱼以给诸陵祭祀，余付长安厨。”《汉旧仪》载：“上林苑中昆明池、镐池、牟首诸池，取鱼鳖给祠

---

① 王毅：《中国园林文化史》，上海人民出版社2004年版，第57—58页。

祀，用鱼鳖千枚，余给太官。”说明了昆明池还是皇室用鱼的重要生产基地，其生产的鱼鳖首先满足祖先陵墓的祭祀之用，大约用鱼鳖千只，其余交给长安城的太官，主要供给皇家食用，可能还分赏给皇室贵族们享用。还有一段时间竟然把多余的鱼放到长安城的市场上出售，供给一般市民，而且由于数量巨大，还影响了市场鲜鱼的价格，《三辅故事》载：“市鱼乃贱”，使长安鱼价也下跌下来，长安城贫民还真得到了实惠。这也是我国历史上大水面养殖较早的具体例证。

何时开始养鱼的？这在历史文献上有不同的说法。《艺文类聚》卷九十六鳞介部（上）鱼条，引《三辅故事》曰：“武帝作昆明池，学水战法。帝崩，昭帝小，不能征讨，于池中养鱼，以给诸陵祠，余给长安市，市鱼乃贱。”据此文记载，汉武帝时似乎还未在昆明池中养鱼，到了昭帝时代，昆明池作为水军基地的作用式微，才开始养鱼。但《汉书·西南夷传》曰：昆明国所在之滇王，于元封二年（前109）归降汉朝，武帝遂置益州郡，从此当地安定了二十三年。其间不复征战，自然昆明池也不能闲置。所以有不少学者认为汉武帝时代就开始了水产养殖活动。《西京杂记》卷第一云：“武帝作昆明池，欲伐昆吾夷，教习水战。因而于上游戏养鱼，鱼给诸陵庙祭祀，余付长安市卖之。”

汉武帝昆明池救鱼得珠的故事也说明昆明池养殖生产活动起始于汉武帝时代。《三辅黄图》卷四引《三秦记》曰：“昆明池，池通白鹿原，原人钓鱼，纶绝而去。梦于武帝，求去其钓。三日戏于池上，见大鱼衔索，帝曰：岂不穀昨所梦耶！乃取钩放之。间三日，帝复游池，池滨得明珠一双。帝曰：岂昔鱼之报耶？”汉武帝发现昆明池中的鱼衔着鱼钩，说明此时已经开始了简单的捕鱼活动，而汉武帝在昆明池边得到了一双明珠，也说明了昆明池的水产生产范围已经超过了纯粹的养鱼阶段。

其实昆明池除了产鱼外，还有不少水产品可以供应，比如水中生长的菱芡、莲藕，天上飞行的各种水鸟等。西晋文人潘岳著《西征赋》，提到昆明池的水产也可看作汉代的情况：“振鹭于飞，凫跃鸿渐。乘云颉颃，随波澹淡。瀺灂惊波，唼喋菱芡。华莲烂于渌沼，青蕃蔚乎翠澰。”

史籍中常见关于昆明池观鱼的记载，如《陈书》卷二一《列传第一五王固传》记西魏时代，“宴于昆明池，魏人以南人嗜鱼，大设罟纲”；《周书》卷三《帝纪第三》也载：“帝欲观渔于昆明池”。昆明池只要有水其养殖功能就可以自然地得到持续发展，应该说与其他诸多功能相比它是最为持久的。毛泽东后来“莫道昆明池水浅，观鱼胜过富春江”的佳句客观上也是一种反映。

5. 昆明池上拜牵牛——牛郎织女神话起源地

汉武帝所开凿的昆明池因为水面辽阔，被认为是地上的银河，而在七八月份的北半球天空中，牵牛、织女星是最为闪亮的两颗。当七月织女星升上天顶时，银河那边的牵牛星就已经进入了人们的视野。七月过后，高悬的织女星向西倾斜时，牵牛星后来居上升至最高点，岁序也就随之进入仲秋八月了。牛郎、织女星隔“河”相望，早就引起星象学家的注意。

汉武帝穿凿昆明池时，采用了法天思想，按天上银河两边左牵牛、右织女的布局，在昆明池东西两岸设置了牵牛与织女石像。

班固《西都赋》有句：“临乎昆明之池，左牵牛而右织女，似云汉之无涯。”李善注引《汉宫阙疏》云：“昆明池有二石人，牵牛、织女之象也。云汉，天河也。”张衡《西京赋》中云：“豫章珍馆，揭焉中峙。牵牛立其左，织女处其右。”《雍胜录》：“旁有二石人，象牵牛、织女，立于河东、西。”《关辅古语》：“昆明池中有二石人，立牵牛、织女于池之东西，以象天河。”这些历史文献都明确指出在昆明池畔的左右两侧分别塑有牵牛、织女像，象征着天河两边的牛郎、织女星。

牛郎、织女二石像现在保存在昆明池遗址范围内，一个石像在今北常家庄“石婆庙”内，另一个石像在今斗门镇“石爷庙”内。俞伟超先生认为，“石婆庙”内的石像是男相，即“牛郎”，“石爷庙”内的石像是女相，即“织女”，即现在民间把两个像给颠倒了。按此观点石像现在所处方位，和古代文献记载“牛郎”在东、“织女”在西是一致的。[①] 其说甚正确。织女石像高 258 厘米，右手置胸前，左手贴腹，作跽坐状；牵牛石像高 228 厘米，作笼袖姿态。这组石刻均用花岗岩雕成，形体高大，是中国早期园林装饰雕塑的代表。

昆明湖畔两侧的牵牛、织女石像，象征着天上银河两侧的牵牛、织女星。这种天上人间遥相呼应的景观设计，给来此游览的人很大震动，也是产生中国著名的神话——牛郎织女爱情故事的基础。

---

① 俞伟超：《应当慎重引用古代文献》，《考古通讯》1957 年第 2 期。

牛郎、织女的传说由来已久。《诗·小雅·大东》说："维天有汉，监亦有光。胶彼织女，终日七襄。虽则七襄，不成报章。睆彼牵牛，不以服箱。"这是牛郎、织女神话传说的雏形。织女、牵牛在这时还只是天河二星，并无神的色彩，虽然诗中提到了织女"报章"、牵牛"服箱"，但也仅是就天上两颗星名称生发的联想。

到了汉代，牵牛、织女星在地上有了直接的塑造，立在了游览胜地昆明池的两岸。他们也便由天上的星星变成了地上的神仙，与人们更加亲近。随着时间的推移，爱情因素与牵牛、织女传说的结合日见明显。汉末的《古诗十九首》就透露了这一信息，其中的《迢迢牵牛星》吟道："迢迢牵牛星，皎皎河汉女。纤纤濯素手，札札弄机杼。终日不成章，泣涕零如雨。河汉清且浅，相去复几许？盈盈一水间，脉脉不得语。"这里的牵牛、织女二星已具人物形象——弄机织布，思念流泪；并且开始被编织为一幕恩爱夫妻受着隔绝之苦的爱情悲剧。诗中虽然没有直言牵牛、织女是夫妻，但织女终日思念牵牛，渴望相见，而又"盈盈一水间，脉脉不得语"的情节则是十分清楚的。

唐韩鄂《岁华纪丽》引东汉人应邵编撰的《风俗通义》又进一步，其中记载："织女七夕当渡河，使鹊为桥，相传七日鹊首无故髡，因为梁以渡织女故也。"这表明东汉时，不仅牵牛、织女为夫妻之说已被普遍认可，而且他们每年以喜鹊为桥，七夕相会的情节，也在民间广为流传，并融入风俗之中了。发展到这一步显然是要经过相当长期的演进过程。大概牛郎织女悲欢离合的爱情故事在汉代就已经基本定型了。

稍后的三国时期，更有不少诗文反映了这一内容。如唐代李善为《文选》魏文帝《燕歌行》作注时引了曹植《九咏注》说："牵牛为夫，织女为妇，织女、牵牛之星，各处一旁，七月七日得一会同矣。"可见牵牛、织女已经成为诗人们表现爱恋和思念之苦的一种突出和常用的意象。南朝梁殷芸说："天河之东有织女，天帝之子也。年年机杼劳役，织成云锦天衣，容貌不暇整。帝怜其独处，许嫁河西牵牛郎，后遂废织经。天帝怒，责令归河东，但使一年一度相会。"这个牛郎织女神话故事已经基本定型。虽然在文献的记载中出于南北朝时期，但人们有理由认为它是对汉代牛郎织女传说的追述，不然，七夕相会之说就无从说起。

关于牛郎织女的美妙传说发源于汉代的昆明池，形成于两汉时代，此后在中华大地广为流传。

四 唐都长安郊区著名园林及昆明池的干涸

西汉以后定都于长安的各王朝，千方百计地维修昆明池，使其基本功能得到延续，尤其是唐朝统治者特别重视修复昆明池，使其焕发了第二春。

从汉武帝挖凿昆明池后直到汉代灭亡，一直没有挖浚昆明池的记载，至十六国后秦姚兴时（415），由于不断淤积和干旱气候，池水干涸了。《魏书》记载："秦中大旱赤地，昆明池水竭，童谣讹言，国内喧扰。明年，姚兴死。"[①]《十六国春秋》卷五十八也记载有这件事的时间：东晋安帝义熙十一年（415），"大旱，昆明池竭，童谣讹言，国人不安，间一岁而秦亡"。因为昆明池直接关系到长安城的用水生计问题，魏太武帝太平真君元年（440），"发长安五千人浚昆明池"[②]。并着重对昆明池的原有渠道进行了修复。

北朝时代，以长安为都的北魏与北周皇帝特别喜欢昆明池，经常到此垂钓、打猎、宴饮等，尤其是北周太祖喜欢到昆明池游猎、捕鱼，而且善于利用这些机会发现大臣们的才能。《周书》载："太祖与公卿往昆明池观渔，行至城西汉故仓地，顾问左右，莫有知者。或曰：苏绰博物多通，请问之。太祖乃召绰。具以状对。太祖大悦，因问天地造化之始，历代兴亡之迹。绰既有口辩，应对如流。太祖益喜。乃与绰并马徐行至池，竟不设纲罟而还。"[③] 这次去昆明池捕鱼的目的没有实现，但却发现了一个有用的大臣，收获更大。贺拔胜为北周大臣，"后从太祖宴于昆明池，时有双凫游于池上，太祖乃授弓矢于胜曰：不见公射久矣，请以为欢。胜射之，一发俱中，因拜太祖曰：使胜得奉神武，以讨不庭，皆如此也。太祖大悦。自是恩礼日重，胜亦尽诚推奉焉"[④]。这次君臣游宴昆明池上，举行了一次射鸟的活动，促进了他们的团结。

---

① 《魏书》卷三五《列传第二三·崔浩传》。

② 《魏书》卷四《世祖纪下》。

③ 《周书》卷二三《列传第一五·苏绰传》。

④ 《周书》卷一四《列传第六·贺拔胜传》。

唐代国力强盛，达到了中国传统社会的顶峰，城市建设和园林营造也达到了前所未有的高度。唐代利用汉昆明池原有的基础和自然特点，经过几次修浚和建立引水堰，使昆明池的面积较汉代有所增加，而且形成了一个以昆明池为中心的河湖结构，包括定昆池、贺兰堰、石炭堰等设施，成为汉代以来昆明池的再次辉煌。

据历史文献记载，唐朝时候曾经三次大修昆明池。第一次是唐太宗修复昆明池，为解决水源问题，当时不仅修复了汉代就有的石炭堰，而且新建了贺兰堰，将沣水和镐水（交水）引入昆明池，保证了昆明池的水量。唐代贞观年间编写的《括地志》曰："丰、镐二水，皆已堰入昆明池，无复流派。"镐水是交水上游，镐水即交水也。交水渠，也就是石闼堰，应该是利用了汉代原来的进水渠堰系统。沣水的引入利用的是贺兰堰，这个是唐代初期新修成的。《括地志》云："沣水渠，今名贺兰渠，东北流注交水。"[①] 从地形来看，秦渡镇地形较高，便于从沣河中引水，贺兰堰当在此地。今沣惠渠也是在这里引水的。

第二次在唐德宗贞元十三年（797）八月，"诏京兆尹韩皋修昆明池石炭、贺兰两堰兼湖渠"。[②] 有的史书上说："追寻汉制，引交河、沣水河流入池。"[③] 其实恢复的不是汉制，而是初唐贞观年间之制。

第三次在唐文宗大和九年（835）冬十月，"发左右神策千五百人乃浚昆明池、曲江。"[④] 因为唐文宗喜欢游宴，更想恢复盛唐时代的壮丽景象，但疏浚昆明池是一项十分浩大的工程。当时有个大臣郑注为了使疏浚昆明池这一计划得到经费的保证和朝臣的支持，就一方面征收茶税，另一方面以五行之术，认为"秦地有灾，宜兴役以禳之"[⑤]。这样使疏浚工程在财力和人心两方面都得到了保证，昆明池得到了再次修复，并使"公卿列舍堤上"，恢复了昆明池的盛景。

至于与昆明地相关之定昆池的建设，颇有戏剧性。唐中宗的女儿安乐公主因韦皇后十分宠爱她，竟然向中宗提出要把昆明池赏赐给她，作

① （唐）李泰等著，贺次君辑校：《括地志辑校》，中华书局1980年版，第11页。

② 《旧唐书》卷一三《德宗纪下》。

③ 《长安志》卷六《宫室》。

④ 《旧唐书》卷一七《文宗纪》。

⑤ 《资治通鉴》卷二四五，文宗元圣昭献孝皇帝中。

为她的私人池沼，“以为汤沐”。皇帝推辞说：“先帝未有以与人者。”公主因此不悦，就在昆明池附近“夺百姓田园”，另外开凿了一个池沼，并且用去“库银百万亿”，“言定天子昆明池也[①]。”

据文献记载，定昆池“在（长安）县西南十五里”[②]，大致在今西安市西河池寨。其面积两唐书都记载为“数里”，而《长安志》记载为“十数里”，根据史念海、曹尔琴校注的《游城南记校注》，“揆诸地形，当以前者为是”。史念海先生还认为，定昆池的水源应来自永安渠，而且还向西与昆明池有水渠相通。

随着唐代长安城向南的迁移，昆明池的都市供水功能丧失了，因为它位于唐长安城的西部偏南，海拔比城市还低。曲江池在唐代成为都城内部的皇家与公共园林，部分地取代了昆明池的游览与文化地位，促使唐代昆明池的游览功能有所减退。尽管如此，唐代的昆明池仍然是唐都长安郊区的一个重要园林，以深刻的历史内涵与优美的自然风光，吸引着都城的文人雅士前来观光，连皇帝有时候也加入了这个队伍。

文人雅士游览昆明池，多三五成群，相约志同道合之好友，泛舟池上，吟诗作赋，浏览汉代遗迹，抒发情怀。皇家来游览时多带有大量的朝臣和随从人员，规模很大，君臣在昆明池游赏饮宴，狩猎踏青，当然也少不了附庸风雅之人，赋诗作歌，以颂太平。

唐朝初年，高祖李渊就先后两次到昆明池游玩，习水战，宴百官。唐太宗李世民也曾到昆明池游玩打猎，并留下一首《冬日临昆明池》诗。从文献记载来看，唐中宗、唐玄宗、唐代宗与唐武宗四位皇帝也曾游幸过昆明池，《全唐诗话》还记载有唐中宗时代在昆明池举行赛诗会的故事：“中宗正月晦日幸昆明池赋诗，群臣应制百余篇。殿前结采楼，命昭容选一篇为新翻御制曲。从臣悉集其下，须臾，纸落如飞，各认其名怀之，惟沈宋二诗不下移。时一纸飞坠，乃沈诗也。评曰：二诗工力悉敌，沈诗落句词气已竭，宋诗云：不愁明月尽，自有夜珠来，犹陟健轩举。”这两首诗都保留在《全唐诗》中，其中沈诗指的是沈佺期的《奉和晦日驾幸昆明池应制》，宋诗指的是宋之问的《奉和晦日幸昆明池应制》。

---

① 《朝野佥载》卷五。

② 《长安志》卷一二《长安县》。

唐代昆明池的作用较汉代下降不少，其中向都城供水与演练水军的两大功能几乎完全丧失，园林游览方面在规模与等级上也有所降低，只有水产养殖的功能似乎有所增强。唐德宗修治昆明池渠堰的目的不是为了园林建设，主要为的是保证昆明池的蒲鱼生产，这在其《修昆明池诏》中有很清楚的表述："昆明池俯近都城，古之旧制。蒲鱼所产，实利于人。宜令京兆尹韩皋充使，即勾当修堰涨池。"①

由于功能下降，建设投入不够，唐代的昆明池只有前期很少的时段有过短暂的兴旺，大部分时间里给人的是衰败景象。唐代末期随着社会的动荡和自然环境的干旱化，昆明池逐渐淤积荒废，变成了农田。从盛唐时代的唐诗中就能感受到昆明池的荒芜景象，储光羲的《同诸公秋日游昆明池思古》描写昆明池附近："凄风披田原，横淤益山陂。农畯尽颠沛，顾望稼穑悲……豫章尽莓苔，柳杞成枯枝。"已经看不到汉时的辉煌景象。更有"石鲸既蹭蹬，女牛亦流离。腙獭游渚隅，葭芦生湑湄。坎埳四十里，填淤今已微"。池中的石鲸鱼、岸边的牛郎织女像已经不复当年的鲜丽，并且昆明池水也已经不像从前，有些地方已经淤积干涸，野生动物游戏，杂草丛生，整个一片颓败凄凉的场景，让人感慨万千。

宋代学者宋敏求《长安志》说："昆明池在（长安）县西二十里，今为民田。"② 而程大昌《雍录》卷第六引此后注曰："今者，唐世作《图经》时也……然则《图经》之作当在文宗后，故水竭而为田也。"其认为《图经》成书于文宗以后的唐代末期，则昆明池早在唐亡之前就已经废为农田了。这是大家公认的观点。更有学者认为，早在唐文宗太和年间（827—835），昆明池就干涸了。主要的证据是胡三省的《通鉴注》："武帝作石闼堰，堰交水为池，唐太和后石闼堰废，而昆明池涸。"实际上，作为昆明池引水渠的石闼堰毁弃后，另一个引水渠即沣水渠状态不明，昆明池可能并没有完全干涸，最大的证据是唐武宗会昌元年（841），武宗皇帝还曾游览昆明池："车驾幸昆明池。"③

---

① 《全唐文》卷五三《德宗（四）》。

② 《长安志》卷一二《县二·长安》。

③ 《旧唐书》卷一八上《本纪第一八上·武宗》。

进入21世纪，有识之士开始关注昆明池的生态效应和文化意义，近几年屡有复修昆明池的提议，相关部门开始规划。期望昆明池兴复计划在科学研究的基础上早日实施。

原刊《唐都学刊》2008年第1期

第三节　昆明池的兴修及其对长安城郊环境的影响

为保证西汉都城长安的城郊用水，汉武帝开凿昆明池，建成了以昆明池为中心的包括蓄、引、排相结合的供水、园林、城壕防护与航运等多种功能的综合性水利系统。这种人工河湖水系的建造不可避免地对都城长安城郊的自然环境尤其是水文环境产生了重大影响：首先是昆明池以面积三百余顷的人工湖面为主景，改善了自身及周边的生态环境；其次为保障昆明池安全蓄水，对其上游的潏滈诸水进行了大规模的人工整理，使它们改道西流入沣，形成了新的河流——交水，改变了长安城南郊的水环境；最后为供应汉长安城内外各宫殿园林区的用水，昆明池下游开凿了三条人工水渠通过泬水及其支渠向长安城供水。

一　汉武帝兴修昆明池及其人工环境

昆明池创建于西汉武帝元狩三年（前120），这在历史文献中有明确记载。《汉书·武帝纪》说，元狩三年，“发谪吏穿昆明池”。《汉书·五行志》：“元狩三年夏，大旱。是岁，发天下故吏伐棘上林，穿昆明池。”

昆明池不是一次挖掘完成的，从文献上来分析，在汉武帝元鼎元年（前114）可能有第二次的扩修活动。《史记》载：“初，大农筦盐铁官布多，置水衡，欲以主盐铁。及杨可告缗钱，上林财物众，乃令水衡主上林。上林既充满，益广。是时越欲与汉用船战逐，乃大修昆明池，列观环之。治楼船，高十余丈，旗帜加其上，甚壮。于是天子感之，乃作柏梁台，高数十丈。宫室之修，由此日丽。”① 《索隐》曰：“盖始穿昆明池，欲与滇王战，今乃更大修之，将与南越吕嘉战逐，故作楼船，于是杨仆有将军之号。又下云‘因南方楼船卒二十余万击南越’也。昆明池有豫章馆。豫章，地名，以言将出军于豫章也。”这里记述的大修昆明池的时间，是在杨可告缗以后，同时又在作柏梁台之前。《汉书·酷吏传》载：“至冬，杨可方受告缗……后一岁，张汤亦死。”杨可主告缗是在张汤死前一年，据《汉书·武帝纪》张汤死于元鼎二年冬十一月，则杨可主告缗应在元鼎元年冬。又据《汉书·武帝纪》：“（元鼎二年）春，起柏梁台。”所以大修昆明池的时间当在元鼎元年冬至二年春之间。而且这次大修同样出于军事目的，只是对象有了改变，由原来的西南夷变成了南越。这一点在《索隐》中已经很明确地给予说明。

经过武帝元狩三年与元鼎元年的两次修建，基本奠定了西汉昆明池的规模，作为工程的组成部分，湖堰、进水闸和进出水渠道也都应该顺利完成。

汉代昆明池的范围广大，《汉书·武帝纪》臣瓒注：“（昆明池）在长安西南，周回四十里”；《三辅黄图》卷四也说：“汉昆明池，武帝元狩三年穿，在长安西南，周回四十里。”《三辅旧事》曰：“昆明池，地三百三十二顷。”《太平御览》引《三辅旧事》作盖地三百二十五顷，程大昌《雍录》又引作三百二十顷。

汉武帝所建的昆明池周长达到四十里，面积332顷或320顷，这是古代学者的基本记载。按汉代一里（一里为300步，一步为6尺，一尺为0.231米）约合今415.8米计算，周长大致折合16632米，也就是16.6千米。按汉代一顷（1顷为100亩，1亩为240方步）约合今46103平方米计算②，320顷约合14752960平方米，也就是14.75平方千米。

中国社会科学院考古研究所汉长安城工作队在2005年的考古结论是：“通过钻探和测量，得知昆明池遗址大体位于斗门镇、石匣口村、万村和南丰村之间，其范围东西约4.25、南北约5.69公里，周长约17.6公里，

① 《史记》卷三〇《平准书第八》。

② 陈梦家：《亩制与里制》，《考古》1966年第1期。

面积约16.6平方公里。”[①] 经过唐代稍微扩大了的昆明池遗址周长是17.6千米，面积约16.6平方千米，与上述历史文献记载的汉代昆明池周长16.6千米，面积14.75平方千米相比较，假如考虑到唐代有一定的扩大，则可知文献所记的汉代昆明池范围还是基本可信的。

汉代昆明池仿照滇池而建，水面辽阔，浩渺的景象可以想见，当时的人们把它看作是天上的银河，在其东西两岸雕刻有男女两个神像，象征着天河两边的牵牛与织女星。班固《西都赋》写道：“左牵牛而右织女，似云汉之无涯。”张衡《西京赋》也说：“日月于是乎出入，象扶桑与蒙汜。”怪不得汉武帝夜游昆明池时，要与随行的司马迁与司马相如讨论天上的银河与星辰，并让他们为文颂之。[②]

文献资料和钻探结果还表明，在昆明池以北的不远处，还有两个与之相连的水池——镐池、彪池，这样一来昆明池一带的水面更大。《水经注·渭水》：“渭水又东北，与镐水合。（镐）水上承镐池于昆明池北……镐水又北流，西北注与彪池合。（彪池）水出镐池西，而北流入于镐。”明确记载着昆明池与镐池、彪池是呈南北分布且相连的三个水池，即镐池在昆明池之北，彪池在镐池之北，镐池之水承自昆明池而流入彪池，最后，彪池之水流入镐水。

考古人员认为：“镐池位于昆明池以北，隔斡龙岭与昆明池相邻。遗址平面大致呈东西向椭圆形，北岸多有曲折。东西最长约1270、南北最宽约580米，周长约3550米，面积约0.5平方公里……进水口位于池的西南角，即昆明池北岸西部的出水口……彪池位于镐池以北，遗址地处今丰镐村、纪阳寨、跃进村、桃园村和落水村之间。平面形状不规则，东西最宽约700、南北最长约2980米，周长约7850米，面积约1.81平方公里。”[③]

---

① 中国社会科学院考古研究所汉长安城工作队：《西安市汉唐昆明池遗址的钻探与试掘简报》，《考古》2006年第10期。

② 南朝·陆云公《星赋》曰：“汉武帝夜游昆明之池，顾谓司马迁、相如曰：星之明丽矣，考之于歌颂，求之于经史。龙尾着于虢童，天汉表于周土。既妖谣之体陋，嗟怨刺之蚩鄙，每郁悒而未摅，思命篇于二子。”见《全上古三代秦汉三国六朝文》之《全梁文》卷53，第3259页。

③ 中国社会科学院考古研究所汉长安城工作队：《西安市汉唐昆明池遗址的钻探与试掘简报》，《考古》2006年第10期。

昆明池水中鱼翔浅底，绿草点点，环池一带绿树成荫，动植物资源丰富多彩，也是皇家观赏游猎的好地方。宋代李昉《太平广记》卷四〇九记载："芰一名水菜，一名薢苔。汉武昆明池中，有浮根菱，根出水上，叶沦波下，亦曰青水芰。""《酉阳杂俎》曰：汉武昆明池中有水网藻，枝横侧水上，长八九尺，有似网目，凫鸭入此草中皆不得出，因名之。"① 昆明池中有浮根菱，根漂在水面，叶子随着波浪摆动，煞是好看；水网藻平铺昆明池水面，长可八九尺，像网一样。

昆明池中的鱼与水鸟就更多了，种类数不胜数。班固在《西都赋》中描写了帝王游宴昆明池所见到的景象："飨赐毕，劳逸齐。大路鸣銮，容与徘徊。集乎豫章之宇，临乎昆明之池。左牵牛而右织女，似云汉之无涯。茂树荫蔚，芳草被堤。兰茝发色，煜煜猗猗。若摛锦布绣，爓耀乎其陂。鸟则玄鹤白鹭，黄鹄䴔䴖。鸧鸹鸨鶂，凫鷖鸿鴈。朝发河海，夕宿江汉。沈浮往来，云集雾散。于是后宫乘輚辂，登龙舟，张凤盖，建华旗。袪黼帷，镜清流。靡微风，澹淡浮。棹女讴，鼓吹震。声激越，謍厉天。鸟群翔，鱼窥渊。招白鹇，下双鹄，揄文竿，出比目。抚鸿罿，御矰缴。方舟并鹜，俛仰极乐。遂乃风举云摇，浮游溥览。"②

昆明池的池中岛上和四周岸边，修建了许多离宫别馆，雕梁画栋，金碧辉煌，林村掩映，风景十分迷人。《史记·平准书》："大修昆明池，列观环之。"文献可考者就有池东岸的豫章观与白杨观、池南的细柳观、池西边的宣室宫等。

昆明池自交河引水，在汉长安城西南高地上形成一个巨大的水面，改善了自身及周边的生态环境。其以人工湖水面为主景，布设楼台亭阁，融人工建筑于自然山水之中，形成河湖水面一望无际，清澈涟漪，殿阁

---

① 《〈乾隆〉西安府志》卷一八《食货志下》。

② 东汉文人张衡的《西京赋》也有相似的描述："乃有昆明灵沼，黑水玄址。周以金堤，树以柳杞。豫章珍馆，揭焉中峙。牵牛立其左，织女处其右。日月于是乎出入，象扶桑与蒙汜。其中则有鼋鼍巨鳖，鳣鲤鱮鲖。鲔鲵鲿鲨，修额短项。大口折鼻，诡类殊种。鸟则鹔鷞鸹鸨，驾鹅鸿鶤。上春候来，季秋就温。南翔衡阳，北栖雁门。奋隼归凫，沸卉軿訇。众形殊声，不可胜论……相羊乎五柞之馆，旋憩乎昆明之池。登豫章，简矰红。蒲且发，弋高鸿。挂白鹤，联飞龙。磻不特絓，往必加双。"

亭台倒映湖中，与回廊、绿树、鲜花、雕刻交相辉映，绚丽异常，在长安城郊区环境特别优美。

二 昆明池上游潏滈水的人工改道及交水的形成

为保障昆明池安全蓄水而且不对下游长安城造成危害，西汉时期对其上游的潏滈诸水进行了大规模的人工整理，使它们改道西流入沣，形成了新的河流——交水，极大地改变了长安城南郊的水文环境，影响至今。

1. 滈河与潏河的变迁

《水经注·渭水》记载有滈水的流路："（滈）水上承鄗池于昆明池北，周武王之故都也……鄗水又北流，西北注与滮池合……鄗水北迳清泠台西，又迳磁石门西……鄗水又北注于渭。"鄗池、滮池的位置上文已有讨论。磁石门"悉以磁石为之，故专其目，令四夷朝者，有隐甲怀刃入门而胁之以示神，故亦曰却胡门也"。《史记·秦始皇本纪·正义》引《三辅旧事》："阿房宫以磁石为门，阿房宫之北阙门也。"一般认为在今新军寨村西。《水经注》的滈水源出滈池，北流经滮池、磁石门西入渭，今有太平河流经鄗池遗址，当即此滈水残遗。此滈水上源只到滈池，没有交代上游的水源，实际是一个断头河。

今南山有滈河，源出石砭峪，北流经王曲镇折西北行，经皇甫、黄良间，至香积寺汇入交河。根据实地考察，香积寺以下今滈河流道的正下方遗存着一条宽阔的古河道洼槽，西北向沿今赤兰桥、南雷村、堰渡村、东西干河、楼子村、三角村、大羊吉村、孙家湾、李柳树一线趋于石匣村北。现地表上还有排水渠一条，降雨一多，便有大片积水地出现。其下正可注入昆明池，北接滈池。这样，今滈河、《水经注》的滈水与此故河道正好相互连接起来，这就是完整的古滈水的流路。①

原来独流入渭的滈河，后来在香积寺附近折而西流经交河汇入沣，中间河段断流，只余下滈池以下一小段。滈水的这种河道变迁发生在郦道元《水经注》以前很久，郦道元只以最下游段当滈水，已全然不知还有它的上游。至于是何时何因促成此种变迁，请看下文分析。

① 吕卓民：《西安城南潏交二水的历史变迁》，《中国历史地理论丛》1990 年第 2 期。

不仅滈水河道发生了巨大变化，潏水也是如此。潏水又叫泬水，出自西安东南60里的大义谷，西北流依次接纳小峪、太乙峪诸水入樊川，经杜曲、夏侯村、新村、小江村、何家营至小磨村，其后穿神禾原西北流，又折而西南流，至香积寺南与滈河交汇入交河。后一段河床深堑于神禾原之中，两岸高陡，深达8米以上，宋张礼《游城南记》曰："今潏水不至皇子陂，由瓜州村附神禾原堑，上穿申店，而原愈高，凿原而通，深者八九十尺，俗谓之坑河是也。"而《水经注·渭水》所记的泬水则是上承皇子陂于樊川，西北流，大致同今皂河路线，北流入渭河。按张礼所说，潏水在宋代已发生改道，即向南移徙，下附神禾原西流，原趋流于皇子陂的潏水故道被遗弃。

古潏河是独流北入渭河的，而后来也同滈水相类似改变成西流并交河入沣。其原因与滈水改道应该是相同的。

2. 交河的人工凿成及其作用

交河上承潏滈二水，从香积寺西略呈东北西南流向，堑槽经里杜村、施张村、张牛村、张高村到北堰头，这段河道流向顺直，河槽狭窄。其后继续西流入丰河（或作沣河），因接纳樊杜诸水，故流量丰富，称得上城南巨川。西汉司马相如作《上林赋》谓城西南上林苑，"丰滈潦潏，纡馀委蛇，经营乎其内"[①]，其中有滈水，却没有交水。到北魏郦道元《水经注》时则是滈、交二水并见，说明此时已经形成了交水。交水即今交河，是潏河、滈河人工改道交流后出现的新名字，宋张礼《游城南记》说，潏水"与御宿川水交流，谓之交水"，明确指出了这种情况。否则，交河为城南一条主流大河，熟悉上林景致的司马相如不会注意不到，《水经注》的滈水也不会是断头河，交水的名字也不会在北魏才出现。因此，交河是指潏滈交流后从香积寺至入丰这一段。

滈河、潏河都发生过河道变迁，由原来的独流入渭，转而折曲向西，潏水与滈水相汇并注入沣河，原来各自独流的水系皆纳入了沣水水系，也增加了一个新的人工改道形成的河流——交河。

现在的部分潏河和整个交河是人工河道，它们把古滈水和古潏水拦腰截断，使之向西并流汇入沣河。以下分析开凿这条人工河道的原因和

① 《文选》卷八《赋丁·畋猎中》。

时代。

第一，从地理角度来看，潏滈不走原来的自然流路，而由人工改流，走较高的路线，甚至穿原而行，并改变原流的方向，显然是为了控制水流，从较高处引入沣河。从地望上看，潏滈故道下游距离汉长安城较近，而丰水则相对远一点。开凿交河的目的似乎是要把靠近汉城的水引得距城稍远一些，再排入渭河。

第二，看历史事实，较大规模地利用和改造城南诸水始于汉代。汉初最先引入城的是潏水，后来汉武帝开凿昆明池于汉长安西南方向，其位置比都城高出一级阶地，除向东引出昆明渠与漕渠相通外，又下引昆明池水通过潏水供应汉长安城用水，其作为汉城的主要蓄水库似无可非议。昆明池规模宏大，需要大量的水源供应，察其水源，主要应该是滈水，可能也有潏水。其来水必须是有控制的常流量，以保持稳定的引水，达到供取基本平衡，这就要求对城南诸水源进行大规模的人工治理。

第三，在修筑昆明池为汉城用水带来方便之时，还应该看到，它又给汉长安城带来了很大的压力和潜在的威胁。汉长安城位于渭河一级阶地，昆明池则高居二级阶地，汉长安城正处于昆明池浸水下游，昆明池蓄水必然会给其带来地下水位的上升，如果不能有效控制的话，可能会导致地表充水、泻卤为害的局面。汉京师长安确实也发生过水溢地湿之害，“至成帝建始二年三月戊子，北宫井泉稍上，溢出南流。”① 在元帝时就有“井水溢，灭灶烟，灌玉堂，流金门”的童谣，即长安城内不管是像“灶烟”那样普通的地方，还是像“玉堂、金门”之类的高贵之区，都会遭受地下溢水之害。要消除水患，降低地下水位，只有减轻昆明池的压力，即有效而稳定地控制昆明池水量。

第四，城南潏滈二水接纳有不少南山峪水，流量丰富，如处理不好，容易泛滥，不仅威胁着京师的水库昆明池，而且也可能给整个汉长安城带来巨大的危害，尤其是北方雨季，降雨集中，河流易涨溢，洪水对下游的威胁更大。比如潏水改道之处后来有碌碡堰，当地民谚曰：“水上碌碡堰，漂泊长安县”，意思是说潏水若发大水冲开了碌碡堰，现在的西安

① 《汉书》卷二七《五行志》。

市地区就会受到水流的浸淹。这就要求设计昆明池时，必须在加强引水工程的同时统筹安排除涝防洪的排水体系。

基于以上原因分析，最后的结论是，交河的开凿大致始于西汉时代，或为开凿昆明池所派生或是在昆明池修成后防止汉长安城遭受水害时进行增修的。其作用是拦截潏滈二水主流，向西排入沣河，以便于控制向昆明池的引水，解除对汉长安城的水害威胁。在峪口导引潏滈二水入丰，上流水源被截断，昆明池水就可缩减，地表水就会下降，水浸对长安城的影响就会缓解。同时相应地在截流处建设堰坝，还能够较稳定地保持昆明池的水源，使昆明池这一汉城蓄水库的作用能够持久充分地发挥出来。

昆明池的水源来自交水，《水经注》有明确记载："交水又西南流与丰水枝津合，其北又有汉故渠出焉，又西至石碣分为二水：一水西流注丰水，一水自石碣经细柳诸原北流入昆明池。"文中的"石碣"又称石炭堰或石闼堰，黄盛璋先生在《西安城市发展中的给水问题以及今后水源的利用与开发》一文中认为："石闼堰设在堰头村。"吕卓民先生不同意此观点，认为石闼堰应设于潏滈二水相交的香积寺附近。从城南潏滈二水改道及交水的形成来看，我赞同吕先生的观点。隋唐时永安渠渠首的福堰也正位于此处，其遗址已经被发现，汉代引水堰想也距此不远。① 石闼堰作为昆明池的引水设施，可以说决定着昆明池的兴衰。胡三省早就看出这一点，所以他说："唐太和以后石闼堰废而昆明池涸。"此堰似乎是溢流坝，平时在堰上引交水入昆明池，洪汛季节，由堰顶溢流，多余的水沿交水排泄入丰河。以堰顶高程控制入昆明池流量，防止入池水量过大而产生危害，这是中国古代常用的一种水工建筑形式。

城南潏滈二水河道的变化及交河的形成，只有联系汉昆明池这个巨大都市供水工程的营建才能得到合理的解释。也可以说，西汉时在兴修昆明池时或其后曾经有效地把城南诸水进行过一次大规模的人工整治，除害兴利，水文环境发生了不小的变化，才使昆明池水利工程持续稳定发挥了近千年的作用。

---

① 吕卓民：《隋唐永安渠渠首的福堰遗址》，《中国历史地理论丛》1998 年增刊。

三 昆明池下游引水渠通过泬水及其支渠向长安供水

汉武帝开凿昆明池作为长安城的总蓄水库，通过泬水及其支渠足以有效地供应汉长安城内外各宫殿园林区的用水。从其历史发展过程看，向京师供水应是昆明池的主要功用。

1. 昆明池下游三条引水渠

宋人程大昌首先注意到昆明池与汉长安城水源有关，其说："昆明基高，故其下流尚可壅激以为都城之用。于是并城疏别三派，城内外皆赖之。"① 其主要依据是《水经注》，他认为昆明池的水源来自泬水以及樊杜诸水，其下开三渠：一是《水经注》所载的昆明故渠；二是章门外飞渠引水入城的泬水枝渠；三是堨水陂水，下接《水经注》所记泬水主干。程大昌第一次提出昆明池与汉长安城供水的密切关系，而且理出汉城引水头绪，把《水经注》纷繁交错的水道归为三派，为后来的研究奠定了基础。

黄盛璋先生在此基础上更进一步，论述了昆明池就是作为汉长安城的蓄水水库而开凿的。他考证《水经注》"泬水又北与昆明故池会"中的"池"实为"渠"之误。第一，昆明池当时仍在，不得称为故池。昆明故渠乃东北通漕渠水道，正横绝泬水，《水经注》有交代。第二，泬水如果是会昆明池，下游应自昆明池北出，《水经注》文中无此记载。《水经注》叙述昆明故渠时曾提到"又东合泬水"，叙述泬水时自当相应提到，除此外别无"会昆明故渠"字样。可见所会为渠，非池。第三，泬水汇昆明池，即不得"迳堨水陂东，又北得陂水"，从地形上看，这样布置也不合理。② 此一结论意义重大，从此就可把昆明池与泬水两大水系的关系基本搞清楚。

昆明池建在细柳塬与高阳塬之间，池址海拔高度高于汉长安城区，向都城引水十分方便。结合考古与实地调查资料，可以具体勾勒出三条从昆明池引水的路线，从昆明池北出之渠有两条，一条出东北角，《水经

---

① 程大昌：《雍录》卷第六《昆明池》。

② 黄盛璋：《西安城市发展中的给水问题以及今后水源的利用与开发》，《历史地理论集》，人民出版社 1982 年版。

注》称为昆明池水，流经今南丰镐村、镐京乡之东，秦阿房宫遗址之西，在三桥镇西南注入堨水陂。堨水陂位于今车张村西南，是一座调蓄水库，既可控制水流，防止昆明池水直泄入渭，或威胁长安城，又可抬高水位，引水入城。从堨水陂北出之水有二：一条从陂北部东出，称堨水陂水，东北注入潏水；一条北出，东北绕建章宫东南，于凤阙（今北双凤、南双凤村，建章宫东阙）南注入潏水，仍称昆明池水。另一条出正北方向，经滈池、彪池北流，是古代滈水的流路。

从昆明池东出之水，《水经注》称为昆明故渠。昆明故渠流经今河池寨北，又东北横绝潏水，又东北经汉明堂（今大土门）南，又东流而北屈，在安门（南墙中门）之东注入王渠。在霸城门（东墙南门）之南，又从王渠东出，与潏水支渠会。昆明故渠又东北至今张家堡西北与漕渠相会而东。长安城南部地势较高，把渠道布设在东南和西南十分得当，有利于自流供水。

2. 通过泬水及其支渠向长安城郊供水

潏水又称泬水，发源终南山大义峪，北流入渭。郦道元《水经注·渭水》对泬（潏）水干道及其补入、支分渠路线有详细的记载，原文摘录制成表2—1。从其流路所经基本可推测出其在汉长安城都市供水、城壕防护、园林给水等方面的作用。

《水经注》泬水干流沿线地名至今大部分可以考证出相对位置甚至于绝对位置。从皇子陂经下杜到汉长安城西、凤阙东的泬水主干正相当于今皂河流路。泬水在凤阙东，又北分为二水，一支为《水经注》所说的泬水主干，折入建章宫区，北经神明台、渐台以东，又北流入渭水。《水经注》引《汉武故事》曰："建章宫北有太液池，池中有渐台，高三十丈。渐，浸也，为池水所渐。"太液池遗址在今太液池苗圃，池中三神山遗址尚存其二。泬水主干流经汉长安城西垣外南半部，应该具有护城壕的功用，其后入建章宫，是太液池的主要水源。据《汉书·封禅书》："建章宫北治大池，名曰太液池，中起三山以象瀛洲、蓬莱、方丈，刻金石为鱼龙奇禽异兽之属。"《庙记》谓其"周回十顷"。由太液池之规模及园林之盛，可知泬水引水量之多，发挥作用很大。

表 2—1　《水经注》所记泬（潏）水干流及补入、支分水渠路线及其作用

渠系及性质		《水经注》原文	作用
潏（泬）水干流		上承皇子陂于樊川，其地即杜之樊乡也……其水西北流，迳杜县之杜京西。西北流，迳杜伯冢南……泬水又西北，迳下杜城，即杜伯国也。泬水又西北，左合故渠①……泬水又北，与昆明故池（渠）②会。又北，迳秦通六基东，又北迳堨水陂东，又北得陂水③……泬水又北，迳长安城西，与昆明池水④合。……泬水又北，迳凤阙东……泬水又北，分为二水，一水东北流，一水北迳神明台东……泬水又迳渐台东……泬水又北流注渭，亦谓是水为潏水也	建章宫供水及作西城壕
支分之水	东北流之泬水枝津	渭水又东，与泬水枝津合。（泬水枝津）水上承泬水，东北流，迳邓艾祠南，又东分为二水，一水东入逍遥园，注藕池。池中有台观，莲荷被浦，秀实可玩。其一水北流注于渭	作北城壕及北郊园林用水
	章门西之泬水枝渠（明渠、王渠）	（昆明）故渠又东，而北屈迳青门外，与泬水枝渠会。（枝）渠上承泬水于章门西，飞渠引水入城，东为沧池，……又东，迳未央宫北……未央宫北即桂宫也……故渠出二宫之间，谓之明渠也。又东历武库北……明渠又东，迳汉高祖长乐宫北……故渠又东出城，分为二渠，即汉书所谓王渠者也。苏林曰："王渠，官渠也，犹今御沟。"晋灼曰："渠名也，在城东覆盎门外。"一水迳阳桥下，即青门桥也。侧城北迳邓艾祠西，而北注渭，今无水。其一水右入昆明故渠，东迳奉明县广城乡之廉明苑南	汉长安城内供水及作东城壕
补入之水	①泬水故渠	渠有二流，上承交水，合于高阳原，而北迳河池陂东，而北注泬水	从上游补充潏水流量
	②昆明故池（渠）	渠上承昆明池东口，东迳河池陂北，亦曰女观陂，又东合泬水，亦曰漕渠，又东迳长安县南，东迳明堂南，旧引水为辟雍处，在鼎路门东南七里……故渠又东，而北屈迳青门外，与泬水枝渠会	汉城南郊辟雍等处供水，补充漕渠及泬水部分水量。泬水与昆明故渠互绝，而非昆明故渠全汇入泬水也

续表

渠系及性质		《水经注》原文	作用
补入之水	③堨水陂水	水上承其陂（指堨水陂），东北流入于泬水	在泬水枝渠上游补充泬水流量
	④昆明池水	水上承（昆明）池于昆明台……池水北迳鄗京东，秦阿房西……其水又屈而迳其（阿房）北，东北流注堨水陂，陂水北出，迳汉武帝建章宫东，于凤阙南，东注泬水	在泬水枝津上游补充泬水流量

泬水于凤阙东分出东北流的一支，《水经注》又称作泬水枝津。此枝津基本流路与今皂河绕城西及城北之道相同，只下游略有变迁。具体是沿汉城西垣北上，至城西北角折东北流，沿北垣，后分成两小支，一入逍遥园，汇为藕池，一东北注于渭。从其绕城西垣北半部及北垣外流过来看，其作为西垣与北垣壕池在发挥着巨大的作用。同时其所汇藕池，“池中有台观，莲荷被浦，秀实可观”[①]，水景秀丽，莲藕丰产，其园林佳景及水产也当是泬水枝津所赐。

泬水于章门西飞渠引水入城的一支，《水经注》称作“泬水枝渠”，是汉长安城内及东城壕沟的主要水源。章门为汉城西垣南数第一门，由此引水入城正当未央宫。其宫建于龙首原麓，地势较高，而城西一带地势较低，为使泬水多注沧池并能流灌未央宫、天禄阁、石渠阁、长乐宫等比较高的地方，上游引水渠必须抬高水位。飞渠应是架空为渠的渡槽，主要是为控制水源高程，同时也可顺利地跨过城墙。泬水枝渠在未央宫、桂宫之间流过，又东流经石渠、天禄两阁旁，武库、长乐宫北，由清明门出城。其后分为二渠，一渠沿东垣北流注渭，一东流会昆明故渠。泬水枝渠是汉长安城供水最重要的渠线，不仅解决了城内各宫殿及私家园林的用水问题，而且泄于城外壕池中，起到防护作用；北注于渭水，又有排水渠的防洪效用。

据文献记载，漕渠在汉城南垣外，起到了南护城壕的作用，而昆明故渠除补给泬水、漕渠水量外，沿线也就近供水，南郊的辟雍等礼制性

① 《水经注》卷一九《渭水下》。

建筑就引自此渠，《水经注·渭水》在记载此渠时就明言："旧引水为辟雍处在鼎路门东南七里。"汉辟雍遗址已经考古发掘，在今西安市莲湖区大土门村北侧，中心建筑置于圆形夯土台上，其外有围墙，围墙外有圜水沟，直径349—368米，沟宽2米，深1.8米，沟壁砌砖，正对四门的水沟上又各有一长方形的小圜水沟，其水源于昆明故渠也。①

总体来看，汉长安城护城壕及城郊供水主要源于泬水及其支分之水，其中泬水枝渠供应城内都市园池用水及东城壕之水，泬水干流主要解决西郊建章宫区的给水问题及西城壕用水，泬水枝津解决北城壕及北郊园林用水。南城壕及南郊礼制性建筑用水主要源于漕渠及昆明故渠，而且此二渠也与潏水主干道相通。

据《水经注》，供应汉长安城城内及西、北、东三郊区的泬水水源除了本身出自樊川的皇子陂外，共有四条人工水渠来进行补充，从上游向下游依次是泬水故渠、昆明故渠、堨水陂水与昆明池水。由上述考证可知，补给泬水的4个水渠有3个源自昆明池，此点也可证明昆明池是泬水的主要水源地。昆明池东北引出的二渠皆通过泬水供给汉长安城郊用水，因此，也可以说昆明池是汉长安都市用水的主要蓄水库。

原刊《陕西师范大学学报》2008年第4期；又以日文形式刊于《日本秦权史学会会报》（第9号）2008年12月

---

①《中国文物地图集·陕西分册》（下册），西安地图出版社1998年版，第1页。

第 三 章

唐代都市水利

第一节　龙脉、水脉与文脉——唐代曲江之于都城长安

曲江系盛唐文脉所在，是唐都长安最有活力的地方，留下了曲江流饮、杏园探花、雁塔题名、芙蓉园看花、乐游园登高等文坛佳话。曲江之所以能成为唐长安城的文化中心，是因为她正位于唐都长安的龙脉与水脉的交汇处。

一　曲江——盛唐长安的文脉

中华文明源远流长，上下五千余年，唐朝是中国古代最繁荣昌盛的时代，故大家常说“唐朝盛世”。盛唐的都城在今西安，古称长安，其规模宏大，人口众多，富丽堂皇，在当时世界都市中首屈一指，这也是西安人经常挂在嘴边而引以为荣的历史事实。可是您可知道，唐都长安城中最有代表性的地方在哪里？也许您会说，是龙首原畔耸立入云的大明宫，那儿五步一宫，十步一殿，金碧辉煌；抑或是龙池之滨的兴庆宫，那儿琼楼玉阁，宛若仙境。我的回答是，它们都不是。这两所宫殿是皇家禁地，是政权的象征，却有“高处不胜寒”的感觉。

唐长安城最具代表性的区域是曲江。唐时的人就是这么认为的，有诗为证：“忆长安，二月时，玄鸟初至禖祠。百啭宫莺绣羽，千条御柳黄丝。更有曲江胜地，此来寒食佳期。”这是盛唐诗人鲍防任职福建时写的

《忆长安》[①]，说的是二月忆长安，首先想到的是杨柳新绿、莺歌燕舞的曲江胜迹。

到了三月，百花怒放，春光无限，诗人杜奕《忆长安》[②] 咏道："忆长安，三月时，上苑遍是花枝。青门几场送客，曲江竟日题诗。骏马金鞍无数，良辰美景追随。"诗人描绘出"三春车马客，一代繁华地"的曲江春游美景，来代表自己对长安的回忆。

四月一日在曲江芙蓉园举行的樱桃宴，也给时人留下了深刻印象，唐代诗人丘丹在回忆长安的四月时，就特别歌咏到这件事："忆长安，四月时：南郊万乘旌旗。尝酎玉卮更献，含桃丝笼交驰。芳草落花无限，金张许史相随。"[③] 南郊即是南苑，应该是指曲江的芙蓉园[④]；万乘是皇帝的代称，因古代天子之地方千里，可出兵车万辆也；含桃即指樱桃；丝笼是盛樱桃的金丝笼子；金张许史是用汉代的豪门贵戚指代侍宴的群臣。在四月初一这天，皇帝率百官千骑，来南郊芙蓉园赐宴，盛满美酒的玉杯连续敬献，装有新鲜樱桃的丝笼不断送来，在这芳草铺地、落英缤纷的时节，君臣尝新饮宴，令人难忘，是唐代诗人忆长安四月时最先想到的盛事。

福建人王棨，咸通年间来长安，中进士，其对曲江美景赞叹不已，特著《曲江池赋》[⑤]，以为曲江"轮蹄辐辏，贵贱雷同，有以见西都之盛，又以见上国之雄。愿千年兮万岁，长若此以无穷"。唐德宗时文人欧阳詹感念曲江池在唐都长安的重要作用，在《曲江池记》[⑥] 中认为"兹池者，其谓之雄焉，意有我皇唐须有此地以居之，有此地须有此池以毗之。佑至仁之亭毒，赞无言之化育，至矣哉"。意思是说，天生大唐则必有长安城这样的城邑以成其都，有长安城则必有曲江池这样的池园来辅助其功，曲江池之于唐都长安就如同今日西湖之于杭州。

---

① 《全唐诗》卷307。

② 同上。

③ 同上。

④ 王维：《敕赐百官樱桃》诗曰："芙蓉阙下会千官，紫禁朱樱出上兰。才是寝园春荐后，非关御苑鸟衔残。归鞍竞带青丝笼，中使频倾赤玉盘。饱食不须愁内热，大官还有蔗浆寒。"此诗也是说在芙蓉园举行樱桃宴。

⑤ 《全唐文》卷770。

⑥ 《全唐文》卷597。

为什么唐时的曲江会有如此大的魅力，能成为唐都长安的标志性区域呢？我觉得，那是因为曲江是唐都长安最有活力的地区，为长安的文化荟萃之地，是盛唐长安的文脉所在。

盛唐的曲江是一个泛称，具体说来，它是以曲江池为中心，由杏园、芙蓉园（芙蓉池）、慈恩寺（大雁塔）、乐游原、青龙寺等多个景点组成的大型园林文化区。它们位于唐长安城东南隅，相互连接成片，形成一个范围广大、内容丰富的公共园林文化区，不仅在古都西安发展史上空前绝后，而且在中国古代历史上也绝无仅有。请参见图 3—1 唐代曲江园林平面布局示意图。

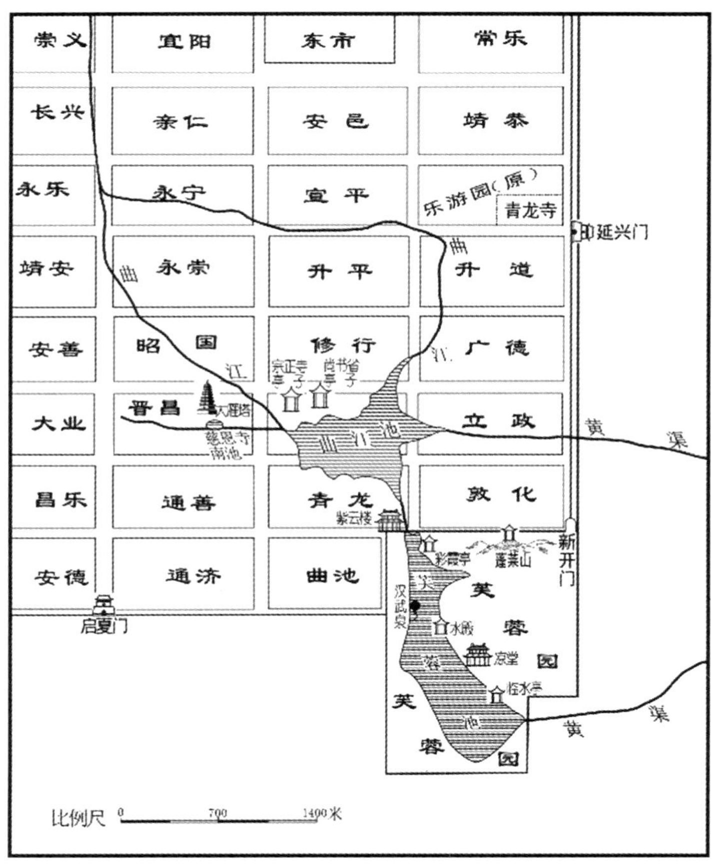

图 3—1　唐代曲江园林平面布局示意图

曲江园林区地处龙首原中腹，川原相间，南有曲江与芙蓉两池，曲水连绵，渠泉灌注，“曲江水满花千树”；北有乐游原，为长安城内最高，四望平敞。水中仙子芙蓉满池，满园牡丹国色天香，柳暗花明，园林风光无限；更有亭台楼阁，各具特色，紫云楼雍容华贵，大雁塔高耸入云，环池建筑巧夺天工。曲江优美的自然环境与人文景致给唐都长安城带来了“自然山水都市”的风格。

唐代曲江不仅是园林风景区，而且是文化区，其文化是全体长安人共同参与创造的崭新而又开放的文化。有皇家文化——“芙蓉园中看花”是皇家游宴的保留节目，“六飞南幸芙蓉园，十里飘香入夹城”是杜牧的诗句[①]，“青春波浪芙蓉园，白日雷霆夹城仗”是杜甫的诗句[②]，说的都是皇帝由夹城来芙蓉园赏花的景象。

三节赐宴百官于曲江亭或乐游园，各部环曲江池作亭，由京兆尹负责赐宴，彩舟行觞，皇帝赐酒赠乐，赋诗作文，成一代盛典。百官游宴是曲江流饮的主体活动之一。

杏园探花、雁塔题名、曲江流饮、月登阁打球——进士的曲江游宴活动被誉为第一流人物的第一等风流事，成为千古美谈。“及第新春选胜游，杏园初宴曲江头。紫毫粉壁题仙籍，柳色箫声拂御楼。”[③] 真是“春风得意马蹄疾，一日看尽长安花”。进士文化是曲江文化交响乐中的美妙篇章。

慈恩寺是唯识宗的祖庭，青龙寺是密宗的传播中心，玄奘、惠果、空海这些佛学大师在曲江奏响起宗教文化的最强音。

长安诗人学士，“寻春与探春，多绕曲江滨”，曲江成为唐代文人饮宴、游赏、赋诗的乐园。更有长安普通市民倾城而动，在中和、上巳、重阳等节日来曲江踏青、修禊、斗花、登高、赏菊，“曲江初碧草初青，万毂千蹄匝岸行。倾国妖姬云鬓重，薄徒公子雪衫轻[④]”；“争攀柳带千千手，间插花枝万万头[⑤]”；形成历史上有名的《丽人行》《少年行》，其声

① 《长安杂题长句》，《全唐诗》卷521。

② 《乐游园歌》，《全唐诗》卷216。

③ 刘沧：《及第后宴曲江》，《全唐诗》卷586。

④ 林宽：《曲江》，《全唐诗》卷606。

⑤ 李山甫：《曲江二首》，《全唐诗》卷643。

势更盛。市民的节俗文化与文人的诗酒文化雅俗共赏，交相辉映。

曲江文化既有贵族化与世俗化的融合，又具浪漫型与理智型的统一，格调高，内涵富，题材多，成一综合体系，迸发出豪迈、开放、青春、自由、创新、融合、与时俱进的感召力，体现出盛唐文化的精气神。“寻花问柳”“花天酒地”，在今天都是贬义词，而在唐代，却是进士们、诗人们追求的风雅潇洒境界。

一个城市的魅力和吸引力，主要是靠文化，文化能展示城市的价值和高贵独特的风尚，文化是城市的凝聚力和自信心的源泉。曲江是盛唐文化的荟萃之区，其成为唐都长安的标志性区域也就成为必然。

二　曲江——龙脉与水脉的交汇处

曲江成为唐长安城文化中心区域是因为她正位居唐长安城的龙脉与水脉交汇之处。

龙脉即山脉，《管氏地理指蒙》：“指山为龙兮，像形势之腾伏。”山之延绵走向谓之脉。隋唐长安城的龙脉是有名的龙首原。

隋开皇二年（582），隋文帝亲自部署勘察了西安附近的地形大势，并从风水角度“谋筮从龟，瞻星揆日”，即占卜筮测，法天象地。经过一番精心选择后，其认为“龙首山川原秀丽，卉物滋阜，卜食相土，宜建都邑。定鼎之基永固，无穷之业在斯”①。确定在汉长安城东南的龙首原上建设新的都城。

龙首山又称龙首原，是指从南山北麓伸向渭河的诸高冈梁原的统称。汉辛氏《三秦记》曰：“龙首山长六十里，头入渭水，尾达樊川。头高二十丈，尾渐小，高五六丈，土赤不毛。昔有黑龙从山出，饮渭水，其行道因成土山。”

龙首原指浐河、潏河之间的高冈地，从秦岭北麓到渭水河畔 60 里，其南半部是海拔较高的黄土台原，高程在 500—600 米。各个区域后世又有不同的称呼，或曰少陵原，或曰鸿固原，或曰凤栖原，因时代叠变，空间交叉，各原具体所括范围已难以确认。北半部是东北西南向的黄土梁与洼地相间分布的地貌，著名的有曲江池洼地、兴庆池洼地、大雁塔

---

① 《高祖纪上》，《隋书》卷一。

黄土梁、乐游原黄土梁等，最北侧的黄土梁相对高度较大，像龙头高昂，是狭义的龙首原所指。实际上，这些黄土梁全都是广义龙首原向西发育的支脉，参见图3—2龙首原与隋大兴城的建设示意图。

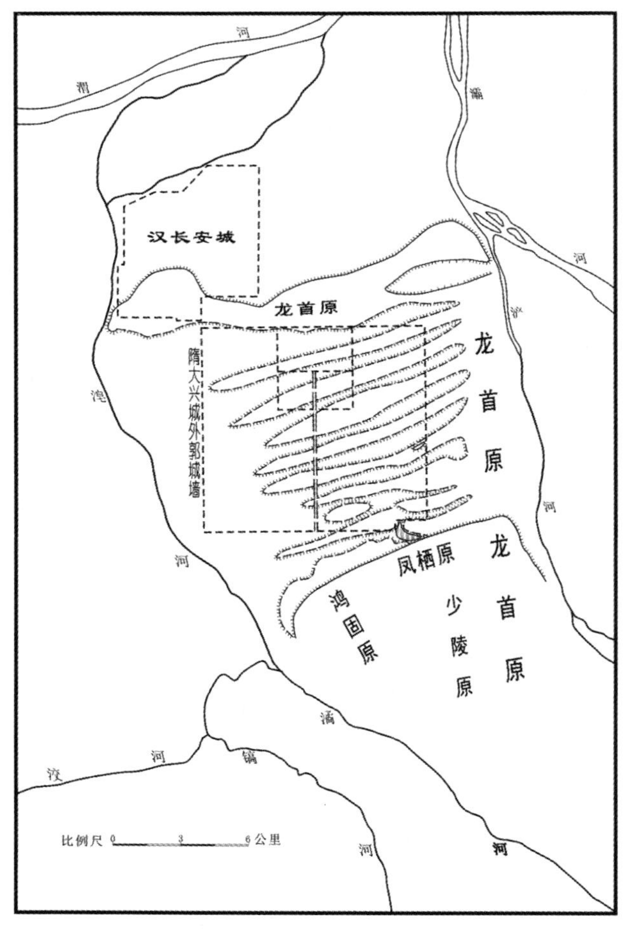

图3—2　龙首原与隋大兴城的建设示意图

龙首原这种南高北低、东西向梁川相间分布且东部相对较高的地理特征是秦岭与骊山两大凸起板块共同作用的结果。在西安小平原，龙首原在风水地理上占据优越地位，传说是古代黑龙留下的痕迹，是真龙天子的“定鼎之基”，汉长安城即在龙首原北侧原畔，隋文帝选龙首原作新都居址也是理所当然。

隋文帝确定了新都建于龙首原上这个大原则，而把新都具体位置选择、城郭布局等都交给了当时著名的城市设计大师宇文恺，令其与合作者具体规划。唐李吉甫《元和郡县志》记载："初，隋氏营都，宇文恺以朱雀街南北有六条高坡，为乾卦之象，故以九二置殿以当帝王之居，九三立百司以应君子之数，九五贵位，不欲常人居之，故置玄都观及兴善寺以镇之。"宇文恺把《周易》的乾卦卦象与理论运用到都城的设计之中，从龙首原北部梁洼相间的天然地形中找出了六条东西向横亘的高坡，以象征乾卦的六爻，并从北向南按九一、九二、九三、九四、九五、九六的顺序排列下来[①]，布置各类建筑，显示出特殊的功能分区。这就给现实地形赋予了一种人文精神，达到了天人合一的境界，实现了都城布局既理想化又具神秘感的效果。

九五高地的东部，南有乐游原，北有胭脂翡翠坡，是隋唐长安城中的著名之区。乐游原海拔450米，是城内地势最高的原头，登上原顶可以俯瞰全城风光，"京城之内，俯视指掌"。宇文恺在原南侧建立灵感寺，用于追祭修城时搬迁坟墓主人们的幽灵，这就是后来唐代著名的青龙寺。而对原面却基本不作处置，空下来供给京城市民登高游乐之用。胭脂翡翠坡在今西安交通大学校园范围，是隋唐长安城歌妓的集中居地。九六高地是大雁塔黄土梁，隋代也设寺观于高冈，唐初发展成著名的大慈恩寺，今存大雁塔即唐时的建筑。

到了唐代，龙首原这个龙脉的巨大作用逐渐显现出来。自唐高宗李治开始，新建的大明宫与兴庆宫成为皇帝常住的地方，它们都位于龙首原上。

唐长安城市中轴线是朱雀大街，而实际上的南北轴线应该是大明宫含元殿—大雁塔以至南山一线，正位于龙首原的龙脊之上。

含元殿在狭义的龙首原上，其南对慈恩寺大雁塔，基本上以今西安市雁塔路为轴线的，而再向南正对1688米的南五台。其天际轮廓线可参见图3—3终南山天际轮廓线与唐长安城标志性建筑。

---

① 《易经》"以阳爻为九"，故有此称。

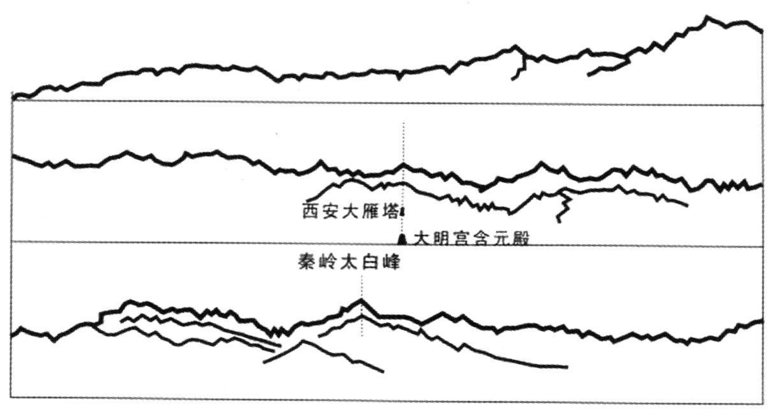

图 3—3 终南山天际轮廓线与唐长安城标志性建筑

以唐长安城朱雀大街为界，唐代长安城的东半部更加繁荣，著名考古学家王仲殊先生的论文直接命名为《试论唐长安城与日本平城京及平安京何故皆以东半城为更繁荣》①，说明此一中轴线即龙脉是真正发挥作用的。政治中心在北部的三宫之间，经济中心在中部东市与西市周围，文化中心在南部曲江，基本可以连成一南北轴线，是唐都长安的真正龙脉即城市主轴线。参见图 3—4 唐长安城政治、经济与文化区及心理轴线。

为了方便皇帝由皇宫来曲江芙蓉园，还专门沿东城墙修建了夹城。夹城又称复道，是君主专用通道。《长安志》卷首《城市制度》记载："夹城，玄宗以隆庆坊为兴庆宫，附外郭（城东城墙）为复道，自大明宫潜通此宫及曲江芙蓉园。又十宅皇子（取京城内东北隅一坊之地，建为大宅以居之，号十王宅），令中官押之，于夹城起居。"大明宫在长安城外东北角，十王宅在长安城内东北角，兴庆宫东墙靠长安城东墙，芙蓉园在长安城东南角，所以这条夹城北起大明宫，南至芙蓉园，中间经过十王宅、兴庆宫与乐游园，其长度比长安城东墙还长。其南头新建了门阙，名新开门，现曲江村东北仍有村叫新开门，似当唐新开门位置。

① 《考古》2002 年第 11 期。

曲江地区位处渭河阶地向台原的过渡地带，多有泉池流水，自然风光绝佳。早在2200多年前的秦朝，这里就兴建起一处专供帝王游猎的禁苑——宜春苑。苑中著名的水体风景点名唤隑州。

汉武帝对曲江西侧的出水泉源加以开凿，后人称此泉为“汉武泉”。如此一来，曲池的水源稳定而且充足，水面也有所扩大，据《太平御览》卷一百九十七引《天文要录》按《黄图》曰：“曲池，汉武所造，周回五里。池中遍生荷芰菰蒲，其间禽鱼翔泳。”而《雍录》引《三辅黄图》则谓，“汉武帝时，（曲江）池周回六里余”。可知汉武帝时营建成为一个周长达五六里的大池，而且黄土梁夹峙，岸线曲折，景观别致，有似广陵之曲江。故除称作曲池外，又称作曲江。

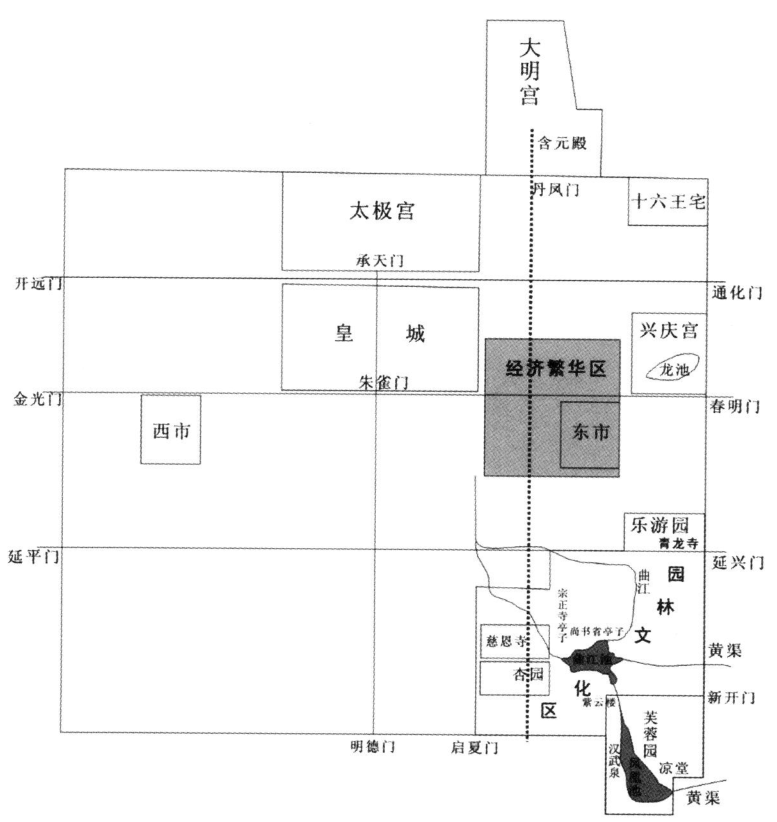

图3—4　唐长安城政治、经济与文化区及心理轴线

在规划大兴城时，隋文帝在城市东南角的问题上颇费苦心。他相信方士们的说法，认为大兴城东南高西北低，风水倾向东南，皇宫设于北侧中部，在地势上总也无法压过东南，应该采取“厌胜”的方法进行破除。如把曲江挖成深池，并隔于城外，圈占成皇家禁苑，成为帝王的游乐之地，这样就能永葆隋朝的王者之气不受威胁。①

唐玄宗凿修了黄渠，从南山引来义峪清水注入曲池，加上疏修汉武泉，使曲江水量大增，不仅在芙蓉园内形成了一个面积达到70万平方米的大池，而且在其下游也扩建成一个面积不小的池面。芙蓉园中的池塘是秦汉隋时的曲江池主体，有人称其为芙蓉池，唐人也称为凤凰池②，是皇家专用，非有特诏一般臣民不可能进入观赏。下游之池接受芙蓉池的下泄积潦，原来可能很小，玄宗时有一支黄渠分渠直接注入，水面扩大。该池位于慈恩寺东南侧，今北池头村以南，现今已开辟成芙蓉园，中有300余亩的广大湖面。此池位于城垣以内，官民同游，是公共的池园，也就是一般唐人艳称的曲江池。据岑参《晦日陪侍御泛北池》诗，“春池满复宽，晦节耐邀欢。月带暇蟆冷，霜随獬豸寒。水云低锦席，岸柳拂金盘。日暮舟中散，都人夹道看。”都人夹道可看，知此北池不在城北的禁苑，最大的可能在曲江，则“北池”之名在唐代已有也。大概因为它位于芙蓉池的北面而命名，则今北池头村的来历也可以溯源到唐代也。

曲江池下游引两条支渠，称作曲江，有人也叫黄渠，一支西流，经慈恩寺与杏园之间，一支东北曲流，至于乐游原、青龙寺近旁西折，把这些景点与曲江池紧密地结合在一起。

曲江池是以水景著称的，烟水明媚，柳树成林，花草铺锦，一派水乡风光，在中国古代北方都市长安城中极富诗情画意，引无数诗人遐想。唐德宗时文人欧阳詹感念曲江池在唐都长安的重要作用，因而撰《曲江池记》说曲池地形自然天成，形成一个“东西三里而遥，南北三里而近”

---

① 中国古代有一种理论，认为天不满西北，地阙东南，故东南多水。隋于京师东南隅凿池除“厌胜”外，似乎也有法天条地之义，或者两者就是结合在一起的。

② 在笔者所见的文献中，宋人张礼《游城南记》最早称此池为芙蓉池，而唐代诗人李绅则称芙蓉园中池为凤凰池，见《忆春日曲江宴后许至芙蓉园》。

的湖面。他还具体分析了曲江池这样一个广大的水体给长安城带来的诸多好处。

首先，曲江池不仅湖面巨大，而且上有源，下有流，可以改善长安城的水文环境，消除污秽，减少疾病，有益市民的健康，所谓“流恶含和，厚生蠲疾”者是也。

其次，流水是构成风景的血脉。泉流叮咚悦耳，蒸腾为云成雾，可以湿润空气，烟水明媚，花卉环周，景象绚丽，给长安城带来不可多得的水景。“凝烟吐蔼，泛羽游鳞，斐郁郁以闲丽，谧微微而清肃。其涵虚报景，气象澄鲜有如此者”。

再次，曲江景色优美，引人入胜，是长安官民游赏及进行各种文化活动的佳地，“泛菊则因高乎断岸，祓禊则就洁乎芳沚，戏舟载酒，或在中流，清芬入襟，沈昏以涤”。重阳赏菊登高在其冈岸，上巳修禊游春在其水湾，泛舟中流，曲水饮宴。人们可以消除疲劳和忧郁，保持愉快的心绪，所谓“洗虑延欢，俾人怡悦”者是也。

最后，曲池天成地设，藏龙卧虎，颇有灵异。“至若嬉游以节，宴赏有经，则纤埃不动，微波以宁，荧荧渟渟，瑞见祥形。其或淫湎以情，泛览无斁，则飘风暴振，洪涛喷射，崩腾络绎，妖生祸觌。其栖神育灵，舆善惩恶有如此者”。用曲江的平静和泛滥成灾来比附社会现实，虽有迷信之处。但我们从这一点引申开去，知曲江也确有神异之处。曲江是唐长安城祈雨之处，且颇为灵验。文献中有两个故事，一是说黎干为京兆尹时，曾在曲江池畔制成泥龙以求雨，观者数千。[①] 二是说唐代宗时，静住寺僧人不空三藏刻木龙投入曲江中，“旋有白龙才尺余，摇须振鳞自水出，俄而身长数丈，状如曳素，倏忽亘天”，立即乌云密布，暴雨如注，为长安城解除了干旱。[②]

曲江从秦汉时代即被改造成园林，曲江地方是黄土台原向梁原相间地貌过渡地区，形成一狭长曲池水面，是唐长安城内最大的湖池，构成长安城的水脉。

曲江风景文化区正位于龙首原这个龙脉与曲江这个水脉之交汇处。

---

① 《酉阳杂俎·前集》卷九。

② 《萧昕》，《太平广记》卷四二一。

三 继承盛唐文脉，创建西安现代新文化

在世界范围内随着经济全球化、信息网络化以及经济与文化一体化进程的加快，古老文明的发生地可以凭借其显性和隐性的历史文化资源迎来复兴的机遇。西安是华夏文明的发源地和古老东方文化的源头地区，在中国西部大开发的浪潮中必将重现辉煌。21 世纪的西安人提出了“中国西安，西部最佳”的口号。我认为这只是从经济上着眼，在西部居首，实际上，还可以再上一个档次。西安是中国历史上强盛王朝周秦汉唐的都城，完整保存着全国唯一的省会级古城，具有全国任何城市都无与伦比的文化上的厚势，而且西安的大专院校、科研机构在全国各大城市中，排在北京、上海之后，位居第三。因此，在北京、上海分别建成中国的政治中心都市与经济中心都市的时候，在开发西部、重振中华文化的新世纪，西安完全可以把自己定位在中国的文化中心都市这个位置上。这样，中国版图上三足鼎立的北京、上海、西安三大城市则分别肩负起中国政治、经济、文化中心都市的功能，奠定中华文明全面复兴的大格局。

把西安定位在文化中心都市上，不仅反映了西安这个世界著名古都的真实内涵，而且能提升西安在中国乃至世界城市中的地位，使西安达到与京沪并列的位置，至少也应该是中国第三。同时，把西安定位在文化中心都市上，并不会削弱其综合竞争力。相反，现代城市是以文化论输赢的，“城市即文化”是现代学者新的理念。文化才是城市的灵魂，突出西安文化上的优势，才能树立西安的崭新形象。思想上的开放能够融汇古今中外优秀文化传统，创新的西安才能重振汉唐雄风。国际上也有这方面成功的先例，比如在日本，首都东京是全国的政治、经济中心，而古城京都却建成为全国的文化中心，独占半壁河山。

要把西安建设成为文化中心都市，最重要的一个环节就是要搞好曲江新区的规划与建设，因为曲江是长安的文脉，是 84 平方千米的唐都长安范围内唯一未被开发的地区，是西安市的生态保障区。

1983 年，西安市成立了曲江旅游度假区，规定以古代曲江为中心的西安东南郊应该以文化产业开发为主体，有效地保护了本区的自然与人文环境。2003 年 3 月 27 日，在曲江旅游度假区基础上设计规划的曲江新区得到西安市长办公室的正式批准，规划面积也由原来的 15.88 平方千米

扩展到47平方千米，希冀以曲江文化作为重振古都西安汉唐形象的精神支柱。2003年建成的雁塔北广场现已成为西安市人气最旺的地方。曲江胜迹的全面重现必将成为未来西安的形象工程，像浦东新区的经济开发使其成为经济中心都会上海市的标志性区域那样，曲江新区的文化建设也必将成为文化中心都会西安市的标志性区域。

要搞好曲江新区的规划与建设，第一要给曲江新区准确定位。定位包括两方面，一是确定曲江新区的建设主题，二是明晰它在未来西安城市建设中的位置。

曲江是唐都长安的园林文化区，皇家文化、进士文化、宗教文化、节俗文化等荟萃于此，最有活力。现实方面来看，城南是西安的文教科研力量集中之处，曲江的园林旅游建设已有一定规模。故从历史的和现实的特点来考虑，曲江新城应该确立以文化为主题。文化是曲江的灵魂，能展示其崇高的价值和独特的风尚。

以文化为主题的曲江新区在“中国文化中心都市西安”的建设上具有很大优势，应该居于城市的核心位置。就像古老的大雁塔是现代西安的标志性建筑一样，新兴的曲江新区将成为未来西安的形象工程，成为中国文化中心都市西安的标志性区域。这就是曲江新区在西安城建中的位置。

第二，给作为曲江建设主题的文化定性。这里的文化不是恢复旧文化，而是在现代科技手段和理念下，改造旧文化，推陈出新，营造出贯通古今中外、开放创新的现代文化。

这里的文化是一个综合概念。唐代曲江文化是由多种文化组合而成的，吸收发展了传统的曲水流觞、文人诗会、三月修禊的内容，又增加了君臣饮宴、进士探花等新项目，体现了曲江文化的开放与创新精神。我们要创造的曲江新文化是以唐曲江文化为基因，用其精神繁衍创新出一个豪放、激昂、自信的新时代文化，为世界文明做出贡献，也为复兴东方文化做出贡献。

第三，紧紧围绕创新文化这个主题进行曲江新区的全面规划建设。政府投资兴建一些具有代表性的工程，打造一些名牌工程，保证其示范意义，提高知名度；合理地进行功能分区，把乐游原、青龙寺的园林建设纳入曲江新区的整体设计之中，因为在唐代它们就是曲江文化区不可分割的重要组成部分；每一个项目都应该经过科学的论证、严密的策划，多出精品，为主题服务。

第四，新文化是逐步形成的，因此，要有意识地去创造、领导西安市甚至全国的新潮流。唐代的曲江流饮是皇帝、进士们共同创造的，政府给予引导和规范，民间经济团体进士团进行组织经营，已经可以看作是一种文化产业。在文化与经济高度一体化的今天，我们更有这种创新的能力。比如我们可以仿效唐人进士文化，为高考得中的学子们大摆“闻喜宴”，邀请毕业的学生们创办“学士宴”“硕士宴”“博士宴”，像唐代进士文化那样，在西安的文化中心区曲江新城再创一个大学生文化的风情。再比如，我们可以参照曲江流饮的唐代文酒会的形式，革新现代学术研讨会的方法和程序。

原刊《唐都学刊》2006 年第 3 期

第二节　唐代曲江的园林建设

在隋朝芙蓉园的基础上，唐代扩大了曲江园林的建设规模和文化内涵，除在芙蓉园中修紫云楼、彩霞亭、凉堂与蓬莱山外，又修成黄渠，扩大了芙蓉池与曲江池水面，曲池周边也建成了杏园、慈恩寺、乐游园、青龙寺等多个景点。园林景致优美，人文建筑壮观，成为都城长安皇族、高官、士人、僧侣、平民会聚胜游之区，曲江流饮、杏园探花宴、雁塔题名、乐游原登高等在中国古代史上脍炙人口的文坛佳话就发生在这里。唐时的曲江性质大变，成为首都长安城唯一的公共园林，达到了它发展史上最繁荣昌盛的时期，成为盛唐文化的荟萃地，唐都长安的标志性区域，也奏响了中华文化的最强音。

“江头宫殿锁千门，细柳新蒲为谁绿”。这是唐代伟大诗人杜甫《哀江头》的两句诗，很好地概括了唐代曲江的园林建设，既点出了这里有鳞次栉比的楼台亭馆建筑，又描绘出此处柳暗花明的园林景致，连唐文宗重修曲江都是从这两句诗中获得的灵感。实际上，曲江园林建筑的繁盛是唐朝前中期逐渐形成的，唐后期则处于不断的兴衰变化之中。

一　唐代曲江园林建筑的兴衰

1. 唐前期近百年的缓慢发展

唐朝初建时，由于社会经济遭到隋末战乱的极大破坏，没有实力进行大规模的园林建设，只能因袭前代。好在以曲江为中心的芙蓉园基础仍在，稍加修葺，仍不失为都城长安重要的游宴场所。《资治通鉴》卷一百九十四原注引《景龙文馆记》曰："芙蓉园在京师罗城东南隅，本隋世之离宫也，青林重复，绿水㳽漫，帝城胜景也。"故唐太宗李世民曾经在贞观七年（633）、贞观十七年（643）与贞观二十年（646）三次驾幸芙蓉园，其中第一次在此住了多日，除观赏园内的湖光水色外，还到城东南少陵原上校猎游赏。

唐太宗招贤纳谏，励精图治，创造了初唐的繁荣，出现了贞观之治的局面。其后的高宗、武则天以至中宗、睿宗等朝，仍处于唐朝社会经济的上升阶段，在曲江园林建设上开始有了较大的举动，奠定了盛唐曲江园林文化区繁荣的基础。

首先，此时期修建了大慈恩寺和大雁塔，成为曲江边较为重要的景点。慈恩寺由玄奘主持，成为法相宗的祖庭，给曲江文化带来了崭新而又浓厚的宗教内涵。大雁塔高高耸立，成为盛唐望远的佳处，尤其是后来成为进士题名处而流传千古，令人神往。

大慈恩寺是高宗李治即皇帝位以前为其母文德皇后修建的。文德皇后是太宗李世民的皇后，高宗李治的生母，贤惠有功于社稷，惜早死。李治被立为皇太子后，常随太宗于大明宫视朝，每当天阴就两手心发疼，以是知文德皇后常苦捧心之痛，追思慈恩。乃于贞观二十二年（648）下令在大明宫正南临近曲江池的风景形胜之地建寺，并在寺中建置高塔，以便每日都能遥而望之，借此寄乌鸟之情，报昊天之德。

寺院由于是皇家敕建，因而规模浩大，富丽豪华。据《大慈恩寺三藏法师传》记载，全寺共有"重楼复殿云阁洞房"凡十余院，总1897间，都是用樟橡等名贵材料修筑而成。当年十月基本完工之际，李治又令增建翻经院，并正式赐寺名唤作"大慈恩寺"。很快，翻经院也建成，其“虹梁藻井，丹青云气，琼础铜沓，金环华铺，并加殊丽”。[①]

慈恩寺建成后，度僧300人，别请大德50人入寺，更为重要的是李治请来了刚从印度取经回到长安的著名佛学大师玄奘来寺作住持。大慈恩寺从建成的那一天起，就与千古一僧玄奘紧密联系在一起，这里成为他译经弘法的地方，也是他创立的法相宗之祖庭所在地。玄奘，俗姓陈，洛阳偃师人。十一岁出家，千辛万苦赴天竺（今印度）取经，历十九年学成回国，后人以其取经故事为题材创造的小说《西游记》更使玄奘成为妇孺皆知的圣僧。在贞观十九年，玄奘带着大批佛经、佛像、舍利等圣物回到长安，取回了真经，受到李世民及长安市民的热烈欢迎。后来他在慈恩寺主持译场，共译成佛教经典75部1335卷，是中国最著名的佛学翻译家；著有《大唐西域记》，记载了其游历过的百余个国家的历史地理、风土人情；其创建了佛学中的法相唯识宗，成为开宗创派的一代佛学宗师。

玄奘是慈恩寺当然也是曲江历史上最著名的文化名人之一，其还亲自设计建造了慈恩寺塔，成为今大雁塔的前身，为曲江人文景观的建设作出了巨大贡献。永徽三年（652），玄奘想在慈恩寺端门之阳建塔以保管其从天竺带回的佛经、圣像，后来按高宗皇帝意愿在寺之西院建起一座高大的佛塔，名慈恩寺塔。塔在印度梵文中又称“浮图”，故又称慈恩寺浮图，而今所称大雁塔则是较为晚起的名字。[②]

慈恩寺塔初建时为五层，高十八丈，砖表土心，仿效天竺佛塔形式，方形塔基，是玄奘亲自设计和督工营造的。

武则天长安年间（701—704），慈恩寺塔倾倒，时人在原址重新建造一塔。新塔底层南侧外壁嵌有两碑，左为太宗李世民所撰《大唐三藏圣教序》，右为高宗李治为太子时所撰《述三藏圣教序记》，皆为当时大书法家褚遂良书写。两碑皆是继承原塔之物，保存至今，十分珍贵。新塔共七层，高64米，比原塔约高出一倍，而且依照中国楼阁式塔的建筑形式，砖表空心，塔室设梯，可逐级而登塔顶，四周各有洞门，便于瞭望。由于地基加固方法科学，设计建筑合理，加上历代维

---

① （唐）慧立、彦悰：《大慈恩寺三藏法师传》，中华书局2000年版，第149、155页。

② 陈景富主编：《大慈恩寺志》，三秦出版社2000年版。

修，故虽经千数百年的风吹雨打和几次大地震的摇撼，却能稳如泰山，至今巍然屹立，成为古都西安的标志性建筑，也成为盛唐曲江园林建筑中唯一的幸存者。

新建慈恩寺塔高耸入云，又可拾级登顶，遂成为登高远眺佳处。唐中宗时（705—710），中宗李显在重阳节游幸慈恩寺，亲登此塔，群臣上菊花寿酒，尽欢而返。上官昭容献诗，题目即是《九月九日上幸慈恩寺登浮图群臣上菊花寿酒》，宋之问、李峤两位都有《奉和九月九日登慈恩寺浮图应制》[①] 的诗篇，似乎也是酬和中宗此次登塔之作，因为这两个人在京师长安做官均在玄宗以前，而睿宗时未闻有登慈恩寺塔之举。宋之问诗中还有"时菊芳仙酝"之句，也与群臣上菊花寿酒的事实正相符合。

随着大雁塔登临览胜风气的形成，又派生出一种特有文化韵味的活动，唐中宗神龙时代（705—707），新科进士在杏园宴后皆来雁塔之下，题上自己的姓名。历史文献有这方面的明确记载，五代人王保定《唐摭言》卷三《慈恩寺题名游赏赋咏杂记》曰："神龙以来，杏园宴后，皆于慈恩寺塔下题名。"宋人樊察《慈恩雁塔题名序》也说："自神龙以来，进士登科皆赐游江上，题名雁塔下，由是遂成故事。"

慈恩寺塔本来是作为贮藏佛教经典圣物修建的，发挥的是宗教文化的实用功能，而建成后却又成为一个重要的节俗文化阵地，唐人喜欢在重阳节来此登高览胜，赋诗歌咏，而且佳作迭出。更有进者，进士来此题名塔下，给大雁塔笼罩上一层浓厚的进士精英文化的色彩。

大雁塔之所以能名垂千古光耀春秋，除了依靠其雄伟壮观的建筑艺术外，更重要的是离不开附加于其身上的这些文化内涵。由此我们也可以认识到，文化是一个建筑物的灵魂，文化也是一个城市的灵魂，没有文化的建筑或城市是缺乏生命活力的。

其次，武则天执政的长安年间（701—704），乐游原游览文化区的建设也得到重视。太平公主得母皇武则天的宠爱，在乐游原置亭游赏，又修有园池楼观，每逢正月晦日、三月三日、九月九日，长安城士女毕集，以为盛游。玄宗上台后二年，诛太平公主，公主原有的园池分赐宁、申、岐、薛四王，仍作为园林佳处，都人每年祓禊登高其地。从乐游原上的

① 《全唐诗》卷5、卷52、卷58，中华书局1960年版，第60、631、693页。

园池分赐四大亲王这个历史事实来看，其规模也自不小。[①] 玄宗特别注意兄弟之间的和睦关系，赐宅聚居，当然也有防止篡权之意，故给四亲王赐园时可能仍是原貌，没有分划开来，而且以其位居乐游原上仍称为乐游园。

乐游原南侧隋有灵感寺，唐初废毁，唐高宗龙朔二年（662）城阳公主复奏立为观音寺，睿宗景云二年（711），改称青龙寺。[②] 青龙寺景色绝佳，为游赏胜地，也成为乐游原上一个著名的寺观园林。

最后，唐中宗神龙年间（705—707），开始形成新科进士饮于曲江、宴于杏园的习俗，前引《唐摭言》与《慈恩雁塔题名序》记载明确。这说明曲江旁边的另一著名园林——杏园当时已经建成。

唐中宗或睿宗时代，芙蓉园的园林风光也曾得到较大的改善，春时皇帝常来此处游宴，得以侍宴的文臣宋之问、李峤皆有《春日侍宴幸芙蓉园应制》诗。从其诗文描写来看，此时的芙蓉园竹林葱绿，杏花烂漫，莺歌燕舞，春色满园，已被誉为瑶池仙境。李峤诗曰："年光竹里遍，春色杏间遥。烟气笼青阁，流文荡画桥。飞花随蝶舞，艳曲伴莺娇。今日陪欢豫，还疑陟紫霄。"[③] 宋之问诗云："芙蓉秦地沼，卢橘汉家园。谷转斜盘径，川回曲抱原。风来花自舞，春入鸟能言。侍宴瑶池夕，归途笳吹繁。"[④]

这样，在唐代前期近百年时间内，曲江风景区除芙蓉园、曲江这些原有景点得以恢复外，又新建置了慈恩寺（大雁塔）、杏园、青龙寺、乐游园等多处，而且杏园饮宴、雁塔题名、乐游原登高及慈恩寺、青龙寺宗教文化也初现雏形，奠定了盛唐曲江文化繁荣的基础。

2. 盛唐时的急剧扩建

唐玄宗时代是唐朝的鼎盛时期，当时社会安定，国家富足，百姓丰衣足食，人民安居乐业，被称作中国古代史上最繁荣昌盛的"开元盛世"。杜甫《忆昔》诗就给我们描绘出一幅盛唐的景象："忆昔开元全盛

---

① 杜甫：《乐游园歌》序，见《全唐诗》卷216，中华书局1960年版，第2261页；《全唐书》卷83《诸帝公主·太平公主》。

② 徐松：《唐两京城坊考》卷三《两京·外郭城·新昌坊》。

③ 《全唐诗》卷58，中华书局1960年版，第692页。

④ 《全唐诗》卷52，中华书局1960年版，第631页。

日，小邑犹藏万家室。稻米流脂粟米白，公私仓廪俱丰实。九州道路无豺虎，远行不劳吉日出。齐纨鲁缟车班班，男耕女织不相失。”①

唐玄宗又是个风流天子，其弹琴击鼓，对音乐戏剧颇有造诣，在禁苑梨园内创办皇家乐舞班，可算作中国最早的乐舞学院，因而玄宗李隆基也被“梨园子弟”尊为祖师爷。他与天生丽质的舞蹈高手杨贵妃情投意合，志趣相同，后来竟整日里沉醉于斗鸡舞马、赏牡丹花、食荔枝宴、洗温泉浴之中，声色犬马，花天酒地，奢侈豪华，也带动了整个社会的奢游风气。有了雄厚的物质基础，又产生了游赏的现实需求，唐玄宗对曲江进行了大规模扩建，使其盛况空前绝后，达到其园林建设的顶点。

首先，玄宗凿修了黄渠，从南山引来义峪清水注入曲池，加上疏修汉武泉，使曲江水量大增，不仅在芙蓉园内形成了一个面积达到70万平方米的大池，而且在其下游也扩建成一个面积不小的池面。芙蓉园中的池塘是秦汉隋时的曲江池主体，有人称其为芙蓉池，唐人也称之为凤凰池②，是皇家专用，非有特诏一般臣民不可能进入观赏。下游之池接受芙蓉池的下泄积潦，原来可能很小，玄宗时有一支黄渠分渠直接注入，水面扩大。它位于慈恩寺东南侧，今北池头村以南，现今已开辟成大唐长安芙蓉园，中有300余亩的广大湖面。此池位于城垣以内，官民同游，是公共的池园，也就是一般唐人艳称的曲江池。据岑参《晦日陪侍御泛北池》诗：“春池满复宽，晦节耐邀欢。月带虾蟆冷，霜随獬豸寒。水云低锦席，岸柳拂金盘。日暮舟中散，都人夹道看。”③ 都人夹道可看，知此北池不在城北的禁苑，最大的可能在曲江，则“北池”之名在唐代已有也。大概因为它位于芙蓉池的北面而命名，则今北池头村的来历也可以溯源到唐代也。

曲江池下游引两条支渠，称作曲江，有人也称其为黄渠，一支西流，经慈恩寺与杏园之间，一支东北曲流，至于乐游原、青龙寺近旁西折，把这些景点与曲江池紧密地结合在一起。黄渠、芙蓉池、曲江池、下游

---

①《全唐诗》卷220，中华书局1960年版，第2325页。

② 在笔者所见的文献中，宋人张礼《游城南记》最早称此池为芙蓉池，而唐代诗人李绅则称芙蓉园中池为凤凰池，见《忆春日曲江宴后许至芙蓉园》。

③《全唐诗》卷200，中华书局1960年版，第2084页。

曲江支渠的具体流经路线及位置，参见图3—1唐代曲江园林建筑平面布局示意图。

其次，在芙蓉园内与曲江池畔兴修了大批亭台楼阁。在曲池周边特许中书、门下、尚书、宗正司等部门营造属于他们自己的楼台亭榭。著名的尚书亭子、宗正寺亭子即建于修正坊，位于曲江北岸，今大雁塔与北池头村之间，原西安电影制片厂所建秦宫正其地也。[①] 曲池岸线曲折，在不少地方建有桥梁，唐李昭道《曲江图》中即有拱形桥，而崔颢《上巳》诗中也提到有“浮桥”。池中造了彩船多只，而靠岸的码头似乎叫作“九龙津”[②]。

在皇家禁苑芙蓉园内，玄宗修建了紫云楼、彩霞亭、临水亭、水殿、山楼、蓬莱山、凉堂等建筑，而且各具特色。紫云楼修建于官民胜游的曲江池南岸，即芙蓉园的北侧，应该是倚园墙而建，推测其具体位置在今长安芙蓉园初建的三神山位置。这样，在紫云楼上既可以观赏到举国胜游曲江的热闹景象，又可以就近接见臣下，体现一种与民同乐的精神。在芙蓉池水滨修建彩霞亭、临水亭等建筑，以就近欣赏芙蓉花及水景。

据苏颋与李乂同为《春日待宴芙蓉园应制》题目的诗歌描述，芙蓉园中还有水殿、山楼的建置[③]，只其具体位置不可详考，水殿应该建于水边或水面之上，山楼也似乎要建于山间或山巅。宋人程大昌《雍录》在《唐都城内坊里古要迹图》中于芙蓉园东北角绘有“蓬莱山”，应有所据。因蓬莱山为三神山之一，自秦始皇修宫廷园林兰池引入三神山建置以来[④]，汉唐宫廷园林建筑中皆有“一池三神山”的布设，这有确切的文献记载，是蓬莱山出现在皇家禁苑芙蓉园中很有可能。如此，则可推测“山楼”似乎是建置于蓬莱山之上。

凉堂位于芙蓉池的东岸，是一个很有异域风采的建筑，值得在此多作介绍。凉堂建筑的方法是从西域引进的，可能是一种利用机械引水升

---

① 徐松：《唐两京城坊考》卷三《西京·外郭城·修正坊》。

② 崔颢：《上巳》诗最后两句说：“弱柳障行骑，浮桥拥看人。犹言日尚早，更向九龙津。”其中提到了曲池的两个景点：浮桥和九龙津。

③ 《全唐诗》卷73，中华书局1960年版，第799页。

④ 《括地志辑校》卷一《雍州·咸阳县》曰：“始皇都长安，引渭水为池，筑为蓬莱山，刻石为鲸。”

高注于房屋顶部或四周，然后向下漫流，这样循环往复以逼杀暑气，带来清凉的方法。《唐语林》记载着一种凉殿，与凉堂的建筑原理基本相同。据说唐玄宗建筑凉殿，因规制独特，费用太大，故拾遗陈知节上疏谏止。玄宗令宦官头目高力士接待这个劝谏者，并决定让陈亲自去凉殿感同身受一番。时值暑天酷热，玄宗坐于凉殿，宝座后有水激扇车，带来阵阵凉风。陈知节到来后，赐坐于石质榻床，“阴溜沉吟，仰不见日，四隅积水成帘飞洒，座内含冻，复赐冰屑麻节次”。由机械激水升到楼层顶部，并从四面呈水帘状飞流而下，水声叮咚，飞瀑溅花，冷气成雾，飘飘洒洒，从多种感官上给人以清凉的享受。陈知节冻得直打寒噤，腹中雷鸣，实在受不了，未曾把话说完就改变主意要求出来，直到次日，其身体方才复原。而玄宗皇帝与其同坐一室，却仍有汗津出，擦拭不已。别人因此对陈知节说：今后你思考事情的时候要更加审慎，不要以自己的感受去衡量当今皇上。①

虽然不能证明玄宗所建的这个凉殿就是芙蓉池东坡的凉堂，但从其名称来看，其建筑结构、功能相似是没有问题的。玄宗朝有御史大夫王鉷也曾在私家宅第中建有自雨亭子，“檐上飞流四注，当夏处之，凛若高秋”，用水清凉解暑的方法也是相同的②。那么，凉殿这种自雨降温的方法源自何处呢？据学者考证，这不是中原本土的方法，是从西域引进的。《旧唐书·拂林国传》有载：拂林国建筑技术先进，“至于盛暑之节，人厌嚣热，乃引水潜流上遍于屋宇，机制巧密，人莫之知。观者惟闻屋上泉鸣，俄见四檐飞溜，悬波如瀑，激气成凉风，其巧如此”。这种机械引水以降温清暑的方法是与凉殿、凉堂、自雨亭子的方法极其相近的，说明了两者之间有继承关系。这一点也说明在曲江园林建筑的建造过程中，唐玄宗特别注重引入先进的各具特色的建筑方法。

曲池周边建筑的大规模营建，使曲江风景区的范围大大扩展，天宝初年，唐玄宗特命将位于曲池附近的太子太师萧嵩的家庙迁往别处，让官府出钱，将士们出力。萧嵩为此事曾上表称谢，还真惊动了玄宗皇帝大驾，其亲自疏批之文还保存至今。《唐摭言》卷三《慈恩寺题名游赏赋

---

① 《唐语林》卷四。

② 徐松：《唐两京城坊考》卷四《西京·外郭城·太平坊》。

咏杂记》曰："曲江游赏，虽云自神龙以来，然盛于开元之末。何以知之，案实录：天宝元年，敕以太子太师萧嵩私庙逼近曲江，因上表请移他处，敕令将士为萧嵩造。嵩上表谢，仍让令将士创造。敕批云：卿立庙之时，此地闲僻，今傍江修筑，举国胜游。与卿思之，深避喧杂。事资改作，遂命官司。承已拆除，终须结构，已有处分，无假致辞。"这件事不仅说明了曲江园林区域的扩大，而且也显示出玄宗皇帝对曲江园林建设的重视，其亲自过问起由此产生的拆迁问题。

从上述曲江园林建筑的营建情况看，玄宗朝以前已经出现的杏园也应该得到相应的整修扩建。只杏园以杏林的培植为主，而树木花卉园林景观的营造在下面将要论述。

再次，专门修建了夹城，以供皇帝、妃嫔们来此游赏。夹城又称复道，是君主专用通道。《长安志》卷首《城市制度》记载："夹城，玄宗以隆庆坊为兴庆宫，附外郭（城东城墙）为复道，自大明宫潜通此宫及曲江芙蓉园。又十宅皇子（取京城内东北隅一坊之地，建为大宅以居之，号十王宅），令中官押之，于夹城起居。"大明宫在长安城外东北角，十王宅在长安城内东北角，兴庆宫东墙靠长安城东墙，芙蓉园在长安城东南角，所以这条夹城北起大明宫，南至芙蓉园，其长度比长安城东墙还长。其南头新建了门阙，名新开门，现曲江村东仍有村叫新开门，似当唐新开门位置。

这条夹城是两次建成，第一次建的是大明宫至兴庆宫这一段，建筑时间当在开元初期兴庆宫初建时。第二次建的是兴庆宫至芙蓉园一段，建筑时间有的说是开元二十年（732），有的说是开元二十四年，有的说是开元二十六年，还有的说在天宝十三年（754）。据考古证实，这条"夹城"实际上是在长安东郭城内侧修一条与郭城平行的城墙，夹城的宽度、高度皆与东郭城相同。当夹城通过东城墙的通化、春明、延兴三座城门时，由特别设置的蹬道，登上城楼通过。① 夹道内部平坦宽敞，可以并行几辆马车，而且与外面的行人完全隔离，互不干扰。唐明皇为了游览曲江，就是这样挖空心思，不惜代价，修筑如此浩大的夹道工程。

最后，除上述皇家和政府各机构修建的楼台亭馆以外，还建成了许

---

① 陕西文物管理委员会：《唐长安地基初步探测》，《考古学报》1985 年第 3 期。

多私家营造的辅助游赏建筑，唐诗中就吟咏到曲江池畔分布的酒楼、妓楼。郑谷《曲江》诗曰："细草岸西东，酒旗摇水风。楼台在烟杪，鸥鹭下沙中。"[①] 其中提到飘着酒旗的酒店，可以明确是私家经营的，不是皇家或各政府机关饮酒的楼馆亭台。

曲江旅游区不仅有酒楼，而且还有胡姬侍酒，别有异域风情，可能还有西域胡人来此开办的酒馆呢。杨巨源《胡姬词》曰："妍艳照江头，春风好客留。当垆知妾惯，送酒为郎羞。香度传蕉扇，妆成上竹楼。数钱怜皓腕，非是不能愁。"[②] 诗中的"江头"似指曲江池附近。此诗不仅说明这里有"胡姬素招手，延客醉金樽"的酒楼，而且还可知此楼是竹子建成的。元稹《赠崔元儒》诗曰："最爱轻欺杏园客，也曾辜负酒家胡。"[③] 其中的"酒家胡"应该指酒楼的老板，是西域来的胡人。李白《少年行》之二曰："五陵年少金市东，银鞍白马度春风。落花踏尽游何处，笑入胡姬酒肆中。"[④] 伴随着游春赏景的兴致，来到胡姬作陪的酒家饮宴，应该是洒脱浪漫美少年最喜欢的事情。

武元衡春日站在曲江池头，向南观望，看到的是"龙去空仙沼，鸾飞掩妓楼"的景象。[⑤] 曲江游览区存在着妓楼是很明确的，那里欢歌艳舞，灯红酒绿，是游人向往的地方。

酒楼、妓楼是曲江游赏繁盛的产物，为游客助兴服务，同时其大量的出现也反过来促进了游赏的发展。

经过玄宗一朝的扩建，芙蓉园内宫殿连绵，楼亭起伏，曲江池周亭台楼阁，各具特色，加上周边其他景点的陪衬，曲江的园林建筑达到最高境界，各类游赏文化活动也趋于高潮。故编辑《全唐诗》的人总结说："曲江在杜陵西北五里，开元中，开凿为胜境。南有紫云楼、芙蓉园，西有杏园、慈恩寺。都人游赏，盛于中和、上巳。"[⑥]

---

① 《全唐诗》卷674，中华书局1960年版，第7717页。

② 《全唐诗》卷333，中华书局1960年版，第3718页。

③ 《全唐诗》卷414，中华书局1960年版，第4581页。

④ 《全唐诗》卷165，中华书局1960年版，第1709页。

⑤ 武元衡：《和杨弘微春日曲江南望》，《全唐诗》卷317，中华书局1960年版，第3565页。

⑥ 杜甫：《曲江三章》序，《全唐诗》卷216，中华书局1960年版，第2260页。

3. 安史之乱后的兴衰变化

一般来讲，一种文化传统一旦形成就很难人为地突然消灭之。安史之乱对唐朝政治经济的破坏很大，是唐王朝由盛趋衰的转折点，而对曲江文化的影响却相对要小一些。乱后曲江的各类文化活动仍然能够持续进行，进士的曲江流饮、杏园宴会、雁塔题名等不仅很少间断，而且规模较前有所发展，朝廷赐宴群臣活动也能照常进行，文人、百姓三月寻春、九月登高的脚步也没有离开曲江池畔、乐游原头。当然，不可否认的是随着唐王朝实力的衰落，曲江的宫殿、亭馆等园林建设已远远比不上盛唐时代，有时还会出现一些人为的破坏。应该说，安史之乱也是曲江园林建设走向衰落的开始，尽管其后也有一些对曲江亭馆的修复行动，却都无法恢复到盛唐时的规模。

“渔阳鼙鼓动地来，惊破霓裳羽衣曲。”天宝十四年（755），安禄山发动叛乱，起兵范阳，很快就攻陷了洛阳，并宣告称帝。次年，大兵攻破潼关，西入关中，唐玄宗仓皇南逃四川。安史叛军入长安后，大肆烧杀抢劫，京城遭到极大破坏，一片凄凉萧条，曲江园林当然不能幸免。至德二年（757），虽然收复了长安，肃宗李亨也返回京师，但安禄山的儿子安庆绪和史思明的叛军势力尚未消失，战争仍在继续，朝廷根本没有闲情逸致去修复曲江园林。安史之乱持续了七年之久，占去了李亨做皇帝的全部岁月。

李亨死，代宗李豫继位，又有吐蕃兵从西方袭来，竟至攻陷长安，代宗也一度逃难到陕州。接二连三的战火侵袭，加之朝廷多事，曲江园林的殿宇亭台日渐废毁，此时已大半不存。诗人温庭筠《鸿胪寺有开元中锡宴堂楼台池沼雅为胜绝荒凉遗址仅有存者偶成四十韵》诗，首先回忆了开元盛世时的宴游胜境，接着叙述了安史之乱后的残破之况：“纵火三月赤，战尘千里黄。殽函与府寺，从此俱荒凉。兹地乃蔓草，故基惟坏墙。枯池接断岸，唧唧啼寒螿。败荷塌作沼，死竹森如枪。游人问老吏，相对聊感伤。岂必见麋鹿，然后堪回肠。”①

肃宗、代宗两朝近三十年，曲江园林建筑遭到极大的战争破坏，甚至还有人为的拆毁。唐代宗年间两次拆毁曲江建筑，据《旧唐书·礼仪

① 《全唐诗》卷538，中华书局1960年版，第6758页。

志四》记载，永泰二年（766）“八月，国子学成，祠堂、论堂、六馆院及官吏所居厅宇，用钱四万贯，拆曲江亭子瓦木助之。”又据《唐会要》卷四十八记载，代宗大历二年（767），宦官鱼朝恩给章敬皇后立寺，为加快进度，也拆毁“曲江百司看屋”，以取其现成木材。不能修葺，却又要去拆毁，曲江园林建筑雪上加霜。据《唐摭言》卷三，“曲江亭子，安史未乱前，诸司皆列于岸浒。幸蜀之后皆烬于兵火矣，所存者唯尚书省亭子而已。进士关宴常寄其间。”尚书省亭子在曲江池北头，慈恩寺东侧，距杏园、乐游原也很近，是当时存在的少数建筑物之一。

到了德宗时代，情况似乎有了好转，此时恢复了三节赏钱赐宴百官的传统，而且多在曲江亭进行。《唐会要》卷二十九《节日》明确记载：“贞元四年（788）九月重阳节，赐宰臣百僚宴于曲江亭。”君臣酬和赋诗，颇为热闹。直到穆宗时代，文献上都可找到赐宴曲江的记载，但却没有一条在曲江进行园林建设的史料，估计此时期多是简单的维修，很少修复已毁楼亭，更不用说新创建筑了。

这一时期内，私家建筑似乎有所发展，德宗时进士王起奏请，在长安城一些重要地方如皇城南六坊、朱雀大街两边坊及曲江近侧，均不许一般官民建置家庙。[①] 这个奏折一方面反映了曲江园林文化区在唐都长安城中仍然具有重要地位，另一方面也可看出皇家或政府在此投资营建很少，却容易遭到私家建筑的侵占。

唐文宗李昂时期，对曲江园林进行了一次较大规模的整治和修复。文帝即位后，继承传统，常赐群臣宴于曲江亭。其又好诗，每次读到杜甫《哀江头》诗句“江头宫殿锁千门，细柳新蒲为谁绿”时，都会想到开元盛时，“天宝以前，曲江四岸皆有行宫台殿、百司廨署。”而眼看今日残败景象，百感交集，常欲恢复升平时的曲江面貌。可惜此时国家财力有限，无能大兴土木。太和九年（835），大臣郑注观察天象，谓秦中有灾象，破解的办法就是大兴土木。这正符合文宗修复曲江以粉饰太平的心理，于是文帝于当年发神策军1500人修淘曲江，清理湖底淤泥，修治堤岸码头，疏通水道，使曲江水景焕然一新；皇家出资重修紫云楼、

① 王起：《请禁皇城南六坊朱雀门至明德门夹街两面坊及曲江附近不得置私庙奏》，《全唐文》卷642。

彩霞亭，文帝亲题亭额，使芙蓉园重新焕发出皇家园林的气象①；对于公共园林曲江池的建设，皇家感到有心无力，只是进行了一些树木草卉的培育，仍按照昔日的办法，颁令政府诸司有资金且愿意在曲江周围建筑楼台亭馆者，由官署划给空地，任由营造。文宗敕令曰："都城胜赏之地惟有曲江，承平之前，亭馆接连，近年废毁。思俾葺修，已令所司芟除栽植。其诸司如有力及要创制亭馆者，给予闲地，任其营造。"有了这种明确的指示和特许政策，诸政府机构应该会有所行动，只创造新建筑者少，可能多是修复原有的亭馆罢了。②

唐文宗修葺曲江园林建筑是安史之乱后唐代最大规模的曲江营建活动，曲江的自然与人文面貌有了较大改观，游赏宴饮等文化活动也随之活跃起来。但是，无论是园林景致还是建筑规模，都无法与盛唐时代相提并论。开成三年（836），京兆尹奏称，三节百官宴集于曲江亭，需彩觞船两只，请以旧船上杖木为舫子。造成后供三节时使用，过节后即收存起来。即使只有两个小船，仅限三节时使用，文宗皇帝仍不能予以满足，最后批示只准在上巳节宴会时使用。③ 从船的数量及批准的用法上看，唐文宗时代已全然丧失了盛唐开元时期的博大宏伟气魄。

唐武宗时更加节俭，《唐会要》卷二十九《节日》记载，会昌二年（842）庆阳节置宴，只准"于慈恩寺设斋，行香后，以素食合宴"，令京兆尹量力而行，不准大力铺陈，也"不用追集坊市歌舞"。这种大环境下是不可能对曲江园林建设有所作为的。④

唐文宗重修后的曲江园林，作为京城官民游宴的文化广场大概使用了四十余年。唐僖宗乾符五年（878），黄巢起义军攻入长安，历时二百余年的新进士曲江大会难以为继。其后又过十几年，朱全忠逼迫唐昭宗李晔迁都洛阳，并派兵把长安城中的各种大型建筑进行了毁灭性拆除。《资治通鉴》卷二百六十四记载，朱全忠"毁长安宫室、百司及民间庐舍，取其材，浮渭河而下，长安自此遂丘墟矣"。时人子兰在《悲长安》

---

① 《旧唐书》卷一七《文宗纪》；《唐会要》卷三〇《杂记》。

② 文宗：《听诸司营造曲江亭馆文》，《全唐文》卷七四。

③ 《唐会要》卷二九《节日》。

④ 庆阳节是皇帝生日，此日于寺院内行香，当然以素食为宜。这里的意思是说失去了铺陈追赏的气氛。

诗中写道："何事天时祸未回，生灵悉悴苦寒摧。岂知万顷繁华地，强半今为瓦砾堆。"[①] 韦庄《长安旧里》诗也说："满目墙匡春草深，伤时伤事更伤心。车轮马迹今何去，十二玉楼无处寻。"[②] 唐长安城遭到了一次毁灭性的摧残。

曲江园林文化区是长安城的一部分，随着唐末长安城的毁灭，其各种园林建筑也被破坏殆尽，各项文化活动也逐渐沉寂下去，以至有些最终消失得无法追寻。王驾是晚唐诗人，有《乱后曲江》之诗曰："忆昔曾游曲水滨，春来长有探春人。游春人静空地在，直至春深不似春。"[③] 这是说曲江在黄巢乱后已经很少有人来此游乐了。五代诗人杨玢登上慈恩寺塔，面对眼前的残破景象，悲伤不已，不忍看又不忍听，赋诗曰："紫云楼下曲江平，鸦噪残阳麦陇青。莫上慈恩最高处，不堪看又不堪听。"[④]

二 唐代曲江文化区的规模及其园林风光

曲江园林文化区实际是以曲江池为中心，由一组庞大的风景文化点组成，包括有曲江池、杏园、芙蓉园、慈恩寺（大雁塔）、乐游园、青龙寺等。它们位于唐长安城东南隅，相互连接成片，形成一个范围广大，内容丰富，长安城皇族、高官、进士、僧侣、平民都能聚集游览的公共园林区，不仅在古都西安发展史上空前绝后，而且在中国古代历史上也绝无仅有。曲江池水面浩阔，烟水明媚，柳暗花明，杏园开十顷杏花，芙蓉园有成片红莲，慈恩寺栽珍奇牡丹，青龙寺植修竹古柏，曲江各景点园林风光无限，而且各具特点。其中"曲江烟水杏园花"成为曲江园林的代表性景观[⑤]，唐代进士考试中就有"春涨曲江池"与"曲江亭望慈恩寺杏园花发"的题目，可见其影响深远，深入人心。[⑥]

---

① 《全唐诗》卷824，中华书局1960年版，第9289页。

② 《全唐诗》卷699，中华书局1960年版，第8042页。

③ 《全唐诗》卷690，中华书局1960年版，第7981页。

④ 杨玢：《登慈恩寺塔》，《全唐诗》卷760，中华书局1960年版，第8633页。

⑤ 黄滔：《放榜日》，《全唐诗》卷705，中华书局1960年版，第8111页。

⑥ 乾符二年（875）有黄滔作《省试奉诏涨曲江池》，以春字为韵。贞元四年或五年刘太真知贡举时试题曰曲江亭望慈恩寺杏园花发，同题唐诗留存很多，皆见《全唐诗》。

1. 曲江水满花千树——曲江池

曲江池是以水景著称的，烟水明媚，柳树成林，花草铺锦，一派水乡风光，在中国古代北方都市长安城中极富诗情画意，引无数诗人暇想。唐德宗时文人欧阳詹感念曲江池在唐都长安的重要作用，认为“兹池者，其谓之雄焉，意有我皇唐须有此地以居之，有此地须有此池以毗之。佑至仁之亭毒，赞无言之化育，至矣哉”。意思是说，天生大唐则必有长安城这样的城邑以成其都，有长安城则必有曲江池这样的池园来辅助其功，曲江池之于唐都长安就如同今日西湖之于杭州。其因而撰《曲江池记》概述其形势、建成规模与巨大作用。[①]

欧阳詹说：“兹池者，其天然欤！循原北峙，回冈旁转，圆环四匝，中成窗坎，窌港洞，生泉瀹源。”这是说曲江池天然的洼地特点。唐公共园林曲江池，北有大雁塔黄土梁，西有植物园黄土梁，东部与南侧是南窑头黄土梁。原冈环峙，这中间天成的凹陷地带就是曲江池，今日叫作北池头洼地。

曲江池地形自然天成，唐人又巧作整修，施以人工。“揆北辰以正方，度南端而制极，墉隍划趾，勾陈定位，地回帝室，湫成厥池。既由我署，才成伊去，真主巍巍，龙盘虎踞。爰自中而轨物，取诸象以正名，字曰曲江，仪形也。”其水源来自两处，一是黄渠的分支。黄渠在黄渠头附近分成两支，南支汇入芙蓉池，北支直接补入曲江池；另一源是芙蓉园内的芙蓉池，因曲江池海拔较芙蓉池低 5 米左右，南部又有狭窄的通道连接两池，故芙蓉池之水很容易而且也只能下泄至曲江池。又通过修整堤岸、桥涵，使曲江池形成一个“东西三里而遥，南北三里而近”的湖面，而且岸线蜿蜒曲折，富有变化，造成了众多的港湾和半岛，能够造成“冈穷水复疑无路，柳暗花明又一湾”的佳境，极有情趣，宜于游览。取名曲江，以象其形。

欧阳詹还具体分析了曲江池这样一个广大的水体给长安城带来的多项好处。首先，曲江池不仅湖面巨大，而且上有源，下有流，可以改善长安城的水文环境，消除污秽，减少疾病，有益市民的健康，所谓“流恶含和，厚生蠲疾”者是也。

---

① 欧阳詹：《曲江池记》，《全唐文》卷五七。

其次，流水是构成风景的血脉。泉流叮咚悦耳，蒸腾为云成雾，可以湿润空气，烟水明媚，花卉环周，景象绚丽，给长安城带来不可多得的水景。“凝烟吐蔼，泛羽游鳞，斐郁郁以闲丽，谧微微而清肃。其涵虚报景，气象澄鲜有如此者。”

再次，曲江景色优美，引人入胜，是长安官民游赏及进行各种文化活动的佳地，“泛菊则因高乎断岸，祓禊则就洁乎芳沚，戏舟载酒，或在中流，清芬入襟，沈昏以涤”。重阳赏菊登高在其冈岸，上巳修禊游春在其水湾，泛舟中流，曲水饮宴。人们可以消除疲劳和忧郁，保持愉快的心绪，所谓“洗虑延欢，俾人怡悦”者是也。

最后，曲江池天成地设，藏龙卧虎，颇有灵异。“至若嬉游以节，宴赏有经，则纤埃不动，微波以宁，荧荧渟渟，瑞见祥形。其或淫湎以情，泛览无斁，则飘风暴振，洪涛喷射，崩腾络绎，妖生祸觌。其栖神育灵，與善惩恶有如此者”。用曲江的平静和泛滥成灾来比附社会现实，虽有迷信之处。但我们从这一点引申开去，知曲江也确有神异之处。第一，曲江是唐长安城祈雨之处，且颇为灵验。文献中有两个故事，一是说黎干为京兆尹时，曾在曲江池畔制成泥龙以求雨，观者数千①；二是说唐代宗时，静住寺僧人不空三藏刻木龙投入曲江中，“旋有白龙才尺余，摇须振鳞自水出，俄而身长数丈，状如曳素，倏忽亘天”，立即乌云密布，暴雨如注，为长安城解除了干旱。② 第二，曲江池也有凶残的一面，多种文献记载，有新及第进士李蒙等多人溺死江中，而且在天宝三载，“春服既成，冠者五六人，才子六七人”，来曲江寻春，曲水忽涨，溃破堤岸，寻春者转眼化为鱼食。有文人樊铸专门就此事作《檄曲江水伯文》一篇，向曲江之神主兴师问罪。③

这最后一点让我们认识到人类必须善待自然，自然才会听命于人，才能造福于社会，如若人类不按自然法则办事，掠夺自然，到一定程度时却也不得不接受来自对方的报复。

利用曲江池浩阔的水体养殖生物，栽培植物，水中鱼翔浅底，水面

---

① 《酉阳杂俎·前集》卷九。

② 《太平广记》卷四二一《萧昕》。

③ 《全唐文》卷三六三。

蒲苇丛生，尤其是成片的莲花染红了夏日的曲江水面，构成曲江一大景致。夏日花少，独荷花怒放，且其出淤泥而不染，香远益清，生于水面青葱荷叶中，独具风韵，宋人周敦颐《爱莲说》把它比作花中的君子。唐代大文学家韩愈特别喜爱曲江池之荷花，有诗曰："曲江荷花盖十里。"满目是青葱的荷叶，粉红的莲花，掩映着平如明镜的一潭清水，"曲江千顷秋波净，平铺红云盖明镜"，确是壮观。① 怪不得姚合会与同行相邀一起赴曲江观赏荷花，并题诗曰《和李补阙曲江看莲花》。

莲花又名水芙蓉，是园林中不可多得的水生花卉，不仅在曲江池，而且在芙蓉池中也成为主体植物，芙蓉园的得名就来自于这满池的莲花。

除水景以外，曲江园林的花草植物景观也很有名。据《中朝故事》，"曲江池畔多柳，亦号柳衙，意谓其成行列如排衙也"。曲江是以柳树成排成行分布著称的。曲江池边的柳多垂柳，李商隐《垂柳》诗曰："娉婷小苑中，婀娜曲池东。朝佩皆垂地，仙衣尽带风。"② 其枝条婀娜多姿，摇曳飘洒，有一股迷人的妩媚。唐人常把柳枝比作舞女的细腰，用其细叶形容美人的翠眉，"莫不条似舞腰，叶如眉翠，出口皆然"。贺知章有一首著名的《咏柳》诗："碧玉妆成一树高，万条垂下绿丝绦。不知细叶谁裁出，二月春风似剪刀。"③ 就是把早春的柳树比拟成一个美丽动人的姑娘来写的。同时柳树又是报春的使者，唐代诗人薛能《折杨柳》咏柳树曰："众木犹寒独早春，御沟桥畔曲江亭。"④

柳树在唐时成为春天的象征，才子佳人迎春探春，多折柳枝游戏，"爱把长条恼公子，惹他头上海棠花"⑤。折一条细长柔软的柳枝，轻轻地抽打到公子头上表示爱意，因为"柳"音与"留"相近。柳树生命力旺盛，适应性强，随处皆可茁壮成长，而且柳枝被折断后，次年又会有新枝发出，所谓"去年曾折处，今日又垂条"。⑥

---

① 韩愈：《酬司门卢四兄云夫院长望秋作》与《奉酬卢给事云夫四兄曲江荷花行见寄并呈上钱七兄阁老张十八助教》，分别见《全唐诗》卷340、卷342，中华书局1960年版，第3809、3833页。

② 《全唐诗》卷539，中华书局1960年版，第6166页。

③ 《全唐诗》卷112，中华书局1960年版，第1147页。

④ 《全唐诗》卷561，中华书局1960年版，第6518页。

⑤ 成彦雄：《柳枝辞》，《全唐诗》卷759，中华书局1960年版，第8628页。

⑥ 孟宾于：《句·柳》，《全唐诗》卷740，中华书局1960年版，第8439页。

在唐人心目中，柳树在园林绿化树种中地位较高，成彦雄《柳枝辞》诗曰："掩映莺花媚有余，风流才调比应无。朝朝奉御临池上，不羡青松拜大夫。王孙宴罢曲江池，折取春光伴醉归。怪得美人争斗气，要他秾翠染罗衣。残照林梢袅数枝，能招醉客上金堤。"①

"曲江水满花千树"②，不错的，曲江池自然天成，更加巧施人工，园林美景如画。中有曲池千顷碧波，绿蒲红莲，相互衬映；周环花草树木，翠柳葱郁，百卉缤纷，莺啭蝶舞，千姿百态，一年四季景色变幻无穷。让我们从唐代诗人的笔下，欣赏当年曲江的倚丽风光吧！

在"二月春风似剪刀"的早春时节，曲江充满了生机，"曲江冰欲尽，风日已恬和。柳色看犹浅，泉声觉渐多"；"冰销泉脉动，雪尽草芽生。露杏红初坼，烟杨绿未成"③。冰消泉涌，雪尽草生，柳杏泛青，给人一种万物复苏、万象更新的春的气息。

在"三月三日天气新"的阳春季节，曲江呈现出一片百花吐艳、百鸟争鸣的繁荣景象。"长堤十里转香车，两岸烟花锦不如"；"桃花细逐杨花落，黄鸟时兼白鸟飞"；"曲江绿柳变烟条，寒谷冰随暖气销。鸟度时时冲絮起，花繁衮衮压枝低"；"曲沼深塘跃锦鳞，槐烟径里碧波新。此中境既无佳境，他处春应不是春"④。

在"一片花飞减却春"的暮春时节，曲江落英缤纷，呈现出"风飘万点正愁人"的惜春、送春景象。"林花着雨燕脂落，水荇牵风翠带长"；"穿花蛱蝶深深舞，点水蜻蜓款款飞"；"争攀柳带千千手，间插花枝万万头。蜂怜杏蕊细香落，莺坠柳条浓翠低"⑤。

到了夏天，曲江池碧波荡漾，红蕖绽放，菰蒲葱绿，柳荫四合，风

---

① 《全唐诗》卷759，中华书局1960年版，第8628页。

② 韩愈：《同水部张员外籍曲江春游白二十二舍人》，《全唐诗》卷344，中华书局1960年版，第3864页。

③ 张籍：《酬白二十二舍人早春曲江见招》与白居易《早春独游曲江》，《全唐诗》卷384、卷436，中华书局1960年版，第4317、4835页。

④ 赵璜：《曲江上巳》、杜甫：《曲江对酒》、王涯：《游春词二首》、秦韬玉：《曲江》，《全唐诗》卷542、卷225、卷346、卷670，中华书局1960年版，第6368、2410、3876、7650页。

⑤ 杜甫：《曲江对雨》、杜甫：《曲江二首》、李山甫：《曲江二首》，《全唐诗》卷225、卷225、卷643，中华书局1960年版，第2410、2410、7368页。

光秀丽。“池里红莲凝白露，苑中青草伴黄昏”；“远树连沙静，闲舟入浦迟”[①]。

在“曲江萧条秋气高”的清秋时节，这里“门摇枯苇影，落日共鸥归。园近鹿来熟，江寒人到稀。片云穿塔过，枯叶入城飞”；“曲池洁寒流，芳菊舒金英”；“斜烟缕缕鹭鸶栖，藕叶枯香折野泥”[②]。

在“长安大雪天”的深冬时节，曲江也别有风味，“雪尽南坡雁北飞，草根春意胜春晖”。[③]

2. 江头数顷杏花开——杏园

杏园位于唐长安城通善坊，在曲江池西岸，与慈恩寺相对，并紧靠寺的南边，所以也称南园。杏园面积相当可观，徐松《唐两京城坊考》通善坊只列有杏园一处建筑，著名历史地理学家史念海先生《河山集五》就认为杏园占据了通善坊一坊之地。通善坊在今大慈恩寺与庙坡头村、西安市植物园之间，东西长 1022 米，南北宽 530 米。

杏园以“杏”为主景，也因此而得名。每年春日，这里是“江头数顷杏花开”，“花满杏园千万树”；“十亩开金地，千林发杏花。映云犹误雪，照日欲成霞”。“异香飘九陌，丽色映千门”。[④] 大片的杏林争艳吐芳，粉红一片，成为花的海洋，引来蝶飞蜂舞，风景异常奇丽。杏花以娇娆、妩媚著称，宋人所谓“春色满园关不住，一枝红杏出墙来”，由“一枝红杏”想见“满园春色”。大家都还知道有“红杏枝头春意闹”的诗句，杏花被古人认为是最能传达春光烂漫信息的花卉之一。

杏园是唐朝新科进士举行“探花宴”的场所，故杏花又是春风及第之花。郑谷《曲江红杏》诗曰：“遮莫江头柳色遮，日浓莺睡一枝斜。女郎折得殷勤看，道是春风及第花。”[⑤] “杏园花下”也成为进士及第的代名词，这一点使其影响力更大。徐夤诗曰：“更无名籍强金榜，岂有花枝

① 孟宾于：《夏日曲江》，《全唐诗》卷 740，中华书局 1960 年版，第 8439 页。

② 李洞：《秋日曲江书事》、德宗李适：《重阳日赐宴曲江赋六韵诗用清字》、韩偓：《曲江秋日》，《全唐诗》卷 721、卷 4、卷 682，中华书局 1960 年版，第 8278、44、7826 页。

③ 裴夷直：《穷冬曲江闲步》，《全唐诗》卷 513，中华书局 1960 年版，第 5860 页。

④ 姚合：《杏园》、元稹：《伴僧行》、陈翥：《曲江亭望慈恩寺杏园花发》，《全唐诗》卷 502、卷 411、卷 466，中华书局 1960 年版，第 5715、4563、5299 页。

⑤ 郑谷：《曲江红杏》，《全唐诗》卷 677，中华书局 1960 年版，第 7761 页。

胜杏园”[1]，就是说没有比金榜题名更风光的事了，从这个意义上来讲，杏花则独占众花之魁首。

唐人特别喜爱杏花，唐代伟大诗人白居易有《杏园花落时招钱员外同醉》诗曰：“花园欲去去应迟，正是风吹狼藉时。近西数树犹堪醉，半落春风半在枝。”其还有一首《重寻杏园》诗云：“忽忆芳时频酩酊，却寻醉处重徘徊。杏花结子春深后，谁解多情又独来。”[2] 从这两首诗可知，白居易对杏园之花寄予了无限深情，杏花吐芳之阳春时节，他多次来到杏园花下，每次都被这春意盎然的杏花深深地吸引，重重的陶醉。当杏花飘零之际，诗人又来，见春将随落花流水归去，感慨万千；待到杏花落尽杏子成熟时，诗人还是忍不住要再来杏园，以寻觅往日那倾注于杏林的情思。

3. 绕花开水殿，架竹起山楼——芙蓉园

芙蓉园也叫芙蓉苑，是隋唐皇家的禁苑。它位于曲江池南岸，紧靠长安城外郭城，周围筑有高高的围墙。苑北墙也是唐长安外郭城，沿墙筑有紫云楼，既是芙蓉园的大门，又是皇帝观赏曲江风景区内臣民游乐的地方。由于它与城北的皇家禁苑相比要小得多，而且地处城南，所以又叫“小苑”或“南苑”[3]。

关于芙蓉园的规模，《太平御览》记载是“居地三十顷，周回十七里”[4]。考古人员在1957年钻探测量唐长安城基址时，把芙蓉园匡定在一个东西长1360米、南北宽1060米的长方形区域，总面积为144万平方米。这是有问题的，因为它与文献所记芙蓉园30顷（约199万平方米）的面积相差太大，更为重要的是，如果按照这种结论，就会导致芙蓉园南墙在芙蓉池较宽处通过，而这是绝对不可能的。

考古人员第二次探测时注意到上述问题，在绘图时进行了纠正，沿东墙西折终点又向南延长了500米，基本上把整个芙蓉池包括在其中，南墙沿池南高坡东西横亘。这样就比第一次增加了500米×1000米的面积，

---

① 徐夤：《长安好事三首》，《全唐诗》卷709，中华书局1960年版，第8157页。

② 皆见《全唐诗》卷437，中华书局1960年版，第4844、4842页。

③ 这在唐人诗句中多有提及，如杜甫《哀江头》：“忆昔霓旌下南苑，苑中万物生颜色”；杜甫《秋兴》诗曰：“花萼夹城通御气，芙蓉小苑入边愁。”

④ 《太平御览》卷197《居外郭·园圃》。

使其总面积与文献记载非常接近。① 这是比较符合实际的结论，也是现在多数地图普遍采用的画法。②

但第二次绘图并没有经过考古钻探测量，也就是说并没有考古成果的支持，补充的部分只是推测而成。笔者在实地考察过程中，在今寒窑二道门东侧崖畔发现夯土墙遗址，从其夯层和宽度判定，应为芙蓉园的东园墙遗址，这应该成为其定位定点的重要依据之一，希望有关考古学者给予重视。

芙蓉园是皇家禁苑，因而不许一般人进入游览，要想进入必须得到皇帝的特许。唐代进士李绅就有诗文叙述自己经过皇帝特诏进入芙蓉园游乐饮宴的情况，其《忆春日曲江宴后许至芙蓉园》诗前两句说："春风上苑开桃李，诏许看花入御园。"接受皇帝御宴，确是无上荣光值得炫耀之事。《唐摭言》卷三中还记载有这样一个故事，说是唐懿宗咸通十四年（873），韦昭范考中进士，三月中与同年在曲江亭子举行宴会。忽有一恶少骑着驴子走来，对韦昭范等口出恶言，百般刁难，扰乱了筵席。进士们正无可奈何之际，旁观者中有个宣慈寺守门人仗义挺身而出，将那恶少痛打一顿。正在这时，芙蓉园紫云楼的大门突然敞开，有几个宦官骑马跑过来口喊"莫打"，并迅速将那恶少救入园中，闭门不出。这充分说明了芙蓉园平时是大门紧闭，出入禁严的，而且紫云楼的大门至少有一边面向曲江亭子。

芙蓉园中有池，面积特大，约 70 万平方米，占整个芙蓉园面积的三分之一强。此池是在秦汉隋朝曲江池主体基础上扩大而成，唐代又称凤凰池或芙蓉池。园中风光以水景为主，池面芙蓉也即是莲花成片，画舸点点。池周竹林葱翠，杨柳垂条，香草铺地，繁花似锦。李绅特许至芙蓉园看到的景色也有诗文给予描绘："香径草中回玉勒，凤凰池畔泛金樽。绿丝垂柳遮风暗，红药低丛拂砌繁。"其中既有凤凰池的水景，又有香草垂柳，芍药花红。苏颋与李乂都有《春日侍宴芙蓉园应制》诗，均提到园中的水殿与山楼，苏颋说："绕花开水殿，架竹起山楼。荷芰轻薰

---

① 《唐长安城地基初步探测资料》，《人文杂志》1958 年第 1 期；《唐长安地基初步探测》，《考古学报》1958 年第 3 期；《唐代长安考古纪略》，《考古》1963 年第 11 期。

② 史念海主编：《西安历史地图集》，西安地图出版社 1996 年版。

幄，鱼龙出鱼舟。宁知穆天子，空赋白云秋”。李乂说：“水殿临丹御，山楼绕翠微。”[①] 水殿似乎修在池边浅水之上，掩映在万花丛中，是皇帝喜欢临幸的地方。只不知道这个水殿与前文提到的凉殿、凉堂有无关系。山楼似耸立于蓬莱山之巅，周围竹林森然。这种高低错落有致、楼殿花木相间的园林景观确实颇具皇家气概，更加上水中有飘香的芙蓉与游动的鱼龙，诗人也怀疑起穆天子会西王母的瑶池风光是否有如此美丽。

4. 争赏先开紫牡丹——慈恩寺

慈恩寺位于唐长安城晋昌坊东部，占半坊之地。共有十余院落，其名称从《大慈恩寺三藏法师传》《全唐诗》《唐两京城坊考》等文献中略可考知，有翻经院、崠上人房、清上人院、禅院、上座院、郁公房、遂上人院、默公院、慈恩塔院、浴室院、元果院、太真院、三藏院等，还有慈恩寺南池、东楼、戏场等特殊建筑。其中只知道慈恩塔院即保存至今的慈恩寺院，在整个唐大慈恩寺的西部，中有塔，即今大雁塔，玄奘法师居住的翻经院在塔院东侧。其余各院具体布局目前很难复原。

大慈恩寺南临黄渠即曲江下游支渠，“水竹森邃，为京都之最”[②]，是林泉形胜之地，园林景致绝佳。寺中栽培的牡丹、凌霄花、菊花特别有名。

牡丹作为观赏花卉，一般认为是武则天时开始人工引种到唐都长安的。由于其富丽大方，仪态端庄，雍容华贵，艳而不媚，故被誉为“国色”“天香”，是花中之王。唐玄宗和杨贵妃在兴庆宫沉香亭前赏新开牡丹花，李白咏出了“名花倾城两相欢，长得君王带笑看”的诗句[③]，倾城是指杨贵妃，名花则指牡丹。盛唐以后，长安城的牡丹栽培更加发展，不仅唐宫内苑，就是宗教寺观、贵族私家花园也不惜巨资栽培牡丹。

慈恩寺牡丹是帝京长安城一绝，新品种辈出，为牡丹的培育繁盛做出了很大贡献。慈恩寺浴室院有花两丛，每开多及五六百朵，繁艳芬馥，近少伦比。这是在花簇大小、花朵鲜艳上胜出者，并不算稀奇，最可珍贵的是寺僧们培育出了在时间和花色上有异于常的新品种。据《南部新

---

① 皆见《全唐诗》卷73，中华书局1960年版，第799页。

② 徐松：《唐两京城坊考》卷三《两京·外郭城·晋昌坊》。

③ 李白：《清平调词三首》，《全唐诗》卷164，中华书局1960年版，第1703页。

书》记载，慈恩寺元果院有比普通牡丹早开半个月的紫牡丹，而太真院则有比普通牡丹迟半月开的白牡丹。这就延长了牡丹花期，给人们赢得了观赏时间。唐代诗人斐潾作《白牡丹》诗并题于其院墙上："长安豪贵惜春残，争赏先开紫牡丹。别有玉杯承露冷，无人起就月中看。"①

唐武宗会昌年间，有朝士数人来慈恩寺春游，见东廊院有白色牡丹花特别可爱，乃置酒席地而坐，对花饮酒。交谈时说到长安牡丹之盛，然奇花很多，却无深红牡丹，只得浅红深紫，却也奇怪。院主老僧微笑着插话说：怎么会没有呢，只是诸君未曾有缘相见罢了。众人闻听此言，立即意识到此僧不凡，绝对有秘室中自己培育出的红牡丹，于是就恳求一观。老僧说是过去在别处看到，但大家终不肯信，到了晚上也不回去，一定要满足此次春游之愿。次晨，老僧无奈，只好说：众位既然如此喜爱，贫僧岂敢藏之，那就让大家开开眼界。但求大家不要再告知他人。众人点头同意，乃被领至一院，"有殷红牡丹一棵，婆娑几及千朵，初旭才照，露华半晞，浓姿半开，炫耀心目。"确实是前所未见的新品种。大家惊喜万分，赏至天晚方尽兴归去。后数日，有权要子弟数人请见，特邀此僧至曲江散步。待老僧出得寺门，有人破门而入，把红牡丹移去，并留下金三十两、蜀茶二斤作为酬资。取花者谓僧曰：用此方法夺汝所爱，实在不忍，但无此花更要我辈之命。②

这个故事很有意思，不仅说明了慈恩寺僧人在牡丹新品种的培育技术方面居于领先，而且还反映了唐都长安人喜欢牡丹到了痴狂的程度。

慈恩寺清上人院的牡丹花也很繁盛，权德舆有《和李中丞慈恩寺清上人院牡丹花歌》咏道："澹荡韶光三月中，牡丹偏自占春风。时过宝地寻香径，已见新花出故丛。曲水亭西杏园北，浓芳深院红霞色。"③ 这种牡丹能把整个清上人院映照成红霞之色，应该也是深红的吧！

上述浴室院、元果院、太真院、清上人院，还有那率先培育出深红色牡丹的僧人院都以栽培牡丹名垂千古，可见牡丹在慈恩寺园林花卉中的重要地位。

---

① 《全唐诗》卷507，中华书局1960年版，第5766页。

② 《剧谈录》卷下《慈恩寺牡丹》。

③ 《全唐诗》卷327，中华书局1960年版，第3664页。

慈恩寺的凌霄花也得到诗人的歌咏，诗人李端有《慈恩寺怀旧》诗《序》曰："今夏，又与二三子游于斯……值凌霄更花。"[①] 凌霄花为蔓生木本植物，茎多气根，攀缘他物而上升，有长至数丈者，夏季开花，色黄赤。

春有牡丹，夏有凌霄花外，秋季慈恩寺的菊花也令人难忘。孙佺有《奉和九月九日登慈恩寺浮图应制》诗曰："应节萸芳满，初寒菊圃新。"[②] 张锡、李恒、解琬等同题诗皆写到菊花，可见重阳佳节来慈恩寺登高时，折插茱萸、观赏菊花是很寻常的事。

慈恩寺南临黄渠，引水便利，寺中引水建有园池，称作南池。韦应物有《慈恩寺精舍南池作》诗曰："清境岂云远，炎氛忽如遗。重门布绿阴，菡萏满广池。石发散清浅，林光动涟漪。缘崖摘紫房，扣槛集灵龟。"[③] 清境绿荫，菡萏（莲花的雅称之一）满池，水泛涟漪，龟集鱼跃，确是一派佛家清幽境界。

《刘宾客嘉话录》记有这样一个故事，说是郑虔欲学书法却苦于没有纸来练习，他知道慈恩寺积储有数间房的柿叶后，就借宿于慈恩寺僧房，每日里取红叶练字，日久天长，把几间房内的柿叶都写遍了，字也练好了。其书写自作诗并画合编一卷，封进于风流天子唐玄宗。玄宗赏之，亲笔书其卷末，赞其书法、诗文、绘画为"郑虔三绝"。这个故事说明慈恩寺内柿树很多，每年秋季霜降，柿叶变红，煞是好看。

牡丹、凌霄、荷花、菊花这些园林花卉的广泛栽培，加上随处可见的青草、绿柳、翠竹、红柿、古柏，使慈恩寺整个寺院无处不幽，无景不美。李端诗咏暕上人房曰："吸井树阴下，闭门亭午时。地闲花落厚，石浅水流迟。"韩翃诗咏慈恩寺竹院曰："幽磬蝉声下，闲窗竹翠阴。……寂寂炉烟里，香花欲暮深。"韩翃诗咏慈恩寺振上人院云："鸣磬夕阳尽，卷帘秋色来。名香连竹径，清梵出花台。"[④] 各院景色各异，但都呈现出一种"曲径通幽处，禅房花木深"的清幽气氛。

---

① 《全唐诗》卷 284，中华书局 1960 年版，第 3237 页。

② 《全唐诗》卷 105，中华书局 1960 年版，第 1101 页。

③ 《全唐诗》卷 192，中华书局 1960 年版，第 1978 页。

④ 李端：《慈恩寺上人房招耿拾遗》、韩翃：《题慈恩寺竹院》、韩翃：《题僧房》，《全唐诗》卷 285、卷 244、卷 244，中华书局 1960 年版，第 3254、2741、2740 页。

慈恩寺幽静、清冷的园林氛围，使其不仅是春季赏花、秋日登高的佳处，而且还是夏日避暑的好地方。刘得仁《慈恩寺塔下避暑》诗曰："古松凌巨塔，修竹映空廊。竟日闻虚籁，深山只此凉。"李远《慈恩寺避暑》诗云："香荷凝散麝，风铎似调琴。不觉清凉晚，归人满柳荫。"卢纶也有《同崔峒补遗慈恩寺避暑》，其诗曰："寺凉高树合，卧石绿阴中。渔沉荷叶露，鸟散竹林风。"①

5. 寺好因岗势，红叶满僧廊——青龙寺（乐游园）

青龙寺位于延兴门大街北侧的新昌坊，占据全坊面积的1/4，在坊内十字街东南隅，东面紧靠长安城墙。考古人员已经实测出青龙寺的具体范围，东西长530米，南北宽250米，总面积132500平方米。② 寺址位于乐游原上，今铁炉庙村一带，有现代在原址上修复的青龙寺院。乐游原是一条自东向西的高岗坡地，今铁炉庙村与观音庙村北各有一个高耸的台原，原是连接的，而且向西延伸，为长安城六爻中的第五条高岗，也是六爻中最长最高的一条。

长安城著名的寺院，一般内部分成若干院落，青龙寺也有数院。留唐日僧圆仁《入唐求法巡礼行记》记载，青龙寺有"东塔院"，是惠果法师居住的地方。③ 空海回国后，曾在天皇宫中按青龙寺布局建置"真言院（又称修法院）"，可知青龙寺中还有真言院。考古人员发掘出一个完整的院落，中有塔基，且位于寺院的西部，故推测其为"西塔院"④。

青龙寺位于乐游原顶至南坡一带，"北枕高原，南望爽垲"，登眺绝胜，行坐见南山。寺内松柏参天，柿红竹翠，环境优美。朱庆余《题青龙寺》诗较全面地写出了全寺的景致特色："寺好因岗势，登临值夕阳。青山当佛阁，红叶满僧廊。竹色连平地，虫声在上方。最怜东面静，为近楚城墙。"⑤ 前两句说青龙寺位处乐游原高岗之上，有登眺之美，尤其是夕阳西下，最宜望远。这不禁使人想起李商隐的名作

---

① 《全唐诗》卷544、卷519、卷50，中华书局1960年版，第6297、5935、3172页。

② 《唐青龙寺踏查记》，《考古》1964年第7期；《唐青龙寺发掘简报》，《考古》1974年第5期；《唐长安青龙寺遗址》，《考古学报》1989年第2期。

③ 圆仁：《入唐求法巡礼行记校》，花山文艺出版社1992年版。

④ 杨鸿勋：《唐长安青龙与密宗殿堂复原研究》，《考古学报》1984年第3期。

⑤ 《全唐诗》卷514，中华书局1960年版，第5868页。

《乐游原》诗："向晚意不适，驱车登古原。夕阳无限好，只是近黄昏。"[①] 第三、四句从远近不同角度描绘出寺院的自然风光，南方的秦岭翠峰直对高耸的佛阁，这是远景；而寺院回廊上积满了飘落的红叶，这是近景。第五、六句又从不同感觉系统上让我们感受到寺院的环境之美，翠竹的秀色铺天盖地，给人以视觉上的清幽；秋虫鸣叫从高处传来，衬托着听觉上的宁静。最后两句又说出了其东面紧临长安城墙，最为幽静的事实。

青龙寺背靠的乐游原是秦汉以来的乐游苑所在，景致优美，隋唐括于城内，地势高敞，宜于登高揽胜。北望，壮丽的宫殿、整齐的街市尽收眼底，远处则是滚滚的渭水如带，秦川风景如画。南侧，近在咫尺的曲江柳暗花明，亭台楼阁相接，又有高耸的大雁塔和名刹慈恩寺相互辉映，远处则是苍翠的终南山宛若列屏。白居易《登乐游园望》诗："下视十二街，绿树间红尘"，说的是近景；杜甫《乐游园歌》云："乐游古园崒森爽，烟绵碧草萋萋长。公子华筵势最高，秦川对酒平如掌。"[②] 前两句写乐游原自身的绿树碧草，后两句则说公子王孙设宴原上，秦川全景尽收眼帘。

第三节　宋代以来的曲江

五代以后，随着长安城国都地位的丧失，曲江园林文化区的地位一落千丈，迅速走向衰落。宋代除慈恩寺稍有可观者外，其余景区多成农民垦殖对象。明代虽有心修复曲江园林，但却无力回天，其后多是一片荒凉。中华人民共和国建立后，除重视恢复曲江文化以外，还成立了曲江旅游度假区管委会，逐步开展对曲江区域的科研、规划与开发工作。在西部大开发的嘹亮号角声中，21 世纪走来了，曲江人发表了《曲江宣言》，准备建设曲江新城，并希望把它打造成西安市的标志性区域。曲江灿烂的文化与胜迹，在不久的将来，必将重现辉煌。

---

① 《全唐诗》卷 539，中华书局 1960 年版，第 6148 页。

② 《全唐诗》卷 424、卷 216，中华书局 1960 年版，第 4661、2261 页。

一　曲江宫殿、游乐燕喜之地皆为野草——宋代的曲江

唐末战乱使曲江园林文化区遭到毁灭性打击，五代时虽有一些修复，但到北宋，随着国都地位的一去不复返，长安的城市建设一蹶不振，曲江的地位也急剧下降，变得冷落萧条。元祐元年（1086），张礼来城南游览，著成《游城南记》，并自加注释，较全面地给我们描述了北宋时的曲江情景。①

张礼首先来到了尚存一定规模的慈恩寺游览，登上大雁塔，并观看了在塔壁上已经裸露出来的唐人题名，他详细说明了慈恩寺及其大雁塔自唐末以来的变迁。首先，五代后唐时，西京留守安重霸曾经维修过大雁塔②，估计同时也应对慈恩寺院进行过相应的修整。长兴是后唐明宗李亶年号，相当于公元930—933年。此次重修活动被判官王仁裕记录下来，似乎还很有成效。当时长安的官民在每年春季节日，来此游赏者甚众。其次，北宋熙宁年间，即公元1068—1077年，慈恩寺突遭一场大火，寺院建筑被毁殆尽，连大雁塔都不能幸免。此后游人减少，慈恩寺、大雁塔的地位也迅速降低。此事距张礼来游的时间不过十年，这种情况应该是张礼非常熟悉的。张礼所览之塔还保留着火灾后的样子，也正因此，他还有幸看到了唐人雁塔题名的不少真迹。只因大火焚烧，塔之表层脱落，始露出了唐人墨宝。不过，从张礼亲自登塔这件事来看，此时的大雁塔主体还是很结实的。

由上可知，慈恩寺与大雁塔在北宋时尚有可观之处，而曲江风景区的其他景点就没有这么幸运了，似乎它们全部都失去了园林游赏的功能。这在宋人的文献中均有记述，先看看对曲江池巨变的描写。北宋初期的钱易在《南部新书》庚卷中说："曲江池，天祐初，因大风雨，波涛震荡，累日不止，一夕无故其水尽竭。自后宫殿成荆棘矣。

① 陈元方辑注：《游城南记》，西安地图出版社1989年版。又杨恩成点校《雍录》后附有《游城南记》，陕西师范大学出版社1996年版。

② 安重霸，云州（今山西大同）人。长兴（930—933）末，为后唐西京留守京兆尹。据说其在任期间，沿袭积弊，骚扰百姓，被当地人称作"捣蒜老"。但其能够对大雁塔进行整治维修，在大雁塔历千年而保存至今这件事上，功不可没。其在文化事业上，做出的这一点贡献，已同大雁塔一起名垂千古。

今为耕民蓄作陂塘，资浇灌之用。每至清明节，都人士女犹有泛舟其间者。”天祐是唐昭宗李晔与昭宣帝李柷的共用年号，也是唐朝的最后一个年号，相当于公元904—907年。此时曲江池水突然干涸，宫殿建筑尽遭破坏。北宋初，当地居民蓄积池水用于浇灌他们在附近开垦的农田。然而在春季节日时，仍有少数人来此泛舟，保留有一点点唐代的遗风。

到了张礼时代，连这点节日泛舟的遗风也完全失去了。他说：“倚塔下瞰，曲江宫殿、游乐燕喜之地皆为野草，不觉有《黍离》《麦秀》之感……（汉武）泉在江之西，旱而祷雨有应，今为滨江农家湮塞。然春秋积雨，池中犹有水焉……（百司亭屋）今遗址尚多存者。”殷商亡，故臣箕子见其废弃的都城遗址上麦苗茁壮，悲伤不已而作《麦秀》诗；西周灭亡，东迁洛邑，故都黍稷离离，士大夫哀而咏《黍离》歌。这两首诗均收录于《诗经·王风》之中，表达的是一种由繁华都城到农田景观的沧桑巨变，张礼以此来形容曲江的衰落，可知也。此时的曲江失去了黄渠水源的补给，连自身的泉源也被种田的农民堵塞了，于是曲江基本上干涸了，只有春秋天大雨时，稍有积水。唐代曲江的园林植被被农业植被替代，环绕曲池的众多百官亭屋也完全废弃毁坏，只留下成堆的残砖烂瓦让人想象其当初的辉煌。

张礼《游城南记》对乐游园、青龙寺、杏园、芙蓉园也都有涉及，但全部文字似乎都是对唐代盛况的追述，没有一个字提到北宋时的情况，估计此时它们都基本上失去了园林游赏的价值。“乐游原，亦曰园，在曲江之北，即秦宜春苑也。汉宣帝起乐游庙，因以为名，在唐京城内。每岁晦日、上巳、重九，士女咸就此登赏祓禊。乐游之南，曲江之北，新昌坊有青龙寺，北枕高原，前对南山，为登眺之绝胜。贾岛所谓‘行坐见南山’也。出寺，涉黄渠，上杏园，望芙蓉园。西行，过杜祁公家庙。杏园与慈恩寺南北相直，唐新进士多游宴于此。芙蓉园在曲江之西南，隋离宫也，与杏园皆秦宜春下苑之地。园内有池，谓之芙蓉池。唐之南苑也。杜祁公家庙，咸通八年建，石室尚存。俗曰‘杜相公读书堂’，其石室曰‘藏书龛’”。

四大园林景点已经没有多少值得张礼花费笔墨之处，倒是名不见经传的杜佑家庙引起了他的重视。唐咸通八年（867）建立的杜祁公家庙到张礼时尚存有一个大的石室，当地人称此处为“杜相公读书堂”，其石室是“藏书龛”。到了金末元初，这个石室仍然存在，《游城南记》续注者曰：“石室，奉安神主之室也。”大概此庙在大雁塔南庙坡头村一带，此村即因建于此庙附近而得名。

宋代的曲江园林文化区，除慈恩寺、大雁塔尚有可观者外，其余景点急剧衰落，基本上失去了园林游赏的功能。造成这种巨变的原因是多方面的，首先，唐末的战乱使曲江园林建置遭到了极大破坏，尤其是天祐元年（904），朱全忠挟迫唐昭宗迁都洛阳，毁长安宫室及官民庐舍，长安遂墟。元人骆天骧《类编长安志》卷三《苑囿池台·曲江池》条认为：“昭宗东迁，宫殿扫地尽矣。”

其次，五代以后，中国的政治中心向东北转移，再也没有一个朝代以西安作为首都，西安从此失去了全国政治中心的地位，只能作为西北的区域中心都市而发挥作用。这种形势对西安的城市与园林文化建设影响极大，五代时韩建所筑的新城面积还不到唐京城的1/6，人口更大为减少，城市规模从此直到民国时代都再也没有恢复到唐代水平。同时，韩建新城以唐皇城为基础，在唐长安的偏北部，距离曲江达到十里，相对较远。而唐兴庆宫的龙池距城区较近，又容易接受龙首渠水源的补充。故在宋金时代，龙池成为西安都市居民修禊宴游聚会的地方，取代了曲江的游宴文化功能。龙池后人多称作兴庆池，在北宋早期已经成为游宴的名胜之区，庆历二年（1042）春，范雍游兴庆池，留下诗文曰：“长安本佳丽，况复当盛春。撷盛在城曲，起亭临水滨。隔花皆戏艇，满目尽游人。”“至金国，张金紫于（兴庆）池北修众乐堂、流杯亭，以为宾客游宴之所，刻画楼船，上巳、重九，京城仕女修禊宴燕，岁以为常。”[①] 今碑林博物馆留存有修禊诗碑可证。五代宋金时代，长安城市规模既限于多种因素而无法扩大，又有了距城区较近的兴庆池作为游赏之地，曲江的衰落理所当然。

自然环境趋于干旱化也应该是宋代以后曲江衰落的一个原因。引自义峪口的黄渠与汉武泉是唐代曲池的两大水源，到宋代，黄渠已不至曲

① 骆天骧：《类编长安志》卷三《苑囿池台·兴庆池》。

江，仅到樊川，以下改流向西注于潏河。[①] 而张礼《游城南记》与骆天骧《类编长安志》都认为汉武泉涸竭的原因是附近农民堵塞了泉眼[②]，实际上，中国气候在宋代初期有一个较明显的向寒冷干旱变化的趋势，干旱少雨的大环境促使水资源的减少，故汉武泉的涸竭除了人为堵塞以外，应该也有自然环境变迁的因素。宋代以来，北方持续干旱化，西安地区的环境变成了“大风起兮尘飞扬”，要想恢复曲江“烟水明媚”的优美景观更要下大力气。

当然，自然环境是一个长期变迁的过程，在北宋虽有一定影响，但却只能居于次要位置。这从张礼《游城南记》中建议恢复曲江胜景的两条措施中可以看出：“江水虽涸，故道可因。若自甫张村引黄渠水，经鲍陂以注曲江，则江景可复其旧。不然，疏其已塞之泉，渟潴岁月，亦可观矣。”《类编长安志》卷三也认为：“积雨后（曲江）池中自有水，若导黄渠灌之，曲江之景亦可渐复矣。”他们都认为如仅疏通泉源，则可恢复曲江的部分景观，若能循旧道导黄渠之水来注，唐代曲江水景当可完全恢复。这一点说明，北宋以来曲江胜迹一去不复返主要还是人为原因。

二　曲江池畔黍离离，芙蓉园中牧儿讴——明代的曲江

明代在曲江文化的发展方面有三点值得注意，一是先后有两个文人亲自考察了曲江，而且留下了宝贵的文献记载，对认识明代曲江的情况很有帮助；二是明人曾经进行过曲江园林的恢复尝试，而且还有一定成效；三是在明末清初形成的“关中八景”中，“曲江流饮”的大名赫然在列，这也是很耐人寻味的。

明弘治元年（1488），朱诚泳由镇安王继承秦王位，为第七代秦藩王。其喜好舞文弄墨，而且很有成就。他曾亲自考察曲江，写下了不少诗篇，见其诗文集《小鸣稿》各卷中。卷十记下了他游历曲江并赋诗的

① 宋敏求：《长安志》卷十一《万年县》曰：“黄渠自义谷口涧分水入此渠，北流十一里，分两渠，一东北流，入库谷；一西流，入樊川，灌溉稻田，西流入坑河。”

② 骆天骧：《类编长安志》卷三《苑囿池台·曲江池》曰：“俗说旧有汉武泉，农民以大石塞其窦而埤之土，泉遂不流。”张礼之说见前文引。

情景："自樊川而来，经曲江池，忆唐人之春游者莫盛于此。物换斗移，而今之所见第参差烟树而已。浩叹之余，继之以诗：曲江池畔黍离离，肠断慈恩寺里诗。谢馆夕阳归昨梦，琼宫秋草只荒基。锦筵待士乘春早，翠袖留人觉夜迟。细柳新蒲俱不见，风光又减少陵时。"朱诚泳由城南樊川来到曲江池，只见此区麦秀黍离，已经完全失去了"细柳新蒲"的风光，变成了一片农村景象。来此游览者更是稀少，只有那些凭吊历史者偶有光顾，也只能是一声长叹，满腹悲伤。

《小鸣稿》卷七另有两篇咏曲江杏花之诗，可能也是描绘现实之作，其一曰《曲江见杏花》，诗云："隔岸依稀见早霞，酒帘摇处两三家。马头骏娥行来近，始见前村有杏花。"其二曰《过曲江池》，诗云："江边一望草蒙茸，纮管楼台转首空。红杏不知尘世改，年年依旧笑春风。"曲江这里仍有酒店，却已是乡间的设施；仍有盛开的杏花，却不知时代变迁，已经没有了欣赏它们的人。

朱诚泳还有一些诗写到曲江的春游，但皆不是描述现实的作品，而应该是对唐代曲江胜游的追思。如《春游曲》写道："年年三二月，烂醉曲江头"；《公子行》则说："弯弓更过曲江头，争拾金丸逐飞鸟。"[①] 这也反映了唐代曲江文化的深远影响。

朱诚泳对慈恩寺及大雁塔也有游历和歌咏，《小鸣稿》卷十曰："自曲江而来，有浮屠耸立于霄汉间者，则雁塔也。寺曰慈恩，尚仍唐扁，但钟鱼之盛，车马之游则相去远矣。漫成一诗，聊用吊古耳：阳乌何年此瘗形，浮屠谁构尚亭亭。上林无复传苏扎，萧寺犹惊语梵铃。势压澄江蟠地轴，影移残照碍空冥。一从韦肇题名后，人物依稀世几经。"此时的慈恩寺院各种建筑已经完全是重建的模样，只有门额尚是唐代的原物。据《游城南记》续注："正大迁徙，寺宇废毁殆尽，唯一塔俨然。""正大迁徙"即同书所记的"辛卯迁徙"，《四库全书总目》作者考证为金哀宗正大八年（1237）。当时金国受蒙古人的军事压力迁出西京，此次战乱使慈恩寺建筑遭到极大破坏。到了明代天顺年间（1457—1464），秦藩王宗室出资重修了慈恩寺，就成为朱诚泳所看到的情景。

万历四十六年（1618），赵崡携张礼《游城南记》游览城南古迹，并

---

① 皆见朱诚泳《小鸣稿》卷一。

著成《访古游记·游城南》[1]，对慈恩寺、黄渠、曲江、乐游原、杏园、芙蓉池当时的情况都有较清晰的交代，以之与宋代对比，可以看出其间的变化轨迹："出（兴善）寺，东南行，又三里许，为慈恩寺。据《记》（即《游城南记》，下同）云：'寺宇废毁殆尽，唯一塔俨然。'则今寺亦非唐创，而塔自宋熙宁火后不可登。万历甲辰，重加修饰，施梯始得至其巅，秦山泾渭，皆入目中。余赋一诗。"题作《登慈恩寺塔》，诗曰："日出东南行，骋目川原上。白云忽飞驰，森木纡朝爽。宝刹郁崔嵬，琉璃旭平莽。昔人陟其巅，徘徊苍梧想。题名在四壁，胜迹衔云往。灰劫亦已久，旋梯及吾党。振策鸿濛天，飞辔巨灵掌。西极俯帝都，东溟招方丈。城郭渺何处，睥睨敞穷壤。"

明代慈恩寺院已非唐时创建，此点已见前述朱诚泳的记述，应无疑义。明代除天顺年间重修外，嘉靖、万历时又多次修整。嘉靖二十九年（1550）修葺时，缩小了寺院规模，仅保留有大雁塔所在的西塔院，与今寺范围相差不多。万历三十二年（1604）重加修葺，在塔身唐砖之外，又紧砌了一层明砖，使其更加坚固。三十五年，尚书温纯又固塔一次，赵崡所见正是此次修整以后的情况。其说熙宁火后，大雁塔不可登顶，应有所疏忽，因为张礼正在此后来游而且明确地说自己"登塔"。大雁塔失修无法登览，应该在张礼以后的某个时代，由于金元学者及明前期的朱诚泳没有明确记载，无法推断出具体年代。到了万历三十二年（1604），在塔内再建了楼梯，使游人又可登临其顶。

关于塔壁上唐人题名，此时已是影迹全无，与张礼所见完全不同。"求《记》所谓唐人墨迹，孟郊、舒元舆之类皆不可得。塔下四门，以石为桄。桄上唐画佛像精绝，为游人刻名侵蚀，可恨。东西两龛，褚遂良书《圣教序记》尚完好。而唐人题名碑刻无一存者。问之，僧云：塔前元有碑亭，乙卯地震，塔巅坠，压为碎段，今亡矣。"宋人曾录唐人题名并刻石制成碑亭，立于塔旁，惜嘉靖年间的大地震，摇坠了宝顶而且把碑及亭压碎，渐至于亡佚。只有塔南门东西两侧的砖龛中，嵌有唐太宗、唐高宗分别撰文，著名书法家褚遂良书写的《大唐三藏圣教序》和《大唐三藏圣教序记》二碑完好无损。

---

① 上述二次新版张礼《游城南记》后皆附有赵崡的《游城南》。

赵崡所记慈恩寺前小渠的一段文字，提出了两个颇值得深入研究的问题。他说："寺前小渠，曲江泉合黄渠水，经鲍陂而西。闻二十年前尚有水，宗侯谊汜莹在其北，引水作池，忌者塞其泉，竭矣。"首先，唐代鲍陂在少陵原上，是黄渠所经之地。而慈恩寺在曲江西北，其前小渠是曲江泉与黄渠水汇聚而成，不可能再向南流到原上的鲍陂后，再向西行。如果不是记载有误的话，就只能推想，明代的鲍陂与唐时的鲍陂不在一地。

下面这个问题很重要，是此时既有"曲江泉"，又有"黄渠水"，而且二者汇流后又经过慈恩寺前形成了"寺前小渠"。但在前文已经论说，宋代的黄渠不至曲江池，汉武泉也堙塞不涌，这究竟是怎么回事呢？赵崡此处记载很明确，还说20年前尚有水，且有人引之作池，有名有姓有情节，不容不信。所以就只能推测是明代曾经有过复修黄渠入曲江且疏通了泉源这样的事实。这一点还是很有可能的，因为其下记载，明代王子猷中丞在曲江南岸曾经置亭游赏，其诗谓："今代中丞王子猷，新亭安稳时穷搜。"既然建有游乐设施，其部分恢复黄渠，且疏凿泉源应理所当然。如此则可知，明代王子猷此次修复曲江工程至少有三项内容：一是在曲江池南岸建构了游宴之亭；二是修复了黄渠，使之复通曲江；三是在曲江池边挖凿出了泉源，名叫曲江泉，从下引来复《曲江新水》诗称之为古泉来看，此曲江泉应该仍是汉武泉。

有文献明确记载，曲江泉源复涌的时间是万历十七年（1389），也可能就是此次疏通的结果。这次修复工程还真有一定成效，曲江池又成为水波荡漾的风景游览区。时人来复有《曲江新水》诗咏其盛况："春陂沛沛古流泉，积水添痕漾大川。废苑千年余瓦砾，濯潴重见是龙渊。五陵花气寒烟处，二塔钟声落日边。江海宴游寻往事，独将沦落媟前贤。"

可惜好景不长，明代的这次修复活动最终归于失败。由于维修不力，加上权贵之间的明争暗斗，赵崡来游时曲江池水源已经断绝多时，新构亭子"今亦倾圮"。先是秦藩王室成员朱谊汜引其水作池，享其风水，而有忌者暗中堵塞了曲江泉眼，更加上黄渠水又不通，于是，在赵崡来游之前曲江池已渐失去了水源。如此一来，其下游慈恩寺前小渠只能趋于干涸。

赵崡游览时所见到的曲江及乐游原，或为农田或为墓茔，都已是满目苍凉。其记曰："由寺东南行一里，即曲江西岸，江形委曲可指，皆莳禾稼。江南岸，王中丞构亭游赏，今亦倾圮。江正北一阜，故乐游原，今为永兴王府茔。原下旧有青龙寺，今亦毁。江头古冢隆起数处，疑非冢，当是唐宫殿基。"至于杏园、芙蓉池（园），已是只知其方位，却无任何遗存可寻了，令赵崡惆怅不已："杏园、芙蓉池，皆在（曲）江西南，今不可考。余停望久之，为一诗。"题作《曲江》[1]，诗云："落日闲行曲江头，曲江曲里草油油。古瓦满地苍鼠游，千门宫殿等浮沤。芙蓉园中牧儿讴，乐游苑上今王丘。原迁水竭历千秋，覆茅为屋深耕耨。朱雀桥边絷紫骝，我欲吊之总百忧。开元盛时称皇州，三山之沼象瀛洲。玛瑙珍盘荐五侯，昭阳丽质开明眸。江花照眼江水流，物声生态待龙游。少年进士群相逑，黄金勒马裴翠裘。青娥队队来劝酬，乱插繁花盈道周。大腹胡儿操长矛，天子仓皇为下楼。才人公子成髑髅，天阴鬼哭长啾啾。泾渭东流不断愁，野老吞声哭未休。盛世一去宁再留，落霞紫云空宴游。今代中丞王子酉犬，新亭安隐时穷搜。眼中亭圮无人修，况乃唐家土一杯。仰天长啸清且遒，古木森爽风飕飕。"所谓"曲江曲里草油油""芙蓉园中牧儿讴""乐游苑上今王丘""原迁水竭历千秋"，是对当时曲江的真实概括。

明代胡侍也有一首《曲江池》诗，其云："曲江旧是跃龙川，江上云霞媚远天。钟鼓夹城通辇道，跤鼋出水负龙船。佳人晚拾金堤翠，彩凤春楼碧树烟。乐事胜游今不再，野风斜日草芊芊。"反映的也是明代曲江池一带满目荒凉的景象，而诗人对唐代曲江盛迹却有无限敬仰。

曲江池位处台原向渭河阶地的过渡地带，东南有鸿固原耸立，西北侧环绕着乐游原、大雁塔、植物园黄土梁，地形较为封闭。其接纳东南台原的地下潜水和雨水，常常积水成渊，明末清初仍然成为游赏胜地。明天启年间（1621—1627），泉水又一次涌出，不过，没过几年又变干涸。清康熙元年（1662），由于霖雨经月，曲池水波涌泛，水景有很大的恢复。康熙年间修撰的《咸宁县志》，在《山川·曲江》条中记载："康熙元年霪雨经月，江北车衢新水涌泛，北流有声，味极甘冽，环江人汲引烹茶，时贤多题咏。"当时曲江游赏还真恢复到一定的规模，加上文人

---

① 赵崡：《石墨镌华》卷八。

学士对盛唐曲江文化的倾慕，“水涌曲江出，流觞忆昔贤”，于是，曲江又成为西安郊区的风景名胜之一。唐代的威名流光此时仍在，历代诗人多有吟咏歌颂，在人们总结关中有代表性的景色风物时，“曲江流饮”遂成为“关中八景”之一。曲江此时又一次声名大振。

清朝康熙十九年（1680），河东盐使朱集义为关中八景分别绘图题诗，并雕刻在碑石上，碑石现存碑林博物馆。其咏“曲江流饮”诗写道：“坐对回波醉复醒，杏花春宴过兰亭。如何但说山阴事，风度曾经数九令。”以唐代曲江饮宴为题，歌颂唐代百官、进士、文人们在曲江池畔曲水流觞，醉中寻诗，飘然若仙，为中国古代文化人中最风流之韵事。

明代时，在曲江池西侧，有座“红鞋坟”，也为其增加了一些传奇色彩。这是明代刑部侍郎王学益的坟墓。传说在明嘉靖三十二年（1553）春，兵部外郎杨维盛上殿奏本，历数作恶多端的严嵩父子“十大罪状”，要求惩办，并说，“这些事两个皇子都知道”。结果，不但没告倒严嵩父子，反被严嵩下锦衣卫之狱。当时，严嵩令刑部侍郎王学益判杨维盛“诈传亲王令旨罪”，按律当处死刑。这时，郎中史朝宾当朝为杨辩奏说：“杨维盛疏中只说二王也知道严嵩的罪迹，并没有说什么亲王令旨。三尺王法，怎能诬陷好人。”结果，史朝宾因为杨说了公道话，也被剥官为民。

王学益回到家中，闷闷不乐，对审判这一案件感到左右为难。一来明知严嵩是当朝权臣，又是自己的岳父，不按其令判不行。再则也明知杨维盛是个忠臣，判其死刑于心何忍。因而其迟疑不决，在廊下走来走去，一夜未停，结果，鞋把脚磨破了，血把鞋染红了。“红鞋”之说由此而起。其妻见他为难的样子就说：“凡事先利己而后益人。”王学益觉得此话有理，于是为了保全自己，就把杨维盛判为“清真罪当，判处绞刑”，制造了明代杀谏官的大冤案。杨维盛临刑赋诗：“浩气还太虚，丹心照千古。生半未报恩，当作忠魂外。”其死后，杨家特意葬于曲江池东坡，与西边的王家墓相对。据说，这就是要破王家的风水，用意在“宁要杨家绝了后，也不要王家出大官”。这当然是迷信了。不过，在游览曲江风景时，观览一下这些坟墓留下的遗址和人们赋予它们的传说故事，还是很有启发意义的。

“红鞋坟”在曲江池西岸，在今长安芙蓉园的南墙外，1957 年考古人员的地图上有确切的标注。不过，因为一些学者的误引，导致出现了把“红鞋坟”与曲江南岸“秦二世墓”联系起来的错误观点。关中“鞋”的发言与“孩”相近，“红鞋坟”就变成了“红孩坟”。而秦二世名叫胡亥，与“红孩”音又接近，于是有人把不在一地的两个坟墓联系到了一起。这是不对的。

三　曲江、杏园、乐游宴喜之地无涓流残址之可寻——清末民国时的曲江

20世纪初叶，具体就是1907年至1911年时，日本学者足立喜六受清政府之聘来西安做“陕西高等学堂”的外籍教师。他在讲课之余，注意研究汉唐旧都西安的历史，尤其是其坚持广泛的实地勘察与测量，可以说开创了用现代科学方法研究西安历史文化的先河。

足立喜六对曲江颇有研究，他认为曲江是唐都长安的第一盛景。“韦杜二曲之雅趣，在中国北方黄土之处极为罕见者。至言曲江景致，更于自然美上添加数倍之人工美焉。地处城外，脱离尘俗，然以接近城之东南隅，故与长安中心之热闹处，相隔不远。且地址高燥，青林重叠，在江水澄清之上，芙蓉盛开，实为帝都之第一胜景。”其对曲江园林区进行了较为详细的文献考证与实地勘察，还留下了关于曲江池的地形素描图和大慈恩寺、大雁塔的照片，近百年前的这些图像资料是非常珍贵的。

他实地考察的结果是：“今日至其（曲江）遗址，苟欲寻访昔时豪游遗迹时，见有直径一里许之圆形凹地，盖即池底。黄渠在曲江东北而向东南，为一阔及三十余尺长数里的残迹。又江头西北岸上，隆起之古冢、高墩颇多，古色瓦砾触目皆是，不禁惹人回想起盛唐情景焉。”① 文字虽短，内容还是很丰富的，既谈到了曲池范围、方位，又谈到了黄渠入池口及路线，还有池周的遗存。他所说的曲池应该指今曲江池村所在的南湖而言，其所说大小及所绘曲江的形势图与此处地形颇相符合。这是广义曲江池的一部分，具体应该是唐代芙蓉园中芙蓉池的遗迹。其考察出来的黄渠，在其所谓曲江东北角，向东南延伸数里，正趋向黄渠头村，此沟正是今寒窑所在的位置，时人称作鸿沟，今天仍可以看出趋向东南

① ［日］足立喜六：《长安史迹考》，杨鍊译，第八章《唐代长安之名胜》。

数里的沟形。这一观点得到了现代学术界多数学者的赞同。在江头西北岸，当时遗存有不少高耸隆起的古冢，上节所说红鞋坟应是其中之一。还有很多高墩，其上布满瓦砾砖块，应该是古建筑遗存，推测紫云楼位置就在芙蓉园西北边上。现在正建的长安芙蓉园南垣内外仍有几个高大的土堆，反映出足立喜六考察结果的真实性。随着基建、制砖等对地形的破坏，加上先前农田基本建设时的削高填低以及城市垃圾的堆积，曲江地区越来越失去其地形原貌，这些涉及地貌特点的记载就愈发显得珍贵。

1932 年，曾任中华民国教育总长的傅增湘先生游历了城南名胜，在《秦游日录》中记下了其游览慈恩寺及登大雁塔的所见所闻。[①] 他详细记录了大雁塔各层的高度："自基而顶，高约十八丈。第一重一丈二尺，二重三丈二尺，三重三丈四尺，四重二丈四尺，五重二丈二尺，六重二丈，七重一丈六尺。《西京记》乃云：'崇三百尺'，谬矣。至塔上题名……为唐进士杏园赐宴后之盛典可知。嬾真子云：寺塔有唐进士题名，虽妍媸不同，皆高古有法。宣和初，本路柳瑊集而刻之。今俱荡然无遗。"

其对民国时慈恩寺的情况及登塔后远望曲江、杏园、乐游原等的情况介绍得很详细，颇有存史之功："余入寺门后，见阶下碑碣林立，谛视皆明以后题名碑，无可观者。殿宇倾颓，门窗多不完具，知被连岁兵燹之厄。昨年始有湘僧宝生来此住持，朱子桥诸人，为醵金相助，粗事修葺，客至始有托足之地。右方拓地为园，花木点缀，欣欣向荣。断碑残石，方勤搜集，屋壁庭阶，罗列多品。至后院，登塔一游。塔内涂圬尚新，闻亦近时葺治者。塔制正方，宏壮惊人。与息庵升绝顶，凭栏四顾：北则万雉鳞鳞，汉唐京阙之遗基在焉；南则樊川、韦曲，青苍可挹，终南、太乙，渺然在岚霭中；西望咸阳、礼泉，高原盘亘，帝王圣杰之陵墓，累累若人之拥髻；东视骊山、灞水，往代之离宫御苑，于荒原寒岫中，依稀指其方域。近瞰塔下，曲江、杏园、乐游宴喜之地，已荡为埃尘，鞠为茂草，无涓流残址之可寻。"后来，有陈子怡先生来西安调查古迹，对慈恩寺、曲江、乐游原都进行了实地考察，留下了一些珍贵记载，以见民国中期的状况。[②]

---

① 陈元方等辑注：《秦游日录》，西安地图出版社 1989 年版。

② 《陈子怡遗稿》（手抄本）。

慈恩寺“塔经朱子桥将军重修，在内可由扶梯旋升至巅，而唐人题识无一存者。寺亦明代重修，山门内有明清两代文科题名碑甚多，寺壁又嵌石刻，清代平定西域各图甚工细”。“曲江本处泉竭，外流又断绝，不至昔日繁华，今只成耕地而已。乐游原上有明秦藩简王之冢，石羊石马石狮尚存，碑在原下，已仆。青龙寺在今已移建原北祭台村，旧物止存南北朝时石像一区，余皆新置也。名虽由旧，寺则新造矣。”山门内明清题名碑很多，今日大慈恩寺却并不太多，何时失去的，应该在此基础去追查。他认为祭台村石佛寺不是青龙寺，青龙寺在东边的乐游原上。这一观点已被现在考古学成果证实是千真万确的。

陈子怡先生当时已经注意到唐代曲江有南北湖的不同，他在《曲江池考》一文中指出：“芙蓉园共占二坊之地，由铁炉庙西南之水，当斜过修行坊之北，南经昭国坊之东，以与北池头水会。而修行坊之南部，青龙坊之大部，皆在北池之中。由此西南行，占晋昌、通善二坊之东边部，至立政坊之东而止。北池所占大约当有五坊之地，若南池所占则自池之南巨壑连通，而过此巨壑，当占青龙坊之地，过此展开即通济坊地也。南池系由西北而向东南者，宽不及一里，而长则约抵城中两坊。其底平坦，可为民居，今之曲江村即在其南半之地。故一般人只知此一段是曲江也。古之唐城南墙只及江东新开门村东西街之北，若江西之明人王用宾墓则已早出城南矣。若然，则南池四分之三皆在城外，且无建筑之迹可寻。”其所说南北池形制及当时的遗存对今天考证很有用。

曲江南池东岸有鸿沟一条，似为唐黄渠入芙蓉池之渠道。民国时则成为民间传说与戏剧中王宝钏的寒窑所在，至今成为一大景点。此戏剧原作《五典坡》，原应该以东南侧不远处的五典坡村为其发生地，民国时杨虎城之母特别喜欢此戏剧，特在今寒窑地方唱戏多日，也把王三姐的寒窑搬到了现址。

曲江园林文化区在唐朝以后走向衰落，只有大雁塔因为得到历代的维持，尚保持有一定的游赏与文化，算一息尚存。以水景为主要特色的曲江，到民国时代竟至于“无涓流残址之可寻”。这个评语只是表达了对曲江胜迹衰落的感念，实际上，因为曲江地区相对封闭的地形，当夏秋水盛时，曲江等地仍会有不少积水，当地人一直都有“三滩六洼九沟十八汊”的说法。

四 曲江文化胜迹，新世纪重现辉煌——当代的曲江建设

1949 年，中华人民共和国成立，其后半个多世纪以来，围绕着西安的城市建设与旅游开发，我们在曲江地区也做了一些工作。21 世纪开始之时，曲江管委会发表了《曲江宣言》，决定乘西部大开发的东风，加快曲江的开发与规划建设，希望从西安标志性建筑物大雁塔这个点扩充开来，兴建一个未来西安的标志性区域——曲江新城。

中华人民共和国成立初期，百废待兴，西安迎来了其现代城市发展的第一个机遇。政府部门与有识之士开始研究与考察曲江的历史文化资源，也提出一些规划意见。可惜未能全部实现，反而由于“文革”和农田基本建设的进行，曲江附近的风物与地貌遭到了一定破坏，造成了无法弥补的损失。1956 年，黎南先生考察了慈恩寺大雁塔和曲江池，并提出了自己的设想。他看到的情况是：“慈恩寺就是慈恩寺，四周是树，是麦浪，是清风，是阳光，是稀落的村舍。游人到了这里，就像是到了一个很普通的乡村。”“走进慈恩寺的大门，就是一个宽大的院子，地上落满了黄色的小花……再往前走，就能看见一块块的石碑耸立地上，碑上刻满了张三李四的姓名。”“现在的曲江池已不是盛唐时代的曲江，没有绿水荡漾着画舫，也没有水边的亭台楼阁，但是别具一番天然风韵。在风和日暖的日子，人们爱到曲江附近欣赏田野景色，呼吸清新的空气。”

黎南结合西安城市规划畅想了曲江的未来：“旧日的园林胜地引起了我许多美丽的怀想，但是使我兴奋的，却是更美好的将来。西安的南郊将逐步建设为新的风景区、文教区。以雁塔为中心，将要开辟一个巨大的公园。这将比一千多年前的曲江池、乐游园、芙蓉苑、杏园都更加美丽。眼前就是一幅瑰丽的建设的图画，一座一座新建筑物耸立于平野上，许多新建的学府都先后开学了，占地七百多亩的大型运动场也离此不远，有游泳池，有滑冰场，有球场。多么令人兴奋啊！将来一定会有更多的诗人来歌咏西安南郊秀美的景色。”①

历史学家与考古学者也进行了深入研究与实地勘察。考古人员在勘察唐城范围时，对城东南的芙蓉园进行了重点探测，基本上勾勒出曲江

---

① 黎南：《雁塔与曲江》，《旅行家》1956 年第 7 期。

附近的坊里、城垣、城门、芙蓉池的方位及范围，为城市规划建设奠定了基础。黄盛璋先生在系统研究西安城市供水发展历史以后，提出了自己对曲江地区的规划意见："曲江池应该恢复为曲江公园作为东南区一个最大的绿化中心。这一建议应该可以实现。"曲江遗址是一个洼地，地形还可以利用，于是其结合园林建设设计了一个曲江水库，为的是解决西安城市发展中水的需求问题。①

20 世纪 50 年代中期，西安南郊文教区初具雏形，许多大专院校、科研机构落户于此，为西安城市建设开了个好头。可是，50 年代末，"大跃进"、"浮夸风"兴起，接着又是全国性的三年自然灾害，城市建设遭受挫折，步伐被迫放慢。再下来十几年时间内，"文化大革命"如火如荼，曲江文化胜迹的恢复与建设不仅没有人敢提，而且还遭到极大的破坏。除"四旧"使慈恩寺及大雁塔的不少文物损坏、散失，尤其是"农业学大寨"运动中，曲江每年都要大搞农田基本建设，在曲江池周围削高填低，铲平了许多珍贵的历史遗存，破坏了地形原貌。曲江池及其四周的各种建筑物无序地增加，一些地方成为垃圾处理场，城市废弃物堆起了座座高山，使其面目全非。这一时期的后半段曲江地区的整个发展趋势可以说被破坏的速度大于建设。

20 世纪 70 年代末期，改革开放的春风吹遍了祖国各地，西安市也迎来了全面发展的第二次机遇。当时的西安整体发展规划还是比较重视曲江地区的，计划以大雁塔为中心，把其附近的曲江池、乐游原、青龙寺等连接成片，建设成为一个具有唐代风貌的园林风景游览区。在这里，除有唐代古塔大雁塔外，还拟建"玄奘纪念馆""唐进士题名碑"及各种陈列馆。在风景区的南部，将重现"曲江水满花千树"的唐代曲江园林风光，沿池修建带有诗情画意的"曲江流饮""紫云楼""柳荫菰蒲"等临水亭台。在唐芙蓉苑遗址建设皇家花园。修建一批仿唐旅游宾馆，室内设置唐代家具、衣冠。游客可在这里观赏具有历史风采的乐舞、百戏、武术、书法表演等。还可登上乐游原青龙寺遗址公园远眺览景，饱赏古城风貌。

---

① 黄盛璋：《西安城市发展中的给水问题以及今后水源的利用》，《地理学报》1958 年第 4 期。

1993 年陕西省政府批准成立了“曲江旅游度假区”，设立了专门的管委会，来领导曲江的建设。经过改革开放以来二十余年的艰苦奋斗，曲江的建设取得了一定的成绩，在原址新修了青龙寺，建成了玄奘纪念馆、玄奘广场、曲江宾馆、国际会展中心、中伟外商会所、唐华宾馆、曲江春晓园、钻石王朝别墅、曲江皇家花园别墅等新项目。但相对而言，曲江发展的步伐太慢了，不仅比不上深圳、上海，连同在西安南郊的西安高新技术开发区也无法相比。而且相对于曲江辉煌的历史与灿烂的文化，曲江创造的文化品牌知名度还是太低。

在西部大开发的号角吹响之际，新世纪的曙光来临了。2002 年曲江管委会与雁塔区政府本着整合资源、优势互补、共求发展的原则，连手策划和经营，决定建设曲江新城。其发表的《曲江宣言》[①]，希望把曲江新城建设成为西安的新形象。曲江又迎来了第二次创业的大好时光。

曲江新城的经营范围由曲江旅游度假区原 15.88 平方千米扩展到 40 平方千米，是西安新世纪城市规划的重要组成部分。立足于文化、旅游、区位三大优势，充分考虑西安市城域南扩的功能需求，划分出曲江旅游度假区、商住新区、杜陵生态旅游区、曲江中央商务区四大功能区。新城将聘请国际一流大师进行策划与设计，实现自然风光、人文景观、民俗风情与现代都市文化的荟萃，实现其“未来新曲江，西安新形象”的宏伟目标。

曲江新城规模大，水土资源富饶，环境优美无污染，是西安市唯一的保留至今未被开发的处女地，而且其历史文化积淀深厚，开发前途最佳。现在天时、地利、人和俱备，到了曲江大开发快马扬鞭的关头，问题的关键是如何进行开发，才能创造出最佳最独特的效果。这种效果不仅仅在于短期的经济效益，更在于创造出一个现代科技与盛唐文明有机结合的形象工程，为古都西安重振汉唐雄风树立一座丰碑，永垂千古。作为历史学者，笔者提出以下不成熟的思考。

第一，要给曲江新城准确定位。定位包括两方面，一是确定曲江新城的建设主题，二是明晰它在未来西安城市建设的位置。

曲江是唐都长安的园林文化区，皇家文化、进士文化、宗教文化、

---

① 《西安晚报》2002 年 8 月 15 日第 2 版。

节俗文化等荟萃于此，最有活力。现实方面来看，城南是西安的文教科研力量集中之处，曲江的园林旅游建设已有一定规模。故从历史和现实的特点来考虑，曲江新城应该确立以文化为主题。

西安是中国古代最强盛王朝周秦汉唐的都城，为中国七大古都之首，世界四大古都之一，大专院校及科研院所的综合实力排在北京、上海之后名列全国第三。其城市定位应该在“中国西安，西部最佳”的基础上更进一步，建设成中国文化中心都市，在文化方面背负起振兴中华的重任，与政治中心都市北京、经济中心都市上海呈三足鼎立之势。

以文化为主题的曲江新城在中国文化中心都市西安的建设上具有很大优势，应该居于城市的核心位置。就像古老的大雁塔是现代西安的标志性建筑一样，新兴的曲江新城将成为未来西安的形象工程，成为中国文化都市西安的标志性区域。这就是曲江新城在西安城建中的位置。

在世界范围内，随着经济全球化、信息网络化以及经济文化一体化进程的加快，古老文明的发生地可以凭借其显性和隐性的历史文化资源来把握复兴的机遇。西安作为周秦汉唐文明的中心地必将以其开发创新的文化重振雄风。国际上也有这方面成功的先例，比如在日本，首都东京是全国的政治经济中心，而古城京都却建成为全国的文化中心，独占半壁河山。

第二，给作为曲江建设主题的文化定性。这里的文化不是恢复旧文化，而是在现代科技手段和理念下，改造旧文化，推陈出新，营造出贯通古今中外、开放创新的现代文化。

这里的文化是一个综合概念。唐代曲江文化是多种文化组合而成的，吸收发展了传统的曲水流觞、文人诗会、三月修禊的内容，又增加了君臣饮宴、进士探花等新项目，体现了曲江文化的开放与创新精神。我们要创造的曲江新文化是以唐曲江文化为基因，用其精神繁衍创新出一个豪放、激昂、自信的新时代文化，为世界文明作出贡献，也为复兴东方文化做出贡献。

把曲江新城的主题定在开放、综合、现代化的文化上，并不会削弱其综合竞争力，相反，现代城市是以文化论输赢的，“城市即文化”已成为现代学者的新理念。文化是曲江的灵魂，能展示其崇高的价值和独特的风尚。

第三，紧紧围绕创新文化这个主题进行曲江新城的全面规划建设。政府投资兴建一些具有代表性的工程，打造一些名牌，保证其示范意义，提高知名度；合理地进行功能分区，把乐游原、青龙寺的园林建设纳入曲江新城的整体设计之中，因为在唐代它们就是曲江文化区不可分割的重要组成部分；每一个项目都应该经过科学的论证、严密的策划，多出精品，为主题服务。

第四，新文化是逐步形成的，因此，要有意识地去创造、领导西安市甚至全国的新潮流。唐代的曲江流饮是皇帝、进士们共同创造的，政府给以引导和规范，民间经济团体进士团进行组织经营，已经可以看作是一种文化产业。在文化与经济高度一体化的今天，我们更有这种创新的能力。比如我们可以仿效唐人进士文化，为高考得中的学子们大摆“闻喜宴”，邀请毕业的学生们创办“学士宴”“硕士宴”“博士宴”，像唐代进士文化那样，在西安的文化中心区曲江新城再创一个大学生文化的风情园。再比如，我们可以参照曲江流饮的唐代文酒会的形式，革新现代学术研讨会的方法和程序。

第四节　大唐芙蓉园：盛唐长安文脉的传承与创新

唐朝是中国古代最繁荣昌盛的时期，中国人以祖国有盛唐的辉煌而自豪，外国人为中国的大唐文化所倾倒。如果你想欣赏唐代皇家园林的壮丽恢宏，你想参与新科进士的曲江流饮、杏园探花庆典活动，体验盛世长安的精神文明，那么，请你到西安市新建的“国人震撼，世界惊奇”的大唐芙蓉园里来。这是中国第一个全方位展示盛唐风貌的大型皇家园林式文化主题公园。

大唐芙蓉园由著名唐代园林建筑设计大师张锦秋院士规划设计，2005 年 4 月 11 日（农历三月三日）建成开放。新建的“大唐芙蓉园”规模宏大、层次丰富、功能各异又相互借景得景，显示出中国唐代皇家园林的气势与格局。盛唐文化的兴复与创新构成大唐芙蓉园的灵魂。芙蓉园的每一建筑各个景观都有优美的典故传说，带您梦幻般地回到盛唐世界。“大唐芙蓉园”的建设注重文化感受，强调游客参与互动，利用各种形式动态地再现盛唐文化，让人们“走进历史，感受人文，体验生活”。

大唐芙蓉园是盛唐长安文脉的传承与创新。传承显示其文化的博大精深，创新则体现了21世纪西安市重振汉唐雄风的时代精神。

一 古典园林先河——曲江芙蓉园是中国第一公园

曲江芙蓉园地区位于今西安市东南部，正处于渭河阶地向黄土台原的过渡地带，地形复杂，川原相间，高下相宜，多有泉池流水，自然风光绝佳，为园林文化区的兴起与繁盛奠定了自然地理基础。

秦汉时期利用曲江地区原隰相间、山水景致优美的自然特点，在此开辟有皇家禁苑——宜春苑、乐游苑，成为曲江文化的源头。到了隋朝，大兴城倚曲池而建，并以曲江为中心营建皇家禁苑——芙蓉园，使其成为首都城市建设的一部分，也就是说其性质有了较大变化，由秦汉郊外的皇家园林转变为隋朝都城中的皇家园林。隋炀帝又把曲水流觞、文人饮酒赋诗的文化传统与曲江风景园林建设结合起来，形成了曲江文化的宏大格局，为盛唐曲江文化的光辉灿烂奠定了基础。

隋文帝在营建新的都城时，相信方士们的说法，认为大兴城东南高西北低，风水倾向东南，皇宫设于北侧中部，在地势上总也无法压过东南，应该采取“厌胜”的方法进行破除。如把曲江挖成深池，并隔于城外，圈占成皇家禁苑，成为帝王的游乐之地，这样就能永葆隋朝的王者之气不受威胁。好在曲江这里有曲水循原的自然形势，秦汉建设的传统基础，只要人为地稍加改造，辟建成一所景色艳丽、风光独特的皇家园林是很容易的事。

芙蓉园也叫芙蓉苑，它位于曲江池南岸，紧靠长安城外郭城，周围筑有高高的围墙。其建设是与大兴城同步进行的，经过疏淘挖深，汉武泉源更加充沛，又整修堤岸港湾，固定水面。水中布满莲花，鱼翔浅底；池周遍植绿柳、红杏、紫桐、碧槐，营造亭榭楼阁，确也具有皇家气概。

开皇三年（483），隋文帝正式迁入新都。他对曲江园林美景非常满意，却对曲江这个名称中的“曲”字感到厌恶，觉得不吉利，于是命令高颎为这个皇家园林更换新名。高颎办事特别谨慎认真，他晚上就寝时，常用盘子盛满面粉，抹平了放在床前，睡觉时如偶然想起一件公事，立即用手指写在面粉盘上，以备遗忘。次晨起来，即录于册，上朝奏议。有一天晚上，他忽然想起曲江池中的莲花盛开，异常红艳，莲花雅称芙蓉，遂拟更曲江园为“芙蓉园”，即用手指书于盘中。次日上朝，他把昨晚灵感奏于文帝，文帝欣然同意。这就是“芙蓉园”名称的由来。

在隋朝芙蓉园的基础上，唐代扩大了芙蓉园园林的建设规模和文化内涵。除在芙蓉园中修紫云楼、彩霞亭、凉堂与蓬莱山外，又修成黄渠，扩大了芙蓉池与曲江池水面，在曲池周边也建成了杏园、慈恩寺、乐游园、青龙寺等多个景点。园林景致优美，人文建筑壮观，成为了都城长安皇族、高官、士人、僧侣、平民会聚胜游之区，性质大变，成为首都长安城唯一的公共园林，达到了它发展史上最繁荣昌盛的时期，成为盛唐文化的荟萃地，唐都长安的标志性区域，也奏响了中华文化的最强音。

唐玄宗时代是唐朝的鼎盛时期，当时社会安定，国家富足，百姓丰衣足食，人民安居乐业，被称作中国古代史上最繁荣昌盛的“开元盛世”。杜甫《忆昔》诗就给我们描绘出一幅盛唐的景象：“忆昔开元全盛日，小邑犹藏万家室。稻米流脂粟米白，公私仓廪俱丰实。九州道路无豺虎，远行不劳吉日出。齐纨鲁缟车班班，男耕女织不相失。”

唐玄宗又是个风流天子，其弹琴击鼓，对音乐戏剧颇有造诣，在禁苑梨园内创办皇家乐舞班，可算作中国最早的乐舞学院，因而玄宗李隆基也被“梨园子弟”尊为祖师爷。他与天生丽质的舞蹈高手杨贵妃情投意合，志趣相同，后来竟整日里沉醉于斗鸡舞马、赏牡丹花、食荔枝宴、洗温泉浴之中，声色犬马，花天酒地，奢侈豪华，也带动了整个社会的奢游风气。

有了雄厚的物质基础，又产生了游赏的现实需求，唐玄宗对芙蓉园与曲江进行了大规模扩建，使其盛况空前绝后，达到其园林建设的顶点。

第一，玄宗凿修了黄渠，从南山引来义峪清水注入芙蓉池与曲池，加上疏修汉武泉，使其水量大增。第二，在芙蓉园内与曲江池畔兴修了大批亭台楼阁。第三，专门修建了夹城，以供皇帝、妃嫔们来此游赏。夹城又称复道，是君主专用通道。第四，除上述皇家和政府各机构修建的楼台亭馆以外，还建成了许多私家营造的辅助游赏建筑，唐诗中就吟咏到曲江池畔分布的酒楼、妓楼。

经过玄宗的扩建，芙蓉园内宫殿连绵，楼亭起伏，曲江池周亭台楼阁，各具特色，加上周边其他景点的陪衬，曲江的园林建筑达到最高境界，各类游赏文化活动也趋于高潮。故编辑《全唐诗》的人总结说："曲江在杜陵西北五里，开元中，开凿为胜境。南有紫云楼、芙蓉园，西有杏园、慈恩寺。都人游赏，盛于中和、上巳。"

曲江园林文化区实际是以曲江池为中心，由一组庞大的风景文化点组成，包括有曲江池、杏园、芙蓉园、慈恩寺（大雁塔）、乐游园、青龙寺等。它们位于唐长安城东南隅，相互连接成片，形成一个范围广大、内容丰富的公共园林区，不仅在古都西安发展史上空前绝后，而且在中国古代历史上也绝无仅有。

芙蓉园规模巨大，《太平御览》记载其"居地三十顷，周回十七里"。园中也有池，面积特大，约 70 万平方米，占整个芙蓉园面积的 1/3 强。此池是在秦汉隋朝曲江池主体基础上扩大而成，唐代又称凤凰池或芙蓉池。

曲江池是一个"东西三里而遥，南北三里而近"的湖面，岸线蜿蜒曲折，富有变化，造成了众多的港湾和半岛，能够造成"冈穷水复疑无路，柳暗花明又一湾"的佳境，极有情趣，宜于游览。取名曲江，以象其形。

曲池天成地设，藏龙卧虎，颇有灵异。第一，曲江是唐长安城祈雨之处，且颇为灵验。文献中有两个故事，一是说黎干为京兆尹时，曾在曲江池畔制成泥龙以求雨，观者数千。二是说唐代宗时，静住寺僧人不空三藏刻木龙投入曲江中，"旋有白龙才尺余，摇须振鳞自水出，俄而身长数丈，状如曳素，倏忽亘天"，立即乌云密布，暴雨如注，为长安城解除了干旱。第二，曲池也有凶残的一面，多种文献记载，有新及第进士李蒙等多人溺死江中，而且在天宝三载，"春服既成，冠者五六人，才子六七人"，来曲江寻春，曲水忽涨，溃破堤岸，寻春者转眼化为鱼食。有文人樊铸专门就此事作《檄曲江水伯文》一篇，向曲江之神主兴师问罪。

曲江池水面浩阔，烟水明媚，柳暗花明，杏园开十顷杏花，慈恩寺栽珍奇牡丹，青龙寺植修竹古柏，曲江各景点园林风光无限，而且各具特点。其中"曲江烟水杏园花"成为曲江园林的代表性景观，唐代进士考试中就有"春涨曲江池"与"曲江亭望慈恩寺杏园花发"的题目，可见其影响深远，深入人心。

"曲江水满花千树"，不错的，曲江池自然天成，更加巧施人工，园林美景如画。中有曲池千顷碧波，绿蒲红莲，相互衬映；周环花草树木，翠柳葱郁，百卉缤纷，莺啭蝶舞，千姿百态，一年四季景色变幻无穷。

杏园位于唐长安城通善坊，在曲江池西岸，与慈恩寺相对，并紧靠寺的南边，所以也称南园。以"杏"为主景，也因此而得名。每年春日，这里是"江头数顷杏花开"，"花满杏园千万树"；"十亩开金地，千林发杏花。映云犹误雪，照日欲成霞"。"异香飘九陌，丽色映千门"。大片的杏林争艳吐芳，粉红一片，成为花的海洋，引来蝶飞蜂舞，风景异常奇丽。杏花以娇娆、妩媚著称，宋人所谓"春色满园关不住，一枝红杏出墙来"，由"一枝红杏"想见"满园春色"。大家都还知道有"红杏枝头春意闹"的诗句，杏花被古人认为是最能传达春光烂漫信息的花卉之一。

芙蓉园虽然在隋大兴城的东南角，但其地位却很特别，从风水地理上讲，它正位居都城的龙脉与水脉交汇之处。龙脉即山脉，《管氏地理指蒙》："指山为龙兮，像形势之腾伏。"山之延绵走向谓之脉。隋朝都城的龙脉就是有名的龙首原，芙蓉园正位于原的中脊。后来唐长安城市的中轴线与隋大兴城一样也是朱雀大街，而实际心理上的南北轴线应该是大明宫含元殿——大雁塔以至南山一线，正与龙首原走向一致。含元殿南对慈恩寺大雁塔，基本上以今西安市雁塔路为轴线的，而再向南正对1688米的南五台。

曲江从秦汉时代即被改造成园林，曲江地方是黄土台原向梁原相间地貌过渡的地区，形成一狭长曲池水面，构成长安城的水脉。正因为芙蓉园位于龙首原这个龙脉与曲江这个水脉之交汇处，所以深得各代皇帝的喜爱，它与曲江共同构成了隋唐都城的文化中心，也可以说是长安城的文脉。

中国园林发展到唐朝，已进入全盛时期，无论是造园的规模、形制，以至内容功能，还是造园技术都达到了空前的高水平。唐代曲江芙蓉园园林形成了自己独特的地方，主要表现在以下几点：

第一个特点，是在园林建设过程中能充分而且巧妙地利用自然山水资源。

将原（乐游原）、池（芙蓉池、曲江池）、渠（黄渠、曲江）、泉（汉武泉）等山水景观贯穿于整个曲江风景区的建设之中，原地上登高览胜，低洼处曲水流觞，错落有致，各有所长；配以芙蓉、杏林、柳衙、牡丹、红柿等观赏植物花卉，成中国古典园林艺术之集大成者，被视作东方园林之母。

唐代园池的设计思想是追求高尚的情趣，在建筑物之间，恰到好处地配以适当规模的园池，建回廊，筑亭台，设花架，种草木，使人漫步其间尽享林泉之胜，园池清幽高雅，与建筑物协调一致。使每一座建筑都可成为一个具有独特风格的园林景区。现代，人们仍把住宅小区以"花园"命名，或许与我国古代这种园林式建筑还有些源流关系。

第二个特点，是有形的人工建筑与自然的园林美景通过人类文化的整合，能够完美和谐地结合在一起，即建筑与园林、文化三者完成了统一。

使宫殿、楼阁、亭台、水榭等标志性建筑与自然山水形胜情景交融，并通过雕刻、绘画等建筑小品及各色人等的参与活动，赋予园林建筑以文化灵性，使自然美景中充满了人类的智慧，达到"虽由人作，宛自天成"的境界，实现了人工美与自然美的统一。

文化给山水带来了感情，文化给建筑赋予了灵魂，文化是园林的生命。

第三个特点，是曲江建筑在形式与内容上具有开放性、多样性，充满了异域风情。

曲江的建筑整体上应该是中原汉文化的传统风格，但同时也注重引入异域各地先进的各具特色的建筑方法。据现代学者从《太平广记》《唐语林》《旧唐书》等历史文献考证，芙蓉池东岸的凉堂就是采用来自西域拂林国的建筑技术，即利用机械引水达到房屋顶部或四周，然后向下漫流，在房屋四周形成瀑布般的水帘，而且循环往复以降温的方法，当时称作"自雨降温"法。

曲江的众多酒楼中不仅有来自异域的胡姬侍酒，似乎还有西域胡人来曲江开办的酒馆，前者是以西域美女来作女招待，后者则是直接引入外国人来进行商业经营。杨臣源《胡姬词》曰："妍艳照江头，春风好客留"，诗中的"江头"似指曲江附近。元稹《赠崔元儒》诗曰："最爱轻欺杏园客，也曾辜负酒家胡"，其中的"酒家胡"似乎指酒楼的老板，是西域来的胡人。

第四个特点，是曲江园林文化区为唐都长安建筑上的特区。

其有两个引人注目的特殊之处，一是曲江地区可以建楼，有众多的酒楼、妓楼，这突破了唐都长安普通里坊不能建楼的限制。按规定，唐长安建楼之处只能在皇宫与东西市区，曲江也享有此优惠待遇，这有确切的文献记载。二是曲江地区不允许市民修建家庙祠堂，已建成者也要搬出去，这与朱雀大街两侧诸坊及兴庆宫周边诸坊地位相同。天宝初年，唐玄宗特命将位于曲江附近的太子太师萧嵩的家庙迁往别处，让官司出钱，将士们出力。萧嵩为此事曾上表称谢，还真惊动了玄宗皇帝大驾，其亲自疏批之文还保存在《全唐文》之中。

第五个特点，是曲江园林风景区的标志性建筑多是皇家与政府主导，并出资建设而成的。

皇家禁苑芙蓉园应该由皇家出资并组织修建，这没有问题，而慈恩寺及其内的大雁塔也是唐太宗李世民与太子李治敕建，并有大量资助。曲江池畔的百官亭是由政府各机构比如宗正寺、尚书省等自己出资修建的，连曲池中的彩舫船也都是官有性质。唐文帝曾重修曲江园林，太和九年（835），发神策军1500人修淘曲江，使曲江水景焕然一新；皇家出资重修紫云楼、彩霞亭，文帝亲题亭额，使芙蓉园重新焕发出皇家园林的气象；对公共园林曲江周边的建筑，仍然按照往昔的办法，颁令政府诸司有资金且愿意去曲江周围建筑楼台亭馆者，由官署划给空地，任由营造。文帝敕令曰："都城胜赏之地唯有曲江，承平之前，亭馆接连，近年废毁。思俾葺修，已令所司芟除栽植，其诸司如有力及要创制亭馆者，给予闲地，任其营造。"

芙蓉园文化源远流长，它兴于秦汉，成于隋而盛于唐，是中国古典园林及建筑艺术的集大成者，被誉为中国古典园林的先河。

二　唐都长安文脉——曲江芙蓉园地区是长安文化中心

唐代曲江芙蓉园地区不仅是园林风景区，而且是唐都长安的文化中心区。其文化是全体长安人共同参与创造的崭新而又开放的文化，有皇家文化——"芙蓉园中看花"是皇家游宴的保留节目。唐朝初年，太宗李世民很喜欢到芙蓉园游玩，有历史文献明确记载的就有三次。到了玄宗时代，皇帝游幸芙蓉园与曲江万民胜游一起达到了鼎盛阶段。春夏秋三季似乎都有游赏南苑的活动，尤其是在二、三、四月中，更形成了基本固定的游赏日期。

二月初一日是唐人新定的中和节，唐朝皇帝驾幸芙蓉园，欣赏早春之景。吕令问专门撰有《驾幸芙蓉园赋》咏皇家盛游，赋中既说明了皇帝出游的宏大气势，仪仗隆重，从骑如云；又简要介绍了游宴活动的内容，观赏早春景致，乘彩舟泛新涨之水，赐群臣同宴，听声乐，观伎舞，品佳肴，尝美酒，赋诗咏文，其乐无穷。

三月三日上巳节是曲江胜游的高潮，皇帝此日驾幸芙蓉园，登紫云楼，观百官、万民同乐之景。诗人王维《三月三日曲江侍宴应制》诗曰："万乘亲斋祭，千官喜豫游。奉迎从上苑，祓禊向中流。草树连容卫，山河对冕旒。画旗摇浦溆，春服满汀洲。仙籞龙媒下，神皋凤跸留。从今亿万岁，天宝纪春秋。"这是对玄宗朝上巳节皇帝游宴的概括描述，从中我们可以看到一群朝廷大臣和嫔妃簇拥着皇帝来到南苑，先在芙蓉池水边举行祓禊仪式，然后登紫云楼观景；成千的官员在曲江园林中游宴，万民同乐；花草树木与游人队伍连成一行，五颜六色的锦旗、帷幕飘拂在水滨，身穿艳丽轻软春服的仕女布满了江岸和水中的小洲，山河秀色与社会的歌舞升平展现在天子面前。

四月一日的樱桃宴此时也多在芙蓉园举行。

唐玄宗游幸芙蓉园是从新修的东城夹道过来的。因夹道外筑高墙，外面的人不能看到皇帝的游赏队伍，只能听见那轰隆如雷的车辇声音，还可以闻见从夹城中飘过来的大批嫔妃宫女留下的阵阵香风。杜甫《乐游园歌》诗曰："青春波浪芙蓉园，白日雷霆夹城仗"，描写的前者；杜牧《长安杂题长句六首》诗云："南苑芳草眠锦雉，夹城云暖下霓旄。……六飞南幸芙蓉园，十里飘香入夹城"，说的是后者。

玄宗皇帝南苑游宴的随从人员规模很大，活动内容也丰富多彩。先说宫中美人杨贵妃及大批宫女。杜甫《哀江头》诗云："忆昔霓旌下南苑，苑中万物生颜色。昭阳殿里第一人，同辇随君侍君侧。辇前才人带弓箭，白马嚼啮黄金勒。翻身向天仰射云，一笑正坠双飞翼。明眸皓齿今何在，血污游魂归不得。"霓旌是皇帝仪仗中的彩旗，缀有五色的羽毛，望如虹霓，这里指代皇帝。昭阳殿里第一人，是汉成帝的皇后赵飞燕，这里借指杨贵妃。诗中说到了杨贵妃随玄宗皇帝游幸芙蓉园的情景，他们带着大批宫女嫔妃，进行各种游戏。

唐明皇李隆基南幸芙蓉园时，携带不少梨园子弟，以奏乐歌舞助兴，有雅有俗，时缓时急，真是“此曲只应天上有，人间哪得几回闻”。玄宗专门训练的斗鸡与舞马表演队在历史上特别出名，是否也随玄宗来到芙蓉园，没有找到史料依据，但却不能得出否定的结论。

在随从玄宗皇帝游幸南苑的人群中，最招人耳目并有观赏价值的则是皇亲国戚组成的方阵，尤其是杨贵妃的两位姐姐虢国夫人和秦国夫人，打扮得花枝招展，妖艳异常，加上车仗招摇，本身就构成了《丽人行》的优美画面。诗圣杜甫用诗文给我们留下这样的宝贵镜头，“三月三日天气新，长安水边多丽人。态浓意远淑且真，肌理细腻骨肉匀。绣罗衣裳照暮春，蹙金孔雀银麒麟。头上何所有？翠为㔩叶垂鬓唇。背后何所见？珠压腰衱稳称身。就中云幕椒房亲，赐名大国虢与秦”。

盛唐玄宗时代经常在正月晦日、三月上巳、九月重阳三大节日，赐宴百官于曲江亭或乐游园，基本形成了每年三节赐宴的制度。唐德宗时，废正月晦日，新立二月一日为中和节，仍然是每年三节赐宴。

三节赐宴百官于曲江，由京兆尹负责组织，彩舟行觞，赐酒赠乐，赋诗作文，成一代盛典，是曲江流饮的主体活动之一。在唐代曲江文化事业中承上启下，地位非同一般。

百官赐宴曲江亭是皇帝特许每年例行的重大节日活动，规模很大，内容丰富，不仅加强了统治阶级内部的君臣关系，而且在曲江形成了一种游赏饮宴风气，开创了曲江流饮、赋诗校文的文化盛典，使曲江这个园林风景区成为唐都长安的文化中心地，万古流芳。

唐人《剧谈录》卷下《曲江》记载有上巳节日百官曲江宴的基本情况，“上巳即赐宴臣僚，京兆府大陈筵席，长安、万年两县以雄盛相较，锦绣珍玩无所不施。百辟会于山亭，恩赐太常及教坊声乐。池中备彩舟数只，唯宰相、三使、北省官与翰林学士登焉。每岁倾动皇州，以为盛观。”唐代政府机构分为尚书、中书、门下三省，尚书省在皇城内，位于太极宫南边，故又被称作南省；中书、门下两省均设在太极宫内，后又随圣驾移至大明宫中，两宫皆在皇城以北，是两省均在尚书省之北，故又被称作北省。宰相是指三省的长官。

每年三月三日上巳节这一天，是皇帝在曲江宴会群臣的日子，其前数日，京师的长安、万年两县官吏就要对曲江一带进行精心的布置。首先是名花布道，点缀环境。唐代长安富贵人家嗜花之风甚盛，在天子与臣民共赏春色的重大节日里，地方官命令全城百姓必须把最好的花拿出来，布置在曲江附近供大家观赏，敢于隐匿名花者，一经查出要受到严厉的处罚。其次则是扎结幕帐。曲江周围本有星罗棋布的亭台楼阁可供饮宴、休息和演奏乐舞，但上巳节前来观赏的官绅们太多，又加上此日是万民盛游之时，原有设施远远不够使用，在节日高潮到来之时，就要兴师动众，在曲江池畔搭置大量的临时帐篷幔幕。这些帐幕多用锦绣丝绸建成，颜色鲜艳，式样独特，连绵成片，唐代诗人描写说："日光去此远，翠幕张如雾。"另外，官府还特许富商们将珠宝珍玩等陈列在指定的地方，供游宴的人们观赏、购买。

上述这些环境的布置工作是由京兆府负责的，府尹责成长安、万年两县令具体办理。唐时京师以几乎纵贯南北的朱雀大街为界，东半城归万年县管辖，西半城为长安县管辖。两县县令为讨上司的欢心，往往暗中竞赛，以较胜负，意欲把分配给自己的各项工作完成得更出人意料，于是曲江游宴区域被布置得富丽堂皇，锦上添花，满眼都是红花绿草，配以人为设置的锦丝幕帐、珍奇玩物，豪华异常。

杏园探花、雁塔题名、曲江流饮、月登阁打球——进士的曲江游宴活动被誉为第一流人物的第一等风流事，成为千古美谈。

慈恩寺是唯识宗的祖庭，青龙寺是密宗的传播中心，玄奘、惠果、空海这些佛学大师在曲江奏响起宗教文化的最强音。

长安诗人学士，"寻春与探春，多绕曲江滨"，曲江成为唐代文人饮宴、游赏、赋诗的乐园。更有长安普通市民倾城而动，在中和、上巳、重阳等节日来曲江踏青、修禊、斗花、登高、赏菊，"曲江初碧草初青，万毂千蹄匝岸行。倾国妖姬云鬓重，薄徒公子雪衫轻"；"争攀柳带千千手，间插花枝万万头"；形成历史上有名的《丽人行》《少年行》，其声势更盛。市民的节俗文化与文人的诗酒文化雅俗共赏，交相辉映。

曲江以其独特的山水个性、四时景致、园林建筑、宗教文化、节庆活动、世俗风情，为诗人们提供了极其丰富的创作素材，牵动着诗人们的情思和灵感；唐诗赋予了曲江深厚的文化内涵，使曲江盛名远扬，充满诗情画意，成为唐文化兴盛和繁荣的象征，促进了曲江的繁盛和发展。

唐诗与曲江两者交相辉映，水乳交融，向人们展示了一幅幅色彩斑斓、璀璨夺目的历史画卷，为古今文化之奇观，极其罕见。据统计，在《全唐诗》收录的五百多位著名诗人中，有一半多曾在曲江留下足迹，流传下来近500首脍炙人口的诗歌，数量之多，内容之丰富，历时之久，艺术成就之高，影响之大，在唐诗的发展史上，可谓首屈一指，是极其珍贵的文化遗产。

杜甫是中唐以前歌咏曲江最多的诗人。其诗字字珠玑，篇篇精彩，在唐代咏曲江诗中价值最高，地位也最重要。可以说曲江因为有了伟大现实主义诗人杜甫才进一步升华了其文化品位。反过来，曲江也成就了杜甫。

杜甫在长安生活了十多个年头，有人从其诗常描写在城东南曲江一带的活动推测，杜甫曾在曲江附近居住过。他常在曲江游览饮酒，而且每日都酩酊大醉。其《曲江》诗曰："朝回日日典春衣，每日江头尽醉归。酒债寻常行处有，人生七十古来稀"。共还有诗或题作《曲江对酒》，或题作《曲江陪郑八丈南史饮》，直接说对酒与陪饮。

杜甫在长安怀才不遇，是其借酒浇愁的原因之一，但他在经历过种种屈辱和辛酸的生活以后，仍能用那双朦胧的醉眼雾里看花，去省视当时的社会现实，隐隐地感觉到唐王朝繁荣表面下潜伏的危机，体现出一个伟大现实主义诗人的真知灼见。天宝十一载（752），杜甫同高适、岑参等同登大雁塔，各赋诗一首，成就了"五诗人同咏慈恩塔"的佳话。其《同诸公登慈恩寺塔》内容深刻，境界高远，后人评价说："自足压倒群贤，雄视千古。"其在曲江池畔看到杨国忠兄妹的骄奢淫逸，写下了写实的且具有讽刺意味的著名诗篇《丽人行》，后世绘画家以此为素材创作出不少美女出游曲江的《丽人行》来。其还有《哀江头》一诗，在"国破山河在，城春草木深"的情况下，他潜行曲江，写下了"江头宫殿锁千门，细柳新蒲为谁绿"的名句，后世文宗皇家就是读此句杜诗思欲恢复曲江升平景象的。

元稹与白居易是中唐著名诗人，时人称作元白。二人不仅是诗友，而且还是游伴，经常同游曲江。据白居易之弟白行简《三梦记》所载，元和四年（809），元稹为监察御史奉命赴四川公干。走了十几天，白居易与白行简、李杓直同游曲江，其后又遍游慈恩寺各院，直到天色已晚才同回修行里李杓直的宅第，设席行酒，甚为欢畅。席间，白居易想到今日缺席的诗友元稹，举起酒杯说：“元稹今日应该到达梁州了吧。”随题诗一首于屋壁，其词曰：“春天无计破春愁，醉折花枝作酒筹。忽忆故人天际去，计程今日到梁州。”过了十余日，梁州使者送来元稹书信一封，后附《纪梦诗》一首，其词曰：“梦君兄弟曲江头，也入慈恩院里游。属吏换人排马去，觉来身在古梁州。”所题日期正与白氏兄弟游寺题诗日期完全相同。日有所思，梦有所想，白居易等人在京师长安同游曲江的活动，元稹能在千里之处的驿站中梦到，而且梦中同游。此事奇则奇也，但也在情理之中，因为元白经常同游曲江故也。

乐游原为唐都长安城最高处，四望平旷，宜于登高远望。某一日黄昏，诗人李商隐感觉有些烦闷。于是走出家门，驱车登上高敞的乐游原，当时正值夕阳西下，落日的余晖映照在天际，呈现出彩霞万里的美景，在雄伟壮丽长安城的上空，让人心旷神怡。诗人以夕阳的景致联想到人生与国家的境遇，万千感慨油然而生，不禁咏出了千古名句《乐游原》：“向晚意不适，驱车登古原。夕阳无限好，只是近黄昏。”李商隐生活在大唐帝国的暮年，唐王朝已经走下坡路。其诗是通过对夕阳的描绘，表达自己对国事的担忧。夕阳虽然如此美丽，可毕竟已是日落西山的黄昏，短暂的辉煌以后，将是漫漫长夜。我们热爱的大唐王朝不也是如此吗？

这个故事又使人联想到白居易的《赋得古原草送别》的前四句：“离离原上草，一岁一枯荣。野火烧不尽，春风吹又生。”诗人漫步在古原之上，直面脚下无名的小草，它从去岁被野火烧过的枯叶丛中无声无息而又顽强地吐出嫩芽，来迎接新的春天。这野草的生命力激发出诗人对人类自强奋斗、生生不息精神的感悟，创作出流传千古的诗句：“野火烧不尽，春风吹又生”。只白居易诗中的“原”，是否为唐长安城中的乐游原，尚待进一步研究。

历代文人所艳称的“红叶传书”是个优美浪漫的传说故事，可谓妇孺皆知。它有多种版本，时间、地点上各有差异，基本的情节是这样的：皇帝宫苑中配备有许多宫女，这些女人一旦入宫，便失去自由，仿佛被圈进铁笼的金丝鸟，爱情生活可以说基本上没有。她们渴望自由和爱情，却长不出翅膀飞出这森严高大的宫墙，只好把满腹辛酸寄托在落花流水之上。有一天，有个书生在宫城或禁苑外御沟流水中，偶然见到一些红叶从禁中流出，其中一片似乎有字。他随手捞出，只见上面题诗一首："旧宠悲秋扇，新思寄早春。聊题一片叶，将寄接流人。"（或题诗作："一入深宫里，年年不见春。聊题一片叶，寄与有情人。"）书生感到很惊异，回到住宿的客店后把玩良久，遂在另一片红叶上也题写一首和诗："愁见莺啼柳絮飞，上阳宫女断肠时。君恩不禁东流水，叶上题诗寄与谁？"第二天，书生特意跑到宫城的另外一处可以流水入宫的御沟上游，将那片红叶放在水面，目送着红叶顺水漂进了宫城。过了十余天，有个朋友来拜访顾况，谈话间拿出一片红叶来，只见上面也题着诗："一叶题诗出禁城，谁人酬和独含情。自嗟不及波中叶，荡漾乘春取次行。"这件奇事被当作一件新闻传到了皇帝的耳朵里，他便立刻下诏，将一批宫女遣放出宫，或与家人团聚，或择人婚嫁。书生与题诗宫女终成眷属。

宫禁中的红叶传书必须有两方面的条件，一是要有御沟的流水，且普通士人在外既可接到漂来的红叶，又能把红叶流入宫中；二是要有大的红叶。题诗的红叶不是枫叶而是梧桐树叶，其叶片大而结实，容易随水漂流。

实际上，芙蓉禁苑也具有这样的便利条件，这里不仅上有黄渠流入，下有曲江流出，而且还有红叶，还真有诗人用红叶寄托自己的真情呢。赵嘏《经汉武泉》诗曰："芙蓉苑里起清秋，汉武泉声落御沟。他日江山映蓬鬓，二年杨柳别渔舟。竹间驻马题诗去，物外何人识醉游。尽把归心付红叶，晚来随水向东流。"其题诗的红叶随汉武泉汇成的御沟向东流去，正是进入芙蓉园中。其还有《南池》一诗曰："照影池边多少愁，往来重见此塘秋。芙蓉苑外新经雨，红叶相随何处流。"

芙蓉园外是文人寻春探春的佳处，诗人们见禁苑中红墙绿瓦，壁垒森严，想其中红花之欲残，宫女之哀怨，想入非非，创作出不少"红叶传书"且终成眷属的理想化寓言。还真的有人在芙蓉园外向里漂流那寄托真情的红叶呢！所以说芙蓉苑也应该是红叶题诗传情的最佳场所之一。

曲江文化既有贵族化与世俗化的融合，又具浪漫型与理智型的统一，格调高、内涵富、题材多，成一综合体系，迸发出豪迈、开放、青春、自由、创新、融合、与时俱进的感召力，体现出盛唐文化的精气神。"寻花问柳""花天酒地"，在今天都是贬义词，而在唐代，却是进士们、诗人们追求的风雅潇洒境界。

一个城市的魅力和吸引力，主要是靠文化，文化能展示城市的价值和高贵独特的风尚，文化是城市的凝聚力和自信心的源泉。曲江是盛唐文化的荟萃之区，其成为唐都长安的标志性区域也就成为必然。

曲江芙蓉园系盛唐文脉所在，是唐都长安最有活力的地方，是唐长安城最具代表性的区域。唐时的人就是这么认为的，有诗为证："忆长安，二月时，玄鸟初至禖祠。百啭宫莺绣羽，千条御柳黄丝。更有曲江胜地，此来寒食佳期。"这是盛唐诗人鲍防任职福建时写的《忆长安》，说的是二月忆长安，首先想到的是杨柳新绿、莺歌燕舞的曲江胜迹。

到了三月，百花怒放，春光无限，诗人杜奕《忆长安》咏道："忆长安，三月时，上苑遍是花枝。青门几场送客，曲江竟日题诗。骏马金鞍无数，良辰美景追随。"诗人描绘出"三春车马客，一代繁华地"的曲江春游美景，来代表自己对长安的回忆。

四月一日在曲江芙蓉园举行的樱桃宴，也给时人留下了深刻印象。王维《敕赐百官樱桃》诗曰："芙蓉阙下会千官，紫禁朱樱出上兰。才是寝园春荐后，非关御苑鸟衔残。归鞍竞带青丝笼，中使频倾赤玉盘。饱食不须愁内热，大官还有蔗浆寒。"据考，此诗写成于天宝十一年（752）。樱桃宴在每年的四月初一举行，因为此时当年的其他水果尚未成熟，只有皇帝禁苑的樱桃先红，于是皇帝在用樱桃向祖先上供即所谓的荐祖庙和陵寝以后，就大摆樱桃宴，遍赐群臣。九品以上的朝官都能享受到这种待遇，可见规模很大，诗中的千官也许并非夸张之辞。那些采摘樱桃的宫女或宦官骑马把刚摘下来的新鲜樱桃用竹笼送到宴会现场，负责服侍宴会的宦官把它们洗净，再装到红色的玉盘中奉送到官员的座前。侍宴官员可以尽情地尝鲜，吃完以后还有甘蔗浆供应。

唐代诗人丘丹在回忆长安的四月时，就特别歌咏到这件事："忆长安，四月时：南郊万乘旌旗。尝酎玉卮更献，含桃丝笼交驰。芳草落花无限，金张许史相随。"南郊即是南苑，应该是指芙蓉园；万乘是皇帝的代称，因古代天子之地方千里，可出兵车万辆也；含桃即指樱桃；丝笼是盛樱桃的金丝笼子；金张许史是用汉代的豪门贵戚指代侍宴的群臣。金指金日磾家，从汉武帝到平帝，金家七世为内侍；张指张汤家，其子孙从汉宣帝时起先后担任侍中等要职者十余人；许指汉宣帝许皇后的娘家，史指汉宣帝祖母史良娣的娘家，许史两家都因是皇帝的外戚而各有数人封侯。在四月初一这天，皇帝率百官千骑，来南郊芙蓉园赐宴，盛满美酒的玉杯连续敬献，装有新鲜樱桃的丝笼不断送来，在这芳草铺地、落英缤纷的时节，君臣尝新饮宴，令人难忘，是唐代诗人忆长安四月时最先想到的盛事。

福建人王棨，咸通年间来长安，中进士，其对曲江美景赞叹不已，特著《曲江池赋》，以为曲江“轮蹄辐辏，贵贱雷同，有以见西都之盛，又以见上国之雄。愿千年兮万岁，长若此以无穷”。唐德宗时文人欧阳詹感念曲江池在唐都长安的重要作用，在《曲江池记》中认为“兹池者，其谓之雄焉，意有我皇唐须有此地以居之，有此地须有此池以毗之。佑至仁之亭毒，赞无言之化育，至矣哉”。意思是说，天生大唐则必有长安城这样的城邑以成其都，有长安城则必有曲江池这样的池园来辅助其功，曲江池之于唐都长安就如同今日西湖之于杭州。

三　进士风流韵事——曲江流饮与杏园探花

唐代中后期近二百年，新科进士每年揭榜后，皆齐集曲江，先在杏园举行探花宴，又至慈恩寺雁塔下进行题名会，还有盛大的曲江关宴。杏园探花、雁塔题名、曲江流饮被誉为第一流人物的第一等风流事，成为千古美谈。曲江的园林美景与文化氛围吸引着新科进士们的到来，而这群文化精英的风流韵事反过来又加强了曲江在文化上的崇高地位。

以进士取仕，始于隋炀帝大业年间，盛行于唐，一直延续到清末。唐代科举制曾设有秀才、进士、明经、俊士、明法、明算等几十种，唐初以秀才、进士两科并重，从高宗永徽年间起，进士科最为时人所重。其应试人数多，但却特别难考，每年参加进士科考试的举子“多则二千人，少犹不减千人”（《通典·选举》），但录取名额仅有30人左右，所谓“桂树只生三十枝”是也。黄滔《放榜日》也说：“吾唐取士最堪夸，仙榜标名出曙霞。白马嘶风三十辔，朱门秉烛一千家。”能春风得意考中者只有30人，而刻苦读书的却多达千余家。一旦有幸得中，则直接接受朝廷命官，多为重臣，故“金榜题名时”被认为是人生最为荣耀的大喜事之一，进士及第被称为“平步青云”“鱼跃龙门”。《唐国史补》曰：“进士为时所尚久矣。是故俊乂实集其中，由此出者，终身为闻人。故争名常切。”

举子们考中进士就有了入仕的资格，意味着荣华富贵，光宗耀祖，这是他们多年寒窗苦读梦寐以求的，怎能不使人欣喜万分。登第的喜悦可使人神清气爽，一下子年轻二十年，困于场屋二十多年，五十余岁才荣登金榜的许棠就抒发过这种体会。据《金华子》卷下，“许棠常言于人曰：往者年渐衰暮，行卷达官门下，身疲且重，上马极难。自喜一第以来，筋骨轻健，揽辔升降，犹愈于少年时。则知一名能疗身心之疾，真人世孤进之还丹也”。这种感觉并非夸大之词，精神上的作用是人生活中不可替代的东西。累举不第一度十分消沉的孟郊，在46岁及第后也兴奋地写下了《同年春宴》的诗篇：“视听改旧趣，物象含新姿。红雨花上滴，绿烟柳际垂。”由于心情的畅快愉悦，连入目接耳的一切景色都仿佛改变了旧日的模样。

唐朝公布科举考试的录取名次称为“放榜”。放榜日通常在二月，“十年辛苦一枝桂，二月艳阳子树花”。多选寅日或辰日，因寅属虎，辰属龙，取“龙虎榜”之意。放榜以后，新科进士们陶醉于狂欢之中，在进行一系列礼仪性节目以后，名目繁多的喜庆宴席接踵而至。

每次庆贺皆是在饮宴中进行，因此宴会的名称繁多，有许多花样。据《唐摭言》卷三，著名宴会有大相识、次相识、小相识、闻喜、樱桃、月灯打球、牡丹、看佛牙、关宴等多种。从原注内容看，大相识、次相识、小相识三宴性质相近，皆是在主考官员参与下的同年饮宴，是各种名目的见面会。闻喜宴又称敕士宴，是皇帝钦赐进士之宴。樱桃、月灯、牡丹、看佛牙四宴是以活动主要内容之一命名的，地点似乎也不相同。樱桃宴指席面上以尝新鲜樱桃为特色，多在杏园；月灯打球是指在月灯阁饮宴，这里有著名的打马球运动场，宴会时要举行打球游戏；牡丹宴似乎是以欣赏牡丹花为主要特色的游宴，慈恩寺的牡丹很出名，应该成为其宴会的场所之一；看佛牙宴指在佛牙楼举行的带有宗教祈福性质的饮宴，多在宝寿、定水、庄严三寺进行。关宴则是最大规模的宴会，多在曲江风景区举行，具体是在曲江岸边的尚书省亭子，这就是最著名的曲江大会。

据《南部新书》乙卷：“进士春闱宴曲江亭，在五六月间。”从二月放榜到此宴的三四个月是进士们庆贺游宴的时间，各种活动接连不断，最有代表性的几种游宴多在曲江园林区举行，比如杏园的探花宴、樱桃宴，慈恩寺大雁塔下的题名会，曲江亭的关宴。大中八年（854）及第进士刘沧《及第后宴曲江》诗曰：“及第新春选胜游，杏园初宴曲江头。紫毫粉笔题仙籍，柳色箫声拂御楼。霁景露光明远岸，晚空山翠坠芳洲。归时不省花间醉，绮陌香车似水流。”徐夤《依韵答黄校书》诗云：“慈恩雁塔参差榜，杏苑莺花次第游”，都是既写到了杏园宴，又叙说了雁塔题名。

《秦中岁时记》记载：“春时，进士杏花园初会，谓之探花宴，以少俊二人为探花使，遍游名园，若他人先折得名花，则二使皆被罚。”杏园宴中最富情趣的节目是探花游戏，宴会开始后，由大家推选的两个年轻俊秀进士充作探花使，由他们骑马遍游曲江附近乃至长安各大名园，去寻觅新鲜的名花，并采摘或带来供大家欣赏。如果进士中有人先此二人折得名花，或采摘之花远胜于探花使者所得，那么这两个“少俊者”就要受到惩罚。当然，惩罚也只不过是罚多喝几杯酒，倒也是一件令人心醉的事。

新科进士必须全部参加杏园的探花活动，《唐摭言》卷三曰：“人置被袋，例以图障、酒器、钱绢实其中，逢花即饮。……其被袋，状元、录事同检点，阙（缺）一则罚金。”好个逢花即饮，而且带着被袋，其中装有各种应备物件，由仆役带上，随时可设席置帐，赏花饮宴。每当此时，长安城中所有的公私园林都为游人开放，让人尽情观赏，也为探花使及进士们提供遍赏名园、选摘名花的便利。长庆年间，张籍著《喜王起侍郎放榜》诗记有进士探花之盛：“东风节气近清明，车马争先满禁城。二十八人初上牒，百千万里尽传名。谁家不借花园看，在处多将酒器行。共贺春司能鉴识，今年定合有公卿。”有花园的主人们敞开园门等待着探花的光临，能够得到新科进士们的欣赏，花主人也是荣耀的。

在大街两旁众多百姓官员艳羡的目光中，探花使及进士们鲜衣健马，游赏名花，确是光彩照人，充当探花使更是值得骄傲的一件事。曾为探花使的乾宁二年（895）进士翁承赞就有诗专记其得意之情，其《擢探花使二首》云：“洪崖差遣探花使，检点芳丛饮数杯。深紫浓香三百朵，明朝为我一时开。探花时节日偏长，恬淡春风称意忙。每到黄昏醉归去，纻衣惹得牡丹香。”贞元十二年（796）及第的孟郊《登科后》诗云：“昔日龌龊不足夸，今朝放荡思无涯。春风得意马蹄疾，一日看尽长安花。”很明显也是写的探花活动。

从《唐摭言》记述探花与主酒、主乐、主茶等是一种分工的不同来看，除杏园宴的探花使采摘名花外，探花使似应还有以下两种责任，一是寻觅鲜花布置宴会场所，二是找到并联系好有名的花园，以供今后进士们举行宴会游赏。

曲江关宴是新科进士庆祝的高潮。《唐摭言》卷三《慈恩寺题名游赏赋咏杂记》记载其空前盛况：“曲江亭子，安史未乱前，诸司皆列于岸浒。幸蜀之后，皆烬于兵火矣，所存者惟尚书省亭子而已。进士关宴常寄其间，既彻馔，则移乐泛舟，率为常例。宴前数日，行市骈阗于江头。其日，公卿家倾城纵观于此，有若中东床之选者，十八九钿车珠鞍，栉比而至。”同书卷三《散序》也记有曲江大会的情景：“逼曲江大会，则先牒教坊请奏。上御紫云楼，垂帘观焉。时或拟作乐，则为之移日。……曲江之宴，行市罗列，长安几于半空。公卿家率以其日拣选东床，车马填塞，莫可殚述。”实际上两者记述的是同一件事，即“曲江关宴”也就是“曲江大会”。称“关宴”是因为游宴的时间在吏部关试之后，称“曲江大会”是因为同榜进士齐集曲江，而且社会各界踊跃参与，成为其庆贺活动规模最大的一次。

据上述两段引文所载，曲江举行的进士宴也是一个举国胜游的日子，上至皇帝，下到百官公卿甚至商人、平民，俨然一个盛大的节日。宴前数日，曲江园林就布置得焕然一新，许多买卖人来此抛售商品，欲大赚一笔；长安市民争先往观，并能趁机选购物品；公卿贵族们带着家属来此观光，有些还特意想在年轻的进士中为自己的女儿物色佳婿；连皇帝也来凑此热闹，通常会在这一日带着后妃驾幸紫云楼，观赏盛景。这一天的曲江园林，车马填塞，人流如潮，热闹非凡。

新科进士才是此日的主角，他们个个身着盛装，气宇轩昂，身旁跟随着浓妆艳抹又能歌善舞的乐妓。进士们首先在曲江亭举行酒宴，饱尝美馔佳肴，狂饮琼浆玉液；后来又登画舟泛流于曲江池面，边饮酒赋诗，边欣赏湖光水色。教坊乐队与歌妓舞蹈始终伴随左右，周围及岸边围观群众的欢呼声不绝于耳。进士们陶醉于这美酒歌舞盛宴之中。同时，还有被权贵王公选为东床的可能性，“金榜题名”后更有“洞房花烛夜”，世界上的幸福事全部拥有，快乐得真比天上的神仙。当时诗人雍裕之的《曲江池上》便写出了这种心情：“殷勤春在曲江头，全籍群仙占胜游。何必三山待鸾鹤，年年此地是瀛洲。”

进士曲江大会得到皇帝和政府的支持与鼓励。皇帝不仅亲临现场观赏，而且经常赐予宫内教坊乐舞，有时还赏宫中食品以示恩宠。唐僖宗一次在兴庆池泛舟，方食饼餤，“时进士于曲江有闻喜宴，上命御厨各赐一枚，以红绫束之”。为此，徐演曾写诗炫耀说：“莫欺老缺残牙齿，曾吃红绫饼餤来。”

政府各机关除向进士们提供游宴场地尚书省亭子外，还保证曲江池中的彩舟及饮宴用的帐幕、器皿等设施优先满足进士们的需要。据《唐摭言》，乾符年间，杨知至侍郎想携家人游览曲江，致书于京兆尹薛能，要借其管理下的曲江池彩舟一用。而这一日彩舟已为新科进士借走，薛能只能回书作罢，气得杨侍郎大骂薛能：昨日还是我手下的一个小小郎吏，今日当上京兆尹就如此无情，可恨。但他始终也没什么办法，只能由进士们优先享用。《唐摭言》卷三还记有咸通十四年（873）进士曲江宴的故事，“宴席间帟幕、器皿之类皆假于计司，杨公复遣以使库供借。其年三月中，宴于曲江亭，供帐之盛罕有伦拟。”其饮宴器皿竟要由政府的两个机构提供，自然精美丰盛无比。

流饮是曲江宴的特色，新科进士宴当然少不了此项，据《开元天宝遗事》，他们还有更风流的“颠饮”。进士郑愚、刘参、郭保衡、王冲、张道隐等十几人，不拘礼节，旁若无人，在游宴之日，选携妖艳的妓女三五人，乘上小犊车，到花木繁茂的角落，就草地而坐，开怀畅饮，脱去帽子、外衣，有时甚至于赤裸，狂笑、斗酒、喧呼，自称作“颠饮”。

还有个故事，有温定要提弄出九头的进士，就连进士集会曲江时特意在岸边柳林之中，自己打扮成美女模样，帟幕布置甚华美。进士们见此景，均以为其为豪贵家庭之女，必然姝丽，乃命彩船驶向柳荫。众进士无不专注于此，有的还真上前挑逗，更多的则是咏诗抒发爱慕之情，并摆出各种酷的造型，都想引起那美女的青睐。见大家兴致趋浓，温定在帘内暗自发笑，因而放松身心，把自己的脚伸到了外边，这可露了马脚，因为温定的小腿粗壮而又多毛。众人见此情景，知非美女佳丽，赶忙用衣衿遮面，令船立即回避。有与温定相熟者对大家说：为此恶作剧者必为温定。这故事说明新科进士泡妞是很普遍的，他们“一日看尽长安花”，除了自然的鲜花以外，还应包括满园的美女在内，因为她们都是进士们的追星族，这也为此日贵族公卿选择东床佳婿提供了条件。

唐代中后期，进士曲江游宴已经被培养成一种文化，曲江会、杏园宴、雁塔题名遂成为高中进士的代名词。贯休《送李铏赴举》诗曰：“明年相贺日，应到曲江滨。”相贺曲江滨当然就是金榜题名之义。

探花是进士杏园宴的保留节目，后世科举考试中，把名列进士金榜第三名的人称作“探花”即来源于这一典故，可知其影响深远。而雁塔题名在唐代以后至清朝末年的近千年时间中并没有停止，每当科举考试以后，三秦举人、秀才们皆齐集慈恩雁塔之下，效唐人故事，题名于此。虽然规模缩小，却也是一时兴会。

月登阁（又写作月灯阁）打球宴也是新科进士很有特色的庆贺活动。据《唐摭言》卷三，“咸通十三年（872）三月，新进士集于月登阁为蹴鞠之会。击拂既罢，痛饮于佛阁之上。四面看棚栉比，悉皆褰去帷箔而纵观焉。”月登阁大概建有类似现代大型体育场馆的设施，四周置有看台，可容数千观众，主要进行打马球、蹴鞠即踢球运动。月登阁在唐长安城东郊，今曲江管委会辖下仍有村庄曰月登阁者，唐月登阁应在此附近。是每年三月进士举行打球宴的地方。

月登打球宴上，新科进士们在宴会进行之前，还有一个列队巡游场地一周的仪式，来接受观众们的欢呼，颇像现代大型体育比赛的入场式。有个叫邹希回的人，年龄已经超过 70 岁，是当年进士榜的最后一名，在大家将要就席时坚决请求再次巡游场地一周。同年们皆开怀大笑，有人还取笑他说：你也敢再来一次，不怕你走不回来，看你走起路来一步三颤的。

乾符四年（877），“诸先辈月灯阁打球之会，时同年悉集”，却发生了意外，不知从哪里跑进一队士兵，占领球场摆开阵势就打起了马球。新科进士们已准备就绪，但场地突然被夺，当然受不了这个气，观众也愤愤不平，但谁也不敢说什么。原来是宦官统领的神策军，有意来搅这个局。这时，新科进士刘覃挺身而出，对大家说：我能为大家煞住他们的骄气，让他们自动退去，怎么样？状元为首的进士们当然求之不得。于是刘覃下场，跨马高举球杖，对那些士兵说：新进士刘覃愿陪奉大家玩一会，可乎？那些人根本没把这个书生放在眼里，窃喜，以为可以耍他一下，便让他参加进来。“覃驰骤击拂，风驰电逝，彼皆愕视。俄策得球子，向空礤之，莫知所在。数辈惭沮，僶俛而去。时阁下数千人因之大呼笑，久而方止。”刘覃的高超球技使那些军中击球老手自叹不如，甘拜下风，说明了刘覃并不是只能用其父辈的钱大摆樱桃宴，还真可说是文武全才。由此可知，唐朝进士队伍中什么样的特殊人才都有，并不全是文弱书生。

四　新修大唐芙蓉园——文化的传承与创新

2005 年 4 月 11 日（农历三月初三）大唐芙蓉园开放。重新建成开放的大唐芙蓉园位于大雁塔以东约 500 米，占地 998 亩，其中水面 300 亩。这是一个以水景为核心，以古典皇家园林格局为载体，集体验观光、休闲度假、餐饮娱乐为一体，浓缩盛唐文化的大型主题公园。

2003 年，聘请中国工程院院士、著名唐代园林建筑设计大师张锦秋重新进行了芙蓉园的总体规划和建筑设计，并正式定名为“大唐芙蓉园”，成为了西安市重点建设工程项目，开始了重建。经过广大建设者们的辛勤劳动，2005 年农历三月三日，“大唐芙蓉园”以恢宏的气势与创新的姿态，重新耸立起来，正式开放并接待了第一批客人，展现了西安人重振汉唐雄风的盛世辉煌。

大唐芙蓉园总体规划力求做到历史风貌、现状地形与现代旅游功能三者的有机结合，在园林建筑上具有以下特色。

她具有利用地形，崇尚天然的自然山水格局。

曲江具有坡陀起伏、曲水萦绕、远赏南山、近附流泉的自然景观，在其原址上重建的“大唐芙蓉园”，其山水格局按照自然山水就是整理加工现有地形、水面。全园的地形地貌总体上呈南高北低之势，南部岗峦起伏，溪河缭绕，北部湖池浩荡，水阔天高，这就决定了今日大唐芙蓉园的山形与水势。

山形：在南部山峦区结合原有东高西低的地形，将全园制高点置于东南部，其土山名叫茱萸山。山的轮廓起伏力求与远处的南山相呼应。

湖山面的地形也作了岗埠式处理，为的是使湖周边地貌形成逶迤之势，同时还可以屏障北侧城市交通的干扰。

水势：北部宽阔的湖面是原来的天然洼地，现改造成北凸南凹的“腰月”形，使其对全园的中心区呈绕环之势。湖的东西两侧各有水口向南部延伸，用分层跌落的瀑布或“曲水流觞”、港湾溪谷的形式相互连接起来。这样就形成了一个由瀑布、湖面、河流、溪水、池面组成的环形水系，构成界分并连接了全园的各个景区，成为“大唐芙蓉园”有机的血脉。

它具有规模宏大、层次丰富、功能各异又相互借景得景的皇家园林格局。

“大唐芙蓉园”在规划上设置了中轴、西翼、东翼与环湖四大景区。芙蓉园中心部位为中轴区。全园主轴为南北方向，自南而北依次有南门、“凤鸣九天剧院”、紫云楼、紫云湖，它们构成了明确的中轴区。紫云楼是全园的主标志性建筑。主轴区西侧的御宴宫和“曲水流觞”构成了西翼区；东侧的唐集市、茱萸山及其北麓的唐诗峡构成东翼区；北部的湖面及其周围的十八个景点共同构成环湖区。景区、景点之间有园林道路和水系为之联络，更以“对景”“障景”等手法构成似隔非隔的联系。

四大景区实际上也是功能分区，中轴区是演艺区，西翼区是餐饮区，东翼区为唐集市与诗歌文化区，环湖区各景点也有明确的功能划分。

亲水的亭廊，宏大的楼台，疏朗的院落，开敞的轩堂，私密的馆舍，高低错落，虚实相生，各在其位，各显其能，相互成景得景，共同构成了庞大而丰富的园林景观体系，创造出园林的皇家气派。

大唐芙蓉园力求全方位恢复和创新盛唐文化。

盛唐文化光辉灿烂，是中华文明的最高峰，既博大精深，丰富多彩，又个性鲜明，引人入胜。“大唐芙蓉园”园林建筑的每一个细节都是以文化这条精神主线来支撑和连接着的，也就是说，园林建设能够创造性地利用各种表现形式来充分自然地展示盛唐文化。这里有神圣恢宏的皇家文化，可以看到“百帝游曲江”及其规模盛大的大唐仪仗队伍。这里有科举进士的精英文化，杏园探花、雁塔题名、曲江流饮、入仕出相，表现出唐都长安第一流人物的第一等风流事。这里有四方来朝，八面宾服的外交文化，有“曲水流觞”的酒文化，有陆羽茶圣的茶文化，有一步一景皆唐诗的诗歌文化，有“三月三日天气新，长安水边多丽人”的女性文化，有“万民乐游曲江”的平民文化，有霓裳羽衣胡旋舞的歌舞文化，更有佛教与道教并行的宗教文化。

盛唐文化是大唐芙蓉园的灵魂，进入了芙蓉园，每一建筑各个景观都有典故传说，带您梦幻般地回到盛唐世界。

大唐芙蓉园还具有丰富多彩、动静结合和可参与体验的演艺活动。

“大唐芙蓉园”建设注重文化感受，强调游客参与互动，认真做好大型主题演出的文章，利用水幕电影、焰火与节日巡游等活动动态地再现了盛唐文化，并让人们“走进历史，感受人文，体验生活”。

全球最大的水幕电影，幅宽 120 米 ×20 米，在湖中心上映。紫云楼及凤鸣九天剧场构成宫殿造型的演出舞台，融塔影、灯光、水雾、歌舞、园林建筑为一体。楼、堂、馆、苑中分别设计有盛唐文化主题的展、演、购、娱活动，使游人在具体生动的参与活动中，充分体验盛唐的风采。

这里有全球最大的户外香化工程，让人们从视觉、听觉、嗅觉、触觉与味觉五个方面全面感受园林的神韵。

这里正上演由中国著名编导陈维亚执导、中国音乐家协会副主席赵季平作曲的反映盛唐文化的大型歌舞剧——《唐文化嘉年华——梦回大唐》。这里正在播放全明星阵容出演的 30 集电视连续剧《大唐芙蓉园》，它将系统而又戏剧化地宣传大唐，宣传曲江。

“大唐芙蓉园”是中华历史文化之园，是自然山水之园，是人文艺术之园。她如同一个时空隧道，把人们从 21 世纪带回到大唐盛世，给人带来一种“既在意料之外，又在情理之中”的巨大冲击力，震撼人的心灵。

原刊《西北地区农村产业结构调整与小城镇发展》，
西安地图出版社 2003 年版

第五节　曲江新区经济社会开发的地理基础与水土资源

1993 年 10 月，西安市曲江旅游度假区正式成立，规划面积 15.88 平方千米。2003 年 3 月，在度假区基础上新成立的曲江新区得到了西安市人民政府的批准，是规划中的西安市城市中心区的重要组成部分，也成为西安市今后几年重点建设的区域。科学地分析与评估曲江新区的自然环境、资源条件，是曲江新区中长期（2004—2010 年）经济社会开发的前提条件。本节就此谈一点个人的观点，希望能对曲江新区的建设起到添砖加瓦的作用。

一　自然地理环境特点

1. 地理位置

曲江新区位于西安市东南，在曲江旅游度假区的基础上发展而成，是规划中的西安市城市中心区的重要组成部分。规划范围 47 平方千米，以闻名中外的大雁塔、曲江园林遗址与杜陵陵园遗址为中轴，东起马鸣路，西至翠华南路、纬一街、长安南路南段；北起小寨东路、西影路，南到雁塔区南界，与长安区相接。

2. 地质

受骊山断隆区与西安凹陷区的作用，曲江新区基本上处于一个走向北—东—东的单斜构造地质单元上，被称作西安东南小断阶。这里发育了多条近乎东西向断层的断裂组，断面倾向南方，它们与临潼—长安断裂带共同组成了一个自关中盆地形成以来就活动着的生长断层系。正因其现代仍处于活动期，所以产生了危害较大的西安地裂缝。

西安市范围内的地裂缝有十余条，大致以 1.0—1.5 千米的间隔呈平行等间距展布，总体走向为北东 70°—85°。影响到曲江新区的地裂缝共有五条，从南向北排列依次为三兆村—春临村—长安县皇子陂地裂缝，马腾空—缪家寨—新开门—曲江池地裂缝，岳家寨—瓦胡同—长延堡地裂缝，陆家村—北池头—陕西师范大学地裂缝，铁炉庙—观音庙—小寨—吉祥村地裂缝。各地裂缝走向见图 3—5 曲江新区地质地貌略图，前

4条位于曲江范围之内，后1条分布在新区北部边界之外，已逸出曲江范围。每条裂缝由数条支裂缝组成，呈不规则雁行状，对经过地方的建筑物基础造成严重破坏，给供电、供水、供气、公路、桥梁等带来巨大威胁。

由于过量开采地下水和地裂缝活动的影响，西安市部分地区还出现了一定程度的地面沉降，从20世纪60年代开始，至80年代最为严重，尤以南郊为甚。曲江新区西北部也受一定影响，以至著名的大雁塔都发生了渐向西北倾斜的现象。现在由于严格控制开采深层承压水，关闭了许多自备水井，地面沉降已得到有效控制。

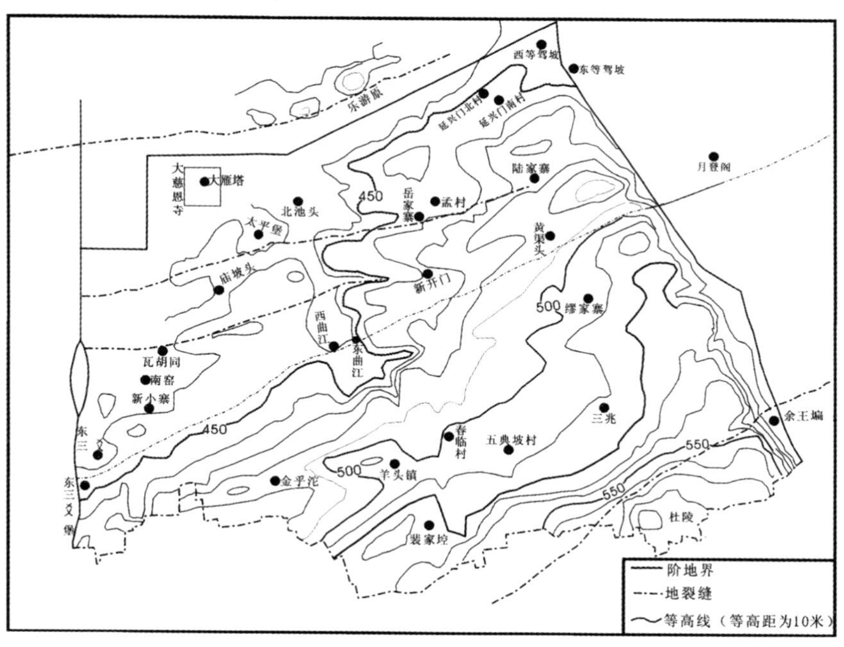

图3—5　曲江新区地质地貌略图

3. 地貌

曲江新区位处渭河以南，秦岭北麓，地形大势由东南向西北呈阶梯状降低，从大的地貌单元上可分成三种类型。如图3—5所示，以缪家寨、三兆村、五典坡村以南，裴家埪村以北的520米等高线为界，其南部为黄土一级台原，为著名的少陵原所在，古代又称鸿固原、杜陵原或凤栖原。在三兆村以南，台面呈陡坡衔接、很快上升到海拔550米的台原，汉杜陵附近地面达到590米，杜陵封土顶端高程618米，是本区的最高点。

从延兴门北村经岳家寨、曲江池到东三爻堡村南侧的450米等高线旁边也有一个阶地发育，隋唐长安城受此阶地影响较大，其东墙与南墙基本上就布设在这个阶地上。其北侧为渭河最高一级阶地，属冲积洪积扇平原地形。受差异性新构造运动的影响，由东南向西北标高逐渐降低，比高减少，最低处海拔415米。在著名的乐游原与曲江池之间形成了北东向展布的多个梁凹相间波状起伏的微地貌。

两阶地之间即标高450—510米的地方，属黄土台原向渭河高阶地的过渡地带、兼有两种地貌类型的形态特征。

4. 气候

曲江新区属暖温带大陆性季风气候，其主要特征是四季冷暖干湿分明，冬夏季较长；春季升温迅速，干燥多风；夏季炎热，日照强烈；秋季温和湿润，时有淫雨；冬季北风干冷，雨雪偏少。

年平均气温13.3℃左右。一月平均气温-1.3—-0.5℃，极端最低气温-20.6℃。七月平均气温26.4—26.9℃，极端最高气温45.2℃。年平均降水量580.2毫米，半数以上集中在7月、8月、9月三个月。最大积雪厚度22厘米，最大冻土深度45厘米。多年平均相对湿度71%—73%，平均年蒸发量1302毫米。全年盛行东北风，频率为10%；次主导风为西南风，频率为7%；静风频率35%。年平均风速1.3—2.6米/秒，春季风速较大，年极大风速达40米/秒以上。

5. 植被与土壤

由于开发历史悠久，新区范围内自然植被早已被栽培植被所代替，田野上以农作物为主，农村聚落与城区为园林绿化景观。

本区古老稀有树种不多，列入西安市古树名木的有：大雁塔盆景园中的2株龙爪槐，树龄400年，在西安市同类树种中年龄最大。瓦胡同小学内有一棵紫玉兰，在西安市独一无二，属稀有树种。慈恩寺院内生长着的4棵柽柳，树龄250年，也属稀有树种。此外，还有慈恩寺方丈殿前300年的两株侧柏，西安交通大学财经学院校内350年树龄的皂荚，月登阁村树龄200年的一棵皂荚。西安市市树国槐多为行道树，柳树则是曲江新区古往今来的特色区域树种。

本区土壤多为黄土母质上发育而成，台原地区多褐土或黄墡土，疏松多孔，耐旱抗涝。高阶地区域多塿土与黄墡土，为耕作性土壤，有机质含量高，水肥气热协调。

6. 自然环境质量现状评价

环境是多层次多要素组成的复杂系统，曲江新区上述地质、地貌、气候、植被与土壤等生态环境，对其经济社会发展有很大的制约作用，既有起促进作用的正相关，也有负面影响。注意到这些，就可以在今后的工作中有的放矢，扬长避短，争取最大的环境效益、经济效益与社会效益。

对新区发展有利的环境特征包括很多方面，比如地貌上高低错落自然起伏的特点，使各区原隰相间。这种地形本身即是一种资源，而且在景区划分与景点布设上特别有利于达到“山重水复疑无路，柳暗花明又一村”的园林效果，隋唐时代的曲江文化风景区就是利用乐游原与曲江池的自然地势布设的，留下了宝贵的建园经验。今后开发时绝对不能一味简单地削高填低，而应该尊重自然，继承曲江文脉，创造出崭新的山水园林式都市风貌。又如古树名木、地方特有树种与山水、建筑一样，具有很高的观赏价值，也应算作重要的风景旅游资源。曲江的柳树、国槐及其他适生稀有树种，对于未来曲江特色的园林绿化建设具有指示意义。

环境现状对新区开发也有不利的一面。首先，地质灾害是特别严重的问题，以地裂缝为主，地面沉降与地震次之。今后地面和地下建筑应尽量避开地裂缝分布带，离开多远须结合实际影响程度来确定，一般而言，建筑物应远离主地裂缝20米为宜。冬季严寒夏季酷暑而且时间特长，春季有沙尘天气等气候特点，在一定程度上限制了室外游览的时间。盛行的东北风与西北风容易把灞桥热电厂与市区上空的污染空气吹来，对曲江的环境质量会产生不利影响。

二　水资源条件

城市的生态、生活、生产发展都离不开水。因此，水资源是自然环境的主导因素，也是曲江新区经济社会发展的重要自然条件。

1. 地表水资源

曲江新区范围无天然河流经过，地表水为西安曲江水厂和西安南郊水厂，两水厂皆由黑河水库供水，属外区调来水源。此外还有一些小型湖池蓄储雨水。

（1）曲江水厂与南郊水厂

曲江水厂建在曲江池南侧，占地205亩，有四个并联而独立的净水系统，日处理净水60万吨。1987年12月开工，1991年8月竣工。水源来自黑河引水工程，即黑河水库主水源，石头河水库补充水源，石砭峪水库调补备用水源，田峪、沣峪自流补充水源等，向西安城市年供水总规模为4.0亿立方米。

南郊水厂位于等驾坡办事处千户村西北侧，设计规模为日处理净水50万吨。1998年兴工建设，现已建成，向西安市东南郊供水。

两净水厂的生产弃水现在都是排入护城河，扩大环城流动水面数百亩。远期规划将水厂弃水排入曲江池，可望恢复唐代“曲江流饮”的胜景，并可使西安市大环境和曲江新区小环境得到改善。曲江水厂生产弃水平均每日2.16万立方米，最大4万立方米，南郊水厂与之相差不多。以两水厂日均弃水4万立方米计算，能够满足曲江新区生态环境与经济建设的基本需求。这是一笔巨大的资源和财富，绝不能让它白白流掉。

（2）湖池水面

为集蓄雨水和生活污水，各村皆建有涝池，现在只雨季存有明水，利用价值不大。据雁塔区土地局统计资料，曲江新区范围内现有水面251亩，分布在荣和陶瓷厂、瓦胡同、庙坡头、金乎沱、春临村、西曲江池、东曲江池、新开门村、岳家寨、延兴门北村、延兴门南村、西等驾坡、马腾空村、南窑村、东三爻村、东三爻堡村、羊头镇村、孟村、裴家埪村、五典坡村、荣家寨、陆家寨、黄渠头、缪家寨、三兆村、余王扁村等地。20世纪50年代，曾经利用低洼农田和沟壑修建了较大范围的洪水拦蓄池，著名的有北池头（今芙蓉园北池）、观音庙、瓦胡同南、瓦胡同北、等驾坡、马腾空六个。现在多已干涸，被垦成农田，只有北池头所在的曲江北池现存水面300亩。此池平均水深1.8—2.2米，水体总量为380万平方米左右，是曲江新区现有储水最多、利用价值最大的湖池，西安市重大市政工程“大唐芙蓉园”就是以曲江北池为中心而设计的。

(3) 酸雨

由于工业与生活灰尘的污染，西安市空气中SO_2的浓度较高，局部地区偶尔出现酸雨现象。据调查，西安市年均酸雨频率在20%左右，主要出现在每年的5—10月，尤以10月份出现频率最高，达40%。曲江新区是西安市空气质量最好的区域，酸雨问题不太严重。因为酸雨对文物古迹有强烈腐蚀作用，对园林植物也有破坏，从长远考虑，应该给予相当的重视。

2. 地下水资源

曲江新区地下水资源十分丰富，其下堆积有较厚的第四纪疏松物质，富含水源。含水层分为潜水与承压水两大岩组，承压水根据埋藏深度的差异又有深层与浅层之别。此外，新区范围内还有特殊的地热水资源。

(1) 潜水

潜水埋藏在50—70米以上的地层中，含水层主要由上中更新统黄土组成，厚30米左右。含水层渗透系数为K=4—5米/日，水位埋深5—20米，单井涌水量一般每日为300—1000吨。潜水化学类型属弱矿化度的HCO_3—SO_4—Ca—Mg型水。受隐伏地势影响，潜水又有自东南流向西北的趋势。

曲江新区的潜水资源尚有开发利用的潜力，而且水质较好。但其埋藏较浅，容易遭受人为活动的污染，一定要在今后的城市开发中，制定切实有效的措施，防患于未然。

(2) 承压水

浅层承压水埋藏在70—140米深度范围内，含水层以黄土状亚黏土为主，夹二三层砂层透镜体，补给条件不好，富水性差，单井涌水量一般为每日300—800吨。水质较好，矿化度低。

深层承压水埋藏在140米深度以下，含水岩组为下更新统湖相沉积物，岩性以亚黏土、粉砂土为主，夹砂砾石层，富水性弱，单井涌水量一般为每日300—500吨。水质较好。

承压水资源是有限的，不能过量开采。曲江新区城市已建成区在20世纪八九十年代因过量开采承压水，形成下降漏斗，随之产生了地面沉降现象，给城市建设带来过严重后果。今后应该吸取教训，科学合理地利用承压水资源。

（3）地热水

曲江新区尚有未开发利用的地热水资源，瓦胡同—大雁塔—等驾坡一线以北地方属西安城区地热异常中心区范围。含水层为第四系三门组下部，属低温水，有一定开发潜力。

3. 污水资源

曲江新区雨水径流没有得到很好的利用，多直接排入污水管道，与生活污水一起汇入大环河，经皂河退入渭河。这不仅造成了下游河流的污染，而且也很不经济。今后应该采取措施，进行雨水截留，污水处理，以循环节约用水。

由于地形的起伏不平及多暴雨的气候特点，曲江新区还发生有水土流失现象，主要是水力和重力两种侵蚀类型。经测算，土壤侵蚀模数平均为每年平方千米400吨，属于轻度流失区。

4. 水资源开发评述

在黑河引水工程完成以前，曲江新区的水资源条件较为恶劣。无河川径流，湖池也很少，只能靠大量的抽取地下水，而因为地下水的过量开采，部分地区产生了地面沉降、地裂缝活动加剧等严重的问题。

随着黑河引水工程的成功和曲江、南郊两大水厂的建立，曲江新区的水资源条件得到彻底改善。地表水不仅能够满足建城区的城市供水，能够关掉了原来许多过量开采地下水的自备井，而且能够满足新区今后5年持续开发的基本要求。当然，由于两大水厂是西安城市用水的主要水源，为了保障西安市供水及曲江新区超长期的持续稳定发展，还应该在以下方面多做工作：

（1）利用天然地形，恢复人工湖泊。加快曲江南北池的恢复建设步伐，不仅使其具有园林观赏性，而且还有调节小气候与补充西安市地下水的多种功能。

（2）改进城市建筑设计，集蓄调控地表径流，改变雨水流失现象。比如布置楼顶集水设施，公路、广场等城区建立渗水槽，以蓄积雨水，补充地下水。

(3) 加速污水处理工程的建设，建立中水水道，充分利用污水资源。

(4) 钻探研究地热水资源，加强利用措施实验，尽快地开发出来。

(5) 加强绿化环保事业，保障曲江新区水的质量安全，也是为整个西安市做出的巨大贡献。

三 土地资源

曲江新区第一期即曲江旅游度假区规划范围为16.228平方千米（原统计数据为15.88平方千米，今以2003年雁塔区土地局最新登记册为准），新区二期规划范围为30.789平方千米，合计曲江新区总面积为47.016平方千米。

曲江新区一期规划范围内，目前属集体所有的土地为12900.7亩，约8.6平方千米。这些集体土地分属于23个村庄和部分企事业单位，其中耕地6565.9亩。23个村庄中有12个位于新区一期规划范围内，共有庄基地约2697亩，其余11个村庄不在此范围内，但在此区有其村属土地。各村庄的名称及所属土地面积见表3—1。

曲江新区一期规划范围内的国有土地可分为两部分。一部分为曲江旅游度假区成立之前就在这一范围内建设及1993年至1996年批准入区建设的单位，这部分土地面积为5226.8亩，折3.48平方千米。另一部分为1997年至2003年新批准入区建设的项目，这部分土地为6214.4亩，折4.14平方千米。这两部分土地的使用单位及所属面积分别列于表3—2和表3—3。

表3—2所列单位中，多数单位沿西影路、小寨东路、翠华南路和雁翔路分布，少数单位如曲江水厂等位于新区内部。这些单位总占地面积为3.48平方千米，其中：文教医疗单位21个，占地约1.01平方千米；工商企业12个，占地约0.66平方千米；旅游体育单位5个，占地约0.65平方千米；机关部队15个，占地约0.32平方千米；居住区17个，占地约0.26平方千米；科研设计单位8个，占地约0.17平方千米；区内部分道路占地约0.22平方千米。

表 3—1 曲江新区一期规划范围集体土地一览（亩）

序号	村名	土地面积	耕地	庄基地	其他	序号	村名	土地面积	耕地	庄基地	其他
1	大雁塔村	40.4	0	40.4	0	15	春临村	323.9	240.9	0	83.0
2	铁炉庙一村	2.3	0	0	2.3	16	西曲江池	1881.2	1059.9	284.5	536.8
3	铁炉庙二村	106.5	37.6	0	68.9	17	东曲江池	1875.4	1322.9	212.5	340.0
4	王家村	37.7	35.9	0	1.8	18	新开门	1769.2	1153.9	267.0	348.3
5	观音庙村	65.6	0	0	65.6	19	岳家寨	1610.4	823.2	228.5	558.7
6	庙坡头	755.7	276.4	264.5	214.8	20	后村	39.2	34.7	0	4.5
7	瓦胡同	631.6	270.8	332.6	28.2	21	太平堡	94.4	58.4	33.5	2.5
8	新小寨	30.2	18.6	9.0	2.6	22	刁家村	13.1	12.0	0	1.1
9	南窑村	585.3	306.0	264.3	15	23	岳家村	76.2	0	0	76.2
10	李家村	198.1	45.8	0	152.3	24	寒窑	76.9	0	0	76.9
11	孟村	495.9	219.4	238.0	38.5	25	曲江政府	58.6	0	0	58.6
12	北池头村	1659.5	343.5	522.2	793.8	26	其他单位	72.6	0	0	72.6
13	金浮沱	338.8	219.7	0	119.1		合计	12900.7	6565.9	2697.0	3637.8
14	羊头镇	98.5	86.3	0	12.2						

注：①23 号岳家村 76.2 亩土地所属性质未定。

②庄基地数据参考了曲江新区 2003 年 9 月 18 日提供材料。

③资料来源于雁塔区土地局原档。

表 3—2 曲江新区一期规划范围 1996 年以前国有土地面积统计（亩）

序号	单位名称	面积	序号	单位名称	面积
1	邮电部第四研究所	46.1	8	陕西财经学院	103.0
2	大雁塔小学	48.0	9	陕西省经济管理干部学院	42.9
3	西安统计学院	75.1	10	陕西师范大学（附中）	109.3
4	陕西财经学院家属院	9.4	11	兰州军区西安市翠华路干部休养所	23.8
5	省级机关翠华路老干部管理所	7.2	12	邮电部第四研究所住宅区	8.6
6	陕西省国防科学技术工业办公室	54.9	13	国家无线电频谱管理研究所	8.1
7	中国航天科技集团公司第四研究院	7.9	14	新疆军区西安第一离职干部休养所	43.1

续表

序号	单位名称	面积	序号	单位名称	面积
15	邮电部第十研究所电信元件厂	8.1	37	兰州军区后勤部离退休干部住房办公室	15.2
16	兰州军区第二干休所	34.5	38	解放军 B1363 部队	112.3
17	兰州军区第三干休所	22.7	39	陕西省第五建筑工程公司第三分公司	12.1
18	大慈恩寺	125.6	40	陕西省第三建筑工程公司家属院	34.0
19	唐华宾馆	145.7	41	曲江供销合作社铁炉庙门市部	1.2
20	中共西安市委党校	85.3	42	西安棉纺织厂（家属院）	4.2
21	曲江风景区管理处	116.3	43	中科院西安黄土与第四纪研究室	2.7
22	西安电影制片厂	284.2	44	西安市雁塔区西影路小学教舍	2.0
23	中国人民解放军第三十五医院	70.2	45	西安市房地局一分公司	27.0
24	西安太阳食品集团	75.4	46	代征路	34.8
25	曲江信用社	3.2	47	代征路	39.8
26	中国通讯建设第二工程局集团	14.3	48	新疆军区第三离职干部休养所	43.0
27	西安电影制片厂家属院	5.7	49	总参三部西安离职干部休养所	17.3
28	西安大方实业总公司家属院	9.9	50	中国人民解放军 63750 部队	31.2
29	西安陆军学院通讯士官训练大队	14.7	51	西安市雁塔区西影路小学	18.7
30	西安市第四十五中学	45.0	52	陕西省理工学校	30.0
31	中国有色金属工业西安勘察设计院	118.3	53	国防科工委西安第二干休所	30.4
32	西安人民毛刷厂	6.5	54	西北有色地质研究所家属院	20.7
33	市恒安置业公司	1.6	55	陕西伟捷制衣印染有限公司	22.4
34	中国地震局第二地形变监测中心	36.4	56	煤炭科学研究总院西安分院钻探研究所	27.2
35	兰州军区西安安居工程建设指挥部	27.0	57	西安南郊水厂有限公司	285.0
36	陕西测绘局仪器厂	47.3	58	西安理工大学	388.0

续表

序号	单位名称	面积	序号	单位名称	面积
59	雁塔南路	264.8	77	雁塔区粮食局	8.3
60	植物园	309.4	78	西安市党校	15.9
61	西安药技学校	2.4	79	西安市安康医院	19.7
62	西安航天技术开发集团	31.4	80	市电台	7.7
63	区教师进修学校	7.5	81	曲江水厂	111.8
64	瓦胡同小学	19.1	82	武警仓库	12.7
65	秦文公司	14.0	83	黑河指挥部办公室	20.7
66	瑞禾村	37.2	84	黑河指挥部办公室	17.0
67	射击场	273.0	85	黑河指挥部办公室	10.1
68	杏榭丽花园	41.4	86	雁引路	89.3
69	市建设投资有限责任公司	284.9	87	三兆路	52.8
70	87285部队（航图大队）	71.3	88	公墓路	131.0
71	曲江水厂	89.8	89	皇家花园一期	38.5
72	城市花园（南）	8.1	合计		5226.8
73	陆军学院通讯训练大队	58.3			
74	区公安局	17.3			
75	市精神病院	74.3			
76	曲江派出所	2.6			

表3—3　　曲江新区一期规划范围1997年以后批准征用为国有土地面积统计（亩）

序号	单位名称	面积	序号	单位名称	面积
1	西安湖滨花园住宅小区	150.0	5	泛美广场	48.2
2	曲江皇家花园（二期）	40.0	6	翠花住宅小区	148.2
3	秦埔花园	49.9	7	长安芙蓉园	998.5
4	秦岭山庄	47.2	8	曲江度假区综合楼	42.4

续表

序号	单位名称	面积	序号	单位名称	面积
9	曲江变电站（北变）	17.6	23	康建住宅小区	337.2
10	曲江宾馆	247.6	24	西安海洋科普世界	250.9
11	中伟外商俱乐部	66.0	25	西安旅游皇家马术俱乐部	120.1
12	城市花园	49.7	26	挚信花园	48.7
13	银湖花园	49.3	27	世界娱乐园	467.4
14	西安益业国际广场	53.6	28	西部超级商城	223.8
15	悦成花园	27.0	29	温泉康乐园	201.5
16	中国小吃城	87.0	30	情侣村	256.8
17	雁塔南路	270.0	31	御城花园公寓	24.1
18	曲江皇家花园（三期）	36.9	32	广播电视中心	379.4
19	曲江南变	17.3	33	商贸办公综合服务中心	12.0
20	金湖山庄	99.8	34	广场及配套商贸	757.7
21	网球中心	66.9	35	春晓园	156.9
22	翠竹园住宅小区	364.8	合计		6214.4

表3—3所列批准用地项目，除曲江南北变电站为公用工程项目外，均为商住和旅游项目，没有一项为工业生产项目。

表3—2和表3—3统计的国有土地共7.62平方千米，约占一期规划区土地总面积的46.39%，区内尚有约53.21%的集体土地可用于置换开发。

曲江新区二期规划范围土地总面积30.789平方千米，目前属于集体所有的土地为38491.1亩，约25.661平方千米。这些集体所有的土地分属28个村庄和部分企事业单位。28个村庄中有16个位于新区内，其余12个不在区内，但在新区有他们的村属土地。这些村庄的名称和土地面积列于表3—4中。

曲江新区二期规划范围的国有土地总面积为7692.2亩，折5.128平方千米。其使用单位名单见表3—5。

表 3—4　　曲江新区二期规划范围集体土地面积统计（亩）

序号	村名	土地总面积	耕地	庄基地	其他
1	铁一村	213.4	98.4	0	115
2	铁二村	6.3	5.8		0.5
3	延北村	535.4	130.9	244.9	159.6
4	延南村	809.7	526.7	113.4	169.6
5	东等驾坡村	319.8	8.5	0	311.3
6	西等驾坡村	844.9	189.8	339.6	315.5
7	月登阁村	27.0	13.8	0	13.2
8	马腾空村	941.6	647.3	0	294.3
	碑林乐居场	85.3	30.7	0	54.6
	灞桥湾子村	48.6	43.1	0	5.5
9	东八里村	17.3	0	0	17.3
10	长延堡村	18.4	0	0	18.4
11	瓦胡同村	178.2	0	0	178.2
12	南窑村	350.8	269.6	0	81.2
13	新小寨	258.3	1.8	0	256.5
14	东三爻村	644.3	141.5	252.7	250.1
15	东三爻堡村	975.6	390.9	244.4	340.3
	长延堡办工业园	139.9	0	0	139.9
16	北池头村	56.4	0	0	56.4
17	金浮沱村	3571.0	2586.0	341.1	643.9
18	羊头镇	857.2	625.0	90.5	141.7
19	春临村	1968.9	1492.6	255.7	220.6
20	孟村	334.3	255.0	0	79.3
21	裴家埪村	3590.0	2683.6	308.5	597.9
22	五典坡村	1076.7	682.7	91.9	302.1
23	荣家寨	671.4	447.1	68.7	155.6
24	陆家寨	2254.5	1398.0	291.6	564.9
25	黄渠头村	2136.8	1471.8	192.4	472.6

续表

序号	村名	土地总面积	耕地	庄基地	其他
26	缪家寨	3740.5	2823.8	315.8	600.9
27	三兆村	9470.8	7935.8	659.8	875.2
28	余王扁村	1974.4	1532.0	168.8	273.6
	史家湾村	4.3	3.7	0	0.6
	新城区孟家巷	12.0	11.7	0	0.3
	新城区东关五星队	9.1	8.5	0	0.6
	碑林区李家村	7.7	7.7	0	0
	长安县韦曲乡南里王村	10.4	8.9	0	1.5
	雁翔路	218.2		0	218.2
合计		38491.1	26472.7	3979.8	8038.6

表3—5　　曲江新区二期规划范围国有土地面积统计（亩）

序号	单位	合计	序号	单位	合计
1	国家电力公司西北勘测设计研究院科研所	37.3	15	碑林区	37.4
2	陕西省微生物研究所	16.7	16	电力树脂厂	19.2
3	中科院盐湖研究所西安二部	31.7	17	省建五公司砖厂	39.1
4	铁道部勘测设计一院	118.2	18	雁塔区	28.7
5	国家电力热工研究所	61.4	19	省警卫职工学校	38.9
6	陕钢家属院（千户村）	216.1	20	经七路	36.9
7	等驾坡信用社	1.8	21	交大科技园	296.3
8	等驾坡电管站	1.1	22	区良种场	51.9
9	等驾坡派出所	4.0	23	三环天燃气动力汽车开发公司	7.6
10	陕西正大水电建设工程公司	4.8	24	国际展览中心	223.8
11	雁塔区基础工程公司	5.0	25	旺园房产	128.2
12	马腾空粮库	166.9	26	交通征稽所	3.6
13	绕城高速公路	60.9	27	三路公交停车场	36.9
14	特种垃圾焚烧厂	16.3	28	市结核病院	111.7

续表

序号	单位	合计	序号	单位	合计
29	省交警总队	64.9	57	雁塔区中药商店	0.6
30	市第四酿造厂	16.6	58	长安供销社	1.8
31	市建安建材厂	851.2	59	长延堡信用社	0.5
32	省新型建材厂家属院	17.1	60	小寨商业大厦	0.2
33	省建一公司一处	45.8	61	长安路供销社	2.5
34	市杂品公司	47.6	62	师大翠华路代征路	1.6
35	长安养鸡厂	17.8	63	雁塔商业大厦	1.1
36	71715	8.2	64	长延堡信用社	1.3
37	绕城高速公路	355.6	65	长安路供销社	1.7
38	水厂路	24.2	66	宏泰房地产开发公司	2.5
39	翠华路	38.2	67	西安市通信设备厂	2.9
40	中国航天总公司第五研究院第504所	26.7	68	区吉祥村菜厂	2.1
41	市雁塔中医医院	8.1	69	陕西新时代房地产开发公司	4.2
42	冶金工业部西北地质勘察局	6.4	70	嘉翔房地产开发公司	1.6
43	区城乡建设开发公司	32.4	71	宏泰房地产开发公司代征路	1.4
44	市99中学	27.2	72	西安一景房地产开发公司	7.0
45	区城乡建设开发公司代征路	1.6	73	区兽医院	2.9
46	陕西省石油化工学校	92.7	74	符成轩	0.5
47	西安石油勘探厂仪器厂家属院	16.7	75	市劳教所家属院	11.0
48	省化校总厂代征路	5.9	76	长延堡办事处	14.8
49	陕西省经贸学院	73.3	77	省人民教育出版社家属院	14.6
50	轻工钟表研究所	45.1	78	西安生漆涂料研究所	8.4
51	招商局西安国际旅游公司	8.8	79	西安齿轮厂	19.0
52	雁塔区经济技术开发公司	8.3	80	雁塔分局看守所	23.0
53	省建华房地产开发公司	12.1	81	西安同仁培训学院	27.3
54	西安外语学院	272.4	82	陕西人民教育出版社	7.8
55	陕西师范大学	694.6	83	空地	8.1
56	师大路	14.7	84	荣和陶瓷厂	222.3

续表

序号	单位	合计	序号	单位	合计
85	关山厂家属院	42.4	95	市环卫局	86.3
86	秦川分厂	60.8	96	三兆火葬场	489.9
87	区粮食局	13.2	97	雁引公路	34.2
88	雁塔区	9.3	98	三兆公路	40.0
89	区种籽站	7.4	99	汉宣帝陵	84.1
90	八十八号信箱仓库	19.8	100	绕城高速公路	1631.1
91	市五十四中学	51.2	101	雁翔路	47.4
92	测研所卫星观测站	21.2	合计		7692.2
93	西安军分区仓库	24.0			
94	市一染仓库	2.3			

表3—5所列单位中，多数单位沿西影路、长安南路与会展路分布，少数单位如三兆火葬场等位于新区内部。这些单位总占地5.128平方千米，其中：文教医疗单位15家，占地1.204平方千米；旅游体育单位2家，占地0.155平方千米；机关部队20个，占地0.692平方千米；居住区12家，占地0.316平方千米；科研设计单位9家，占地0.245平方千米；道路建设17项，占地1.527平方千米。

二期规划范围内的国有土地共5.128平方千米，如再加上杜陵保护区万亩生态林地约6.667平方千米，则约占土地总面积的38.3%。是此区内尚有61.7%的集体土地可用于置换开发。这是曲江新区最宝贵的自然资源。

表3—6　　曲江新区国有、集体土地面积统计（亩）

区划		耕地	园地	林地	水面	交通地	未利用	城市聚落	合计
一期规划区	国有土地							5226.8	5226.8
	集体土地	6565.9	501.5	107.9	39.0	308.9	524.4	4853.1	12900.7
	已征土地							6214.4	6214.4
	合计	6565.9	501.5	107.9	39.0	308.9	524.4	16294.3	24341.9
	折成 km^2	4.38						10.86	16.228

续表

区划		耕地	园地	林地	水面	交通地	未利用	城市聚落	合计
二期规划区	国有土地	205.8					62.2	5130.9	7692.2
	集体土地	26472.7	1026.6	68.7	210.1	1118.9	1370.8	8223.3	38491.1
	合计	26678.5	1026.6	68.7	212.0	3410.3	1433.0	13354.2	4618.3
	折成 km^2	17.79						8.90	30.789
曲江新区总计	总面积	33244.4	1528.1	176.6	251.0	3719.2	1957.4	29648.5	70525.2
	折成 km^2	22.16	1.02	0.12	0.17	2.48	1.30	19.77	47.016

注：①此表数据以2003年12月雁塔区土地局统计数字为准。

②各项土地面积皆有详细统计，见前附表。

③因系四舍五入，折成 km^2 时合计数不一定与细数总和相等。

把以上分类统计数据综合起来，列入表3—6中。由此表可知曲江新区的各项土地资源总数量，土地总面积47.016平方千米，其中现有耕地22.16平方千米，园地1.02平方千米，林地0.12平方千米，水面0.17平方千米，交通用地2.48平方千米，未能利用荒地1.30平方千米，城市用地及农村庄基占地共19.77平方千米。可供今后直接开发的土地包括耕地、园地、林地、水面，在一定条件下，荒地与农村庄基占地也可以置换利用。

曲江新区土地资源应该算十分丰富的，几乎可以说是西安近郊未经开发的自然风景区。这种局面的形成有深刻的历史原因，西安城市的发展是以明清西安府城为中心，向东西南三面展开的，东郊是重型机械制造和纺织城，西郊发展成为仓储区和电工城，南郊是高校科研机构分布区，为文教城。20世纪80年代末期以来，西南郊发展起来了高新技术开发区和电子城，也是知识分子密集区，而北部的产业开发区也开始兴旺起来，只有东南部的曲江旅游度假区是一块特殊的地方，禁止引入有污染的工业项目，没有大的开发，仍基本为乡村形态，是一块待开发的处女地，好像专为西安市扩展预留的区域。曲江开发潜力巨大，具有明显的后发优势。

关于西安城市发展的目标，江泽民同志是这样概括的：“以科技、旅游、商贸为先导，把西安建设成一个社会主义的外向型城市。”在西安市高新技术开发区建设取得伟大成就的今天，拥有历史文化旅游资源绝对优势的曲江新区的开发建设也应该走向快车道，它能够整合西安市旅游资源，提升其城市文化品位，为把西安市建设成为“西部最佳”的外向型国际性都市发挥巨大的促进作用。曲江新区的建设不仅能够给西安市向高层次进发提供一种主导性的产业——旅游业，而且能给西安市的发展带来一种城市精神——创新的文化。

西安市城市拓展坚持的“近期向南，远期向西”的基本原则，决定了曲江新区将成为西安市今后3—5年重点发展的区域。拥有区位优势、特色资源与雄厚基础的曲江新区已成为西安整合四大优势资源的平台，是现代西安的文化广场，将发展成为未来西安新形象的标志性区域。

原刊《西北地区农村产业结构调整与小城镇发展》，
西安地图出版社2003年版

第六节 唐代昆明池的建设及功能

昆明池从西汉武帝创建以后，历经多次沧桑变化，到唐朝又得到大规模修凿利用，形成为唐代长安城西郊的一个重要水域，周长达17.6千米，成就了西汉以来昆明池的再次辉煌。虽然在唐代随着都城的向东南迁移，曲江池成为都城最重要的景观园林，唐代昆明池的功能有所减退，但其仍然是唐代长安城园林文化的重要组成部分，对后世影响深远。随着引汉济渭工程的规划建设，汉唐昆明池遗址成为其工程规划的调节水库——斗门水库，现在也已经动工建设①，因此研究唐代昆明池的园林建设及其功能发挥不仅具有学术价值，而且也会给现代陕西重大水利工程的建设提供一定的历史借鉴。

---

① 《斗门水库建设动员会在西咸新区举行，赵正永宣布启动娄勤俭作动员讲话》，2015年3月1日，来源《陕西日报》，http://www.xixianxinqu.gov.cn/aboutx/guanzhu/xinwen/2015/0301/5180.html。

一　唐代昆明池的建设及规模

唐代国力强盛，达到了中国传统社会发展的新高峰，城市建设和园林营造也达到了前所未有的水平。唐代利用汉昆明池原有的基础和自然特点，经过几次修浚和建立引水堰，使昆明池的面积较汉代有所增加，而且形成了一个以昆明池为中心的河湖结构，包括定昆池、贺兰堰、石炭堰等设施，成就了汉代以来昆明池的再次辉煌。

据历史文献记载，唐朝时候曾经三次大修昆明池。第一次是唐太宗修复昆明池，为解决水源问题，当时不仅修复了汉代就有的石炭堰，而且新建了贺兰堰，将沣水（或作丰水）和镐水（交水）引入昆明池，保证了昆明池的水量。唐代贞观年间编写的《括地志》曰："丰、镐二水，皆已堰入昆明池，无复流派。"镐水是交水上游，镐水即交水（或写作洨水）也。交水渠，也就是石闼堰，应该是利用了汉代原来的进水渠堰系统。沣水的引入利用的是贺兰堰，这个是唐代初期新修成的。《括地志》云："沣水渠，今名贺兰渠，东北流注交水。"[①] 从地形看来，秦渡镇地形较高，便于从沣河中引水，贺兰堰当在此地。今沣惠渠也是在这里引水的。清人毕沅《关中胜迹图志》卷三《大川》明确认为："唐贞观中，堰丰镐入昆明池。"

第二次在唐德宗贞元十三年（797）八月，"诏京兆尹韩皋修昆明池石炭、贺兰两堰兼湖渠"[②]。有的史书上说："追寻汉制，引交河、沣水，合流入池。"[③] 其实这次恢复的不是汉制，而是初唐贞观年间之制。韩皋的这次疏浚特别是石炭和贺兰两堰的整治使昆明池水系得到改善，水源得以保证。

第三次在唐文宗大和九年（835）冬十月，"发左右神策千五百人，浚曲江及昆明池"[④]。因为唐文宗喜欢游宴，更想恢复盛唐时代的壮丽景象，但疏浚昆明池是一项十分浩大的工程。当时有个大臣郑注为了使疏

---

① （唐）李泰等著，贺次君辑校：《括地志辑校》，中华书局1980年版，第11页。

② 《旧唐书》卷一三《德宗纪下》。

③ 《长安志》卷六《宫室》，辛德勇等点校，三秦出版社2013年版，第238页。

④ 《资治通鉴》卷二四五《文宗元圣昭献孝皇帝中》。

浚昆明池这一计划得到经费保证和朝臣支持，就一方面征收茶税，另一方面以五行之术，宣扬“秦中有灾，宜兴土功压之，乃浚昆明曲江二池”[①]。这就使工程在财力和人心两方面得到了保证，昆明池得到了再次修复，并使“公卿列舍堤上”，基本恢复了昆明池的盛景。

至于昆明池边上定昆池的建设，则颇有戏剧性。唐中宗时候，安乐公主因“帝迁房陵而主生，解衣以褓之，名曰裹儿”，并且“姝秀辨敏”“光艳动天下”，所以韦皇后十分宠爱她，咨其所欲，恃宠横纵，权倾天下。后来竟然向中宗提出要把昆明池赏赐给她：“尝请昆明池为私沼，帝曰：‘先帝未有以与人者。’主不悦，自凿定昆池，延袤数里。定，言可抗订之也。司农卿赵履温为缮治，累石肖华山，隥彴横邪，回渊九折，以石瀵水。又为宝炉，镂怪兽神禽，间以璖贝珊瑚，不可涯计。”[②]（唐）张鷟《朝野佥载》卷五记载：“赵履温为司农卿，谄事安乐公主……为公主夺百姓田园，造定昆池，言定天子昆明池也，用库钱百万亿。”《雍大记》所记基本相同：“景龙初，命司农卿赵履温为公主疏园植果，中列台榭，凭空架迴，栋宇相属，又敕将作监少监杨务廉引水作沼，延袤数里。”可知其工程建设为当时国家的能工巧匠领导实施，其园林楼台、水沼池榭应该达到当时的最高标准，堪与昆明池媲美。

据说，定昆池建成以后，皇帝带领皇后、皇子及众大臣到公主的庄园游赏，皇帝让大臣们赋诗咏池，大家都不敢说定昆池的开凿过于劳民伤财，在场的皇子们也是缄默不语，只有黄门侍郎李日知作诗曰：“但愿暂思居者逸，无使时传作者劳。”委婉批评了安乐公主修造定昆池耗费了不必要的人力物力，给国家和人民带来了负担。后来睿宗即位，问李日知说：朕当时亦不敢言，不是卿忠正，怎么能说出如此的话呢？随后就任命李日知为侍中。[③] 可见当时定昆池的修造并不得人心，显示出安乐公主的飞扬跋扈。

据文献记载，定昆池“在（长安）县西南十五里”[④]，大致在今西安

---

① 《旧唐书》卷一七《文宗纪》。

② 《新唐书》卷八三《列传第八中宗八女传》。

③ 《大唐新语》卷三。

④ 《长安志》卷一二《长安县》，辛德勇等点校，三秦出版社 2013 年版，第 391 页。

市西河池寨。其面积两唐书都记载为“数里”，而《长安志》记载为“十数里”，根据史念海、曹尔琴校注的《游城南记校注》，“揆诸地形，当以前者为是”。定昆池的面积为数里，符合当时情况。

定昆池水源，据《长安志》说，定昆池是“引流凿沼”形成的。其引流，《长安县志》卷十四有相关一段记述，说长安城西南有三会寺村，村南有汉故渠，“经村东与唐永安渠合”。三会寺村在今恭张村，村在定昆池南。永安渠从北雷村由流向西北转为流向东北，根据史念海先生在《游城南记校注》中的分析，其不可能流经第五桥西北的恭张村和定昆池。这里所说的“唐永安渠”，当是分永安渠入定昆池的永安支渠。因此定昆池的水源应来自永安渠。

昆明池景色优美，许多达官贵人也在此修造别业，养老怡情。安乐公主请占昆明池就是一例，还有见于记载昆明池南侧的李客师别业。李客师是卫国公李靖的弟弟，从少任侠，喜欢驰射。贞观初年，拜为右武卫将军，年老退休，居住在昆明池旁的别业。此后李客师终日驰射打猎，昆明池附近及长安城以及南山至沣水周围的鸟兽飞禽天天惊恐，甚至鸟兽都能认出他，每当其出门打猎，乌鹊之类的飞禽，千万成群，随着他追逐噪叫。他一到昆明池，凫雁都匆匆散去。[①] 这个故事让我们知道在昆明池周围应该有一些私人的别业建筑，而且昆明池周围环境良好，鸟兽成群。

唐昆明池的规模文献笼统地说为周回四十里，与汉昆明池范围相差不大。[②] 实际上据考古工作者的勘测发掘，唐昆明池遗址范围要比汉代有所扩展。中国社会科学院考古工作人员在 1963 年对昆明池遗址进行过考古学踏勘、铲探，其主要成果为胡谦盈先生所写的两篇论文：《丰镐地区诸水道的踏察——兼论周都丰镐位置》与《汉昆明池及其有关遗存踏察

---

① 《旧唐书》卷六七《列传第一七 李靖传附弟客师传》：“靖弟客师，贞观中，官至右武卫将军，以战功累封丹阳郡公。永徽初，以年老致仕。性好驰猎，四时从禽，无暂止息。有别业在昆明池南，自京城之外，西际沣水，鸟兽皆识之，每出则鸟鹊随逐而噪，野人谓之‘鸟贼’，总章中卒，年九十余。”

② 《全唐诗》卷七四《苏颋恩制尚书省僚宴昆明池》诗，曰：“昆明四十里，空水极晴朝。”

记》。[①] 论文认为："（唐）昆明池遗址今日从地面上仍然清晰可辨。池址是一片面积约十多平方公里的洼地，地势比周围岸边低2—4米以上。池址南缘就在细柳原的北侧，即今石匣口村。东界在孟家寨、万村的西边。西界在张村、马营寨、白家庄之东。北界在上泉北村和南丰镐村之间的土堤南侧。""今南丰镐村一带的汉代建筑群（按：指的是'牛郎'石像东北约100米处的西汉夯土建筑基址），部分沦没于昆明池中，当是汉以后浚池或扩建时被破坏了的，或许唐代昆明池的范围比汉代的范围要大一些"。2005年4—9月，中国社会科学院考古研究所汉长安城工作队对昆明池遗址进行了考古钻探、试掘和测量，更准确地探明了唐代遗址的范围："通过钻探和测量，得知昆明池遗址大体位于斗门镇、石匣口村、万村和南丰村之间，其范围东西约4.25、南北约5.69公里，周长约17.6公里，面积约16.6平方公里。遗址内有普渡、花园、西白家庄、南白家庄、北常家庄、常家庄、西常家庄、镐京乡、小白店、梦驾庄、常家滩、太平庄、马营寨、齐家曹村、新堡子、杨家庄、袁旗寨、谷雨庄、五星村、北寨子、南寨子、下店等20多个村庄，遗址周边有南丰村、大白店、万村、蒲阳村、石匣口、堰下张村、斗门镇、上泉北村、落水村共9个村镇。"[②] 这次考古的对象是唐代的昆明池遗址，也就是说，经过唐代稍微扩大了的昆明池遗址周长是17.6千米，面积约16.6平方千米。这当然是个很大的人工湖泊，不仅可以说是史无前例的，而且在中国古代还没见到有哪个人工湖泊的面积超过它。

唐代昆明池在水域面积上超过了汉代，但其时间可能不会持久，因为当时有水深变浅、水面分割的现象出现。其实，此时的水体已有所变化。《酉阳杂俎》续集四说："昆明池中有冢，俗称浑子。"池中有冢，则显示池水局部地方干涸，水体已有所分割，不似昔日的浑然一体了。贾岛有《昆明池泛舟》诗："一枝青竹榜，泛泛绿萍里。"见于《全唐诗》卷五七三，又卷五七六温庭筠也有《昆明池水战》词："渺莽残阳艇归，绿头江鸭眠沙草。"这些都表明了唐代昆明池水深虽可泛舟浮艇，却绝非

---

① 分别发表在《考古》1963年第4期与《考古与文物》1980年创刊号。

② 中国社会科学院考古研究所汉长安城工作队：《西安市汉唐昆明池遗址的钻探与试掘简报》，《考古》2006年第10期。

全部水体都有这样的条件。从唐诗中也能感受到昆明池的衰败荒芜景象。储光羲《同诸公秋日游昆明池思古》描写昆明池附近一片荒凉的景象："凄风披田原，横污益山陂。农畯尽颠沛，顾望稼穑悲。"汉时繁华辉煌的昆明池豫章台曾是汉朝皇帝观临昆明池的地方，而到唐代已经是"豫章尽莓苔，柳杞成枯枝"。已经看不到当时的辉煌景象了。更有"君臣日安闲，远近无怨思。石鲸既蹭蹬，女牛亦流离。猵獭游渚隅，葭芦生湑湄。坎埳四十里，填游今已微"。描写了昆明池中的石鲸鱼、岸边的牛郎织女像已经不复当年的鲜丽，并且昆明池水也已经不复从前，有些地方已经淤积干涸，整个一片颓败、凄凉的场景，让人思绪万千。

二　唐代昆明池的景观及游览

昆明池水体面积庞大，周围植物种类繁多，四时风光各具特色，成为当时长安城人们向往的好去处，吸引着无数游玩赏景的人们。唐代诗人们的歌咏给我们留下了昆明池春夏秋冬四时风光的变幻。

1. 春天的昆明池：邑里春方晚，昆明花欲阑[①]

春日，万物复苏，朝气勃发，昆明池迎来了新的生机。"昆明春，昆明春，春池岸古春流新。影浸南山青滉漾，波沉西日红奫沦。……今来净绿水照天，游鱼鲅鲅莲田田。洲香杜若抽心短，沙暖鸳鸯铺翅眠。"[②]"翻日迥度昆明飞，凌风邪看细柳翥。"[③]昆明池岸，水映南山，清澈见底，游鱼莲藕，鸳鸯戏水，燕舞莺飞，处处春意浓浓，生机盎然。

从早春时节昆明池的"周回馀雪在，浩渺暮云平"[④]，到初春的"节晦蓂全落，春迟柳暗催"[⑤]，再到暮春时节的"山花缇绮绕，堤柳幔城开"[⑥]。昆明池从乍暖还寒到草长莺飞再到烟花烂漫，春日昆明池的美景

① （唐）李颀：《送司农崔丞》，《全唐诗》卷132，中华书局1960年版，第1343页。

② （唐）白居易：《昆明春·思王泽之广被也》，《全唐诗》卷426，中华书局1960年版，第4695页。

③ （唐）柳宗元：《闻黄鹂》，《全唐诗》卷353，中华书局1960年版，第3956页。

④ （唐）朱庆馀：《省试晦日与同志昆明池泛舟》，《全唐诗》卷515，中华书局1960年版，第5879页。

⑤ （唐）宋之问：《奉和晦日幸昆明池应制》，《全唐诗》卷53，中华书局1960年版，第647页。

⑥ （唐）沈佺期：《奉和晦日驾幸昆明池应制》，《全唐诗》卷97，中华书局1960年版，第1045页。

吸引着无数游人。

2. 夏天的昆明池：差池下凫雁，掩映生云烟[①]

到了夏天，昆明池碧波明媚，柳荫四合。“汪汪积水连碧空，重叠细纹交潋红。渺莽残阳钓艇归，绿头江鸭眠沙草。”[②] 登高远望，只见“苍芜宜春苑，片碧昆明池”[③]。来到昆明池近前，则是“浪花开已合，风文直且连。税马金堤外，横舟石岸前。羽觞倾绿蚁，飞日落红鲜”[④]。

昆明池的荷花在当时十分著名，“今来净绿水照天，游鱼鱍鱍莲田田”[⑤]。南北朝时候就已有人赞扬：“值泉倾盖饮，逢花驻马看。”“半道闻荷气，中流觉水寒。”人未到，香先闻，半路已经荷花香气扑鼻，使人遐想无限。到达昆明池岸边，更是“密菱障浴鸟，高荷没钓船”[⑥]。飞舞的小鸟和垂钓的渔船都被高高生出的荷花和荷叶隐没其中。可以想象，四十里的昆明池，翠绿的荷叶铺在部分水面，妖艳的莲花盛开其中，真是一幅荷香扑鼻，渔舟唱晚的田园诗画。

3. 秋天的昆明池：蝉噪金堤柳，鹭饮石鲸波[⑦]

秋天给昆明池带来了另一番景象，“禁苑秋来爽气多，昆明风动起沧波”[⑧]。“昆明秋景淡，岐岫落霞然”[⑨]。“云光波处动，日影浪中悬。萍叶疑江上，菱花似镜前。”

秋天的昆明池秋高气爽，既是收获的季节，又是泛舟的好时候。“惊鸿絓蒲弋，游鲤入庄筌”[⑩]。“珠来照似月，织处写成河。此时临水叹，非

① （唐）李百药：《和许侍郎游昆明池》，《全唐诗》卷43，中华书局1960年版，第535页。

② （唐）温庭筠：《昆明池水战词》，《全唐诗》卷576，中华书局1960年版，第6702页。

③ （唐）储光羲：《同诸公登慈恩寺塔》，《全唐诗》卷138，中华书局1960年版，第1398页。

④ （唐）李百药：《和许侍郎游昆明池》，《全唐诗》卷43，中华书局1960年版，第535页。

⑤ （唐）白居易：《昆明春·思王泽之广被也》，《全唐诗》卷426，中华书局1960年版，第4695页。

⑥ （梁）庾信：《和灵法师游昆明池诗二首》，《先秦汉魏晋南北朝诗》之《北周诗》卷4，中华书局1960年版，第2386页。

⑦ （隋）江总：《秋日游昆明池诗》，《先秦汉魏晋南北朝诗》之《陈诗》卷8，中华书局1960年版，第2579页。

⑧ （唐）李适：《九日绝句》，《全唐诗》卷4，中华书局1960年版，第47页。

⑨ （唐）许敬宗：《奉和秋日即目应制》，《全唐诗》卷35，中华书局1960年版，第464页。

⑩ （唐）任希古：《和东观群贤七夕临泛昆明池》，《全唐诗》卷44，中华书局1960年版，第543页。

复采莲歌。”“小船行钓鲤，新盘待摘荷”[①]。“波漂菰米沉云黑，露冷莲房坠粉红”[②]。鱼肥藕红，是昆明池献给时人最好的礼物，人们捕鱼采莲，欢歌笑语。

4. 冬天的昆明池：柳影冰无叶，梅心冻有花

冬天，寒风凛冽，地冻天寒，昆明池也冰封寂寥，一片寒意。只有寥寥数人，不惧冰雪，畅玩其中，更是别有风味。“寒野凝朝雾，霜天散夕霞”[③]。

随着唐代长安城向南的迁移，昆明池的都市供水功能丧失了，因为它位于唐长安城的西部偏南，海拔比城市还低。曲江池在唐代成为都城内部的皇家与公共园林，部分地取代了昆明池的游览与文化地位，促使唐代昆明池的游览功能有所减退。尽管如此，唐代的昆明池仍然是唐都长安郊区的一个重要园林，以深刻的历史内涵与优美的自然风光，吸引着都城的文人雅士前来观光，好几个皇帝也加入了这个队伍。

根据文献研究，隋唐两代一共有五位皇帝6次游览昆明池，并多次在此赐宴群臣，显示了昆明池在唐代的重要作用。详见表3—7唐皇帝游览昆明池一览。

表3—7　　唐皇帝游览昆明池一览

序号	皇帝	年月	游览内容	资料来源
1	唐高祖	武德六年（623）三月乙未	幸昆明池，宴从官极欢而罢。习水战	《旧唐书》卷一《本纪第一高祖》；《册府元龟》
2	唐高祖	武德九年（626）三月辛卯	幸昆明池	《旧唐书》卷一《本纪第一高祖》
3	唐太宗	贞观五年（631）正月癸酉	猎于昆明池。丙子，至自昆明池	《新唐书》卷二《本纪第二太宗皇帝纪》
4	唐中宗	？年正月晦日	幸昆明池赋诗	《全唐诗话》

① （梁）庾信：《和人日晚景宴昆明池诗》，《先秦汉魏晋南北朝诗》之《北周诗》卷4，中华书局1960年版，第2385页。

② （唐）杜甫：《〈秋兴八首〉之七》，《全唐诗》卷230，中华书局1960年版，第2509页。

③ （唐）李世民：《冬日临昆明池》，《全唐诗》卷1，中华书局1960年版，第14页。

续表

序号	皇帝	年月	游览内容	资料来源
5	唐代宗	大历二年（767）二月壬午	幸昆明池踏青	《旧唐书》卷一一《本纪第一一代宗》
6	唐武宗	会昌元年（841）二月壬寅	车驾幸昆明池	《旧唐书》卷一八上《本纪第一八上武宗》

唐朝初年，高祖李渊就先后两次到昆明池游玩，习水战，“宴从官极欢而罢。”《新唐书》卷一《本纪第一高祖皇帝纪》记载：“（唐高祖武德六年）（623）三月庚寅，幸昆明池，习水战。壬辰，至自昆明池。”似乎在昆明池住了多天。

太宗李世民在贞观五年正月，也就是公元631年冬天来到昆明池游玩、打猎。据《唐会要》卷二十八：“贞观五年正月十三日，大狩于昆明池，蕃夷君长咸从。上谓高昌王麴文泰曰：大丈夫在世，乐事有三：天下太平，家给人足。一乐也；草浅兽肥，以礼畋狩，弓不虚发，箭不妄中。二乐也；六合大同，万方咸庆，张乐高宴，上下欢洽。三乐也。今日王可从禽，明日当欢宴耳。”李世民带领蕃臣百官在昆明池狩猎欢宴多日，除了游赏功能以外可能还有一定政治目的。他当时诗兴大发，题《冬日临昆明池》诗曰：“石鲸分玉溜，劫烬隐平沙。柳影冰无叶，梅心冻有花。寒野凝朝雾，霜天散夕霞。欢情犹未极，落景遽西斜。”[①] 此诗先描写冬天昆明池的景象，既描绘其冬天的萧瑟，也表现了其景色的优美，柳枝刚刚发芽，叶子还未长出，而梅花依旧傲迎冰霜；最后在日落西山黄昏已至之时，君臣余兴未尽，欢情未极，依依不舍。

从文献记载来看，唐中宗、唐代宗与唐武宗三位皇帝也曾游幸过昆明池，《全唐诗话》记载有唐中宗时代在昆明池举行赛诗会的故事：“中宗正月晦日幸昆明池赋诗，群臣应制百余篇。帐殿前结采楼，命昭容选一篇为新翻御制曲。从臣悉集其下，须臾，纸落如飞，各认其名怀之，既退，惟沈宋二诗不下。移时一纸飞坠，竞而取之，乃沈诗也。评

① 《全唐诗》卷1，中华书局1960年版，第14页。

曰：二诗工力悉敌，沈诗落句‘微臣雕朽质，羞睹豫章材’，盖词气已竭，宋诗云：‘不愁明月尽，自有夜珠来’，犹陟健轩举。”这两首诗都保留在全唐诗中，其中沈诗指的是沈佺期的《奉和晦日驾幸昆明池应制》，诗曰：“法驾乘春转，神池象汉回。双星移旧石，孤月隐残灰。战鹢逢时去，恩鱼望幸来。山花缇绮绕，堤柳幔城开。思逸横汾唱，欢留宴镐杯。微臣雕朽质，羞睹豫章材。”宋诗指的是宋之问的《奉和晦日幸昆明池应制》，诗云：“春豫灵池会，沧波帐殿开。舟凌石鲸度，槎拂斗牛回。节晦蓂全落，春迟柳暗催。象溟看浴景，烧劫辨沉灰。镐饮周文乐，汾歌汉武才。不愁明月尽，自有夜珠来。”二人的诗句势均力敌，十分优美，最后宋之问的诗句更胜一筹，“不愁明月尽，自有夜珠来”也就名留千古。

另外，此次赛诗还有苏颋的《奉和晦日幸昆明池应制》、李乂的《奉和晦日幸昆明池应制》等，现在留存于后人编辑的《全唐诗》中。可以想见，当时皇帝出游，浩浩荡荡来到昆明池边，大臣纷纷吟诗联句，相互媲美，是何等儒雅、绚丽的景象。

《松窗杂记》记载着玄宗未当皇帝之前游赏昆明池的有趣故事：“玄宗自临淄郡王为潞州别驾，乞归京师，以观时晦迹，尤自卑损。会春暮，豪家数辈，盛酒馔游于昆明池。上戎服臂鹰直突会，前诸子辈颇露难色，忽一少年持酒船唱，令曰：宜以门族官品备陈之酒及于上。上大声曰：曾祖，天子；父，相王；某临淄郡王也。诸少年闻之，惊走，不敢复视。上因连饮三银船尽一卣，徐乘马去。”唐玄宗曾有一首《春台望》诗，其中有“太液池中下黄鹤，昆明水上映牵牛”，也提到了昆明池的著名景点即牛郎织女的石刻。

上述可知唐代有多位皇帝曾经在昆明池赐宴、踏青、游猎，说明昆明池在唐代仍然是长安城附近十分有名的风景园林区。当然如果比较来看，唐代昆明池的皇家园林地位向上数比不上汉代，在当时也不如曲江芙蓉园。

除皇家游览之外，唐长安城的文人雅士、市民百姓才是游览昆明池的主力。他们三五成群，相约志同道合之好友，泛舟池上，吟诗作赋，浏览汉代遗迹，抒发情怀。

暮春时节，文人雅士在昆明池边举行文酒会，规模巨大，热闹非凡。

唐代无名氏的《上巳泛舟昆明池宴宗主簿席序》略述其盛[①]："暮春修以文之会，上巳邀祓禊之游。结缙绅，撰清辰，殷殷辚辚，歊雾惊尘，望于昆明之滨。"处处"驾肩错毂，备朝野之欢娱"；"袨服靓妆，匝都城之里闬。"人车交错，饮酒欢宴，"高明一座，桂树丛生，君子肆筵，玉山交映"；"涉连榻，命孤舟，桃水涨而浦红，苹风摇而浪白"。驾着船游于昆明池上，只见"曲岛之光灵乍合，神魂密游；中流之萍藻忽开，龟鱼潜动"。真是湖光山色，浦红浪白，美酒佳肴，高朋满座，抚琴吹瑟，纵古论今，富有情趣。

游昆明池有这种华丽壮观的泛舟场面，更多的是三五成群或孤身一人的泛舟场面。驾着一叶小舟，静静荡漾在万顷碧波之上，身边大片大片翠绿的荷叶，一支青杖撑着船慢慢漂向远方。这是唐代著名诗人贾岛给我们描绘的昆明池泛舟的美景。"一枝青竹榜，泛泛绿萍里。不见钓鱼人，渐入秋塘水"[②]。写出了诗人游赏昆明池的闲情逸致，实在令人向往。"烟生知岸近，水净觉天秋。落月低前树，清辉满去舟"，虽然有些许清静，但却是另一番闲情逸致。唐代朱庆馀的《省试晦日与同志昆明池泛舟》一诗，给我们留下了无限遐想，字里行间透露着泛舟湖上的清静与恬淡："故人同泛处，远色望中明。静见沙痕露，微思月魄生。周回余雪在，浩渺暮云平。戏鸟随兰棹，空波荡石鲸。劫灰难问理，岛树偶知名。自省曾追赏，无如此日情。"[③]

三 唐代昆明池的经济与文化功能

除园林游览以外，唐昆明池的经济与文化功能也很巨大。先说经济价值，主要表现在水产养殖等方面，估计要超过汉代。唐昆明池池水变浅，遍植荷花，藕红鱼肥，当地百姓采莲捕鱼，收益颇丰。

昆明池养鱼由来已久，到了唐代鱼的资源很丰富，同时莲菱的种植也很有名，加上菰蒲之利，唐昆明池成为惠及当地百姓的经营性池塘。许多歌咏昆明池的诗句都提到了池中的水产之利，"有脸莲同笑"，"晓吹

① 《文苑英华》卷 709，第 3658 页。

② （唐）贾岛：《昆明池泛舟》，《全唐诗》卷 573，中华书局 1960 年版，第 6675 页。

③ 《全唐诗》卷 515，中华书局 1960 年版，第 5879 页。

兼渔笛”，“露冷莲房坠粉红”，“游鲤入庄筌……菱花似镜前”[①]。其中的莲、莲房、菱花指的是莲藕与菱角，游鲤和渔笛指的是昆明池中的鱼和捕鱼的渔民。

唐代初期昆明池的水产资源好像对百姓开放，中宗皇帝也以此为借口，没有把昆明池赏给安乐公主。《资治通鉴》卷二百九十记载：“安乐公主请昆明池，上以百姓蒲鱼所资，不许。”但是后来到盛唐时代，由于其地位重要加上水产富饶，昆明池已被收归官方所有。唐玄宗为不与民争利曾经发《弛陂泽入官诏》，唯有昆明池例外，可见其特殊性：“弛陂泽入官诏：所在陂泽，元合官收，至於编甿，不合自占。然以为政之道，贵在利人，庶宏益下，俾无失业。前令简括入官者，除昆明池外，馀并任百姓佃食。”[②]

再到后来昆明池似乎重新开放给百姓，唐德宗贞元年间修昆明池的一大理由就是其蒲鱼所产，这在其《修昆明池诏》中有很清楚的表述：“修昆明池诏：昆明池俯近都城，古之旧制，蒲鱼所产，实利于人。宜令京兆尹韩皋充使，即勾当修堰涨池。”[③] 唐代大诗人白居易关心民瘼，对此善举专门写诗作了描写，诗歌的名字就直接为“昆明春·思王泽之广被也”。诗歌就以具体的文字叙述了昆明池这个皇家性质的陂泽给百姓带来的经济利益：“昆明春，昆明春，春池岸古春流新。影浸南山青滉漾，波沉西日红奫沦。往年因旱池枯竭，龟尾曳涂鱼呴沫。诏开八水注恩波，千介万鳞同日活。今来净绿水照天，游鱼䲜䲜莲田田。洲香杜若抽心短，沙暖鸳鸯铺翅眠。动植飞沉皆遂性，皇泽如春无不被。渔者仍丰网罟资，贫人久获菰蒲利。诏以昆明近帝城，官家不得收其征。菰蒲无租鱼无税，近水之人感君惠。吾闻率土皆王民，远民何疏近何亲。愿推此惠及天下，无远无近同欣欣。吴兴山中罢榷茗，鄱阳坑里休封银。天涯地角无禁利，

① （唐）童翰卿：《昆明池织女石》，《全唐诗》卷607，中华书局1960年版，第7010页；（唐）无名氏：《晦日同志昆明池泛舟》，《全唐诗》卷787，中华书局1960年版，第8876页；（唐）杜甫：《〈秋兴八首〉之七》，《全唐诗》卷230，中华书局1960年版，第2509页；（唐）任希古：《和东观群贤七夕临泛昆明池》，《全唐诗》卷44，中华书局1960年版，第543页。

② 《全唐文》卷30《元宗（十一）》，上海古籍出版社1990年版，第142页。

③ 《全唐文》卷五十三《德宗（四）》，上海古籍出版社1990年版，第247页。

熙熙同似昆明春。”① 昆明池本来是浩渺广大的水面，但近年来由于天旱池水来源减少，昆明池日益枯竭，威胁着里面生长的鱼鳖。皇帝下诏命令疏通河道，广开水源，引来活水，解除了旱象，救活了万千生灵。鱼儿肥美，莲藕满池，菰多蒲壮，一派丰收景象。官家不收水产租税，昆明池附近的渔民百姓大获其利，均感谢君王带来的恩惠。白居易以此为典型，还希望把这种惠民政策推广到全国各地，惠及天下人民，达到“天涯地角无禁利，熙熙同似昆明春”的大同梦想。

唐代学者戴孚撰《广异记 ·韦参军》，记载有一个神奇的故事，说明在唐人心目中，昆明池就是个藏宝之地：“唐润州参军弟有隐德，虽兄弟不能知也。韦常谓其不慧，轻之。后忽谓诸兄曰：财帛当以道，不可力求。诸兄甚奇其言，问：汝何长进如此？对曰：今昆明池中大有珍宝，可共取之。诸兄乃与皆行。至池所，以手酌水，水悉枯涸，见金宝甚多，谓兄曰：可取之。兄等愈入愈深，竟不能得。乃云：此可见而不可得致者，有定分也。诸兄叹美之，问曰：素不出，何以得妙法？笑而不言。”

唐代昆明池的文化功能表现在三个方面，第一个是继承汉代，这里有中国最早的牛郎织女石刻，为这个爱情神话的传承地。第二个是唐代文人雅士游览歌咏，留下来许多优美动人的诗篇，本文主要就是参考这些唐诗写作的。第三个是唐朝开始产生的关于昆明池龙王与龙女的神奇传说。

据《小名录》记载：“开元中，有士人从洛阳道见一女子，容服鲜丽，谓云已非人，昆明池神之女，剑阁神之子，夫妇不和，无由得白父母。欲送书一封，士人问其处，女曰：池西有斜柳树，君可叩之，若呼阿青，当有人出。士人入京，送书池上，果有此树，叩之，频唤阿青，俄见幼婢从水中出，得书，甚喜，曰：久不得小娘子消息。延士人入谓曰：君后日可暂至此。如期，果有女子从水中出，持真珠一笥笑以授士人。”②

这个故事和唐代著名传奇《柳毅传书》极为相似，只是一个是洞庭

---

① （唐）白居易：《昆明春·思王泽之广被也》，《全唐诗》卷426，中华书局1960年版，第4695页。

② 《〈乾隆〉西安府志》卷七六《拾遗志》。

湖，一个是昆明池，可见昆明池在当时人们心目中的地位和影响。

同样，昆明池龙王的故事也很奇特。据说唐代的药圣孙思邈隐居终南山时，和宣律和尚住得很近，两人每每谈经论道。当时长安大旱，有个西域僧人在昆明池，结坛祈雨，让有司焚香燃烛。仅仅七天，昆明池就缩水数尺，这时昆明池龙化为一个老人，半夜向宣律和尚求救，说：弟子是昆明池龙王，天下大旱，并不是因为我的缘故。而西域僧人想用我的脑子入药，假借祈雨，欺骗皇上，我命在旦夕，乞求宣律和尚用法力保护。宣律和尚告诉龙王说：我只是个诵经的和尚，你可以向孙先生求救。龙王来到孙思邈的石洞求救，孙对他说：我知道昆明池有仙方三千多个，如果你能把药方给我一些，我将救你。龙王说：这些药方，上天不允许擅自流传，现在事情紧急，也没什么可以吝惜的。过了一会儿，龙王捧着药方返回。孙思邈说：你尽管回去，不用害怕西域僧人，我自有办法。龙王走后，昆明池水忽然暴涨数日，溢出池岸，西域僧人也因之羞愧而死。后来，据说孙思邈的千金方三千卷，每一卷将昆明池龙王给的药方写进一个，等到孙思邈去世后，人们才看到这部著作。①

中国古代是农耕社会，农是天下之本，而农业的收成往往是靠天吃饭，而龙王被认为是掌管降雨多少的神，所以大至江湖，小至河井，大家都认为水里住有龙王，每每焚香祷告，祈求风调雨顺。昆明池烟波浩渺，水面广阔，汉代已经成为人们求龙祈雨的地方：“刻玉石为鱼，每至雷雨，鱼常鸣吼，鬐尾皆动。汉世祭之以祈雨，往往有验。”龙王与龙女的传说更加增进了人们对昆明池的留恋和崇敬。

唐代昆明池的作用较汉代下降不少，其中向都城供水与演练水军的两大功能几乎完全丧失，园林游览方面在规模与等级上也有所降低，只有水产养殖与文化功能似乎有所加强。唐代末期随着社会的动荡和自然

---

① （唐）段成式《酉阳杂俎》：“孙思邈尝隐终南山，与宣律和尚相接，每来往互参宗旨。时大旱，西域僧请于昆明池，结坛祈雨，诏有司备香灯，凡七日缩水数尺。忽有老人夜诣宣律和尚，求救曰：弟子昆明池龙也，无雨久匪由弟子。胡僧利弟子脑将为药，欺天子，言祈雨，命在旦夕。乞和尚法力加护。宣公辞曰：贫道持律而已，可求孙先生。老人因至思邈石室求救，孙谓曰：我知昆明池有仙方三十首，能与予，予将救汝。老人曰：此方，上帝不许妄传，今急矣，固无所吝。有顷捧方至。思邈曰：尔第还，无虑胡僧也。自是池水忽涨数日溢岸，胡僧羞恚而死。孙复著千金方三千卷，每卷入一方，人不得晓，及卒，后时有人见之。”（唐）张读撰《宣室志·孙思邈》所记与此基本相同。

环境的干旱化，昆明池逐渐淤积荒废，变成了农田。宋代学者宋敏求《长安志》说："昆明池在（长安）县西二十里，今为民田。"① 而程大昌《雍录》卷第六引此后注曰："今者，唐世作《图经》时也……然则《图经》之作当在文宗后，故水竭而为田也。"其认为《图经》成书于文宗以后的唐代末期，则昆明池早在唐亡之前就已经废为农田了。

本节主要利用古代文献、考古发掘尤其是唐诗资料，论述了唐代昆明池的建设、规模、景观与功能。基本结论如下：唐代曾三次大修昆明池，分别是唐太宗、唐德宗与唐文宗时期。其中后两次有文献明确记载，连具体的年代都很确切，第一次为本节运用历史文献考证出来的成果；据考古工作者的成果，唐代昆明池遗址周长是17.6千米，面积约16.6平方千米，较汉代有所增加；唐代昆明池自然水景浩渺优美，但周边人工建设不如汉代。其旁虽然新修了定昆池，但因政治原因其利用时间不长；唐代昆明池的功能与汉代相较还是有所减退的，其中向都城供水、演练水军与模拟天象的三大功能几乎完全丧失，园林游览方面在规模与等级上也有所降低，只有水产养殖与文化功能似乎有所加强。

第七节　临潼华清池御温泉之都的历史文化特征

临潼华清温泉从被远古的姜寨先民利用，到今天已经有6000多年了。其持续发展的悠久文化在中国历史上可谓是独一无二；经过周王与秦始皇、汉武帝、北周武帝、隋文帝、唐太宗、唐玄宗等帝王的不断修建、扩展以及沐浴游幸，骊山温泉行宫建筑规模宏大，园林景致绝佳，到盛唐时代甚至具有了副都或行都的性质，形成为中国古代无与伦比的御温泉之都。本节从四个方面论述临潼华清池御温泉之都的历史文化特征。

一　建筑规模帝王级，无与伦比御温泉

西周时于骊山（或写作丽山、郦山）修建离居别馆，供周王游幸，秦始皇起"丽山汤"，华清池地区开始了帝王离宫的历史，西汉、北魏、

① 《长安志》卷一二《县二·长安》，辛德勇等点校，三秦出版社2013年版，第391页。

北周皆有建设，到隋朝统一全国，骊山更成为举行南征大军凯旋献俘的场所。骊山温泉的早期开发利用为唐代华清宫的繁盛奠定了基础。

西周建立后，定都镐京，近在京畿的骊山温泉就成为周王喜爱游幸之地。周人在此建立雕梁画栋的行宫，有美丽的园林与小巧玲珑的楼台亭阁。多年前在临潼城关中学至陕西省化肥所之间，发现了范围约 1 万平方米的周代遗址，又在临潼417 医院去芷阳湖道路西南坡地发现了周人遗址和墓群。在零口镇西段村出土有著名的西周礼器利簋，上刻铭文 32 个，记载有武王灭商的时间是“唯甲子朝”，与文献记载相合，是商周断代的珍贵史料。以上这些足以说明，骊山温泉地区西周时代曾是村落相望，人文荟萃。

秦始皇统一天下之后，在骊山温泉出露之处“砌石起宇”，修建了行宫“丽山汤”。《汉武帝故事》记载：“初始皇砌石起宇，至汉武帝又加修饰焉”[①]，谓汉武帝在秦“丽山汤”的基础上又加修筑，使其更加富丽堂皇。1982 年，考古工作者在唐华清宫遗址下 1 米处，发现了大量的汉代粗绳纹板瓦、筒瓦堆积，内有汉代的圆形纹方砖和带有“无极”“未央”等汉代常用吉祥语的瓦当、汉陶瓶以及其他木质建筑材料[②]。这些遗存材料工艺先进，制作精良，不少堪称精品。它们的出土证实了汉代丽山汤的真实存在。

北周定都长安，皇帝常常临幸骊山温泉。周武王宇文邕游幸后，认为温泉天然美景绝佳，只是缺乏与之相配的人工建筑，前人建筑一是简陋，有失尊严；二是残破，不甚雅观。于是，他于天和四年（569），诏令雍州牧宇文护在骊山温泉重新修建皇家园林和宫苑池台。经过一番辛苦劳作，骊山温泉被建成为一座规制恢宏、匠心独运的皇家行宫，中心建筑温泉汤池被称作“皇堂石井”[③]。新离宫落成时，周武王常常带着嫔妃宫娥、文武百官，在千乘万骑的簇拥下来到骊山温泉行宫沐浴游乐。

---

① 《初学记》卷七《地部下 · 骊山汤第三》。

② 赵康民：《唐华清宫调查记》，《考古与文物》1983 年第 1 期；唐华清宫考古队：《秦汉骊山汤遗址发掘简报》，《文物》1996 年第 11 期。

③ 长安史迹丛刊《类编长安志》卷六《泉渠 · 泉》云：“《十道志》曰：今按泉有三所。其一处即皇堂石井，周武帝天和四年，大冢宰宇文护所造。”三秦出版社 2006 年版，第 176—178 页。

《类编长安志》卷六《泉渠·泉》记载："隋文帝开皇三年（583），又修屋宇，列树松柏千余株。唐贞观十八年（644），诏左屯卫大将军姜行本、将作少匠阎立德营建宫殿、御汤，名汤泉宫。太宗因幸制碑。"说明隋文帝在修建宫室的同时还"列松柏数千株"来美化环境，点缀温汤风景；唐太宗在前人建筑的基础上广置宫殿汤院，赐名"汤泉宫"，贞观二十二年（648）修建竣工后又率文武百官临幸，并亲笔御书《温泉铭》以示群臣。铭中写道："朕以忧劳积虑，风疾屡婴，每濯患于斯源，不移而获损。"原来李世民所患多年的风湿病，是沐浴华清池温泉治愈的，故而他以帝王的九五之尊隆重地为温泉立铭作颂，足见其对此温泉疗疾功效的深刻认识和重视。

唐玄宗李隆基时期以温泉总源为轴心，以西绣岭和总源为轴线，依山面渭，大筑宫殿楼阁，建造了二阁、四门、四楼、五汤、十殿和百官衙署、公卿府第，并将温泉置于宫室之中，改"温泉宫"为"华清宫"。因宫殿建于温泉之上，故又名"华清池"。宫殿之外又修登山辇道和通往长安的复道，奢侈之极，空前绝后。杜牧《过华清宫绝句》中的"长安回望绣成堆，山顶千门次第开"①，白居易《骊宫高》中的"高高骊山上有宫，朱楼紫殿三四重"② 等诗句就描述了当时骊山华清宫的建筑盛况。

据文献和考古资料，华清宫苑的范围南至骊山西乡岭第一峰，北到老县城的北十字，东至石瓮谷，西到牡丹沟，大约包括了今天的大半个临潼区和整个东西绣岭。华清宫内有宫城，外有缭墙，皇宫布局严谨，内置百官衙署和公卿府第，其时宫墙楼殿林立。③ 华清宫成为了玄宗皇帝的"冬宫"，几乎每年冬天他都要出游华清宫，直到年底或第二年春天才返回长安。

唐华清宫规划布局的特点如下：一是宫墙内外都有建筑群，山上山下的建筑群错落有致、层次清楚，是按照统一的规划建筑的，建筑风格完全一致。二是从规划布局上可以看出皇家离宫内部明显的等级观念，宫廷本身由罗城围住，罗城内又用内墙按等级分成若干个院落，院落内

---

① 《全唐诗》卷 521，中华书局 1960 年版，第 5054 页。

② 《全唐诗》卷 427，中华书局 1960 年版，第 4700 页。

③ 骆希哲：《唐华清宫》，文物出版社 1998 年版。

又按帝王宫妃、宫女、文武百官、皇亲国戚等亲属等级设置了大小不同的浴殿。宫内建筑群既分离又相连，罗城东北西三面都留有夹道，按地形迂回曲折沿缭墙修筑，从昭阳门（南门）有直接上山的辇道，供帝王及百官上山专用。三是从总体布局上看，历次帝王修建宫殿基本都按中轴线对称，只在局部地方有不对称的现象。四是在规划布局和宫内建筑的功能分区方面，也非常明确地适应了唐玄宗在宫内处理政务及游宴享乐的需要，并且各区域的建筑规划设计均因山就势，因地制宜，精心设计。五是华清宫的建筑都是围绕骊山温泉水而进行规划设置的，精心筹划了温泉水的供给排水和使用系统，使其迂回流入宫内的各个浴殿，大大提高了温泉水的利用率。这样的设计一方面反映了劳动人民较早的创造了利用温泉水进行沐浴、疗疾的沐浴文化，另一方面也说明从唐时起人们已经有了对温泉资源保护和利用的观念。[①]

唐玄宗时代，临潼华清宫成为其政治、军事、文化娱乐中心都会之一，已经不仅是冬季的温泉行宫，而且具有了副都或行都的性质。

唐玄宗李隆基特别喜爱华清宫，从其即位到天宝十四载（755）安史之乱的四十余年，除五次东巡洛阳外，几乎每年冬季都去华清宫，时间长短不一，有时一年竟二三次前往。据旧、新《唐书》和《资治通鉴》记载，共有 49 次之多。

玄宗行幸华清宫，开始阶段主要为了避寒休息，停留时间或七八天，或半个月左右。当时骊山宫殿池苑相对较小，随行人员也不多。从开元二十八年十月，李隆基与杨贵妃初次相会于华清宫开始，他俩一起到骊山温泉的次数明显增多，每次时间也增长了，一般是一个多月。天宝四年（745）冬，杨玉环第一次以“贵妃”的身份游幸骊山，贵妃诸姊妹随行，其兄杨钊（即杨国忠）初次到温泉宫。诸杨侍宴，游戏赌博，好不热闹，足足住了 62 天，在时间上创造了新纪录[②]。天宝六载冬天起，新命名的华清宫实际上成为另一个政治中心，皇帝居住时间更长了。天宝

---

① 西安市临潼区唐文化旅游区管理委员会编：《骊山华清宫文史宝典》，陕西旅游出版社 2008 年版。

② 《新唐书》卷五《玄宗本纪》载：“（天宝四年）十月戊戌，幸温泉宫。十二月戊戌，至自温泉宫。”

十载冬至次年正月，唐玄宗驻在华清宫长达96天，创造了最高纪录。

唐玄宗后期，几乎每年冬天都要行幸华清宫，而且每次都是御林卫士开道，文武百官随行，车马浩荡，惊天动地，等于把整个中央政府都搬到了骊山。唐诗“千乘万骑被原野，云霞草木相辉光”[①]。“八十一车四万骑，朝有宴饮暮有赐。”[②] 就是对这种出游场面的精彩描述。此时的华清宫成为中央行政中心之一，主要进行过以下政治活动。

首先，颁布政令，册封加爵。天宝七年（748）冬十月庚午日，玄宗驾幸华清宫，册封贵妃大姐崔氏为韩国夫人，三姐裴氏为虢国夫人。天宝十三年（754）春正月己亥，加封安禄山为尚书左仆射，赐千户侯，奴婢十房，庄宅各一区；又加封闲厩、五坊、宫苑、陇右群牧都使，并以武部侍郎吉温为副。

其次，召见使臣，接受朝贺。天宝六年（747），唐玄宗听说突厥族人哥舒翰打仗非常勇猛，便在华清宫召见了他。君臣二人见面，甚是亲切，聊得不亦乐乎。玄宗在这里除召见外地官员之外，还接受来自其他国家使者的朝贺。《资治通鉴》记载：天宝九载（750）春正月，玄宗在华清宫接受万国朝贺。十三载（754）春正月，玄宗又在华清宫的观风楼接受朝贺。过了几天，安庆绪在这里献上俘虏，玄宗在禁内接见了他，并赏赐了数万金钱。卢象在《驾幸温泉》中说：“千官扈从骊山北，万国来朝渭水东。”[③] 确是实情。

行宫所在成了帝王的临时办公场所，事务虽较平日为少，但大事小事、国事家事种类繁多，并无太大变化，因此行宫也就成了临时的政治中心。

二　历史连绵六千年，持续发展数第一

人类很早就开始利用骊山温泉，考古人员在温泉泉源附近发掘出仰韶文化时代的遗迹，说明了五六千年前的姜寨人已经在此洗浴。姜寨遗

---

① 韦应物：《骊山行》，《全唐诗》卷195，中华书局1960年版，第2005页。

② 白居易：《骊宫高——美天子重惜人之财力也》，《全唐诗》卷427，中华书局1960年版，第4700页。

③ 《全唐诗》卷122，中华书局1960年版，第1219页。

址位于骊山脚下，临水与潼水之间，山水宜人，且有温泉之便，具有远古先民原始农耕及狩猎、捕鱼的良好环境。这个村落遗址基本上被全部揭露出来，其发掘面积之大，收获之丰富，在我国新石器时代考古发掘中名列前茅。

姜寨文化早期处于母系氏族繁荣阶段，人们只知其母，不知其父，实行对偶婚，社会生活以女性为主导。全村共分成五个母系大家庭，每一个家庭有十几座小房子、一个大房子。大房子为掌权的女性家长居住，小房子为已婚的女子居住。

从骊山温泉的考古发掘资料分析，姜寨人已经开始利用温泉进行沐浴活动，并建有简陋的沐浴设施。汤池由鹅卵石砌筑，东西长6.6米，南北宽3米，就在今华清池温泉总源附近。这个洗沐设施虽然相当粗糙，但它确是中国最早的温泉浴池，意义重大。想想六千年前尚处于母系时代的先民已经建池沐浴，如此清洁爱美，又怎能不让人肃然起敬。

周秦汉唐时代的骊山温泉成为帝王的离宫所在，这在前面已经说过。唐代以后，由于国家的政治重心东移，华清池不再作为帝王的沐浴所在。五代后晋天福年间，华清宫改名为灵泉观，赐给道士居住。但是由于温泉水源从不断流，加之它已有的文化内涵，在五代、宋、元、明、清，华清池仍是众多官僚、文人、一般游客向往的去处。如北宋名臣韩琦游骊山温泉，住灵泉观，沐浴莲池，作有《灵泉览古》一诗，此后的王安石、司马光、刘斧、商挺、杨慎等名人名士也都先后来此游览沐浴，他们给后世留下了大量的有关华清池的文学作品。

北宋灵泉观主刘子颙创殿阁，立堂馆，凿新汤，筑花圃，进行过一些小的建设。宋代学者钱易在其《南部新书·辛》中写道："海内温汤甚众，有新丰骊山汤，蓝田石门汤，岐州凤泉汤，同州北山汤，河南陆浑汤，汝州广城汤，兖州乾封汤，荆州沙河汤，此等诸汤，皆知名之汤也，并能愈疾。"在众多的"海内温汤"之中，钱氏之所以把新丰骊山汤也就是临潼的华清池冠之于榜首，也说明了其在当时仍然特别著名。

宋代大学者苏轼著《书游温泉汤后》曰："余之所闻汤泉七。其五，则今三子之所游与秦君之赋，所谓巨卢、汝水、尉氏、骊山。其二，则余之所见：凤翔之骆谷与渝州之陈氏山也。皆弃于穷山之中，山僧野人之所浴，麋鹿猿猱之所饮。惟骊山当往来之冲，华堂玉甃，独为胜绝。"①则明确记载了宋代的华清池依然建筑华丽，为大家沐浴最佳之处。

明代都穆著有《骊山记》，其详细记述有当时骊山温泉的情况："骊山在西安之临潼县南，半里即抵其麓。经雷神殿东折，门有棹楔，榜曰：温泉池。过此有室三楹，启其扃即温泉也，人呼为官池，盖非贵人不得浴此。池四周甃石如玉，环状中一小石，上凿七窍，泉由是出。相传甃石起秦始皇，其后汉武帝复加修饰。或云今之池，后周天和中造。又云唐玄宗广之。室之内有古今石刻，岁久错乱。弘治癸亥知县事者，聚之垒于门外，俨若屏障。官池之左有泉曰混池，以浴小民。……下山浴于官池，其清澈底，不火而热，肢体融畅，夙疴顿捐，快哉！"②

清代光绪年间修建的环园，位于现在唐御池遗址博物馆的东侧，占地面积约6000平方米。园内风貌具有江南园林特色，小巧的楼台亭榭掩映在绿树清水之间，煞是好看。这里的主要建筑有望湖楼、飞虹桥、荷花厅、五间厅、三间厅等。1900年，八国联军攻陷京师，光绪皇帝奉皇太后（慈禧）带随从等诏幸西安，于是加修环园，在《华清池志》里记载了这一时期环园的盛景："至是，卑者崇，狭者广，木、金、石、漆丹艘具，楼榭参差，水木明瑟，阅二旬有六日而成。凡创建者十二三，补葺者十三四。"③ 光绪和慈禧9月3日驻跸华清宫，次日继续西行至西安。到1901年两宫回銮，于8月24日再次驻跸华清宫，然后东行。

民国时期，鲁迅、史沫特莱等先后来此观赏或疗养。蒋介石也曾来此沐浴，著名的"西安事变"就在此发生。冯玉祥多次视察华清池，修缮温泉总源为"中山泉"，并建有"香凝池"；1929年，西安市市长箫振瀛重修华清池，并更名为"涤尘池"等。

中华人民共和国成立后，周恩来、陈毅、李先念、叶剑英、杨尚昆等党和国家领导人先后来此视察沐浴，使得华清池增辉不少。鉴于华清池有着深厚的历史文化内涵和良好的温泉资源，有关部门花费了大量的人力、物力，进行考古、发掘、论证，开发重建，于是就有了今天的

---

① （宋）苏轼：《书游温泉汤后》，《临潼县志》，上海人民出版社1991年版，第1159页。

② （明）都穆：《骊山记》，《临潼县志》，上海人民出版社1991年版，第1157页。

③ 华清池管理处编：《华清池志》，西安地图出版社1992年版。

面貌。

1959 年 7 月，政府对华清池进行了大规模的扩建。征地范围北至“大地阳春”牌楼，南至骊山坡底，西至游泳池，东至旧华清池的地界，共 83.4 亩。以唐华清宫风格并按照华清池所在地的具体条件进行设计，总投资 108 万元。整个扩建工程由 8 月 10 日动工，历时 48 天，到 9 月 28 日，主体工程飞霜殿及其他 27 项工程全部竣工。今华清池西区的湖池、宫殿、亭台廊榭和东区一部分重大建筑都是这一次建筑的。扩建之后，国内外来宾更多。

改革开放后，在已开放的华清池进行了新的整修和扩建，并且充实了展出内容，使之更加丰富多彩。1990 年 10 月，唐华清宫御汤遗址博物馆正式对外开放。博物馆面积达 7000 余平方米，由 5 个汤池遗址和一个文物陈列室组成。陈列室由原禹王殿改建，主要陈列发掘出土和收藏的有关碑石等文物，并辅以图表、照片，系统地反映华清池的历史。1995 年 5 月，华清池在小汤及梨园遗址开始修建“唐梨园文化艺术陈列馆”，总面积为 2000 多平方米，于 1996 年 8 月正式竣工。“唐梨园文化艺术陈列馆”是三层仿唐建筑，楼下就是梨园遗址，用沙土回填保护。陈列馆是一处融合梨园文物陈列、唐乐舞表演、茶道于一体的综合性文博旅游场所，第一层为小汤遗址和梨园艺术陈列展览，由歌舞升平、乐曲舞蹈、皇家乐器、乐舞壁画等组成；第二层为唐乐舞表演大厅；第三层为唐茶艺厅。

2005 年，华清池耗资亿元在原遗址基础上规划建成仿唐式“芙蓉园”建筑群体，包括西湖、弘文馆、长汤十六所、温泉神女亭、得宝楼、望仙桥、御茗轩、果老药堂、长廊、三春亭、观鱼池、七圣殿。其前湖中利用现代声、光、电设计湖心升降舞台，演出阵容强大、舞美设计精良的一台高品位、高科技仿唐乐舞《长恨歌》。温泉沐浴休闲区的主要建设项目有五星级宾馆、唐式餐饮功德院、唐式沐浴长汤十六所、日式沐浴芙蓉汤、唐茶道、娱乐大厅、健身房等。

中华人民共和国成立后在华清池周边建设温泉疗养院七家，按建立的年代为顺序，分别是铁道部临潼疗养院、水利部黄河水利委员会临潼疗养院、陕西省临潼疗养院、陕西省工人疗养院、兰州军区临潼疗养院、长庆石油勘探局职工疗养院、新疆军区疗养院。

这个具有六千年悠久历史的温泉胜地，在新时代又焕发出勃勃生机。

三 四美女神话流传，三帝王爱恨情长

商朝时，生活在骊山温泉附近的先民称为“骊山氏”，其建立的方国，被称为“丽国”。《长安志》记载：“临潼东二十四里有故丽城，商丽国。”《汉书·律历志》载：“骊山女亦为天子，在殷周间。”说明丽国保留有母系氏族社会的遗风，以女性为王。在女王的领导下，丽国在骊山北麓建立了都城，还修建了一个高一丈五尺、周围四里的屯兵城。丽国以饲养马匹著称于世，其生产的一种黑马，身欣腿长，膘肥体壮，动作敏捷，追风赶月。当年周文王被商纣王囚禁，其部下以重金从丽国购买到“骊戎之文马”，用以向纣王行贿，还真的把文王救了出来。

从姜寨母系氏族村落到商代女王方国，骊山一带女性文化源远流长。这种历史事实给本地居民留下了深刻印象，产生了骊山老母与女娲创世这样的神话传说。

骊山西绣岭西段最高的山峰上有座老母殿，是纪念传说中的骊山老母的地方。历史学家武伯伦在《西安历史述略》中说：“老母殿供奉的是骊山老母。这个骊山老母颇有来历。《论语》记载周武王有治乱功臣十人，孔子说：‘有妇人焉，九人而已。’清代学者俞樾在《春在堂笔记》中考证说，那个妇人就是骊山老母，是周武王灭商时，帮助他打仗和统一中国的一个女酋长。可见骊山老母实有其人，不过后世把她神化罢了。”传说中的骊山老母后来成为道家的一个重要神灵，被尊为至圣仙人。

骊山是中华民族的发祥地，故创世造人的女娲氏的故事在此区颇为流行，也留下了许多纪念性建筑和遗迹。

女娲先是炼五色石，补好了倾向西北的天，陷向东南的地。后来，她用黄土造人，成为地球上人类的共同祖先。这就是颇具传奇色彩的东方式的创世说。骊山附近的乡民，每年正月二十都要做面饼，做好的饼子就叫“补天补地饼”。当家的妇女把饼先朝房上扔一片，再朝地下扔一片，这就是流行至今的“补天节”，东南诸乡又叫作“女王节”或“女皇节”。据说正月二十日是女娲娘娘的生日。

当地居民还把骊山老母视作女娲娘娘，现在骊山周边有许多纪念性

设施皆与骊山老母、女娲氏有关。传说骊山的石翁寺上方为女娲氏炼石补天处，地多红色岩石；骊山有大地婆父祠、圣隁石，传说是兄妹在骊山成天作之配，繁衍人类的遗留；风王谷的圣母庙，也是纪念女娲氏的，因“女娲氏亦风姓也”；骊山顶峰西侧数里有华胥坪，即是女娲氏包羲氏之母华胥氏的遗迹之一。

骊山脚下的姜寨母系村与商代女王国是历史的真实，而骊山老母、女娲娘娘则是后世千百年来在历史真实上的传说延伸，并且已经深入到骊山周边居民的物质与精神生活之中，流传下来的故事活灵活现，遗存至今的古迹遍地开花，纪念性的民俗和庙会深入人心。这不也是我们今后进行临潼的华清宫文化深度开发一个很好角度吗！

周幽王烽火戏诸侯的故事非常著名，就发生在骊山华清池地区。据刘向《列女传》卷之七记载：“褒姒者，童妾之女，周幽王之后也……长而美好，褒人姁有狱，献之以赎，幽王受而嬖之，遂释褒姁，故号曰褒姒。既生子伯服，幽王乃废后申侯之女，而立褒姒为后，废太子宜咎而立伯服为太子。幽王惑于褒姒，出入与之同乘，不恤国事，驱驰弋猎不时，以适褒姒之意。饮酒流湎，倡优在前，以夜续昼。褒姒不笑，幽王乃欲其笑，万端，故不笑，幽王为烽燧大鼓，有寇至，则举，诸侯悉至而无寇，褒姒乃大笑。幽王欲悦之，数为举烽火，其后不信，诸侯不至。忠谏者诛，唯褒姒言是从。上下相谀，百姓乖离，申侯乃与缯西夷犬戎共攻幽王，幽王举烽燧征兵，莫至，遂杀幽王于骊山之下，虏褒姒，尽取周赂而去。于是诸侯乃即申侯，而共立故太子宜咎，是为平王。自是之后，周与诸侯无异。诗曰：赫赫宗周，褒姒灭之。此之谓也。”

褒姒入宫后，周幽王集众爱于其一身。不久，褒姒为幽王生得一子，名伯服，更被视作掌上明珠。褒姒人生得花容月貌，细腰玉肤，为绝色美女，只是整日里双眉紧蹙，凤目含忧。周幽王看在眼里，疼在心里，在千方百计不能逗引褒姒一笑的情况下，乃出榜悬赏：有能使王妃一笑者，重赏千金。宠臣虢石父献计说：大王果能立褒姒为王后，其子为太子，再点燃骊山西绣岭第一高峰上的烽火，让其见识一下千军万马奔腾的壮观场面，褒姒想必喜笑颜开。幽王随即颁诏废申王后和太子宜咎，立褒妃为王后，伯服为太子，并驾幸骊山行宫，令点燃烽火。

周幽王与褒姒置酒欢歌，见狼烟四起，火光冲天，各路诸侯车马戎装，直奔骊山行宫，杀气腾腾，热闹非凡。褒姒见此情况，不禁嫣然，这真引得幽王欣喜若狂。于是千金重赏虢石父，这也就是成语“千金一笑”的来历。

公元前771年，被废申王后之父申侯联合犬戎等国，乘幽王游幸骊山之机，发兵攻占了镐京，进而包围了温泉行宫。周幽王顿时魂飞魄散，急令点燃烽火召兵，但因前时失信于诸侯，总也唤不来一兵一卒。后幽王舍命向东突围，被追兵杀死于戏水河边，褒姒也被犬戎兵掳去，献给戎王。今临潼区东北20里的代王镇宋家村南，有一土冢，传说就是周幽王之墓。①

昔日的烽火台早已灰飞烟灭，而今重修的烽火台和周幽王烽火戏诸侯的典故，却能给我们带来深刻的启迪和遐思。

除了周幽王为褒姒在骊山烽火戏诸侯的传说以外，秦始皇在华清温泉遇神女的故事也很有名。相传，有一次秦始皇到骊山温泉洗浴，见到一位美女亭亭玉立在苍翠清幽的泉边，美貌非凡，于是便心生歹意，不顾礼节，前去调戏。结果，美女被激怒，张口向秦始皇吐唾沫反击，秦始皇身上立刻流血淌浓，疼痛难熬。这时他才知道那位美女原来是一位神仙，于是吓得惊慌失措，连忙乞饶，请求宽恕。神女用温泉水给他洗涤，治愈了病疮。故此“骊山汤”又名“神女汤”。《类编长安志》引《三秦记》载：“骊山汤，旧说以三牲祭，乃得入，可以去疾消病，不尔，即烂人肉。俗云：‘始皇与神女戏，不以礼，神女唾之，则生疮，始皇怖谢，神女为出温泉而洗除。’”说的就是这件事情。

这个传说虽然荒诞不经，但它从侧面也可以说明两个问题：其一，说明秦始皇酷爱到骊山沐浴温泉；其二，说明早在秦代人们就认识到了骊山温泉具有“世以疗疾”的医疗保健功效。

在中国古代发生在帝王宫苑当中的美丽爱情故事，最著名者就发生在唐玄宗李隆基与杨贵妃之间。而提到李、杨的爱情，人们总会想到他们爱情中最经典最感人的一幕——华清宫“七夕盟誓”。

天宝十载（751）仲夏，唐玄宗67岁，杨贵妃33岁，两人从京师前来华清宫避暑。农历七月七日晚登上长生殿。盛夏夜晚，山风习习，长

① 《太平寰宇记》卷二七《关西道三·昭应》。

生殿内格外凉爽静谧。唐玄宗静坐殿中纳凉，杨贵妃陪侍在侧。此时更深夜静，二人凭栏仰望星空，银河两岸的牛郎、织女星似乎渐渐在靠近。玄宗低声语道："今宵天上牛女二星相会，不知其乐如何？"贵妃应曰："鹊桥渡河之说，不知果有此事否？如果有之，天上之乐，自然与人世不同。"玄宗又说："牛女一年一度，会少离多，倒不如你我之间昼夜相处欢聚的好。"贵妃答道："人间欢聚，终有散场之时，怎能如天上双星千秋万代，常此相会。"言罢凄然嗟叹。玄宗遂十分动情地说道："你我朝夕相处，昼夜不分，情长爱深，岂忍言离？"沉醉于爱河之中的玄宗与贵妃，即刻双双跪倒在地，面对牛女二星，竞相盟誓：在天愿作比翼鸟，在地愿为连理枝。

白居易《长恨歌》诗云："七月七日长生殿，夜半无人私语时。在天愿作比翼鸟，在地愿为连理枝。天长地久有时尽，此恨绵绵无绝期。"① 把李、杨的爱情展现得淋漓尽致，而两人对天盟誓的誓言更是感天动地。

杨贵妃原来是唐玄宗的儿媳妇，后来被玄宗看上，夺为己有。杨贵妃很美，是中国古代四大美女之一，有羞花闭月之貌。玄宗爱上她并不全是因为她的美丽，还因为她能歌善舞。杨贵妃跳起舞来似风摆杨柳，楚楚动人，而玄宗特别喜爱歌舞，还专门成立了皇家歌舞学院——梨园。他二人志趣相投，非常恩爱，每年十月，玄宗都带着贵妃来华清宫过冬，这里的温泉"冬天洗后走十里仍不寒"。华清宫的东面有按歌台、斗鸡殿、舞马台，是玄宗与贵妃歌舞、斗鸡与舞马游乐的地方。华清宫西面有西瓜园，是专门给贵妃建的。贵妃爱吃瓜，于是引温泉水于此园中种瓜，每年"二月中旬已进瓜"②。

世界上著名的爱情都是以悲剧收场的，伟大帝王唐玄宗的爱情也是一样。后来安禄山反叛，攻入关中时，皇帝西狩，至马嵬坡，士兵要想杀死杨贵妃，"君王掩面救不得"，玄宗无奈，令爱妃自杀。贵妃死时年仅 38 岁。

---

① 白居易：《长恨歌》，《全唐诗》卷 435，中华书局 1960 年版，第 4816 页。

② 王建：《宫前早春》诗云："酒幔高楼一百家，宫前杨柳寺前花。内园分得温汤水，二月中旬已进瓜。"见《全唐诗》卷 301。

图 3—6 贵妃出浴雕像

四 骊山温泉得天独厚，沐浴文化博大精深

骊山与温泉这对山水资源的完美结合是华清池御温泉之都文化发展与繁荣的自然基础。

骊山位于西安临潼区南侧不远，属于秦岭山脉的一支余脉。它东西绵亘 50 余里，西距古都长安 15 千米。海拔高度 500—1300 米，最高峰仁宗庙高程 1302 米。其以秀丽的姿态巍然屹立于渭河南岸平原之上，自古迄今皆是闻名遐迩的游览胜地。1982 年，国务院公布其为全国第一批重点风景名胜区。

骊山烟水明媚，四时景物变幻，秀色甲天下。有人形容，骊山"春山澹泊而如笑，夏山苍翠而如滴，秋山明净而如妆，冬山渗渗而如睡"。号称天下"灵山"。古人或称骊山形似莲花，自然天成。又有人以山为骊山乃九岭汇合而成，若九龙聚首，其最高峰仁宗庙，又叫作九龙顶。这些皆是说其山形奇特，从今航卫片来看，却也有几分神似。

骊山地居要冲，是古都长安的东大门，山清水秀，风光迷人，地位特别重要。古人总结得好：骊山“崇骏不如太华，绵亘不如终南，幽异不如太白，奇险不如龙门。然而，三皇传为旧居，娲圣既出其治，周秦汉唐以来，多游幸离宫别馆，既入遗编，绣岭温汤皆成佳境”。不愧为关中名山。

号称“天下第一温泉”的骊山温泉是华清宫文化的灵魂。在骊山西绣岭北麓海拔450米处，有4个泉眼，每小时向外流淌出113.65吨的温泉，而且流量常年基本稳定。

骊山温泉水温常年保持在43℃，属高热泉，古人称之为汤泉。这也是其早期的名称之一，直至唐代初年仍称此处为汤泉宫。水质清澈，其中含有多种矿物质和微量元素，能够治疗各种皮肤病、风湿病、关节炎及不少慢性病，特别适宜沐浴疗养。据科学检测，每千克温泉水含二氧化硅44毫克，氟离子700毫克，镁离子8.6毫克，硫酸根离子277毫克，碳酸氢离子221毫克，氡气63.5埃曼。水质属低矿化、弱碱性、中等放射性泉水，故又称硅水、氟水和放射性氡水。[①] 这些方面均达到了医疗用水的标准。

温泉是大自然无私的馈赠，同时又位于风光秀丽的骊山脚下，距中国历史前半期的政治中心长安城近在咫尺，所以受到历代帝王的青睐，发展成为周秦汉唐诸朝的离宫别馆，遂被誉称为“天下第一温泉”，华清宫也就成为了中国的“御温泉之都”。

汉代学者张衡来到骊山温泉，亲身体验后著《温泉赋》，也认识到其医疗与洗浴的作用：“六气淫错，有疾疠矣。温泉汩焉，以流秽兮。蠲除苛慝，扶中正兮。熙哉帝载，保性命兮。”[②] 北魏元苌著《温泉颂》曰：“盖温泉者，乃自然之经方，天地之元医。……千域万国之氓，怀疾沈痾之客，莫不宿粻而来宾，疗苦于斯水。……其水克神，克神克圣，济世之医，救民之命。其圣伊何？排霜吐旭。其神伊何？吞疣去毒。”[③]

骊山温泉除其特有的沐浴疗养功效以外，还可改变植物生长的习性，

---

① 西安市临潼区唐文化旅游区管理委员会编：《骊山华清宫文史宝典》，陕西旅游出版社2008年版。

② （清）乾隆四十一年《临潼县志》卷八《艺文志上》。

③ （清）康熙四十年《临潼县志》卷七《艺文志·碑刻》。

用于种植业生产。秦汉时期人们已经引用温泉水种植甜瓜，培育出著名的“东陵瓜”①，唐代华清宫中还专门开辟有西瓜园，即是其进一步的发展。

华清宫是周秦汉唐离宫别馆的典型代表，文化内涵十分丰富，温泉资源得天独厚，在西安乃至全国范围都是绝无仅有的，拥有唯一性地位。它以无可替代的价值，与秦兵马俑共同形成了临潼秦风唐韵的文化底蕴，确立了临潼区在陕西旅游业的龙头地位。现存的历史文化主要有两大方面，一方面是看得见的考古发现的古代物质遗存，比如唐代的御汤遗址与梨园遗存；另一方面是无形的看不见的资源，包括有关华清池的历史传奇传说、诗词歌赋等。我们都要重点加以保护与研究，以下主要谈一下物质文化的特点。

华清宫御汤遗址主要是指骊山脚下以温泉为中心的一组建筑群落，是唐华清宫的核心部分。发现于 1982 年 4 月的基建维修，经考古专家清理，星辰汤、莲花汤、海棠汤、太子汤、尚食汤这些千年汤池才得以显山露水。出土的文物还有莲花方砖、带有工匠姓名砖、陶质下水道、莲花青石柱础、莲花纹瓦当等建筑材料 2000 余件。② 其中的莲花汤与海棠汤分别是唐玄宗与杨贵妃的专用浴室，重现了盛唐华清宫富丽华贵的风韵，在中国沐浴文化中占有着规格第一的宝座。

莲花汤，是专供皇帝李隆基沐浴的汤池。建于唐天宝六载（747），也称“御汤”。池上有宫殿，殿外有九龙吐水的石雕，因而又叫“御汤九龙殿”，又因浴池中雕有“石莲花”，故又名“莲花汤”。《明皇杂录》记载，安禄山于范阳以白玉石为鱼龙凫雁、石梁石莲花以献，雕镌巧妙，殆非人工。上大悦，命沉于汤中，仍拟石梁横亘于上，而莲花才出水际，上因解衣将入，而鱼龙凫雁皆若奋鳞举翼，状欲飞去。上甚恐惧，命撤去，而莲花石至今犹存焉。清理出的莲花汤略呈圆角长方形，为双层台式，青石砌成。上层台高 0.8 米，东西长 10.6 米，南北宽 6 米。四壁由

---

① 《齐民要术》卷二云：“《史记》曰（九）：召平者，故秦东陵侯。秦破，为布衣，家贫，种瓜于长安城东。瓜美，故世谓之‘东陵瓜’，从召平始。”今西安东郊外有邵平店者，概其地也。

② 骆希哲：《唐华清宫》，文物出版社 1998 年版。

六组券石对称砌成，呈莲花状；下层台高 0.7 米，平面呈规整的八边形，池底有双进水孔，双出水孔，显示出帝王的尊严。

海棠汤，建于天宝六载（747）。因其专供杨贵妃沐浴，世称杨贵妃赐浴池“贵妃池”，杨贵妃曾在此沐浴近十个春秋。海棠汤形状酷似一朵盛开的海棠花，分上下两层台。上层台高 0.72 米，东西长 3.6 米，南北宽 2.9 米。由 16 块青石券石砌成。下层台高 0.54 米，东西长 3.1 米，南北宽 2.1 米。由 8 块青石券石砌成。池底中央有一直径 10 厘米的圆形喷水孔，水口四周残留一直径 30 厘米的砌作装饰线，据考证是安装白玉莲花的砌工线。精巧玲珑的莲花喷头，寓意为海棠花的花蕊。海棠汤构思超俗，设计新颖，既有实用价值，又有艺术特点。

此外还有星辰汤，为唐太宗和以后几个皇帝的浴池；尚食汤，为皇帝近臣和为帝、妃服务的尚食局等官员的浴池；太子汤，供太子沐浴。

“梨园”是宫廷培训歌舞兼表演的机构，对后世戏曲音乐的发展有着极大的贡献。它由唐玄宗李隆基亲手培植，尤其天宝年间在他的重视和倡导下，乃至达到其发展的鼎盛时期。唐华清宫梨园仅为梨园弟子跟随御驾临时居住和训练演出的场所，所以也被称为“随驾梨园”，也是华清宫内的重要组成部分。1994 年 5 月至 1995 年 10 月，考古工作者在唐华清宫遗址区域内发现一组比较完整的唐代院落建筑遗址和一座汤池遗址，后经专家论证为唐华清宫梨园遗址，经钻探、发掘，清理出土了小汤和梨园遗址以及大量的建筑料。梨园遗址的发现立即引起政府部门和学术界的重视。[①] 1995 年华清池在小汤及梨园遗址上建起一座集文博、歌舞、茶艺、沐浴于一体的综合性文博旅游场所——唐梨园文化艺术陈列馆，它与唐御汤遗址博物馆一起，以翔实的文物资料展示出华清池 6000 年沐浴史和 3000 年皇家园林史，从一个侧面再现了盛极一时的唐代遗风。

唐华清宫梨园遗址的发现，不仅对研究唐代建筑结构和中国古代建筑史，唐华清宫总体设计、内部布局、建筑形制、内涵等，提供了弥足珍贵的实物资料，而且填补了唐代梨园建筑形制结构、规模大小、内部设施等研究的空白，在中国乃至世界音乐、歌舞戏剧史的研究上都有十

① 唐华清宫考古队：《唐华清宫梨园、小汤遗址发掘简报》，《文物》1999 年第 3 期；周伟洲：《唐梨园考》，《周秦汉唐研究》1998 年。

分重要的学术价值。

临潼的骊山沐浴文化绵长六千余年，光耀古今，在中国最为绵长；华清温泉为周秦汉唐历代离宫所在，帝王常来行幸，在中国的规格最高；周幽王烽火戏诸侯、“七月七日长生殿”等君王的爱情故事很有传奇色彩；而莲花汤、海棠汤与梨园遗址的发现，在全国范围也是绝无仅有的，具有无可替代的价值。温泉、骊山与华清宫所构成的临潼御温泉文化，是我们未来开发的无尽源泉。

华清高树出离宫①，朱楼紫殿三四重②。
只今惟有温泉水③，知是先皇沐浴来④。

——李令福集唐诗咏华清宫温泉

---

① 薛能《折杨柳》：“华清高树出离宫，南陌柔条带暖风。谁见轻阴是良夜，瀑泉声畔月明中。”见《全唐诗》卷561，第6518页。

② 白居易《骊宫高——美天子重惜人之财力也》：“高高骊山上有宫，朱楼紫殿三四重。迟迟兮春日，玉甃暖兮温泉溢。袅袅兮秋风，山蝉鸣兮宫树红……”见《全唐诗》卷427，第4700页。

③ 张继《华清宫》：“天宝承平奈乐何，华清宫殿郁嵯峨。朝元阁峻临秦岭，羯鼓楼高俯渭河。玉树长飘云外曲，霓裳闲舞月中歌。只今惟有温泉水，呜咽声中感慨多。”见《全唐诗》卷242，第36页。

④ 王建《华清宫感旧》：“尘到朝元边使急，千官夜发六龙回。辇前月照罗衫泪，马上风吹蜡烛灰。公主妆楼金锁涩，贵妃汤殿玉莲开。有时云外闻天乐，知是先皇沐浴来。”见《全唐诗》卷300，第3404页。

第四章

关中综合水利

第一节　西汉关中平原的水运交通

西汉关中是首都长安所在的京畿重地，为了充实都城的经济实力，汉政府首先整治利用了前人开辟的渭、汧两大自然河流的水路联运道路。其次，特别重视运河的开凿，先后修建了三条人工漕渠。汉武帝于元光六年（前129）在渭水南岸傍渭水开凿了漕渠，东西长三百余里，大为成功；漕渠不仅是关中最大最早的人工运河，而且还是西汉政府在关中也是在全国最早从事的大型水利建设。其后不久，又兴修了褒斜道漕渠线路，可惜因自然原因，无法通漕。在关中内部，也有连接洛渭两水之人工运河的修凿，它沟通了都城长安与邑漕仓的联系，发挥着重要的漕运作用。渭汧两大自然河流的通漕运粮与渭水南北人工运河的修建，使西汉关中的水运交通发展到其古代历史上的最高峰。

一　渭河与汧河的水路联运

西汉王朝定都长安，关中成为京师重地。政府机构的扩大必然带来官吏数量的增加，而为了京师的安全，军事警卫的力量也要大大加强。这是历代首都所在地区的通例，而西汉京畿地区特殊的是，西汉前期实行强干弱枝的政策，大量移民充实关中，使京畿的人口急剧增加，尤其是非生产性人口的膨胀，给粮食供给带来极大压力。

西汉初立长安，统治者面临的形势是北近匈奴，东有六国强族。《汉书》记载："匈奴河南白羊、楼烦王，去长安近者七百里，轻骑一日一夕可以至。"娄敬敏锐地觉察到这些，于是向汉高祖建议："愿陛下徙齐诸田，楚昭、景、燕、赵、韩、魏后，及豪杰名家居关中”，并强调指出迁豪的政治、军事作用，“无事，可以备胡；诸侯有变，亦足率以东伐”，是“强本弱末”的良策。[①] 汉高祖于是“使刘敬徙所言关中十余万口”，“徙贵族楚昭、屈、景、怀，齐田氏关中”。其实早在这之前就已有移民关中之举，如高祖七年（前 200），“太上皇思欲归丰，高祖乃更筑城寺市里如丰县，号曰新丰，徙丰民以充之。”[②]

汉文帝时情况发生变化，由于大批移民迁入关中，造成关中地区人口增加太快，文帝不得不疏散关中非生产性人口。汉文帝二年（前 178）下诏：“今列侯多居长安，邑远，吏卒给输费苦，而列侯亦无由教训其民。其令列侯之国，为吏及诏所止者，遣太子。”文帝十二年（前 168），政府又废除关禁，允许百姓出入关自由。[③]

景帝时发生吴楚七国之乱，为防止此类反叛再次发生，景帝又开始采取“移民实关中”的政策，并恢复了关禁。景帝前元五年（前 152），“募民徙阳陵，赐钱二十万。”[④] 景帝迁豪强徙入关中主要以充实陵邑人口来实现，名为守陵，实际上则是通过移民、迁豪来达到“强本弱末”的政治目的。这项措施遂为西汉各朝所继承，《汉书》记载：“后世世徙吏二千石高訾商人及豪杰兼并之家于诸陵。”[⑤] 武帝时建元三年（前 138），“赐徙茂陵者户钱二十万，田二顷”；元朔二年（前 127），“徙郡国豪杰及訾三百万以上于茂陵”；太始元年（前 96），“徙郡国吏民豪杰于茂陵、云陵”[⑥]。

西汉多次迁徙豪强的结果，使关中地区成为人口最稠密的地方。据《汉书·地理志》记载，元始二年（2）围绕首都长安的三辅地区总人口超过了 256 万。而这些人口又多集中于都城长安和七个陵县，其中长安（246200 口）、茂陵（277277 口）、长陵（179469 口）三县的人口就有近 70 万。据葛剑雄先生研究，西汉迁入陵县的移民有 120 余万，

---

① 班固：《汉书》，中华书局 1962 年版，第 2123 页。
② 同上书，第 72 页。
③ 同上书，第 115 页。
④ 同上书，第 143 页。
⑤ 同上书，第 1642 页。
⑥ 同上书，第 158、170、205 页。

几乎占三辅人口的一半。[①] 迁来的豪富多是非生产性人口，《史记·货殖列传》载："长安诸陵，四方辐辏并至而会，地小人众，故其民益玩巧而事末也。"

虽然"八百里秦川"有郑国渠的浇灌，但是急剧增长人口带来的物质需求还是需要外来粮食的漕运。好在关中平原有渭水贯通东西，渭水北岸又有汧、泾、洛水等较大支流，成为水运交通的有利自然条件。

汉代关中水运交通主要是渭河的通航。《诗·大雅·大明》："文定厥祥，亲迎于渭。造舟为梁，不显其光。"这是说西周时代渭水上已经通行数量众多的大船，显示出组织较大规模水运的条件已经成熟。《左传·僖公十三年》记载，公元前647年，晋荐饥，秦人输粟于晋，"自雍及绛相继，命之曰'泛舟之役'"。杜预《集解》云："从渭水运入河、汾。"《国语·晋语三》："是故泛舟于河，归籴于晋。"这是关于政府组织渭河水运的第一次明确的记载，而且是渭水与黄河、汾水联运。对于运输形式也有不同的说法，《史记·秦本纪》记载："以船漕车转，自雍相望至绛。"这被认为采取的是水陆联运形式。然无论何种看法，渭河水运的存在是大家公认的。

刘邦在楚汉相争中能够取得最后胜利，也与萧何经营的关中漕运有关。《史记》记载："汉二年，汉王与诸侯击楚，何守关中，侍太子，治栎阳。……关中事计户口转漕给军，汉王数失军遁去，何常兴关中卒，辄补缺。……汉五年，既杀项羽，定天下，论功行封。群臣争功，岁馀功不决。高祖以萧何功最盛，封为酂侯，所食邑多。……夫汉与楚相守荥阳数年，军无见粮，萧何转漕关中，给食不乏。"[②]

西汉定都长安的重要原因就是关中地区有着渭河漕运的便利，从张良对刘邦的解说中可以看出来："诸侯安定，河渭漕挽天下，西给京师；诸侯有变，顺流而下，足以委输。"

汉代初期，"漕转山东粟以给中都官，岁不过数十万石"。这些应该全部来自于渭河的水上运输。武帝修建漕渠后"下河漕度四百万石，及官自籴乃足"。桑弘羊主持均输时，"山东漕益岁六百万石。一岁之中，

① 葛剑雄：《西汉人口地理》，人民出版社1986年版，第198页。

② 司马迁：《史记》，中华书局1959年版，第2015—2016页。

太仓、甘泉仓满，边馀穀诸物均输帛五百万匹，民不益赋而天下用饶。"[①]这其中一定有渭河水运的巨大贡献。杜笃的《论都赋》明确说明了渭河水运的巨大规模以及在加强东西地方间联系的重要作用："鸿渭之流，径入于河；大船万艘，转漕相过。东综沧海，西纲流纱。"[②]

直到东西两汉之交，渭河航运仍是关中与关东相联系的主要途径。汉末王莽令孔仁、严尤、陈茂击下江、新市、平林义军，"各从吏士百余人，乘船从渭入河，至华阴乃出乘传，到部募士"[③]。更始帝避赤眉军，也曾避于渭中船上。

西汉时代除了渭河的水运交通以外，汧河与泾河也很可能有水运交通，而且它们与渭河相互连接，构成了关中水运交通的基本网络。

2004 年 3 月至 8 月，陕西省考古研究所工作者在凤翔长青发掘的西汉仓储建筑遗址，证实了这里确实存在规模甚大的国家仓库设施。发掘者还与早年在凤翔采集到的西汉时期"百万石仓"瓦当相对比，"因而推断该仓储建筑可能就是当时的'百万石仓'"。它类似于华县京师仓，是西汉中央政府设在关中西部的一个水上转运站，具有仓储转运、存储和军需守备多重作用。该遗址位于凤翔县城西南长青镇孙家南头村西汧河东岸的一级台地上，西距今汧河河道 300 米。发掘者将遗址定名为"陕西凤翔县长青西汉汧河码头仓储建筑遗址"。遗址南北总长 216 米，东西宽 33 米，建筑总面积 7200 平方米。[④] 如果考古学者的推测准确的话，汧河的水运交通在汉代也是确实存在的，至少自凤翔长青至汧渭之会的汧河河段，西汉时期也曾经开发水上运输。不仅如此，我们同时也可以推测：渭水能够通航的河段超过了大家公认的只到长安附近，可以说一定向上游扩展到了宝鸡一带。

杜笃《论都赋》说道："遂天旋云游，造舟于渭，北斻泾流。千乘方毂，万骑骈罗，衍陈于岐、梁，东横乎大河。"[⑤] 这里涉及泾河在汉代是

---

① 司马迁：《史记》，中华书局 1959 年版，第 1441 页。

② 范晔：《后汉书》，中华书局 1965 年版，第 2603 页。

③ 班固：《汉书》，中华书局 1962 年版，第 4176 页。

④ 陕西省考古研究所、宝鸡市考古工作队、凤翔县博物馆：《陕西凤翔县长青西汉汧河码头仓储建筑遗址》，《考古》2005 年第 7 期。

⑤ 班固：《汉书》，中华书局 1962 年版，第 2597 页。

否有航运交通的问题。

有学者认为，“北斻泾流”，“不是在泾水中航行，而是乘渡船过河。从汉光武帝回洛阳后下诏在泾水上造桥来看，当时泾水上也没有桥梁，而且也没有造舟桥，而是用船摆渡。人们在引用‘北斻泾流’这句话时，往往把‘斻’字写成‘航’字，其实‘斻’与‘航’并非一个字，‘斻’是‘并舟而渡’；《尔雅》中把‘方舟’与前述的‘造舟’一起，列为以船过渡的不同形式。因此，《论都赋》中的‘斻’也是与‘造舟’相对并举的，是指乘船渡过泾水渡口。李贤注《后汉书》，就认为‘斻，舟渡也’”。然而，论者又指出，“东汉光武帝刘秀没有乘船在渭水和泾水上长距离航行，不等于说这两条河流根本没有舟船载人航行的记录”[①]。然而“斻”实有“航”的意义。《说文·方部》：“斻，方舟也。”段玉裁注：“‘斻’亦作‘航’。”在汉代，“斻”“航”或通用。《方言》卷九：“舟，自关而西谓之‘船’，自关而东或谓之‘舟’，或谓之航’。”钱绎《笺疏》：“‘斻’‘航’，古今字。”“北斻泾流”，尚不可完全排除“在泾水中航行”的可能。

二　傍渭漕渠的开凿、渠系与效益

1. 开凿的时间与经过

汉武帝在大农郑当时的建议下，沿渭水南岸兴修了一条由都城长安直通黄河的人工运河，主要目的是为漕运关东的粮食。《史记·河渠书》对此有较详细的记述：“是时郑当时为大农，言曰：‘异时关东漕粟从渭中上，度六月而罢，而渭水道九百余里，时有难处。引渭穿渠起长安，并南山下，至河三百余里，径，易漕，度可令三月罢；而渠下民田万余顷，又可得以溉田。此损漕省卒，而益肥关中之地，得谷。’天子以为然，令齐人水工徐伯表，悉发卒数万人穿漕渠，三岁而通。”

漕渠开凿之年代，《汉书·武帝纪》有明确记载，谓在元光六年（前129），“春，穿漕渠通渭”。据上引《史记》文，此渠修建共用了三年时间，竣工当在元朔三年（前126）。古今学者皆是如此理解的，如宋司马光《资治通鉴·汉纪十》在武帝元光六条下记作：“春，诏发卒数万人穿

① 王开：《陕西航运史》，人民交通出版社1997年版，第76页。

渠，如当时策；三岁而通，人以为便。”唯有日本学者木村正雄认为漕渠兴修始于元光三年而修成于元光六年。[①] 其说似将元光六年当作了漕渠修成的年代。

郑当时开凿漕渠的计划得到了最高统治者汉武帝的同意，于是武帝命令齐人水工徐伯进行线路勘测与设计，并征调数万人从事运河的挖凿工作。修了三年方才完工，可知漕渠的工程规模之巨大。

历史上曾有人怀疑漕渠是否真的修成，如刘奉世就说：“按今渭河至长安仅三百余里，固无九百余里，而云穿渠起长安，旁南山，至河，中间隔灞浐数大川，固又无缘山成渠之理，此说可疑，今亦无其迹。”杨守敬在《水经注疏》中对上述观点进行了驳论，认为“刘氏乃以漕渠中隔灞浐，缘山成渠为疑，失考甚矣”[②]。现代历史地理学家黄盛璋也从两个方面进行了论述，认为西汉“漕渠确曾开凿成功，并在运输上发挥过很大作用，那是不容怀疑的，第一，汉代漕渠《水经注·渭水》中曾明确记载，其时尚有遗迹；第二，汉代漕渠故道隋唐时一直沿用，其故道现在西安附近还有若干遗迹”[③]。

2. 漕渠的水源及其渠首段路线

漕渠以渭水为主要水源，《史记》明言“引渭穿渠”，这本是毫无疑义的。到元狩三年（前 120），汉武帝凿昆明池蓄水，曾引一支入漕渠，是昆明池也成为漕渠的水源地。昆明池属水库性质，水质较清，其引入漕渠不仅可以较稳定地补充漕渠水量之不足，而且还能减少渠道的淤积，甚至冲刷渠道，为漕渠的持续通航带来了重要保证，但却不能因此把昆明池当作漕渠的唯一水源。《水经注·渭水》曰：“（霸水故渠）又东北迳新丰县，左合漕渠，汉大司农郑当时所开也……其渠自昆明池，南傍山原，东至于河。”郦道元是把昆明池东岸引出的昆明故渠当作漕渠上源的。后世学者受其影响，多把漕渠的水源归根为昆明池，即谓漕渠的渠首在昆明池，这是不全面的。因为开凿昆明池在漕渠建成后六年，而且昆明池水主要供应京师长安城市用水，向漕渠输送的水量有限，仅此一

---

① ［日］木村正雄：《中国古代帝国の形成》，不昧堂书店 1963 年版，第 189 页。

② 杨守敬、熊会贞：《水经注疏》，江苏古籍出版社 1989 年版，第 1618 页。

③ 黄盛璋：《历史上的渭河水运》，《历史地理论集》，人民出版社 1982 年版。

源不足以负载漕船，昆明池由汉迄唐一直保持有相当规模，而漕渠在汉唐之间却长期废弃不用。以上各点皆可证明，漕渠的主要水源是渭河而不是昆明池。

漕渠引渭地点，因史文简疏确实不易考究。马正林先生首先提出了自己的见解："根据实地踏勘和当地老农见告，汉代渠首应在今西安市西北郊的鱼王村附近，距离（西安）城约十五公里。在若干年前，从鱼王村起，还有一条向东伸延的干河床存在……这条干河床最宽处达三百余米，河床清晰可辨。汉代的漕渠从今鱼王村附近引渭水东流，经过今新民村、八兴、西营、中营、席王村、建丰村、惠东村、张道口、解放村、盐张村、张家堡、魏家湾"等村，在汉长安城以北流过。其所绘《西安城北的漕渠走向和遗迹图》很直观地表述了这一观点。[①]

从汉长安城北至渭河之间范围狭窄而地势低洼等特点来看，汉漕渠不应修建在汉城北，其引水渠口也不会在今鱼王村附近。西汉长安城距离当时的渭水很近，据文献记载，汉中渭桥位于汉城横门外三里，汉 1 里折 414 米，汉 3 里为 1242 米。这一点已被现代考古学成果所证实，中国社会科学院考古研究所汉城队在横门外钻探出一条南北向大道，长 1250 米，向北多为淤沙堆积，不见路土。[②] 汉长安城与渭水之间除范围狭窄外，地势也平坦低洼，因其为渭河最新发育的高滩地，汉时渭河时有向南泛滥的事情，而且给整个都城造成了很大恐慌。据《汉书·成帝纪第十》，建始三年（前 30），"秋，关内大水。七月，上小女陈持弓闻大水至，走入横城门……吏民惊上城"。从汉长安城北范围与地形看，汉人不会凿渠经此，因人为掘渠引水更容易造成不可控制的洪涝灾害。再说，"渭河在鱼王村附近河身宽浅，为游荡分汊性河道，难以筑堰引水"[③]。

那么，汉漕渠引用渭水究竟在什么地方呢？著名历史地理学家史念海先生论述过这个问题，我认为其观点是正确的："唐中叶后韩辽复开漕渠时，曾说过：'旧漕在咸阳西十八里……自秦汉以来疏凿，其后堙废。'

---

① 马正林：《渭河水运与关中漕渠》，《陕西师范大学学报》1983 年第 4 期。

② 李令福：《从汉唐渭河三桥的位置来看西安附近渭河的侧蚀》，《中国历史地理论丛（增刊）》1999 年第 12 期。

③ 辛德勇：《汉唐期间长安附近的水路交通》，《古代交通与地理文献研究》，中华书局 1996 年版。

韩辽复开的漕渠即所谓兴成堰，而兴成堰乃是根据隋永通渠的旧迹开凿的。秦时未闻开渠事。汉渠当指漕渠而言，是隋唐两代皆因前人旧规。所谓咸阳西十八里的渠口，当在今咸阳县钩鱼台附近。当地渭水河道相当狭窄，不似汉长安附近广阔，筑堰引水比较容易。"①

汉唐漕渠引水口地点相同，而从引水口到汉长安城的渠线也较少变化，经多位历史地理学者的考证，此段漕渠已经基本可以勾绘出来。首先，黄盛璋与辛德勇两位先生认为汉长安城南垣外护城壕即漕渠水道，因为汉长安城并未专修护城壕，其东北西三面都是利用自然水道或水渠的②。古代文献记载汉长安城南覆盎门外有桥梁，证明其南垣外有壕沟，而且在汉城的南墙与东南角，至今仍遗留有较明显的古渠遗迹，城东南角一部分已被拓凿利用为污水池，一般的西安市地图上都可看出其水体轮廓。清董祐诚《长安县志》对此也有明确记载："汉城南有渠道自西南入壕，折而北至青门外。"20世纪初叶，日本学者足立喜六在考察汉城时，也记述了当时的情形，并明确说明是西汉漕渠的遗迹："沿故城南壁，见有壕池痕迹。深约十数尺，宽二百余尺，与城壁西端相并行，贯通安门之突出部分，更东行，依城壁北行二里，再东向至龙首原而消失，按此即所谓漕渠之痕迹也。漕渠开凿于汉武帝元光六年。"③

郭声波认为，"漕渠的起点高程不低于391米，由于汉城南漕渠高程为388米，兴城堰至汉城间的渠路应大致沿380—389米等高线设计，渡沣地点当在今严家渠附近。据清人记述，沣水两岸有古渠经阎家村（即今严家渠村）、席家村（即今西席村）、张家庄（即今东张村）、马家村（当今段家堡一带）入渭。卫星照片也显示出这条古渠的痕迹"。这是隋唐时漕渠的渠首段，汉漕渠与其相同。

漕渠渡沣后，当沿389米等高线自今冯党村西沣河东岸酾出，东北流经滈池北，秦磁石门南。《史记》卷六《秦始皇本纪·正义》引《括地志》："滈水源出雍州长安县西北滈池。郦元《注水经》云：'滈水承滈

---

① 史念海：《中国的运河》，陕西人民出版社1988年版，第179页。

② 黄盛璋：《历史上的渭河水运》，《历史地理论集》，人民出版社1982年版；辛德勇：《汉唐期间长安附近的水路交通》，《古代交通与地理文献研究》，中华书局1996年版。

③ ［日］足立喜六：《长安史迹考页》，杨錬译，商务印书馆1935年版，第62页。

池，北流入渭。’今按滈池水流入永通渠，盖郦元误矣。”宋敏求《长安志》卷十二《长安》：“《水经注》云：滈水西经磁石门，注于渭。《括地志》曰：‘今按滈池水又北流入永通渠，不至磁石门，亦不复入渭矣’。”[①] 永通渠即隋唐时漕渠，与汉漕渠水源相同，自随汉渠故道东流，其流经的地方当亦与汉渠相同，即汉唐漕渠沿途接纳了滈池水，补充了水量。

其渠东流，穿三桥而入汉城南垣外古渠。“三桥”即今西安城西三桥镇，其名称始见于唐德宗时，其时该地除泬水外，还有漕渠经过，又当京西大道，所以桥多。贞观中，长安城西有漕店。玄奘归国，以开远门外闻者凑观，欲进不得，因宿于漕上。此漕店、漕上距开远门不远，当在三桥附近。

从昆明池引水济漕的渠道叫昆明渠，《水经注·渭水》称作昆明故渠，并记有其基本流路：“渭水东合昆明故渠，渠上承昆明池东口，东迳河池陂北，亦曰女观陂。又东合泬水，又东迳长安县南，东迳明堂南……渠南有汉故圜丘……故渠之北有白亭、博望苑……故渠又东而北屈，迳青门外，与泬水枝渠会。”

汉昆明池在今西安市西南斗门镇东侧，河池陂在今河池寨，东有唐定昆池遗址，20世纪60年代时其附近还留有若干沼泽遗迹，定昆池或即利用河池陂基础开凿。嘉庆《咸宁县志》说：“从谷雨村东抵河池镇，又东北至鱼化镇，地皆卑下，自鱼化镇东有渠东北行，时有积潦。”这一路线可视作昆明故渠所经。鱼化镇旁今皂河为泬水故道所经，镇东北之渠应即昆明渠。汉明堂遗址已被考古发现，在今大土门村西北，明堂、辟雍的水源应该利用此水。白亭在今西安市劳动公园附近，博望苑在今任家庄一带。汉昆明渠应经汉明堂、白亭、博望苑南，其后北曲经汉长安城东青门外，与泬水枝渠及漕渠相会。[②]

3. 灞河两侧的漕渠路线及引灞助漕支渠

西安市文物保护考古所在进行灞桥段家村汉水上大型建筑遗址的考

---

① 唐李泰等，贺次君辑校：《括地志辑校》，中华书局1980年版，第10页。

② 黄盛璋：《西安城市发展中的给水问题以及今后水源的利用》，《历史地理论集》，人民出版社1982年版。

古工作中，于 2001 年 2—5 月对其周围古遗址进行了全面的勘察和钻探，在灞河东西岸都钻探发现了漕渠遗址，其东与《中国文物地图集·陕西分册》标明的灞桥区、临潼区并渭漕渠相连，从而在灞河两侧发现基本相接的漕渠遗址约 16 千米，这当然是漕渠研究方面的重大收获。

在灞河西岸，钻探出漕渠的长度为 6500 米。遗址宽 110 余米，渠道宽 90 余米，地表下 0.8 米见渠道淤积土，3 米以下见沙。经由北辰村东南灞河古河道处向西紧贴高速路北边，经河道村、沟上村，过污水渠在联合村西端绕大弯，斜向西航公司生活区东南，再拐弯顺西航公司厂部区南，经张千户到河止西村，向南拐向蔡家村、杨家村、城运花园人工湖西端，流经农科院到汉城附近。汉城附近的探察工作因故中断，如何与汉城南漕渠相接只能用文献推测，估计是城南漕渠沿东垣北进，后接此渠道。

本次考古钻探发现的灞河东岸漕渠呈东西走向，共长 5500 米，宽 80 余米。西起灞河东岸西王村村东（距村西 200 米为灞河古河道，下为黑淤土），一直延伸至东王村、三合社、深渡、半坡村至万盛堡。表层 0.4 米为耕土，其下为冲积土，距地表 1.5 米出现粗沙层，不见底（带不上沙子）。三合社、深渡、半坡村情况基本一致，两边均为黑淤土，宽度不等，中间是 80 余米宽的冲积土，见沙层。半坡和万盛堡衔接处北边无边界，泥沙向北延伸，沙层距地表 0.6 米，有可能与古渭河河道相通。

据《中国文物地图集·陕西分册》，在今西安市灞桥区与临潼区存在着长约 4 千米的漕渠遗址，西与此次考古钻探发现的漕渠遗址相连接，略呈东西向延伸。自灞桥区新合乡的万盛堡向东略偏南，经陶家村、田鲍堡、新合，进入临潼区西泉乡，经椿树村、唐家村至周家村。此一线有明显的槽形洼地，历历在目，沿线发现少量绳纹板瓦、筒瓦。当地村民至今仍称其为漕渠。考古学者判断其为西汉漕渠遗存。[①]

最东段约 4 千米的漕渠遗存，早已由历史地理学家史念海先生指证，他在《中国的运河》中写道："现在西安市东北灞水以东，由新筑附近起往东的万胜堡（即万盛堡）、陶家、田家、新合、椿树庄、唐家村、周家湾等处，有一道较为低下的地区，低于其两侧约 1 米上下，容易积水，

① 《中国文物地图集·陕西分册（下册）》，西安地图出版社 1998 年版，第 60、76 页。

其中一些片段地方还是只能种植芦苇，当地居民即称为漕渠。由新筑西越水，稍偏西南，即可直达汉长安故城。这道较为低下的被称为漕渠的地区，当是汉代漕渠的遗迹。”①

灞河东西岸漕渠并不直接相对，比较而言，西岸汇入灞水的渠口约较灞河东岸引流渠口在上游即南侧 3 里有余。这也很好解释，漕渠引渭及昆明池水东流入灞后，会随灞河下流，要引灞水及漕渠水继续东行，一定要把引水口放在其下游才行。

西汉漕渠在灞河东西两岸相对不齐的形势，说明了其渡灞时不像唐朝时有滚水堰的修筑，可能采取的是自流或导游堰引水的方式。

仔细分析《水经注 · 渭水》所载灞河东岸的水道经行，笔者发现一个新情况，即西汉时可能在漕渠上游开凿有引灞支渠，用于引水济漕。这个措施有效地保证了灞河以东漕渠水量的充足和稳定，是特别重要的漕渠辅助设施。

据《水经注 · 渭水》，漕渠过灞水（或作霸水）后，“又东迳新丰县，右会故渠。渠上承霸水，东北迳霸城县故城南，……故渠又东北迳刘更始冢西……又东北迳新丰县，左合漕渠”。其中所谓故渠，熊会贞谓：“此霸水故渠也，其渠自霸水东出，在漕渠之南。”其合漕渠后，未闻有北出入渭的尾闾，故笔者认为这是西汉时人工兴修的运河支线，除引灞水以补充漕渠流量外，还可通行漕船。

此支线经过汉代霸城县城以南，而多数学者判断汉霸城县治于西汉灞桥东岸，即今上桥梓口与下桥梓口村一带，则其引水渠口当在灞浐之交汇处也。其渠东北流，过铜人原南，至汉新丰县附近合漕渠。此运河支线似开辟了隋唐漕渠此段路线的先河，因唐朝所修广运潭就在灞浐交汇处。

换一个角度，也可以把引灞济漕支线与漕渠引灞看作漕渠的两个渠口引水，这种多口引水方式能够较稳定地保证漕渠的水量，而且还有个更大的好处，即载重漕船多是由东向西航行，如只有漕渠正线，则东来漕船入灞后要向上游纤行三里许才能进入灞西漕渠，把漕粮运至太仓。逆水纤行满载之舟，困难很大，现修此支线，则载重船可沿支线东南入

---

①　史念海：《中国的运河》，陕西人民出版社 1988 年版，第 80 页。

灞，正位于灞西漕渠入口上游，船向西岸入漕渠，正是顺水，可谓便利。漕渠支线的开辟不仅补充了下游漕渠水量，而且可以丰富漕船线路，便于载重船越过灞河，一举两得，绝对是科学合理的设计。

2000 年，在灞河段家村发现的汉代水上大型建筑遗址，位于今灞河东岸的河床上，东距河堤二百余米，清理出土有大量的木桩和木板。这些木构件成组排列，可分为三类：大箱体一件。大凹槽型木结构一件，小箱体 11 件，从遗址发现有汉代砖、瓦和陶片，器物时代均晚不过东汉，结合木材的 C^{14} 年代测定，此水上建筑的时代被初步断定为汉代。2001 年 6 月 15 日，在西北大学宾馆举行的专家论证会上，对此遗址的性质众说纷纭，或曰是灞河桥或引桥遗存，或曰是灞河上的一个漕运码头，或曰是漕渠绝灞的渡槽，至今仍没有多数学者认可的观点。

4. 下游路线及其归宿

西汉漕渠在新丰以东今临潼、渭南、华县、华阴、潼关诸市县境内已无遗迹可寻，马正林先生曾利用文献记载和实地考察方法给予复原，得到学界的公认①。据《长安志》，漕渠在渭南县北一里，从今渭南市东北渭河南移的形势分析，今渭南市东的一段渭河也就是西汉漕渠的故道。由于渭河在二华地区的河槽变迁不甚剧烈，按照史书所载漕渠并南山东流的形势及当地地形判断，二华夹槽似乎就是过去的漕渠。今天仍有一条排水渠流经二华夹槽，大体上就是利用了古代漕渠的部分故道。现二华夹槽村庄相对稀少，也正是地势太低，地下水位太高的缘故，每年汛期，大雨过后，此夹槽就汇满了明水，可以清楚地显示出其槽形凹地的形状。1998 年笔者本人在此地实地考察，就目睹了这种情形。

西汉漕渠东首有个标志性建筑即华仓，遗址在华阴市东北硙峪乡段家城和王家城北的瓦碴梁上，东倚凤凰岭，西南两方面紧临白龙涧河，北濒渭河，地势高敞，是选作粮仓的好地方。华仓又称京师仓，是漕运的转储仓库，漕渠在此附近为东口也很正常，正如隋唐时以永丰仓为漕渠东口那样。华仓遗址中出土写有“宁秦”字样的瓦当，证明汉代的华仓城距离秦代宁秦城不远，而宁秦城就在汉代的船司空县之南。黄、渭、洛三河当时在此相汇，其东北侧现有村庄叫三河口，漕渠至此进入黄河，

① 马正林：《渭河水运与关中漕渠》，《陕西师范大学学报》1983 年第 4 期。

再没有必要沿黄河南岸向东延伸。

明确提出漕渠东口位置的代表性观点有两种。因为渠口位置连带着涉及渠尾入河还是入渭这个问题，现在给予辨析。

马正林先生认为："从汉代华仓遗址和华阴县东北一带的地形来看，汉代的漕渠在今三河口以西入渭，并未伸延到潼关附近入河。汉代的船司空县在今华阴县东北十五里，也就是当时黄渭交汇的地方。华阴县东北的三河口与仁义堡和东平洛之间的三角地带，是一块330米等高线以上的阶地，而漕渠尾闾在华阴县西北已进入330米高程以下，已无必要，也不可能穿越三河口以南的高地。所以，只能顺应地形，在三河口以西入渭。"[①] 即马先生认为西汉漕渠东口在华阴市东北三河口以西，尾入渭水。

史念海先生不同意这种观点，认为漕渠"东入于黄河。其入河处，当在今陕西潼关老城西吊桥附近。或谓漕渠应在今华阴县东入于渭水，这种说法与当地地形不合。今华阴县西北地势隆起，并由西向东，逐渐倾斜，直至吊桥附近，始行降低。这不仅可以目验，就在最近新测定的五万分之一的地图上，也已明确标出。当地亦未见有漕渠旧迹，是漕渠不能由此高地入渭。此高地在吊桥附近降低，漕渠也只能由此北流，与黄河相会合"[②]。即史先生认为漕渠尾入黄河，而且是在今陕西潼关老城西吊桥附近。

笔者认为以上两种观点各有合理成分，今综合之，提出个人的见解。当时黄河河道处于向西偏移时期，漕渠尾端不一定要到今潼关老城西吊桥附近即可入河；当然，其尾端也不仅止于三河口之西，应该越过三河口，在其东今潼关县西境某处注入黄河。

此区地当黄、渭、洛三河交汇之处，黄河河道不时有所摆动，而且摆动幅度相当大，有几次摆到三河口附近。洛水本来是在三河口一带入渭的，因黄河西移，洛河有时就注入黄河。当西汉开凿漕渠时，河东守番系正在兴修河东渠，在汾阴、蒲坂引河水淤灌河壖弃地五千顷，说明当时黄河河道正向西移徙，其后数岁，"河移徙，渠不利，则田者不能偿

① 马正林：《渭河水运与关中漕渠》，《陕西师范大学学报》1983年第4期。

② 史念海：《中国的运河》，陕西人民出版社1988年版，第80页。

种。久之，河东渠田废”①。河徙而致渠道引水不利，渠田废弃，说明黄河又向西徙，若东徙则是冲毁河东渠田，而不是引水不利的问题了。马正林先生也认为：“那么，当地黄渭交会的具体地点又在什么地方呢？以三河口一带的地形看，应该在三河口以东不远的地方。今三河口以下的渭河实际上就是黄河的故道。”② 而且三河口一带的地形也是可以穿越而过的，已如上述史先生所说。那么《史记》明言西汉漕渠，“并南山下，至河三百里”，就可以理解了，即漕渠应该越过三河口，在其东不远的潼关县西境注入黄河。

5. 经济效益

漕渠的经济效益表现在漕运与溉田两个方面。《史记·河渠书》所谓：“通，以漕，大便利。其后漕稍多，而渠下之民颇得以溉田矣。”即漕渠起到了漕粮输送与浇灌农田的双重作用，当然最重要的经济效益应该是漕运。渭河是水少沙多、流量不稳定与河道弯曲大的河流，在这样的河道中航行，当然会受到种种自然条件的制约。因渭河弯曲多，据说漕船由黄河溯渭水至长安就有900里，而且中间还有不少浅滩，极不利于航行，每年漕运时间需要6个月。漕渠开凿后，渠道取直，只有300里，漕运时间也可以节省一半。加上当时造船业发达，出现了长五至十丈的可装五百到七百斛的大船，极大地提高了漕运效益。这从当时向京师输送漕米数量的迅速增加上可以看出来。汉初从关东每年漕运关中的漕粮不过数十万石，汉武帝初期也不过百万石，漕渠修成后，猛增到四百万石，武帝元封年间（前110—105）竟创造了每年六百万石的高纪录，《史记·平准书》载，“山东漕益岁六百万石，一岁之中太仓甘泉仓满”。《汉书·食货志》载宣帝五凤年间（前57—54）大司农耿寿昌上言：“故事岁漕关东谷四百万石，以给京师。”说明自漕渠兴修后直至宣帝时，由关东漕运的粮额一般保持在四百万石之数。显然，这与漕渠的修建成功有直接关系。

漕渠的开凿还有个次要的功效，即是“渠下民田万余顷，又得以溉田”，笔者认为其实质是淤灌开发荒地性质，“万余顷”这个数量只是规

---

① 司马迁：《史记》，中华书局1959年版，第1410页。

② 马正林：《渭河水运与关中漕渠》，《陕西师范大学学报》1983年第4期。

划数据，是指漕渠以下至渭河仍有万余顷土地可供淤灌开发，绝不是有万余顷农田得到了浇灌。在六辅渠建成之前，溉田这个词的实质是以放淤为主的（实际上这个词也不是出现在六辅渠兴修之前的，是司马迁写下的，至于是否为郑当时奏言原文很难考知）。我们还可假设一下，如果有万余顷即约68万市亩的农田可以从此渠道中获得浇灌之利，那么，这么巨大的农田水利效益也足以使后代的人们修复此渠，而实际上，历史上从来没有过以农田水利为目的来修复此漕渠的。

西汉漕渠维持了多长时间，史无明文。马正林先生认为："大约在宣帝以后，漕粮又由渭河西运。如果这个判断不错，这次开凿的漕渠大约使用了七八十年。"[①] 黄盛璋先生《历史上的渭河水运》对汉漕渠废弃不用时代的看法是"不详"[②]。即使是持续使用七八十年，与其后历代修复的关中漕渠相比，西汉漕渠也是维持通航时间最长的。

三 褒斜道漕渠的尝试

郑当时开凿漕渠以后，又有人提出新的漕运方案，计划开凿褒斜道，避开黄河砥柱之险，将关东粮食从沔水（今汉水）经褒水、斜水漕运到关中。《史记·河渠书》详细记载了其修建原因、过程及其最后结果："其后人有上书欲通褒斜道及漕事，下御史大夫张汤。汤问其事，因言：'抵蜀从故道，故道多阪，回远。今穿褒斜道，少阪，近四百里；而褒水通沔，斜水通渭，皆可以行船漕。漕从南阳上沔入褒，褒之绝水至斜，间百余里，以车转，从斜下下渭。如此，汉中之谷可致，山东转沔无限，便于砥柱之漕且褒斜材木竹箭之饶，拟于巴蜀。'天子以为然，拜汤子卬为汉中守，发数万人作褒斜道五百余里。道果便近，而水湍石，不可漕。"

关东各地的漕粮经黄河水运入关，必须经过三门峡，此峡谷河道狭窄，水流湍急，中有礁石，号称砥柱之险，漕船过此，非常艰难，"触一暗石，即船碎如末，流入旋涡，更不复见"[③]。为避开三门峡之险，计划

① 马正林：《渭河水运与关中漕渠》，《陕西师范大学学报》1983年第4期。

② 黄盛璋：《历史上的渭河水运》，《历史地理论集》，人民出版社1982年版。

③ 史念海：《三门峡与古代漕运》，《河山集》，生活·读书·新知三联书店1963年版。

将关东漕粮经鸿沟、淮水、汝水进入舞水等，然后通过沘水运抵南阳，再由汉中运往关中，而由汉中送输关中则可以通过兴修褒斜道而进行漕运。

所谓褒斜道，就是褒水和斜水间的通道。褒水与斜水都发源于秦岭，褒水流入汉水，斜水流入渭水，两水相距最近的地方（今陕西太白东）只有百余里。如果这两个水道加以疏浚修整，使漕船可以通过，那么山东各地的漕船就可以不经过黄河中的砥柱之险，由南阳、汉中一直水运到褒水，再通过褒斜道用车运至斜水，从斜水顺流而下，入渭水至长安，而且汉中一带的粮食与秦岭的林木也可由此道运到京都（参见图4—1）。这一方案经御史大夫张汤审定上奏，武帝采纳之，发数万人一方面整理水道，另一方面开凿陆路，由张汤的儿子张印主持此项工作。

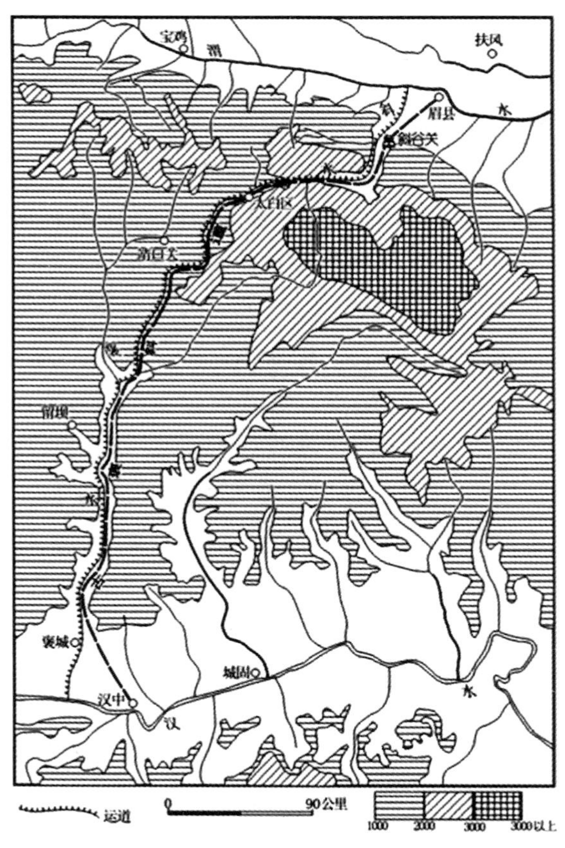

图4—1　西汉褒斜道图

褒斜道开凿完成后，水路漕运的目的却没能实现，由于褒、斜的河谷过于陡峻，水流很急，同时水中多礁石，根本无法行船。虽然开辟褒斜道水运交通的目的没能实现，但是它却是沟通渭水与汉水也就是黄河与长江中游水运联系的最早的伟大尝试。从实际效果来看，其所花的力气并没白费，其水路漕运虽不能行，但其开辟的陆路交通确使关中通往汉中的道路比故道近了400里，褒斜道遂成为其后连接秦岭南北的最主要的陆路交通线。

四　洛渭之间的漕渠

1992年，彭曦教授去蒲城县西头乡考察战国秦简公“堑洛”遗迹时，在西头村发现了西汉“澂邑漕仓”遗迹，而由此漕仓到京师长安必有一条漕运线，上游可以利用洛河的自然河道，下游为人工开的沟通洛、渭两水的运河，然后可溯渭河通长安。现主要依据其考察报告复原西汉洛渭漕运的基本路线。

“澂邑漕仓”位于蒲城县东北28千米的西头乡西头村。此处为洛河西岸一平坦的台地，遗址范围广大，南北长约3千米，东西宽1.5—2千米。其中心区域的西头村东侧，暴露出长约150米，厚1—2米的灰层。灰层距今地表1.7—2.0米，部分地段呈上下间隔的两层分布状态。遗址南部钻探出东西长25米、南北宽10米，内有石础的夯土基址，发现了水井遗迹，遗址北部发现陶窖5座及大量绳纹板瓦瓦坯。采集有外绳纹、内麻点纹、云纹瓦当（许多当面涂朱）、“澂邑漕仓”文字瓦当以及陶罐、瓮、盆、壶、钵等残片。1998年8月，笔者本人亲至现场考察，村民拿出来写有“澂邑漕仓”的瓦当，同行的陕西省文物局文物鉴定组组长呼林贵研究员告知，此当直径16.5厘米，缘幅一厘米左右，当心饰乳钉，字为小篆体，为典型的西汉武帝时的瓦当。瓦当的出土为确定遗址的性质和时代提供了确切的文字实物资料，此处应是西汉武帝时代建设而成的澂邑漕仓。有人还进一步推测遗址可能就是秦汉澂邑（或作徵邑）故城遗址，其旁置有漕仓，设立漕运机构。[①] 陕

① 彭曦：《陕西洛河汉代漕运的发现与考察》，《文博》1994年第1期；《中国文物地图集·陕西分册（下册）》，西安地图出版社1998年版。

西省考古研究所的程学华先生曾进行过试掘，在 60 米 × 25 米的范围时确认了四个仓库的遗迹。当地村民领我们到洛河边的苹果园中，指证地下深约 1 米处发现过古代建筑用的大量青石板与石条，推测可能是漕仓之所在。在当地村民的带领下，向东南方 580 米左右的乡村工场后面的洛河西岸考察，据说此处过去曾发现像码头或引水渠首工程之类的遗存。只是我们在此地没有发现任何古代遗物和遗迹，仅观察到洛河在此有两个向东凸出的石质平台，洛河从其下南流，虽然地理形势非常有利于建设漕运码头，却没有任何实物证据①。

洛河漕运自西头乡顺河而下，至蒲城县钤铒乡北城南村的漕河引水口，总长度约 60 千米为利用洛河的河道。自引水口至渭南市孝义镇的单家崖，全长 32 千米，为人工开挖运河，自然河道加人工运河，全长实测 96 ± 3 千米。

引洛入渭的运河入水口位于城南村东约 450 米的洛河西岸，至今人工开挖的痕迹清晰可辨，现存渠口底宽 28 米，上宽 35—40 米，底部高出洛水河床约 7 米。漕渠由此向西南开挖 75 米，折向南四百余米，再折向西约 500 米，于南城南村再折向南，取直线沿蒲城、大荔两县界地进入渭南市，经焦家庄、太丰、南志道等 20 多个村庄和官路、来化两个乡镇，至渭南县孝义镇的单家崖汇于洛河。全长约 32 千米，具体路线（参见图 4—2）。

漕渠沿古洛河泛滥流经的洼地开挖，沿线有 20 多个古代湖泊洼地，运河利用其天然地势可以省力省工。运河人工开挖的宽度不一，最窄处 25 米，而最宽处达 70 多米。原河底均为农田，两岸有明显的堆土，呈坡垅状。深约 4 米以上，今淤积层厚约 1.5 米，河岸残高 1—2.5 米。沿线发现秦汉时期的灰坑及绳纹筒瓦、板瓦、绳纹或素面陶器残片。运河入水口的北侧和南侧，发现有城址及大量遗址。

洛渭运河未见史籍记载，幸而有澂邑漕仓的发现，才从实际田野遗迹中考察出来，而且由出土器物等判断，其修筑时间不会迟于西汉武帝时代。

---

① 李令福：《九八年至九九年关中平原历史地理考察记》，《中国历史地理论丛（增刊）》1999 年第 12 期。

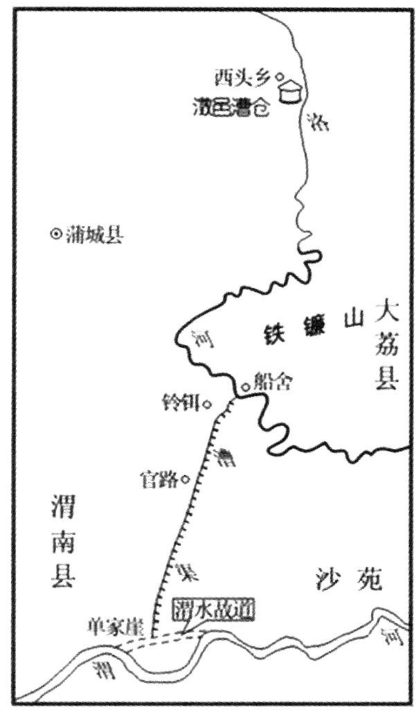

图 4—2　洛渭漕渠路线示意图

洛渭运河利用了洛河曾经泛滥的一条故道，但至今其遗迹路线仍清晰可见，其工程仍是相当庞大的。而且它自北向南近百千米的水道，包括天然的河道与人工运河，完全都是顺流行舟，这要比并渭漕渠的逆水行舟省时省力。

洛渭漕运虽然只是关中内部的运河工程，但其把关中东北部的农业区与京师长安连接起来，所起的历史意义不应该低估，彭曦先生认为："西汉这里可以说是京师至关重要的供食粮仓。"① 这一漕河的使用年限，也比渭漕的时间要久，东汉以后至隋唐期间，它的效用可能仍然存在。

总括上述，西汉尤其是汉武帝时代为关中水运交通大发展的重要时期。一方面是自然河流的航运，这有几条路线：渭河长安以东段的航运

① 彭曦：《陕西洛河汉代漕运的发现与考察》，《文博》1994 年第 1 期；《中国文物地图集 · 陕西分册（下册）》，西安地图出版社 1998 年版。

从先秦以来就通航不断，沟通了长安城与京师仓的联系，是最重要的航线；渭河长安以西段与汧河的水路联运似乎在西汉早期就建立起来，它沟通了长安城与雍城百万石仓的联系，是文献上没有记载的航线；泾河是否用于航行现在还很难确定。另一方面为三条人工运河的开辟：最重要的是傍渭漕渠，沟通了长安城与京师仓的联系，效益巨大；其次是洛渭之间的漕渠，沟通了都城长安与关中东北部徵邑漕仓的联系，也很有意义；第三是褒斜道漕渠的尝试，计划沟通秦岭南北，水运航行没有实现，但却开辟了陆路交通（具体参见图 4—3 漕运路线示意图）。因此可以说，汉代是关中水运交通最繁荣的时期。

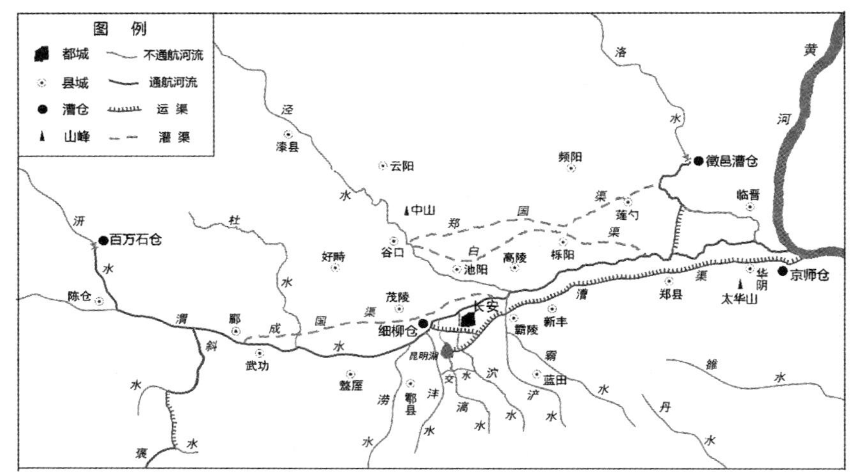

图 4—3　漕运路线示意图

原刊《唐都学刊》2012 年第 2 期

第二节　关中水利开发与地理环境相互关系规律

关中地区地理环境的东西、南北差异不仅规定着关中农田水利事业的区域特征，而且环境的变迁还影响到引水灌溉与都市水利工程的规模大小甚至兴衰。反过来，水利工程的兴修对关中水文环境、土壤性质等都产生了深远影响，甚至改变了不少地方的微观地貌。

一　影响水利开发的地理环境因素

地理环境是由地貌、气候、水文、土壤与生长于其中的动植物等因素组成的物质体系，它构成了水利开发空间各种自然条件的总和。为了探讨地理环境各要素对小区域水利开发的不同影响，今根据其本身特征及其对水利事业影响的异同性，把地理环境因素分成以下几类：

1. 气候因素：包括光照、温度、空气等要素；

2. 水文因素：包括河流、湖泉、降水量、泥沙含量等；

3. 土壤因素：土壤因素是综合性的，包括了土壤生物与非生物因素，非生物因素中也包括固相、液相和气相；

4. 生物因素：森林、草原植被与动物群落；

5. 地形因素：包括山岳、高原、平原、隰洼、坡向、坡度等要素。

就关中地区而言，各地的气候条件在相同时间平面内虽有一定的差异，但由于区域较小，对水利的影响不太明显，加之传统农业时代，人们改造自然的能力相对较低，很难控制光照、温度与空气等气候条件，故论述时很少提到气候因素。

二　环境对水利开发的影响

关中地区东与西、南与北的自然环境差异，对水利发展起到了极大的制约作用。

首先，地理环境的东西差异制约着水利开发的进程。

关中农业起源很早，仰韶文化时代已经建立了不少农业点，但原始农业对土地利用的深度与广度都是很有限的。关中农业的形成可以说是从周人开发关中西部的周原开始的，到西周时代，丰镐附近的农业也得以发展。这两个区域的地理特征都是以黄土原为主，海拔基本在500米以上，这些地方的土壤条件特别适应当时的生产力水平。关中东部尤其是渭北冲积平原此时仍然是待开发区域，较少农业种植，原因当然是这里地势低洼，海拔基本在500米以下，沼泽湖泊很多，灌草丛生，古称沮洳之地。

关中东部得到基本开发是战国末期的郑国渠开凿以后，日本学者木村正雄在其所著《中国古代帝国的形成及其成立之基础条件》① 中，以关中的700米等高线为标准将其上的丘陵、山谷地带称作为第一次农地（旧开发地带），其下的渭河盆地平原地带为新开发农区（第二次农地）。他认为在《汉书·地理志》所记三辅的全部57县中，有32个县是战国以后新设置的，而且其中大多数（共25个）是在第二次农地上设置的，鹤间和幸先生在研究秦汉关中水利与都市发展关系以后，也得出了相近的观点。②

平原农业发展这种自西向东的历史进程，虽然与农业生产力的发展有关，但主要应该是关中东西部的地理环境所决定的。

关中东部远古为三门湖所在，后经河流携带泥沙或风吹黄土的堆积淤高，陆续有陆地生成，也有人类居住的细石器文化遗迹。部分遗留下的湖泊逐渐富营养化，杂草生长，西周时代发展成沮洳之地，亦即今日所谓的湖泊沼泽地区，在湖泊、沼泽与陆地中间，水土多卤带性，又是盐碱土严重之区，非有河流冲刷洗盐不能种植，而靠自然河流的塑造已有少量土地成为垦殖之田，但数量相对较少。据《史记·河渠书》，郑国渠下即泾水、洛水之间有“泽卤之地四万余顷”，洛水以东也有“万余顷故卤地”，是临晋民穿洛凿龙首渠淤灌的对象，如此则关中东部共有五万余顷盐碱沼泽之地。这确是一个不小的数字。直到战国中期，关中东部尚存着大面积的湖泊沼泽盐碱地，这种自然条件阻碍了农业开发的进程。郑国渠建成后，人为大规模引来浑水淤高沼泽，改良盐碱，始塑造出大片良田美壤③，关中东部低洼平原才得以全面开发。关中农业区才自西向东连成一片，于是，“关中为沃野，无凶年”，才真正取得了“沃野千里”的美誉。

其次，地形、水文条件的差异规定着关中农田水利事业的南北与东

① 不昧堂，1965年出版。

② ［日］鹤间和幸：《战国秦汉时代关中平原的都市和水利》，中日合作历史地理研究论文集第2辑《汉唐长安与关中平原》，《中国历史地理论丛》增刊，1999年12月。

③ 郑国渠除具有灌溉农田的效益外，淤灌应是其主要的作用，这从“引注填阏之水，溉泽卤之田四万余顷”的记载可得以证明。参阅拙文《对郑国渠淤灌“四万余顷”的新认识》，《中国历史地理论丛》1997年第4辑。

西的不同特征。

古代关中农田水利的开发对关中农业生产起到了巨大的促进作用，在秦汉、隋唐、宋元、明清各个阶段，虽因社会与自然原因的影响，其发展有一定的兴衰起伏，但在每一个发展阶段的内部，农田水利工程的兴建规模与效益仍然存在着较明显的南北与东西差异。造成这种差异的原因就只能主要用地理环境特征来分析了。

先从渭河南北两岸的比较来看，明代以前关中农田水利发展的重心位于渭北，大型灌溉工程也都分布在渭河北部。南岸农田水利工程相对较少，且还多是明清时代兴修起来的中小型规模的灌溉工程。

在相同阶段表现出来的渭河南北两区域的这种差异性，主要是由自然地理条件决定的，渭河由西向东横穿关中，但其两侧不对称，导致了南北地形、水文的差异明显。渭河与秦岭之间是一个堑断地带，秦岭沿着断层上升，渭河沿着断层下降，因此渭南坡度很陡，原面狭窄；河流众多，且短小流急；各河流之间形成高于河面的长条状原面，不像渭北的原面那样宽广。这种地理条件决定了渭南只适于中小型农田水利的发展。

渭北地区西部是高平广阔的黄土原，东部为低平宽大的堆积平原，河流相对源远流长，泾河、洛河构成了渭北最长的三条支流，流量也较丰富，这也是渭北多大型引水工程且农田水利相对发展的地理原因。

此外，渭河南部水利还有一大特点，即是都市用水与漕运水利工程建设相对发达。由于西安地区为汉唐国都所在，汉唐都城长安也是当时全国最大的城市，为保证京师众多人口的粮食需求及生活、园林用水，号称八水环绕的西安地区及其东部，汉唐时代兴修了多处引水渠以用作漕运及都市用水，也多少阻碍了农田水利的发展。

在渭河北岸，由于地形、水文条件的不同，农田水利工程的规模与成效也表现出较明显的区域差异。第一，中部泾水与洛水之间的引水工程历史最久，规模也最大，灌溉面积最多，基本没有间断地发展下来。从秦（郑国渠）、汉（郑渠、六辅渠、白渠），经唐（三白渠）、宋（丰利渠）、明（广惠渠）、清（龙洞渠），直到现在的泾惠渠，基本是一脉相承，始终是本区也是关中最重要的灌溉系统。本区水利工程效益巨大，分布也有特色，笔者认为有南北两大干渠系统，郑国渠引泾并北山东行，收冶、清、浊、沮、漆诸川水注洛，是引泾灌区的北系，白渠引泾东南注渭，主要浇灌东南方郑渠未达之地，发展为引泾灌区的南系。由于北系逐渐分化式微，南系发展成为正宗。而北系分化而成的冶清浊河渠浇灌的云阳、三原地与漆沮河渠浇灌的富平、栎阳县地也是宋元明以来水利较为发达的地区。

第二，西部以渭水为源的引水灌渠东西路线较长，但南北缺乏纵深，只能在海拔500米以下的狭窄地区，故其效益只能居于次席。西汉修建的成国渠自眉县引渭水，曹魏时又把它延长到宝鸡，上承汧水，唐代恢复了此渠，效益也很大，"溉武功、兴平、咸阳、高陵等县田二万顷，号渭白渠，言其利与泾白相上下"。今日渭惠渠高干渠路线大致相当于汉成国渠。

第三，东部引洛的效益较差。汉修龙首渠，千辛万苦凿通了商颜山，但结果却是"渠颇通，犹未得其饶"，可以说没有成功。

以上东西差异形成的原因何在？笔者认为主要是由各地地形、水文条件决定的，泾洛之间有较大面积的平原，且从西北向东南略微倾斜，这种地形大势不仅保证了引水灌溉的空间，利于设置自流灌溉水渠，而且可保证引水口居于高处，有利于多量引水。再从水文特征分析，泾水是渭河的最大支流，集水面积很大，径流量居渭河诸支流第一位，而且源于黄土高原，含沙量大，号称"泾水一石，其泥数斗"，故足以起到"且溉且粪"的效果。这些地形与水文条件决定了引泾灌渠规模大效益佳。泾水以西虽有汧渭作为水源，但地形却成为扩大灌溉规模的限制因子，其区地形以黄土原为主体，地势较高，难以引水上原，灌区只能局促于渭北阶地及二道原之间。引洛灌溉之所以很难成功，主要是两大自然因素在起作用：一是商颜山的阻挡，使导引上游洛水极为困难，而洛水自然出山口以后海拔太低，引水后自流的范围有限，难以得利。二是洛河以东地势低洼，地当古三门湖之最深处，盐卤性最强，非经多年淤灌很难奏效，这就是汉龙首渠失败的最大原因。大家一般的解释都是说，龙首渠因用井渠法穿凿商颜山的引水洞易塌致其失败，但这与《史记》所谓"渠颇通"不相符合，实际应是引水成功了，但淤灌效果却因较郑国渠灌区更低洼多盐碱而没有能发挥出来，是"犹未得其饶"也。1999年夏天笔者在洛惠渠灌区亲自看到改良盐碱的引浑淤灌现场，看到大片盐碱荒地，且今天洛河两岸仍有卤泊滩与盐池洼的存在，足以想见两千多年前西汉时的情景。

第三，环境变迁影响着引水工程的规模大小甚至兴废。

关中农田水利建设以引泾灌溉为典型，今以其为例论证其规模大小与兴废的变化，不仅仅是社会经济条件的影响，更受到地理环境变迁的制约。

历史上引泾灌溉工程的变化，我认为主要有两点：其一，引泾灌区北系由跨流域多河引水的大型输水工程逐渐小型化。据《史记·河渠书》与《水经注》，郑国渠"凿泾水自中山西邸瓠口为渠，并北山东注洛三百余里"，其间绝冶、清、浊、沮、漆诸自然河流。关于"绝"，学术界有平面交叉与立体交叉两种解释，《郑国渠》是前者的代表，《中国水利史稿》是后说的代表。我是赞同筑堰导引诸川入渠补充郑渠水源的观点即平面交叉的。从环境角度考虑，当时的河流出北山后，在较平缓的冲积扇上自由摆动，很少下切，河床平浅，与周围环境没有截然分开，因此当时的河流有名曰沮水者。在这样的自然条件下，要改变其流向是比较容易办到的。这里提供一个历史上平面交叉横绝天然河流的例子。据《魏书·刁雍传》，太平真君五年（444），刁雍为薄骨律镇将，奏修渠百二十里，"计用四千人，四十日功，渠得成讫。所欲凿新口，河下五尺，水不得入。今求从河东南岸斜断到西北岸，计长二百七十步，广十步，高二丈，绝断小河。二十日功，计得成毕。合计用功六十日。小河之水，尽入新渠，水则流足，溉官私田四万余顷。一旬之间，则水一遍，水凡四遍，谷得成实。"把一个"水广百四十步"的黄河支流全部阻遏入渠，只需二十日功。①

西汉武帝时修六辅渠，乃支分郑渠之六条专用浇地的分渠，它使郑渠灌溉性质发生了变化。六辅渠虽没有改变郑渠总体系，却为以后郑渠干渠不能贯通时冶、清、浊、漆诸水的各自为政打下基础。唐代前期郑渠规制仍能保持，其后因各河流下切严重，河床固定，很难围堰横绝，引水渠口相应向上移动，于是不仅与引泾工程分离，且诸水自成渠系，也较少贯通起来。

其二，引泾灌区南系在宋元明时代随着引水口的不断向上推移，灌

---

① 具体论述参见本书第五章第三节。

田效益也逐渐减少，到清代中期甚至“拒泾引泉”。白渠修建后，改变了郑渠引浑淤灌性质，主要在低水期引水，故引水口向上推移，到苻坚凿修郑白渠时，引泾渠口已推移到石质山地，唐郑白渠、宋丰利渠、元王御史渠、明广惠渠更不辞艰辛凿石开洞向上延伸，但灌田面积却由唐宋开始越来越少。这是什么原因呢？其实，宋元时代就有人明确指出这是河谷切深的自然原因造成的。据《宋史·河渠志》，由于引泾“灌溉之利绝少于古矣”，乃遣皇甫选等行视三白渠，经详细考察，皇甫选等认为，“周览郑渠之制，用功最大……度其制置之始，泾河平浅，直入渠口。暨年代浸远，泾河陡深，水势渐下，与渠口相悬，水不能至。”元宋秉亮更测算了前代各渠口下切的深度，他说：“尝考古今渠利之严，盖因河身渐低，渠口淤高，水不能入，是白公不容不继于郑渠，丰利不得不开于白公上也……今得郑口至水面计高五十余尺，白渠至水面计高一丈一尺，相悬如此，虽欲不改，不可得也。今丰利渠面至水亦高七尺有余。”[①] 又《长安志图》附《泾渠总论》也说：“但渠初凿之时，渠与河平，势无龃龉，岁月漱涤，河低渠高，遂不可用……河既渐下，渠岸自高，自灌之田，日复淤闭，虽强壅遏，竟无良策。今新石渠已迫山足，又高三四尺矣。”考河低渠高的原因不外二途，一是泥沙淤积渠口。此点尚易解决，浚淘渠道修补洪口即可。二是河床下切。根据笔者最近几年的实地考察，可以基本搞清泾河河床的下切速度，今在土质与石质地方各选一个年代与地点较为确切的给予说明。郑国渠在六辅渠建成后引水口现存上下二口，相距 100 米，高差 1 米，两渠口断面底部高于现泾河河床 14 米与 15 米。假设当时河床与渠底高程一致，郑国渠距今 2200 余年，平均每年河床下切 0.63 厘米左右。这可以代表土质地区泾河河床下切的速度。宋丰利渠已经深入石质山地，其渠口断面底部高于 现今河床 10.7 米左右，而丰利渠距今只有 891 年，知其平均每年下切 1.2 厘米左右。这可以作为石质地区泾河河床下切速度的代表。至于为什么河床下切的速度石质较土质反而快呢？我认为与人为活动有关，这在下节中有详细阐述。

总之，河床下切虽变化甚微，但终无法可救。这是历代引泾渠口向上推移的最主要原因，进而导致宋元明引泾效益的递减及清中叶以后的

① 《长安志》卷下《泾渠图说·建言利病》。

“拒泾引泉”。

三 水利开发对地理环境的影响

首先，水利工程的兴修对水文环境产生了极大的影响。

水利开发对水文环境的影响表现在多个方面：第一，引水灌溉改变了水分的时空分布特征，改善了灌区的自然环境条件。比如泾水发源于黄土高原，可以说源远流广，水量丰富。在谷口引其水灌溉关中农田，这些客水的引入使用增加了灌区的水分总量，而人工渠道可以在农作物需要的季节引水灌溉，对某些湖沼盐碱地区实施定向淤灌，基本可以做到对水量在时间与区域上的控制，达到水旱由人。

第二，对中小型河流采取横绝形式，多修人工引水渠道与泄水道，改变了自然河流的流路或方向。这一点可以用清峪河的流路与河道进行说明。清峪河在三原县鲁桥镇附近流出黄土塬进入关中平原，按照当地地形与水流就下的自然规律，应该直接向东南流去，而实际上清峪河却是向西折了个90度的大弯，然后又直向正南流去，至街子村附近，又折而东行，这里应该有人工因素的影响。秦郑国渠即是“旁北山”东行的，故有人认为此处清峪河的西折似乎可以看到郑国渠道的影子。又据学者研究，从今三原县天井岸村向南至汉长安城，更向南直到子午谷，存在着一个以汉长安城为中心的西汉南北超长建筑基线，而清峪河由北向南的这段河道正与此线重合，这一点也不是偶然的。[①] 清峪河在今三原县北侧的河床两岸无阶地和河漫滩发育，由形态可判定其也不是自然河床，应为人工渠道冲刷而成，陕西省泾惠渠管理局叶遇春总工程师认为，冶、清峪河汇流后原本应由今泾惠渠泄水之道路下泄，后来由于郑国渠、六辅渠等引水灌系的影响，形成今天的水系与流路。[②]

第三，众多的湖泊被淤平或干枯无水。比如关中东部著名的焦获泽的地望今人已经很难指实，有人以为在泾水出谷口处，有人以为位于今

---

① 秦建明等:《陕西发现以汉长安城为中心的西汉南北向超长建筑基线》，《文物》1995年第3期。

② 1998年8月6日，余随中日历史地理合作考察团赴泾惠渠管理局访问，叶遇春总工程师在其单位接待室挂图前对历代引泾工程变迁及相关问题进行了两个多小时的精彩讲解，本人受益匪浅。在此表示感谢。

泾阳县以西的广大地区，由于历代引泾浑水的淤塞，今天在此区已经根本看不到湖泽的地形特征。西汉上林苑中湖池特多，据《三辅黄图》卷四《池沼》条记载，有昆明池、镐池、初池、糜池、牛首池、蒯池、积草池、东陂池、西陂池、当路池、犬台池、郎池等。而到了唐代，池陂的数量大大减少，后面的十个池陂已经不见记载，而今天连其大致方位都较难考证。湖池的淤积当然有自然的原因，但人为开发破坏了南山的森林植被导致水土流失加重，也加速了这些湖泊的消失。西安附近著名的曲江池、滮池与渼陂现在虽然还能看到湖池的大致轮廓，但却都失去了水源，成为近乎干枯的死水潭。

其次，水利工程的兴修改变了不少地方的微地貌。

从大范围来讲，由于关中的河流多泥沙，故引水灌溉起到了“且溉且粪”的作用，有大量泥沙被渠水携带到田地中，淤塞了湖泊、沟壑，抬高了地面，像引浑淤灌的郑国渠这种作用更加明显。据 1999 年夏对洛惠渠灌区引浑淤灌改良盐碱地现场的考察，一次淤灌多覆盖 30—50 厘米的淤泥。古代虽然不能达到今日这样的速度，但淤高低洼地区却是明显的。引水渠道的淤泥清理后堆放在渠道两旁，于是河渠不断加高，在古三限闸即今汉堤洞附近，有几条古堤围成的大片洼地，李仪祉设计泾惠渠时曾计划把此处改造成一个大水库。有些高堤在 20 世纪六七十年代平整土地运动时被铲平，但至今仍有不少遗存。自泾阳县堤头村始，向东北经汉堤洞、郭苛廓、连湾村、荆家村、斗口村约长 8 千米，存在一高十余米、宽二三十米的古堤，应该是古白渠遗址。上节中说到引泾渠首地区泾水石质河床较土质河床下切速度还快的现象，这当然主要是人为因素造成的。宋元以来渠首已达石质山谷，为抬高水位，故多在引水口设置石囤堰，每年抛进大量竹笼石块，有时还要在河床中凿洞来固定石堰，这些措施加速了河床的下切速度。由上述事例可知，水利工程的兴修对微地貌既有点上的，又有线和面上的影响，既有侵蚀使地面降低的，又有抬升淤高地面的。

最后，水利开发对土壤的影响尤其显著。

因为农业种植只能在土地上进行，故农业生产对土壤的改造作用极大。一是人工耕作及其施加有机肥料使关中成为塿土的典型分布区域。关于此点，日本著名的中国古代经济与环境史专家原宗子先生进行过深入考察，参见其所著《中国古代生产技术与地理环境的关系》[①]。二是引浑淤灌改良盐碱地，《史记·河渠书》明确记载郑国渠“用注填阏之水，溉泽卤之地四万余顷，收，皆亩一钟”。唐人颜师古注曰：“言引淤浊之水灌碱卤之田，更令肥美，故一亩收至六斛四斗。”至今关中各灌区仍有此种措施，而且效益明显。三是不合理的漫灌也会造成次生盐碱沼泽化的危害。据《泾惠渠志》与《洛惠渠志》记载，二渠建成通水后，都有一个地下水位上升，局部产生盐渍、沼泽化的过程。后来经过挖排水沟、改善灌溉技术等综合治理，盐碱化现象都基本得到控制。

原刊《中国历史地理论丛》2000 年第 1 辑

---

① 原文刊载于日本岩波讲座《世界历史·3·中华的形成与东方世界》，岩波书店 1998 年版。有中文译本，见《中国历史地理论丛》1999 年第 2 辑。

第 五 章

中国古代水利基础

第一节　淤灌是中国农田水利发展史上的第一个重要阶段

淤灌是指在河道或沟口修堤筑坝，开渠建闸，引取高泥沙含量的浑水淤地或浇灌庄稼，它充分利用了浑水中的水、肥、土等有益资源，为农业垦殖和增产服务，是一项与改良盐碱及水土保持相结合的综合性农田水利措施，特别适应于我国北方的水文与气象特征。

淤灌在中国水利发展史上意义特别重大，至今仍然发挥着巨大的社会与经济效益，尤其是在中国传统社会，淤灌的地位不可低估。它是战国、秦汉时期中国大型溉田工程的主体，构成中国传统农田水利的第一个重要发展阶段，也就是说，最初兴建的中国大型农田水利工程不是浇灌庄稼，而是引取高泥沙含量的浑水淤地或浇灌庄稼即淤灌的。

关于淤灌的形成、发展及其在中国水利史上的重要地位，学术界显得很不重视，至今只有姚汉源先生的几篇论文就此问题有过深入论述①，但其论文关注的是宋代以后放淤造田与淤背淤临的河工加固方法。今天的很多学者甚至连淤灌的含义也搞不清楚，更不知道它在历史上曾经有过的辉煌。笔者在研究关中水利开发与环境之时，对此问题产生了一些

---

① 《中国古代的农田淤灌及放淤问题——中国古代泥沙利用之一》，《武汉水利电力学院学报》1964 年第 2 期；《中国古代的河滩放淤及其他落淤措施——古代泥沙利用问题之二》，《华北水利水电学院学报》1980 年第 1 期；《中国古代放淤和淤灌的技术问题——古代泥沙利用问题之三》，《华北水利水电学院学报》1981 年第 1 期；《河工史上的固堤放淤》，《水利学报》1984 年第 12 期。

新看法，在此贡献给学界同仁，期望大家讨论。

一　中国水利的起源及各门类的形成

新石器革命发明了农业，从此人类逐渐走向了定居生活，为了保护村落和田地，就需要防御洪水，排泄积水，为了生产和生活，也要有简单的供水设施的使用。随着政治、军事的发展和商品交换的兴起，航运交通的运河工程也应运而生；城市或大聚落的生产、生活、园林对水的供给有特殊的要求，于是综合性的都市水利产生了。随着农业的发展和社会生产力的提高，人们开始修渠筑堰引水，这就是农田水利工程；而防洪治河水利事业也走向规模化。

中国传统水利的四大门类，即防洪治河、航运交通、农田灌溉与城市综合供水，都可以在远古水利史上追溯到源头，加上与各类水利事业密切相关的水文化，就构成了传统中国水利的基本内容。

“水利”一词在中国出现甚早，但先秦时代的“水利”含义很宽泛，还不是完整意义上的“水利”概念。如《吕氏春秋·孝行览·慎人》曰：“舜之耕渔，其贤不肖与为天子同，其未遇时也，以其徒属掘地财，取水利，编蒲苇，结罘网，手足胼胝不居，然后免于冻馁之患。”这里的“水利”泛指水产捕鱼采集之利，是从水中取得各种自然资源（动植物）而直接利用的意思。

到了西汉武帝时代，与现代水利意义相近的“水利”这个概念正式形成。司马迁所著《史记·河渠书》在结尾的总结中说：“自是之后，用事者争言水利。”而《河渠书》所载内容不仅包括了农田水利工程郑国渠、河东渠，而且包括防洪治河与航运的漕渠等工程。从此，“水利”成为一个包括防洪治水、农田灌溉、航运交通等多项内容的专用名词，具有了特定的含义，与现代意义的“水利”相差不多。

秦汉时代的水利事业中已经出现专门的工程技术人员——水工。据《史记·河渠书》记载，郑国渠是“水工郑国”规划修建起来的，汉武帝时的关中漕渠是在“齐人水工徐伯”测量规划下完成的。当时的水工拥有专业知识和技术，是水利工程的设计师和兴修者，相当于今日的总工程师。这也说明了此时期中国水利事业已经基本成熟。

由于战国秦汉时期水利事业的发展，描述水利发展的内容在大型史书中也占据了重要位置，《史记》有《河渠书》，《汉书》也有《沟洫志》，保存有秦汉及其以前的中国水利建设的基本史料，也成为研究中国早期水利史的基础。

《史记·河渠书》首段记载了大禹治水，称“禹抑洪水十三年，过家不入门”，导山导水，疏理黄河，平治水土，主要是为了消除水害。这是中国水利之兴的第一阶段。该书后来所记汉代河决酸枣，东郡发卒塞之；河决瓠子二十余年后，武帝亲临宣房堵口之事，皆是治理黄河泛滥。是中国水利第一阶段防洪治河水利类型的发展。

《河渠书》第二段叙述了战国时修建的鸿沟运河系统，以及楚、吴、齐、蜀之地的运河工程。“自是之后，荥阳下引河东南为鸿沟，以通宋、郑、陈、蔡、曹、卫，与济、汝、淮、泗会。于楚，西方则通渠汉水、云梦之野，东方则过（鸿）沟江淮之间。于吴，则通渠三江、五湖。于齐，则通菑济之间。于蜀，蜀守冰凿离碓辟沫水之害，穿二江成都之中。”这些均是以航运交通为主要功能的水利工程，也成为中国水利发展的第二阶段的主要特征。汉武帝时郑当时建言兴修的漕渠，张汤父子规划监修的褒斜道漕渠，皆同上类，代表着航运交通水利工程的发展。

《河渠书》第二段末句说：“田畴之渠，以万亿计，然莫足数也。”这当然说的是农田水利之事，只前人多无解释，笔者以周人实行的沟洫制当之。沟洫制形成于西周时期，是防洪除涝性质的农田水利制度，一般认为没有灌溉功能。也就是说，中国小型的农田水利工程兴起虽然早，但地位不太重要，司马迁没有把它专门划作一个发展阶段，而是附于航运水利之后，一笔带过。

《河渠书》接下来详细记载了几个大型的农田水利工程，先是西门豹引漳灌邺，后是秦修郑国渠，汉修河东渠、龙首渠。这是北方大型农田水利工程的代表，说明了战国秦汉时期是我国大型农田水利的创始阶段。

班固的《沟洫志》，前半部分基本照抄《史记·河渠书》，唯依据《吕氏春秋·乐成》，认为引漳灌邺的主人公不是西门豹，而是史起，而且补充了更详细的资料。后半部分增加的内容共有两类，一类是关中六辅渠、白渠的修建及其作用，这两个渠道皆是对郑国渠的改造和扩展，属于大型农田水利类型。还有一类是黄河决徙泛滥及其治理方法、规划等方面的内容，全部属于防洪治河一类。

从《河渠书》与《沟洫志》所载内容来看，中国水利发展的第一阶段应该是以防洪治河为主体的，第二阶段则以航运交通为主，到了战国秦汉时代，大型农田水利建设方在北方兴起，构成了中国水利发展第三阶段的主体。

北方大型农田水利工程的兴建是中国历史上的重大事件，比如秦修成郑国渠，“于是关中为沃野，无凶年，秦以富强，卒并诸侯”[①]。司马迁把郑国渠的修凿成功看作秦人统一全国的经济基础。但学术界对这些大型水利工程的性质认识并不够深入，往往以今例古，想当然地认为它们都是浇灌庄稼，解除农田缺水问题的。我觉得不是如此，漳水渠、郑国渠、河东渠与龙首渠皆具有淤灌性质，是放淤荒碱地、以营造田地为主要目的的；到了六辅渠、白渠建成后，其性质有所变化，变成了浇灌农田庄稼，但仍然是引浑浇灌，即史书所谓的“且溉且粪”，仍然应该算作淤灌的一种。

二　漳水、郑国、河东、龙首诸渠的放淤性质

我认为中国北方最早兴修的漳水渠、郑国渠、河东渠、龙首渠诸多大型引水工程，均不是一般意义上的引水灌溉工程，都具有淤灌压碱造田的放淤性质，其中以郑国渠最有代表性，兹先论述之。

《史记·河渠书》不仅详细记载了郑国渠的修建过程、渠系路线与效益，而且明确地指出其具有的淤灌压碱性质：“韩闻秦之好兴事，欲罢之，毋令东伐，乃使水工郑国间说秦，令凿泾水自中山西邸瓠口为渠，并北山东注洛三百余里，欲以溉田。中作而觉，秦欲杀郑国。郑国曰：‘始臣为间，然渠成亦秦之利也。’秦以为然，卒使就渠。渠就，用注填阏之水，溉泽卤之地四万余顷，收皆亩一钟……因命曰郑国渠。”《汉书·沟洫志》所记基本相同。

《史记·河渠书》明言：“渠就，用注填阏之水，溉泽卤之地。”《汉书·沟洫志》也说：“渠成而用（溉）注填阏之水，溉泻卤之地。”其表达的意思完全相同。唐人颜师古注曰：“注，引也。阏读与淤同，音于据反。填阏谓壅泥也。言引淤浊之水灌碱卤之田，更令肥美，故一亩之收

①《史记》卷二九《河渠书》。

至六斛四斗。”这里有两层意思，一是郑渠所引之水为高泥沙浑水。泾水为多泥沙河流，汉人歌之曰：“泾水一石，其泥数斗。”这种从陇东高原带下来富含有机质的泥沙，随水一起输送到低洼沼泽盐碱地区，则有淤高地面、冲刷盐碱、改沼泽盐卤为沃野良田的功效。二是郑渠淤灌之地是未垦殖的沼泽盐碱地，不是农耕地。《史记》明确地说是“溉泽卤之地”，《汉书》则说“溉泻卤之地”。泻是指咸水浸渍的土地，其实意思并无不同。

郑国渠首起瓠口，傍北山东行入洛，共三百余里，其渠道以南地势相对低洼，原为泾渭清浊洛诸水汇渚，形成面积广大的湖泊沼泽区域，古人称做沮洳地。这是著名历史地理学家史念海与农学家辛树帜两位先生提出来并详细论证的观点。史先生在《古代的关中》一文中指出：郑国渠“所经过的地区本是一片盐碱土地，是不适于种植农作物的。由于郑国渠的开凿成功，盐碱土地得到渠水的冲洗，过去荒芜的原野变成稼禾茂盛的沃土”[①]。辛树帜著《禹贡新解》以为：“我曾观察泾阳、三原、富平相交之地，推想古代农事未兴，这里是可以为沮洳泽的”，“这里沮水之得名或因此”。并引《诗经》中的《周颂·潜》与《小雅·吉日》来说明，西周时期郑国渠淤灌地区不仅是狩猎的场所，而且还是捕鱼的佳地，也由此推出了最后结论：“由此可见，郑国渠未开之前，漆沮所经之地可能是沼泽纵横、草木丛生、麋鹿成群，是最早的猎场。”这种沮洳之地是包括今石川河以西的，《尔雅·释地》列举全国著名泽薮，于周人旧地说到焦获，按其方位在今泾阳、三原诸县间，大致是泾水出口的瓠口向东一直达到漆沮水流经的石川河。焦获泽这个泽薮似乎与漆沮之沮洳地连在一起，这些地方不是缺水，而是盐碱低洼。于是郑国渠引来浑水淤高地面，降低地下水位，冲走盐碱，形成了肥沃的淤灌地。

总起来看，郑国渠下流地区远古是三门湖之遗存，后经河流携带泥沙与风吹黄土的堆积淤高，陆续有陆地生成，也有了人类居住的遗迹。部分遗留下来的湖泊逐渐富营养化，杂草生长，发展成沮洳（沼泽）之地。在湖泊沼泽陆地之间，土质多带卤性，是盐碱严重之区，非有河流

---

① 史念海：《古代的关中》，《河山集》，生活·读书·新知三联书店 1963 年版，第 52—54 页。

冲刷碱卤不能种植，而靠自然河流的塑造，已有少量土地成为垦殖之田，但较为零星。郑国渠的开凿，人为大规模引来浑水淤灌，始迅速淤成良田美壤，“于是关中为沃野，无凶年”。也就是说，郑国渠不是浇灌农田，而主要在于引浑淤地，改良低洼盐碱，扩大耕地面积，使关中东部低洼平原得到基本开发。

较郑国渠为早的漳水渠也是具有淤灌性质的。第一，漳水渠所灌的邺地常有水患，而且土地盐碱化现象严重，当时的主要问题不是干旱缺水。据《史记·滑稽列传》诸少孙补记西门豹治邺事，邺地为漳水流经，常遭受漳水泛滥侵扰。在邺县下游不远处有以“斥漳”为名的县，郦道元《水经注·浊漳水》：“（漳水）又东北过斥漳县南……其国斥卤，故曰斥漳。”魏文侯时任邺令的西门豹，为解除水害，“即发民凿十二渠”。后来，史起为邺令，复治此渠。故左思《魏都赋》称：“西门溉其前，史起灌其后。”第二，漳水渠是十二渠首引水，《水经注·浊漳水》记曹魏时修复漳水渠，“二十里中作十二墱，墱相去三百步，令互相灌注，一源分为十二流，皆悬水门”。多渠口引水正是引用多泥沙河流进行淤灌的较佳设计。《汉书·沟洫志》更明确引用民歌说出了漳水渠的淤灌洗碱即放淤性质：“决漳水兮溉邺旁，终古泻卤兮生稻粱。”王充《论衡·率性》云：“魏之行田以百亩，邺独二百。西门豹灌以漳水，成为膏腴，则亩收一钟。”亩产一钟是放淤后土壤水肥良好的结果，漳水渠与郑国渠亩产量完全相同，也说明其具有相同的放淤性质。第三，引浑淤灌的前期工程浩大，要凿渠引来浑水，要围荒修堤埂以便放淤，挖深尾闾以便排泄，放淤时也要随时照看渠道、围堤、排水沟等。是知引浑放淤任用民力甚大，初期常为民怨，而放淤后田土大辟，沃壤高产，百姓乐之。《吕氏春秋·先识览·乐成》云：“魏襄王与群臣饮酒。……明日，召史起而问焉，曰：‘漳水犹可以灌邺田乎？’史起对曰：‘可。’王曰：‘子何不为寡人为之？’史起曰：‘臣恐王之不能为也’。王曰：‘子诚能为寡人为之，寡人尽听子矣。’史起敬诺，言之于王曰：‘臣为之，民必大怨臣，大者死，其次乃藉臣。臣虽死藉，愿王之使他人遂之也。’王曰：‘诺。’使之为邺令。史起因往为之，邺民大怨，欲藉史起。史起不敢出而避之。王乃使他人遂为之。水已行，民大得其利，相与歌之曰：‘邺有圣令，时为史公，决漳水灌邺旁，终古斥卤生之稻粱。’”是说初始民人因工繁役重而怨史起，其后大获利又歌咏其功。这一点与郑国受韩国旨意行疲秦之计，然渠成却又成就秦人万世之功，颇有几分相同。

关于河东渠，《史记·河渠书》曰："其后河东守番系言：'漕从山东西，岁百余万石，更砥柱之限，败亡甚多，而亦烦费。穿渠引汾溉皮氏、汾阴下，引河溉汾阴、蒲坂下，度可得五千顷。五千顷故尽河壖弃地，民茭牧其中耳，今溉田之，度可得谷二百万石以上。谷从渭上，与关中无异，而砥柱之东可无复漕。'天子以为然，发卒数万人作渠田。数岁，河移徙，渠不利，则田者不能偿种。久之，河东渠田废，予越人，令少府以为稍入。"《汉书·沟洫志》几乎完全相同。

根据规划，河东渠是以汾水与黄河为水源的大型水利工程，引汾水灌皮氏与汾阴两县。据《括地志》，"皮氏故城在绛州龙门县西百三十步，自秦汉魏晋，皮氏县皆治此"①。汉皮氏县治相当于今山西省河津县城，今在汾河的北岸。《史记正义》引《括地志》曰："汾阴故城俗名殷汤城，在蒲州汾阴县北九里，汉汾阴县是也。"② 汉汾阴县治在今万荣县西黄河东岸，位于汾河入黄河口之南侧。河东渠又引黄河水灌汾阴与蒲坂两县地，汾阴在黄河东岸已如上述，蒲坂在其下游黄河东岸，今位于永济县西境。《括地志辑校》曰："蒲坂故城在蒲州河东县南二里，即尧舜所都也。"③ 从各县位置来看，引汾水与河水正可放淤也，故唐人颜师古曰："引汾水可用溉皮氏及汾阴以下，而引河水可用溉汾阴及蒲坂以下，地形所宜也。"

史书明言"五千顷故尽河壖弃地，民茭牧其中耳"，即规划的灌区全部都是河滩荒地，不是已经垦辟的农田。这从两方面可以证明，一是《集解》曰："壖音而缘反，谓缘河边地也。"颜师古也说："渭河岸以下缘河边地素不耕垦者也。"即"尽河壖弃地"就是河滩没有开垦之荒地。二是以其用途可知，"民茭牧其中"，即人们在这里收草放牧。《史记·索隐》释曰："茭，干草也。谓人收茭及牧畜于中也。"颜师古也如此解释：

---

① 《括地志辑校》卷二《泰州·龙门县》。

② 《史记·秦本纪》"渡河取汾阴、皮氏"《正义》引《括地志》作："汾阴故城俗名殷汤城，在蒲州汾阴县北。"与此基本相同。

③ 《括地志辑校》卷二《蒲州·河东县》。

“茭，干草也。谓收茭草及牧畜产于中。”由此可知，河东渠引汾水和黄河灌溉，应该主要是为了放淤。

龙首渠是西汉著名的引洛淤灌水利工程，大概兴修于汉武帝元狩年间（前122—前117）。据《史记·河渠书》，“其后庄熊罴言：‘临晋民愿穿洛以溉重泉以东万余顷故卤地。诚得水，可令亩十石。’于是为发卒万余人穿渠，自徵引洛水至商颜山下。岸善崩，乃凿井，深者四十余丈。往往为井，井下相通行水。水颓以绝商颜，东至山岭十余里间。井渠之生自此始。穿渠得龙骨，故名曰龙首渠。作之十余岁，渠颇通，犹未得其饶。”此百余字概括了龙首渠兴修的缘由、规划、渠线、施工人数、方法与时间、渠道命名原因及最后的效果。《汉书·沟洫志》只作个别字的改动，基本意思完全相同。

《史记·河渠书》谓龙首渠引洛水“以溉重泉以东万余顷故卤地”，《汉书·沟洫志》则改“故卤地”为“故恶地”。其意思并没有多大变化，都是说龙首渠具有与郑国渠相同的淤灌性质，所不同的只是区域不同，郑国渠引泾淤灌泾洛之间的低洼盐碱地，而龙首渠则是引洛水放淤洛河以东至黄河之间的低洼盐碱地。也就是说，龙首渠的修凿仍不是为了浇灌农田，而是为了开发关中平原最东部也是最低洼的这片荒地。

不过，龙首渠并未像郑国渠那样获得巨大的成功，史书明言其结果是“渠颇通，犹未得其饶”，即渠道修通了却没有多大效益。原因何在？现在学者多从渠道穿越商颜山这方面考虑。我觉得还是从其淤灌的对象上来分析为好。其放淤的是“故卤地”，较郑国渠下的“泽卤之地”更加富含盐卤成分，是最难改造的恶地。洛河以东是关中平原最低洼之区，地当古三门湖之最深处，积聚的盐碱最多，故称“故卤地”，至今仍有“卤泊滩”与“盐池洼”的存在。此种土地非经多年淤灌很难改造成良田，这也许就是龙首渠“未得其饶”的最大原因。

《史记·河渠书》与《汉书·沟洫志》记述的最早的4个大型农田水利设施，即漳水渠、郑国渠、河东渠与龙首渠，都是放淤性质为主的，因而我认为淤灌是中国农田水利的第一个重要阶段。

下面简要论述一下战国秦汉淤灌水利的渊源。我认为中国淤灌之兴始于春秋时代的郑国，《左传》襄公三十年“郑子皮授子产政”载：“子产使都鄙有章，上下有服；田有封洫，庐井有伍……从政一年，舆人诵之曰：‘取我衣冠而褚之，取我田畴而伍之。孰杀子产，吾其与之’。及三年，又诵之曰：‘我有子弟，子产诲之；我有田畴，子产殖之。子产而死，谁其嗣之’”。子产的田有封洫极可能是继承“郑子驷为田洫”的方法，其中所谓“我有田畴，子产殖之”，应该是指引浑放淤，增肥地力。其与史起治邺先怨后乐如出一辙，可证其是小型淤灌工程在郑国的推广。战国时，郑灭于韩，而其东部沃灌之地皆入于魏，故魏人承继有郑国兴修淤灌之法，有漳水渠的创修。而韩国水工技术的高超也有源头，故能西向秦国，成为郑国渠的总工程师。秦国在郑国渠以前已有李冰在蜀郡起都江堰，是秦水利工程技术也有一定基础，只是都江堰为南方水利工程，且以航运与防洪为主①，与北方的引浑淤灌性质不同。秦郑国渠的修筑技术源于韩国并不奇怪。

总之，北方引浑淤灌工程可能起源于中原的郑国，后来为魏韩两国继承并发扬光大，魏人修起了著名的漳水十二渠，而韩国水工来到秦国，修筑成的郑国渠更是举世闻名，成为中国淤灌工程之最。郑国渠这样的大型淤灌技术是多个诸侯国家经过几百年水利事业的建设逐渐积累起来的。

三　白渠的“且溉且粪”是淤灌的另一类型

汉武帝太始二年（前95）兴修的白渠，是中国水利史上特别著名的引泾工程，其性质较同样引泾的郑国渠有所变化。《汉书·沟洫志》载：“太始二年，赵中大夫白公复奏穿渠。引泾水，首起谷口，尾入栎阳，注渭中，袤二百里，溉田四千五百余顷，因名曰白渠。民得其饶，歌之曰：‘田于何所？池阳谷口。郑国在前，白渠起后。举锸为云，决渠为雨。泾水一石，其泥数斗。且溉且粪，长我禾黍。衣食京师，亿万之口。’言此两渠饶也。”文中明确了白渠的修建时间、渠系规模与灌田面积，现在只论其溉田性质。

首先，我认为白渠已经改变为浇灌农田的性质，而且浇灌的庄稼主

---

① 《史记·河渠书》在叙述了鸿沟运河系统以后是这样记载都江堰的：“于蜀，蜀守冰凿离碓辟沫水之害，穿二江成都之中，此渠皆可行舟。”以航运与防洪为主。笔者认为都江堰浇灌农田的巨大作用是后来才逐渐发展起来的，各种先进的引水技术也是后代慢慢形成的。

要是禾黍之类，不再像郑国渠那样只是放淤，民歌所谓“长我禾黍”是也。同时，其溉田规模只有四千五百余顷，与郑国渠相比大大缩小，这是与白渠较为稳定持续地建立了旱地农区的浇灌系统有关。

白渠并不是最早的农田浇灌水利工程，在其16年前的元鼎六年（前111），兒宽奏修的六辅渠，已经标志着中国大型引泾浇灌农田水利技术的创始。《汉书·沟洫志》对此有载：“自郑国渠起，至元鼎六年，百三十六岁，而兒宽为左内史，奏请穿凿六辅渠，以益溉郑国旁高印之田。”

唐颜师古注《汉书·兒宽传》时明确记载：六辅渠“则于郑国渠上流南岸更开六道小渠，以辅助溉灌耳。今雍州云阳、三原两县界此渠尚存，乡人名曰六渠，亦号辅渠，故《河渠书》云：‘关内则辅渠、灵帜’是也”。其注《汉书·沟洫志》时也说：六辅渠“在郑国渠之里，今尚谓之辅渠，亦曰六渠也”，是与上述一致的。唐代学者李吉甫也说：“后兒宽又穿六辅渠，今此县（指云阳县）与三原界六道小渠，犹有存者。”①所记范围同为云阳、三原两县，唐代犹存六辅渠遗制，且乡民犹称之为六渠或辅渠。故可知，六辅渠应该是以郑国渠为水源，在郑渠南岸修建的六条支渠以辅助郑渠溉田。②

六辅渠从郑渠干渠中开支渠以辅郑渠，但灌溉对象却与郑渠不同，郑渠是“溉泽卤之地”，六辅渠是“益溉郑国旁高印之田”，前者是淤灌性质，后者是浇灌农田性质。至六辅渠建成，关中大规模引河灌渠才有了今天意义上的农田水利性质。

第一，六辅渠又叫“辅渠”，同时也称“六渠”，谓有六条渠道，这是古今学者没有异议的。从其名称看，六辅渠很像郑渠的六条支渠，多股引水，与今天的农田水利渠系相同。而且其浇灌之田正是郑渠未能淤灌地方的已垦成农田。郑渠是淤灌性质，引流浑水，为防其淤塞渠道，故要求输水支渠比降较大，这样向下引流，必有一些较高之处无法自流引到，而实际上这些高地也不需淤灌，人们早已开垦成农田。现修六辅

① 《元和郡县图志》卷一《关内道一·云阳县》。

② 后人多以变化了的郑渠水系特征判定六辅渠在郑渠北岸，引清浊诸水，而且得到现代许多学者的赞同，实际上不与《汉书·沟洫志》吻合，也解释不了颜师古与李吉甫所记的唐代六辅渠遗存。

渠，适当缩小比降，到了下游地段，支渠将可浇灌到高程相对较高的农田，这是毫无疑问的。

第二，兒宽在兴修六辅渠时，还“定水令以广溉田”。颜师古注曰：“为用水之次具立法，令皆得其所也”①。而这也反映了六辅渠的浇灌农田性质。原郑渠放淤的对象多是荒地，其上没有庄稼，而且常由政府统一规划实施，放水的时间和区域矛盾不明显，本月无水等下月，今年引不来水推到来年。但到六辅渠时乃浇灌庄稼，为的是抗旱保丰收，而种植了庄稼的地块又多是授予了农户的，故这时就容易出现用水时间先后与放水多少的矛盾。为了使用水有秩序，防止资源浪费，扩大灌田面积，增加效益，故很有必要制定用水法规。兒宽所定水令是关中也是中国历史上第一部农田水利法规，其产生的基础就在于六辅渠是中国北方最早的引河浇灌农田的较大水利工程。

第三，兒宽修凿的六辅渠引起了当朝皇帝汉武帝的极大兴趣，《汉书·沟洫志》记录下武帝一大段议论和命令，仔细分析也可看出六辅渠的浇灌性质及其创始地位。汉武帝说：“农，天下之本也。泉流灌浸，所以育五谷也。左、右内史地，名山川原甚众，细民未知其利，故为通沟渎，畜陂泽，所以备旱也。今内史稻田租挈重，不与郡同，其议减。令吏民勉农，尽地利，平繇行水，勿使失时。”其中所谓左右内史地乃指关中渭河以北的广大地区，此区有广阔的平原和众多的河流，而“细民未知其利”，从六辅渠开始，政府应为民通沟渎，引水浇田，以抗旱增产也。在兴修农田水利工程时，应“平繇行水”，即根据灌溉用水面积的多少来合理地摊派开渠及维修所需的工役劳力。汉武帝最后所说这种管理办法可能就来源于兒宽所定的水令之中。②

六辅渠是中国北方大型引河灌田水利工程的创始，在此之前虽有些引水灌田的陂池蓄水型工程，但规模很小，而且多是自然形态的湖陂之水，无法与六辅渠这种引河灌渠相提并论。六辅渠虽只是郑国渠的六个

---

① 《汉书》卷五八《兒宽传》。

② 关于“平繇行水”的解释，本书参见周魁一等《二十五史河渠志注释》（中国书店 1990 年版），第 22 页的观点，而颜师古注曰：“平繇者，均齐渠堰之力役，谓俱得水利也。”意思也基本相同。

支渠，但其改变了郑国渠的淤灌性质，使之增加了浇灌农田的内容，成为淤灌与浇灌并举并越来越以浇灌为主的引泾工程。初时郑国渠的淤灌功能不可能完全丧失，因其控制范围内还有一些低洼盐碱地需要淤高改良。笔者设想是这样的，在汛期，引浑淤灌，来发挥郑国渠原有的功效，而在平水期，高地农作物需要额外补充水分时，六辅渠又能发挥浇田抗旱之作用。因郑国渠渠线较长，引水河流多，此两种效用是可以集于一身的。

六辅渠上承郑国渠，又改造了郑国渠，下启白渠，具有由淤灌向浇灌水利工程转变的承上启下作用，在中国水利发展史上应该占据一席之地。

其次，还应该看到，虽然白渠已经变成为浇灌农田性质的水利工程，但其仍然引用的是高泥沙河流的浑水，具有“且溉且粪”的性质。这是一种与放淤不同的淤灌类型。

白渠引取的泾水自古是高泥沙河流，故有民歌所唱：“泾水一石，其泥数斗。”据现代观测资料统计，泾水多年平均含沙量为每立方米180千克（张家山测站），最大断面含沙量达1430kg/m^3。[①] 泾河所挟带的泥沙主要是黄土高原表层冲蚀物质，富含有机质及各种肥粪元素，引浑水浇灌庄稼，除了供应水源解除旱相以外，还可落淤田间，有增加肥力、改良土壤结构之功。这就是民歌所谓“且溉且粪”。溉是水的浸润，粪是淤泥增肥。

白渠的“且渠且粪”是淤灌的另一种形式，唐代长孙无忌已经明确提到。他说：“白渠水带泥淤，灌田益其肥美。”[②] 现代学者姚汉源、熊达成、郭涛等也有这样的观点。[③]

引泾灌溉到了宋元时代，多在7—10月拆坝休水，以便浚修渠系，引用的泾水泥沙含量相对不太高，即便如此，灌溉仍具有肥田功效。元代学者李好文有相关记载：“水法，自十月放水，至明年七月始罢，昼夜寒暑，风雨晦冥，不敢暂辍，须循环相继，然后乃遍。尝问其故，以为或

---

① 周魁一等注释：《二十五史河渠志注释》，中国书店1990年版，第23页。

② 《文献通考》卷六《田赋考·水利田》。

③ 姚汉源：《黄河水利史研究》，黄河水利出版社2003年版，第451页；熊达成、郭涛：《中国水利科学技术史概论》，成都科技大学出版社1999年版，第191页。

开疏壅水即不泄，盖土性本薄，轻于渎淖，反成其癖。正如病人一日离药，病即复来，故人有地馋之说。"① 所谓地馋，说的是缺水吗？不是，其另一段给予了解释："按五县之地本皆斥卤，与他郡绝异，必须常溉，禾稼乃茂。如失疏灌，虽甘泽数降，终亦不成。是以泾渠之利一日不可废也。"② 元代泾渠浇灌庄稼，解渴又肥田，如吃药上瘾。这仍然可以看作是白渠"且溉且粪"的遗留，只是肥粪的功效随泥沙含量下降而减轻了不少。

在西北各农田水利灌区，由于引灌浑水，每浇灌皆可落淤一层细泥，于是专门造就了一种土壤，学名叫"灌淤土"。王吉智等学者编著有《中国灌淤土》一书，专门研究我国干旱与半干旱地区通过灌溉落淤所形成的灌淤土，论述其分布与形成条件、形成作用、土壤理化性状及合理利用方式。该书认为："灌淤土广泛分布于我国半干旱与干旱地区。介于北纬 30—45 度，东经 79—117 度。东起冀北的洋河和桑干河河谷，经内蒙古、宁夏、甘肃及青海的黄河（含湟水河）冲积平原，陕西的泾河冲积平原，甘肃的河西走廊，至新疆昆仑山北麓与天山南北的山前洪积扇和河流冲积平原。西藏西部亚高山地区的象泉河与孔雀河河谷也有分布。"依据第二次土壤普查资料，在陕西省灌淤土面积未计在内的情况下，全国共有灌淤土 154.7×10^4 公顷。③

举这两个例证并不是要说明宋元的灌渠与现代灌淤土区的水利工程都具有白渠那样的淤灌性质，只是想通过它们来说明汉代白渠"且溉且粪"的原理是能够成立的。

郑国渠的放淤与白渠的"且溉且粪"，是淤灌的两种主要形式，在秦汉时代得到发展，产生的经济效益是空前的。郑国渠引浑放淤造田，扩大耕地面积，在数量或外延上提高了农业生产力。相对于此，白渠（包括六辅渠改造过的郑国渠与六辅渠）引水浇灌农田，"且灌且粪"，既使农作物增加抗旱保收、丰收增产的能力，又改良土壤，增加肥粪，使土地达到持续高产的目的。如果说郑国渠的放淤促使了关中农业区的形成，

① 李好文：《长安志图》卷下《泾渠总论》。

② 李好文：《长安志图》卷下《用水则例》。

③ 王吉智等：《中国灌淤土》，科学出版社 1996 年版，第 6 页。

则六辅渠、白渠的淤灌水利则促成关中农业区更上一层楼，达到中国古代史上的充分开发，为西汉王朝的强盛与都城长安的繁荣奠定了物质基础。

综上所述，《史记·河渠书》与《汉书·沟洫志》所载战国秦汉时代的大型农田水利工程，构成了中国水利发展第三阶段的主体。而这些大型农田水利工程并不是浇灌庄稼，解除农田缺水问题的，漳水渠、郑国渠、河东渠与龙首渠是放淤荒碱地，以营造田地为主要目的的，六辅渠、白渠建成后，变成了浇灌农田庄稼，但仍然具有引浑浇灌的特性，即史书所谓的“且溉且粪”。它们均是引取高泥沙含量的浑水淤地或浇灌庄稼，具有淤灌的性质。因而淤灌在中国水利发展史上意义特别重大，它是战国秦汉时期中国大型溉田工程的主体，构成中国传统农田水利的第一个重要发展阶段。

中国大型农田水利的创始阶段是淤灌性质，这与世界各大文明古国的水利发展进程基本一致。古埃及、两河流域与古印度最早发展的农田水利均是引浑淤灌，分别引取的是尼罗河、底格里斯河及幼发拉底河与印度河。深入研究中国淤灌水利的起源与发展，对于确立中国古代文明的特色与地位有重大意义。

原刊《中国农史》2006 年第 2 期

第二节　北魏艾山渠的引水技术与经济效益

艾山渠是指北魏时修建的引黄河水灌溉农田的水利工程，渠首位于今宁夏回族自治区青铜峡市青铜峡镇，修建主持人是薄骨律镇将刁雍。当时的文献没记下此渠的确切名称，只说渠道位于艾山之下，唐李吉甫《元和郡县图志》首先称之为艾山渠，现代水利史学者多遵用之。[①]

“天下黄河富宁夏”，历史时期银川平原农作物的生长主要依赖黄河

① 《中国水利史稿》（中国水利电力出版社 1979 年版）与姚汉源先生《中国水利史纲要》（中国水利电力出版社 1987 年版）这两本中国水利史方面的代表作皆称其为“艾山渠”。

水的浇灌。汉唐时期移民屯田宁夏，在西套开辟出不少渠道，引水稼穑，效益辉煌，但历史文献记载却相当简略。北魏艾山渠承前启后，而且《魏书》保存有刁雍修渠的详细计划书。因此，探讨艾山渠的特点在宁夏水利发展史方面意义重大。现代学者在相关论著中较多地论述到艾山渠，但尚未见有专门论文的发表。今不揣浅陋，提出自己的思考，冀抛砖引玉。

一 艾山渠的修建过程

艾山渠修建于北魏太平真君六年（445），是在刁雍主持下，经过精心的勘查测量，设计改造汉代的引黄灌渠而兴修完成的。

刁雍，字淑和。《魏书·刁雍传》称其博览群书，明慧多识。其南征北战，立下赫赫战功，获爵安东侯，为征南将军、徐豫二州刺史等。镇抚地方时多有建树，深得士民爱戴，称得上北魏前期功勋卓著的军事家与政治家。尤其是其为薄骨律镇将时，修艾山渠，奠定黄河漕运基础，筑城储粮，很快恢复与发展了银川平原的社会经济，彪炳史册，永垂千古，成为宁夏发展史上的著名人物。

薄骨律镇设立于北魏太延二年（436），位于今宁夏吴忠市北侧的古黄河沙洲中，汉时为北地郡灵州县地，有河奇与号非两苑，畜养马匹，赫连夏时为果城，有桑果馀林。孝昌二年（526）改称灵州，“城以在河渚之中，随水上下，未尝陷没，故号曰灵州”①。薄骨律镇为北魏北边六镇之一，因位处银川平原，军事经济地位特别重要。

太平真君五年（444），刁雍为薄骨律镇将，掌有军政大权，为发挥西北重镇之作用，必须积草储粮，发展农业生产。刁雍四月上任至镇后，“夙夜惟忧，不惶宁处”，到处巡视调查，知当地屯田经济很不景气，并清醒地认识到其原因不是劳动力缺乏，而是缺乏雨水，水利不兴。《魏书·刁雍传》记有其调查结果：“总统诸军，户口殷广……念彼农夫，虽复布散，官渠乏水，不得广殖。乘前以来，功不充课，兵人口累，率皆饥俭。略加检行，知此土稼穑艰难。”是知其时当地已有移民兴屯之举，水利未能兴盛，垦田规模不大。他认为“夫欲育民丰国，事须大田。此

① 《括地志辑校》卷一《灵州》。《元和郡县志》卷四《关内道·灵州》同。

土乏雨，正以引河为用”。兴修水利，引黄河水灌田是大规模发展农业的基本条件。这一认识符合当地实际，因银川平原地处干旱地带，年均降水量不足300毫米，而蒸发量却是降水量的近10倍，自然降水无法满足农作物生育期内对水分的基本要求，故可以说没有灌溉就没有农业。

银川平原为黄河冲积而成，地势西南高东北低，黄河横贯其间，引水浇灌的自然条件得天独厚，而且当地还有古代水利工程遗存可以借鉴利用。于是刁雍进一步对古渠进行了实地考察测量，认识到黄河的下切侵蚀对水利的巨大影响。他说：“观旧渠堰，乃是上古所制，非近代也。富平西南三十里，有艾山，南北二十六里，东西四十五里，凿以通河，似禹旧迹。其两岸作溉田大渠，广十余步，山南引水入此渠中。计昔为之，高于水不过一丈。河水激急，沙土漂流，今日此渠高于河水二丈三尺。又河水浸射，往往崩颓。渠溉高悬，水不得上。虽复诸处案旧引水，水亦难求。”富平西南有艾山，黄河穿山而过，两岸原有引水渠道，但到刁雍时代，由于河床下切，渠底高出黄河水面二丈多，很难由旧渠口引水入渠。

刁雍认识到“河水激急，沙土漂流”的冲蚀下切作用，认为古高渠建成至其测量时，黄河至少下切了一丈三尺，为我们具体计算黄河在此下切的速度提供了确切材料。据现代学者考证，北魏每尺0.280米，则共下切了3.64米。[①] 一般认为宁夏水渠始修于西汉武帝元狩四年（前119），当年汉军北击匈奴，“匈奴远遁，而漠南无王庭。汉度河自朔方以西至令居，往往通渠置田，官吏卒五六万人”[②]。假设古高渠始修于此年，至刁雍测量的444年，共经历了563年。其间平均每年下切0.647厘米。此段黄河下切太深，旧引水渠口虽有多处，但修复起来都很难成功，不得不另想办法。

通过对当地地形、水文特征的多方考察，最后刁雍设计出在下游西汉河引水的方案，并进行了渠口选址、渠首筑坝、干渠路线的设计与施工预算，写成详细报告书表奏朝廷。为了下文的具体分析，抄其表文如

---

① 梁方仲：《中国历代户口田地田赋统计》所附之《中国历代度量衡变迁表》，上海人民出版社1980年版。

② 《史记》卷一二〇《匈奴列传》。

下："今艾山北，河中有洲渚，水分为二。西河小狭，水广百四十步。臣今求入来年正月，于河西高渠之北八里，分河之下五里，平地凿渠，广十五步，深五尺，筑其两岸，令高一丈。北行四十里，还入古高渠，即循高渠而北，复八十里，合百二十里，大有良田。计用四千人，四十日功，渠得成讫。所欲凿新渠口，河下五尺，水不得入。今求从小河东南岸斜断到西北岸，计长二百七十步，广十步，高二丈，绝断小河。二十日功，计得成毕，合计用功六十日。小河之水，尽入新渠，水则充足，溉官私田四万余顷。一旬之间，则水一遍，水凡四溉，谷得成实。官课常充，民亦丰赡"。

由于其设计周密，施工方案切实可行，预算效益明显，立即得到朝廷的批准，"诏曰：卿忧国爱民，知欲更引河水，劝课大田。宜便兴立，以克就为功，何必限其日数也。有可以便国利民者，动静以闻。"

在得到朝廷批准后，此项方案应该基本按原定计划实施。兴修艾山渠主体工程共分两个阶段，首先是干渠的修建，新凿干渠 40 里接古高渠 80 里，共 120 里，应该尾入于下游的黄河。其次是渠首坝的修筑。以朝廷批文之不限时间尽力完成来看，艾山渠一定是次年春季建成，并在当年投入使用的。从干渠中引水输向田地进行浇灌的支渠、分渠等配套设施当然也应随之陆续建成，估计是各受益农民或屯田兵卒自己修建的。至此，整个艾山渠灌溉系统全部完成。

总之，刁雍于 444 年为薄骨律镇将，上任伊始就开始筹备修渠事宜，经过调查勘测，当年设计制成详细的工程计划书上报朝廷，得到批准后于次年春天进行施工，先建干渠，后建渠首坝，很快地完成了艾山渠的建设。

二　艾山渠的引水与输水技术

艾山渠的引水技术可从两方面进行考求，一是渠口的选址，二是渠首坝的特征。先分析渠口选址。据上引《魏书·刁雍传》，艾山渠渠口选择于古高渠渠首遗址之北 8 里，汉河分支以下 5 里处。古高渠渠首应该位于艾山北侧，原文曰"山南引水入此渠中"，把古高渠渠首定于艾山之南，显然不太准确。因由下文考证看，艾山即今日青铜峡谷两侧牛首山、青山的统称，石质山体夹峙黄河形成长 26 里的峡谷，渠首绝对不可能到达其山南侧。为抬高引水高程，渠口会尽量深入黄河出山谷口内部，但无论如何也只能算艾山北侧。

据《魏书·刁雍传》，艾山位于富平县西南30里。富平为秦汉旧县，县城遗址尚未发现，现代学者以考古资料判断其位置，认为当在今吴忠市南关马湖与马家湖之间，因其附近发现了200余座汉代墓葬。[①] 由此向西南30里处的艾山即今青铜峡，古称上河峡或青山峡，《水经注·河水》曰："河水又北，过北地富平县西。河侧有两山相对，水出其间，即上河峡也，世谓之为青山峡。"今青铜峡谷黄河两侧有山，西侧者称青山，东西宽2里许，南北长20余里；东侧者称牛首山，绵延于吴忠市东南。从刁雍所谓艾山南北26里，东西45里，河行其中来看，北魏的艾山应该是今青铜峡谷两侧牛首山、青山的统称。

黄河出艾山谷口进入银川平原，因地形下降且开阔，水流变缓，携带的泥沙就有部分淤积下来，形成河中沙洲，导致河流的分汊现象。刁雍时代即是如此，艾山北侧河中有一长长的大沙洲，把黄河分成二股，东为主流，西河狭小，宽140步，约235米。这为引水提供了便利。新渠口就选在西股汊河上，位于分汊处下游5里，也是艾山北侧古高渠渠首遗存以下8里。

一般来讲，河床下切导致河低渠高，新选引水口应该向河流上游移动，为何艾山渠却向下移动至少8里之遥呢？原来刁雍还有渠首坝的修筑，即在下游修坝横断狭小的西股汊河，这样因势利导就可以把西汊河的流水全部壅入渠道。这种利用分河沙洲作导流堰的原理与都江堰的引水方式极为相似。艾山渠渠首具体布局参阅图5—1之辅图1艾山渠渠首示意图。

渠首拦河坝从西汊河东南岸斜向西北岸，与河岸呈31°16′的锐角，极有利于导水。[②] 拦河坝长452米，宽16.8米，高5.6米。[③] 艾山渠利用沙洲分河而自然分水，并在其下游一段距离筑坝壅水导流，沙洲与连接

---

① 许成：《宁夏秦汉时期富平县旧址考》，《宁夏考古史地研究论集》，宁夏人民出版社1989年版。

② 据《魏书·刁雍传》，西汊河宽140步，坝长270步；坝与河岸夹角的Sin值为140∶270，即0.518518，查《数学用表》之正弦值表，知相应的角度为31°16′。

③ 北魏每尺0.280米，每步6尺，则每步为1.68米；每丈10尺，则每丈为2.8米。

起来的渠首坝，实际上具有导流堰的引水原理，这是其特别巧妙之处。渠首坝特意斜成很少的锐角，说明其不太注重蓄水功能，因此也可判断渠首坝应该直接与引水干渠相连接，而不是在其下游，以往的研究者把拦河坝画在下游一段距离，似乎不符合实际。[①] 又，渠首之所以选择在沙洲分水口下游 5 里，正是想利用这一段河流的自然落差，以免渠首坝壅水抬高水位后完全堵塞此股汊流。这段 5 里距离的选择也是经过勘测，根据其地形坡度计算得来的，如太向上游，自然落差小，壅水易阻挡汊河分水，而如再向下游，会导致引水高程降低，灌溉效益也会相应下降。

无论是从渠口的选址还是渠首坝的建筑来看，艾山渠的引水技术都是相当合理与先进的，但也应看到其渠首设计中也有不足之处，即没有泄洪设施。西汊河虽狭小，但较之渠道仍是巨大的，且洪水泛涨时会导致汊河水量大增，如干渠无法接纳西汊河全部水流时，渠首坝就难免被淹没或冲垮。以西汊河行水河道当河床宽度的 1/3，普通水深 0.7 米计，其行水横截面积 54.88 平方米，基本上达到了干渠横断面的一半；如河深超过 1.4 米，则其水流量就会超过干渠容量。当然，在实际引水实践过程中，人们会用各种后续办法解决此问题的，比如在汊河口控制水流、在坝前开减水河分流等。

艾山渠的干渠规制可以大致推算出来。《魏书·刁雍传》谓："平地凿渠，广十五步，深五尺，筑其两岸，令高一丈。"知干渠深 4.2 米，其中地面以下部分 1.4 米，地上筑堤部分 2.8 米。如按渠堤坡度 45°计算，渠上口宽 30.8 米，下底宽 22.4 米，干渠横断面 111.72 平方米，规模很大。两岸渠堤推算为上边宽 3.15 米，底边宽 8.75 米，高 2.8 米。渠堤横断面参见图 5—1 之辅图 2 艾山渠干渠、渠堤横断面推测示意图。

新开干渠由南向北延伸 40 里后，与古高渠汇合，其后即利用古高渠旧道，继续北行 80 里，合计干渠总长度 120 里，见图 5—1 艾山渠渠系平面示意图。利用古高渠旧道可节省许多人工，因古渠宽亦十几步，与新

---

① 见《中国水利史稿》（中国水利电力出版社 1979 年版）第 229 页的《艾山渠示意图》与《宁夏农业史》（中国农业出版社 1998 年版）第 66 页的《南北朝时期宁夏引黄灌区渠道布局示意图》。

开渠规制相差不大，只需要清淤修补即可；同时旧渠下配套灌溉系统也能顺利地改造利用，可以加快工程进度。

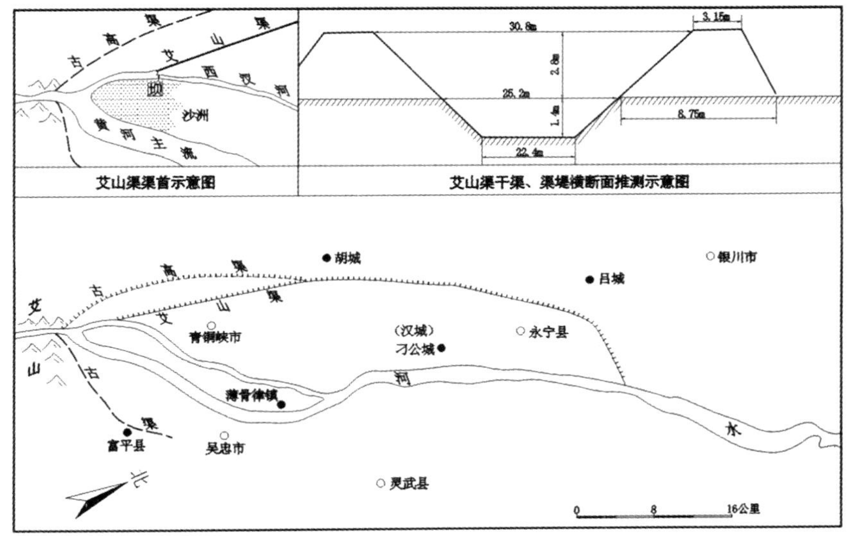

图 5—1　艾山渠渠系平面示意图

利用古高渠还有两个优点，其一，灌渠控制面积大。“高渠”顾名思义是走较高的渠线，干渠高程大，所能自流浇灌的田地也就广，故其下“大有良田”。其二，因为古高渠与黄河之间的高差较大，不仅引水自流灌田通畅，而且尾间排水也便利，足以达到灌排自如的双重作用，有利于防止浇灌引起的地下水位上升，较少出现盐渍化现象。

从干渠的形制与布局看，艾山渠规模很大，基本达到了黄河西岸能够自流灌溉的最大面积，充分显示出其输水技术的先进性。

刁雍修建艾山渠时是先修渠后筑渠首坝，而且筑坝是由东南侧向西北侧修筑的，这当然是因为施工的需要。当拦河坝向前推进时，会抬高水面，到一定程度后，新修渠道就会自然行水，使河流冲击力不再增大，这样才更容易使拦河坝合龙。当然修建时间的选择也很重要，从其计划看，正月开始凿渠，40 日可成，则 2 月中旬开始筑渠首坝，此时正处于枯水期，也是最佳施工时间。

从刁雍所说“一旬之间，则水一遍，水凡四溉，谷得成实”来看，当时已经采用了轮灌方法。这种方法可以保证良好的用水秩序，使渠道远端也能得到灌溉，实现公平用水。汉代兒宽首次“定水令以广溉田”[①]，制定了灌溉制度，而唐代《大唐六典》明确规定“凡用水，自下始”，“先稻后陆”的轮灌顺序。艾山渠的轮灌制也具有承上启下的作用，显示出北魏时代用水管理水平的提高。

三 艾山渠的现实效益与历史意义

据《魏书·刁雍传》，艾山渠修成后，“水则充足，溉官私田四万余顷，一旬之间，则水一遍。”北魏一亩较今市亩稍大，四万余顷折今市亩至少在400万以上。[②] 此数据明显偏大，现代学者多不相信，卢德明先生说：“按60千米长的干渠溉田4万余顷，似不可能，疑记载有误。”[③] 徐安伦等先生认为：“时至今日宁夏平原尚未达到此数。对此，《宁夏水利志》编者指出‘此数偏大，疑记载有误’。我们认为：所云‘四万余顷’可能是‘四千余顷’之误。”[④] 诚然，从艾山渠横断面积为111.72平方米来看，即使全部行水，十天也大致只能浇灌到857115市亩，即8500余顷地[⑤]，只能达到所谓4万余顷的1/5稍多，故刁雍所说是绝对不可能实现的。

那么，艾山渠到底能浇灌多少田地呢？现以干渠行水占其1/2横断面积计，则10天能浇灌4285顷左右，以此作为艾山渠的灌溉面积基本上是稳妥的。[⑥] 所以上述《宁夏经济史》认为“四万余顷可能是四千余顷

---

① 《汉书》卷五八《兒宽传》。

② 北魏时一亩为240步，每步为6方尺，每尺0.28米，则北魏一亩等于677平方米，是市亩的1.017倍。

③ 《宁夏引黄灌溉的历史与经验》，《河套水利史论文集》成都科技大学出版社1989年版。

④ 徐安伦、杨旭东：《宁夏经济史》，宁夏人民出版社1998年版，第48页。

⑤ 按元李好文《长安志图·泾渠图说》，渠水一徼即一平方尺（1元尺为0.31米），每昼夜灌田80元亩（一元亩等于0.9216市亩）衡量，则一平方米每天灌田767.2市亩。

⑥ 如此则干渠水深约2.2米，过水断面55.86平方米。而《中国水利史稿》第229页认为：“进水时水深不得超过一点四米，过水断面约四十平方米。拦河坝高六米，在无坝时水面下恐不能少于三米左右，则抬高水位至多不过三米左右，抬至渠高一点四米已达最高限度。”实际上小河水面较广，进入相对较窄的干渠时会被壅高。此观点无法解释干渠地面以下深度已达1.4米，其地面渠堤为何还要筑高2.8米？我认为干渠行水深度2.2米，高于地面0.8米，却低于渠堤顶2米，应是正常的。

之误”，还是有道理的。

艾山渠灌溉面积尽管未达到文献所记“四万余顷”的规模，但渠成后仍然可以促使银川平原农业获得全面的恢复和发展。以其浇灌农田4000 顷计，每亩产谷 2 石[①]，总产粮食 80 万石；以屯田谷物上交 1/2 计，则每年政府可收谷物 40 万石，这也是一个不小的数字。

银川平原兴修水利，粮食连年丰收，出现了“官课常充，民亦丰赡”的景象，很快囤积了大量谷物，并向外调运，成为北魏西北边疆主要的粮食生产基地。《魏书·刁雍传》载：“（太平真君）七年（446），雍表曰：‘奉诏奏高平、安定、统万及臣所守四镇，出车五千乘，运屯谷五十万斛付沃野镇，以供军粮。臣镇去沃野八百里，道多深沙，轻车来往，犹以为难，设令载谷，不过二十石，每涉深沙，必致滞陷。又谷在河西，转至沃野，越度大河，计车五千乘，运十万斛，百余日乃得一返，大废生民耕垦之业。车牛艰阻，难可全至，一岁不过二运，五十万斛乃经三年……今求于牵屯山河水之次，造船二百艘，二船为一舫，一船（舫）胜谷二千斛，一舫十人，计须千人。臣镇内之兵，率皆习水。一运二十万斛，方舟顺流，五日而至，自沃野牵上，十日还到[②]，合六十日得一返。从三月至九月三返，运送六十万斛，计用人功，轻于车运十倍有余，不费牛力，又不废田’。诏曰：‘知欲造船运谷，一冬即成，大省民力，既不费牛，又不废田，甚善。非但一运，自可永以为式。今别下统万镇出兵以供运谷，卿镇可出百兵为船工，岂可专废千人？虽遣船匠，犹须卿指授，未可专任也’”。这里引用大段原文是为了讨论一个问题，即其中的“屯谷五十万斛”产自何处？有人依据刁雍表奏的第一句话，认为这些屯谷是高平、安定、统万、薄骨律四镇所产。这实在是一个误解。只要细读原文，从“臣镇去沃野八百里”“谷在河西”“别下统万镇出兵以供运谷”等来看，起运的屯谷五十万斛应都在薄骨律镇，并位于黄河以西，乃艾山渠灌区所产。其余三镇原计划只是出兵和牛车，助其运输，后改为漕运，人工大减，只让统

---

① 北朝时北方旱地农业区粮产每亩一石左右，此为水浇地，每亩产粮 2 石是正常水平。

② 中华书局 1983 年版《元和郡县图志》卷四《关内道·灵州》作“五日而至自沃野，牵上十日还到。”标点有误。

万镇出兵助之。

刁雍因陆运需要较多的人员和牛车，速度又慢，大废各地耕屯之业，于是请求造船水运。朝廷批准并派来造船工匠，令刁雍指挥，在牵屯山即今宁夏南部六盘山脉的北段砍伐松树，结筏顺清水河漂流到黄河岸边，造船200只。[①] 次年3月至9月，即可将60万石粮运到后套的沃野镇。刁雍在黄河上造船运粮，开创了宁夏地区大规模的水运交通，这当然离不开艾山渠奠定的经济基础。

河西艾山渠灌区产粮甚多，虽有每年常制的漕运外调，仍有不少余粮积于平地，仓城不备，守护困难。刁雍在太平真君九年再次表奏，请求在河西修筑专用于储粮的仓城。《魏书·刁雍传》载："臣镇所绾河西，爰在边表，常怯不虞。平地积谷，实难守护。兵人散居，无所依恃。脱有妖奸，必致狼狈。虽欲自固，无以得全。今求造城储谷，置兵备守。镇自建立，更不烦官。又于三时之隙，不令废农。一岁二岁不讫，三岁必成。立城之所，必在水陆之次。大小高下，量力取办。"刁雍在得到朝廷批准后，利用农闲之时督促军民于次年三月修成了"仓城"。皇帝为表彰刁雍之功，"即名此城为刁公城"。

据《太平寰宇记》卷三六引《隋图经集》："弘静县本汉城，居河外三里，乃旧薄骨律镇仓城也。后魏立弘静镇，徙关东汉人以充屯田"。其城西距贺兰山93里，西南至灵州60里。今人考证其位于今永宁县南望洪乡附近[②]，附图中标示出其大致位置。仓城建于河西艾山渠灌区的中部偏北，储存之粮当然主要应是艾山渠所赐。

艾山渠修成后，银川平原农业经济获得恢复与发展，迅速成为北魏西北边镇的重要粮产基地，这是艾山渠巨大的现实效益。同时，我们还应深入分析艾山渠所发挥的伟大历史意义。

---

① 李吉甫：《元和郡县图志》卷四《关内道·灵州》认为："牵屯山，在今（唐时）原州平高县，即今笄头山。"鲁人勇等《宁夏历史地理考》卷一六《山川》认为牵屯山是"今六盘山脉的北段及香山之统称"。也有不同观点，如汪一鸣《北魏刁雍造船地点考辨及其它》［《宁夏大学学报》（自然版）1987年第4期］则认为牵屯山为甘肃与宁夏交界处的屈吴山。在此处采伐林木，顺黄河漂流到薄骨律镇附近黄河边造船。

② 鲁人勇等：《宁夏历史地理考》，宁夏人民出版社1993年版，第59页。

艾山渠的历史意义，我认为至少有以下几点。第一，刁雍修建艾山渠时，对前代灌渠遗迹进行了实地考察和测量，留下了较详尽和确切的资料，填补了两汉时代银川平原水利工程研究的空白。

历史文献表明，银川平原大型水利建设始于西汉成帝时期，有人认为开始于秦始皇时代，但目前仍缺乏确切证据。[①] 查阅文籍，关于两汉时代银川平原水利开发的记载共有如下五条：《史记·平准书》记汉武帝元光三年（前132）："朔方亦穿渠，作者数万人……功未就"；《史记·匈奴列传》记武帝元狩四年（前119）："汉度河自朔方以西至令居，往往通渠置田"；《史记·河渠书》记武帝元封二年（前109）："朔方、西河、河西、酒泉皆引河及川谷以溉田"；《汉书·沟洫志》记王莽时"西方诸郡以至京师东行，民皆引河、渭山川水溉田"；《后汉书·西羌列传》记东汉顺帝永建四年（129）恢复安定、北地、上郡疆土后，"使谒者郭璜督促徙者，各归旧县，缮城郭，置候驿。既而激河浚渠为屯田"。这些记载相当简略笼统，都是在记载全国水利兴修高潮或西北边疆屯田时附带提起，根本不能确定其工程的具体地点、工程规模和灌溉水平，甚至于两汉时银川平原是否有水利建设，仅从以上文献本身都难以作出令人信服的说明。好在这个缺憾由刁雍的亲自调查报告和现代考古学成果能够弥补一些。

根据刁雍的勘察，艾山（今青铜峡谷）下黄河两岸都有大渠遗址，渠首伸入山谷之中，渠广十几步，黄河西岸的灌渠绵亘北行120余里，刁雍称之曰"古高渠"。具体情形参见图5—1。这是首次对银川平原引黄灌区古渠道布局、规模及渠首位置的具体描述，而且系亲身所见与测量，非常可信。刁雍认为这些大渠"乃是上古所制，非近代也"。在刁雍之前的300多年时间内，中国社会长期动乱，北方少数民族相继南徙，羌、匈奴、鲜卑等先后进入西套，西汉屯耕土地沦为牧场，原有的渠道废弃，更不会兴修新的水利工程，故刁雍所考察的大渠无疑应该属于两汉时代。

从刁雍所述古高渠渠首形制还可进一步推测两汉时代的引水技术已经相当先进。据刁雍考求，初修河西高渠时，干渠高于河水面差不多达

① 汪一鸣、卢德明：《再谈宁夏秦渠的成渠时代》，《宁夏水利科技》1983年增刊。

到一丈，这种情形要求渠首必有壅水设施的建设，也就是上述《后汉书·西羌列传》所谓“激河”工程。银川平原无坝引水时，传统方法是利用“引水土拜”，即以船载石块，至河中预定位置投之，使堆成潜坝来抬高水位，壅水入渠。[①] 估计两汉时的“激河”工程与此相近。这是一种需要相当技巧的引水方式，所谓“使水流下，孰弗能治，激而上之，非巧不能”。没有技巧，就很难把石块沉到预定位置。

艾山渠的第二个历史意义在于它的修建成功促使北魏时代银川平原水利建设的兴起与发展。现在学者多认为艾山渠存续时间不长，《中国水利史稿》（上册）第229页认为：“这一工程寿命似乎并不长。它没有泄洪设施，经过一次洪水，拦河坝就不易维持。《水经注》中就没有提到这一工程。”郦道元亲自到过薄骨律镇，著《水经注》时距刁雍修渠不过六七十年，其中确实没有提到艾山渠。黄河浑浊，引黄灌渠易淤塞，每年要岁修清淤，且黄河河道在此处东西变迁颇为频繁，有“三十年河东，三十年河西”之说。因此我也认为利用西汉河引水的艾山渠渠首维持时间不会很长。但是，艾山渠所奠定的银川平原引黄灌溉事业并没有完全消失，北魏时代应该是持续发展下来的。首先，艾山渠成功后，北魏政府仍很重视北方边镇营田水利，太和十二年（488），“诏六镇、云中、河西及关内六郡各修水田，通渠溉灌。”次年，“诏诸州镇有水田之处，各通溉灌，遣匠者所在指授”[②]。其中当然也包括薄骨律镇在内。当时也有移民屯垦西套之举，据《水经注·河水》，北魏“太和初，三齐平，徙历下民居此，遂有历城之名矣”。历城后为历城郡，治建安县，在今宁夏陶乐县西南。

其次，据《水经注·河水》，黄河过薄骨律镇北行，“河水又迳典农城东，世谓之胡城。又北迳上河城东，世谓之汉城……河水又北，迳典农城东，俗名之为吕城。皆参所屯，以事农甿”。汉城原为刁公城，后立为弘静镇，又“徙关东汉人以充屯田，俗谓之汉城”，可见其人口众多，

---

① 卢德明：《宁夏引黄灌溉的历史与经验》，《河套水利史论文集》，成都科技大学出版社1989年版。

② 《魏书》卷七《高祖纪》。

经济繁富[①]。胡城与吕城也均在河西，前者位于今青铜峡市邵岗堡西，后者在今永宁县西北，如图5—1所示[②]。三城都在艾山渠灌区范围之内或者附近，主要为屯田所建。这个事实说明艾山渠开辟的河西灌区农田垦殖水平较刁雍时仍有所发展，相应地水利灌溉事业也应保持有一定的规模。

最后，据《元和郡县图志》，薄骨律渠在灵州回乐县（治今灵武县）南60里，在唐时溉田千余顷，渠以薄骨律为名，而薄骨律镇之设置只在北魏时代，故现代学者多以此渠修成于北魏时。加上《水经注・河水》记述黄河东岸的河水枝津，“所在分裂，以溉田圃”，可知北魏时，银川平原水利事业发展到了黄河东岸。

我认为艾山渠渠首因极易毁坏，可能存续时间不长，但这只是局部的，不能因此而否认艾山渠整个渠系仍在持续稳定地发挥巨大的效益，而且在艾山渠成功的影响下，北魏时银川平原水利灌溉事业扩展到黄河东岸。

艾山渠的第三个历史意义在于它作为少数民族政权所修水利工程的杰出代表，对其后银川平原水利事业的发展有极大的促进作用，奠定了其“塞北江南”地位的历史基础。

建立北魏的鲜卑族勇于改革，善于吸收先进文化技术，其初以游牧为生，后在逐渐南扩过程中，主动接受中原农耕文化。早在魏道武帝登国九年（394），就开始屯田于内蒙古河套地区，“使东平公元仪屯田于河北五原，至稒阳塞外”，开始了引黄灌溉[③]。后“破赫连昌，收胡户徙之”于银川平原黄河以西，即《水经注》所记的胡城，还多次迁徙归顺的柔然、敕勒等部族于薄骨律镇，使银川平原成为少数民族与汉族杂居之地。这加速了各民族经济文化的交流与融合，从原以游牧为生的蠕蠕、高车诸部内附北魏，“数年以后，渐知粒食”的事实来看[④]，薄骨律镇的匈奴、柔然、敕勒诸部民在艾山渠修筑大有成效的影响下，也会渐事农

① 《元和郡县图志》卷四《关内道・保静县》。

② 鲁人勇等：《宁夏历史地理考》，宁夏人民出版社1993年版，第60页。

③ 《魏书》卷二《太祖纪》。

④ 《魏书》卷一三〇《高车列传》。

垦，成为农业生产者。这从胡城为北魏河西三大典农城之一也可证明。

北周时，“破陈将吴明彻，迁其人于灵州。其江左之人，尚礼好学，习俗相化，因谓之塞北江南”①，这是说风俗习惯像江南也。而《武经总要·前集》卷十八载：“怀远镇，有水田，果园……置堰分河水溉田，号为塞北江南，即此也。”则是说引水灌田之经济风貌极似江南。唐韦蟾《送卢潘之朔方》诗曰：“贺兰山下果园成，塞北江南旧有名”，其后历西夏、元、明、清至今，银川平原水利工程在持续稳定地发挥效益，于是“塞上（北）江南”之美誉代代相传，广为流行。

北魏之前，银川平原的农业开发是纯粹汉民移屯的结果，中原汉族王朝势力减弱后，原屯田就会变成游牧民的草场。北魏艾山渠的修筑是少数民族与汉族相互交融的产物，奠定了各族人民在银川平原皆要引河灌田发展农业的基础，北周时更开始出现了“塞北江南”的盛景。其后无论是党项族建立的西夏，还是元、清时代，银川平原的水利灌溉事业皆屡有兴建，未尝中断。艾山渠修筑以后，银川平原引黄灌溉一直比较持续稳定地发挥作用，没有出现其前那样大的断层和间隔，可见艾山渠影响深远。

艾山渠是北方少数民族政权主持修建的较为典型的水利工程之一，诸锡斌主编的《中国少数民族科学技术史丛书　地学·水利·航运卷》就用不少的篇幅专门谈及。惜其观点没能较《中国水利史稿》有所提高，而且还出现了不少错误，如其说所开新渠“两岸筑堤高约28米”，显系2.8米之误；又“拦河坝长约452米，高约为17米，宽约为5—6米”，则把高与宽二字颠倒了。②

本节是关于艾山渠的初步研究，还有一些重要问题，比如艾山渠兴废与黄河河道变迁之相互关系就因缺乏考察资料未能展开论述。深入论述，有待来日。

原刊《中国农史》2007年第4期

① 《太平寰宇记》卷三六《灵州》。

② 诸锡斌主编：《中国少数民族科学技术史丛书　地学·水利·航运卷》，广西科学技术出版社1996年版，第97—98页。

第三节　西安咸阳间渭河的北移速率及其原因

今日西安市是汉唐王朝的首都所在，当时为加强与渭河北岸的联系，先后在西安与咸阳间的渭水上架设了三座大桥，一般多以方位而称其为东渭桥、中渭桥与西渭桥。这些桥现在虽然不存在了，但我们如果能探知这几座桥的确切地点，以之与今天的渭河相比较，则可知古今渭河是否发生了位置移动，也可求得其北移速率的平均数值。本文将以此方法来探讨西安咸阳间渭水河道北移的时空特征，并综合分析其北移的基本原因。

一　唐东渭桥处

1967 年高陵县耿镇公社白家嘴大队群众在白家嘴村西南 300 米的田野中取沙时，挖出了一块唐"东渭桥记"残碑，同时附近还出土有圆木桩、青石条及大量卵石。这些寻找唐东渭桥确切位置的重要线索当时并没有引起人们的注意，因为当时大家的热情都投入到"文化大革命"中去了。"文革"后，高陵县文化馆的工作人员进行文物调查时在群众家中发现了这块刻有题为"东渭桥记"的珍贵碑石。由碑文可知，唐开元九年（721），在京兆府及高陵、三原等七县官民共同努力下，建成了一座规模宏伟的东渭桥。此碑即为纪念此盛事而立，理应位于东渭桥附近。于是文物工作者对其出土地进行了大量勘察和钻探，基本弄清楚了唐东渭桥遗址的大致范围。1981 年 9 月，考古工作人员开始进行科学发掘，到 1983 年发掘完毕，揭露出楔入原渭河床的圆木桩 22 排 418 根，石砌分水金刚墙 4 座，桥南端石铺道路残长 160 米，基本确定了唐东渭桥的具体位置与规模。该桥位于今渭河南岸 2600 米处，在耿镇东蒜刘村与白家嘴村之间，全长 548.8 米，宽 11 米①，此正与唐朝行经此桥的日本僧人圆

① 华东师范大学文学研究所编：《中国考古学年鉴 1984》，华东师范大学出版社 1984 年版，第 167—168 页。

仁所记“到高陵县渭桥。渭水阔一里许，桥阔亦尔”的长度大致相等。[①]

这次发掘的东渭桥是否就是《东渭桥记》所载开元九年所修之桥尚不能确定，辛德勇先生撰文认为：“现发现的东渭桥遗址为崔元略在故桥基址上所主持修建的可能性很大，而不应当是开元九年孟温礼所为。”[②]但无论为何，唐东渭桥地理位置都没有改变，因开元九年刊刻的《东渭桥记》碑石就出土于这次发掘处的东渭桥址南首东缘，二者距离很近。

唐东渭桥在唐代末年仍然作为军事重镇而存在，据《资治通鉴》，唐僖宗广明元年（880）黄巢攻陷长安后，立即派遣其“将砀山朱温屯东渭桥”；次年七月间，唐军合力来攻，“与尚让、朱温战于东渭桥，不利，引去。[③]”这说明至迟到公元881年渭河仍然是流经此处的，而今日的渭水河床却远在2600余米的北边，以此计算，至今（此项资料截取至1999年，特此说明；下面的中渭桥年份同）1118年渭河在此处平均每年北移了2.3米有余。

当然，此处渭河并不是匀速向北位移的，是在总的向北侧蚀的过程中有时北蚀较强烈，有时相对平稳甚或出现向南侵蚀的现象。利用现有文献资料，只给推测出大致的阶段特征。

据宋敏求《长安志》，“渭桥镇在（高陵）县南一十八里”，此也与圆仁所记唐时渭桥镇“临渭水，在北岸”的形势与里距基本相同。且宋敏求《长安志》与乐史《太平寰宇记》都有“渭水在（高陵）县西南二十里”的记载[④]，唐以后高陵县城位置没变，以其为基准点进行比较，其西南20里的渭水河道与今日发现的唐东渭桥所在的渭河可基本连成一线。这说明唐末到北宋时代，此段渭水河道相对平稳，较少移动。

明嘉靖年间吕修《高陵县志》卷之一《地理志》第一次明确描述了此段渭河的摆动状况，是十分珍贵的材料。据其所载，渭河“北受漳汭，南受沣涝浐灞诸水，至高陵而益大。每遇泛涨，弥漫十余里，然皆南徙，

① ［日］园仁撰，顾承甫、何泉达点校：《入唐求法巡礼行记》，上海古籍出版社1986年版。

② 辛德勇：《古代交通与地理文献研究》，中华书局1996年版，第112页。

③ （宋）司马光：《资治通鉴》，中华书局1956年版，第8242、8257页。

④ （宋）宋敏求：《长安志》卷一七《高陵县》；《太平寰宇记》卷二六《高陵县》。

不崩北岸。虽且崩，数年不过一二丈。”可知渭水河床相对平稳且有南徙的现象，原因也正与该县志所述，是其北岸遇到了高大的奉正原的阻挡：“奉正原在县南十里，自泾阳来，过县达临潼，延及百里，高者四五丈，泾渭之不能北徙者此也。故自周汉隋唐王侯将相多葬于此”。

从志文语气分析，此段渭河在嘉靖以前有一个向北侵蚀摆动的过程，因南徙被看作反常的现象。有学者根据志中所记渭河与渭河渡距高陵县的距离，并与唐宋时比较，认为既然志中明确记有“渭水在县南十里”“渭河渡在县南十里”，与唐宋时渭桥在高陵县南 20 里或 18 里相比，此段渭河在本时期向北移动了 10 里或 8 里。① 但从今日渭河实际及清以后渭河侵蚀情况看，此推测速度明显偏大。据宋人《长安志》卷十七《高陵县》所载：“奉政原在县南一十一里，东西长三十里，南北阔三里。”奉政原即奉正原。这是否可以证明，奉正原在高陵县南十一里，加上南北阔三四里，则流经其南的渭河一定在十五里之外，光绪《高陵县续志》卷一《地理志》正是说：“渭桥渡在县南十五里。”

今日渭河河道距离高陵县城距离最近者仍不少于 15 华里，参见图 5—2 唐东渭桥位置图。是可知嘉靖《高陵县志》所谓渭河在县南 10 里的记载存在很大偏差，不足为据。由于明清至今渭河北岸仍有不少汉唐陵墓古迹，这在各代方志中有明确记载，故知今日渭河是清中叶以来不断北移的结果，而不会出现像日本学者爱宕元《唐代东渭桥和东渭桥仓》所说的那种情况：唐宋以后嘉靖以前渭河北移五六千米，嘉靖前后有短期的南移过程，清代以后又变成北移为主。因为此阶段无确切资料，只能初步估计，我认为北宋至明嘉靖年间此段渭河向北侵蚀在 2 华里左右。

明末清初，此段渭河仍时有向南或向北岸的侵崩，雍正《高陵县志》卷四《祥异》记载：“康熙元年……渭水冲崩南岸数邨”。但总的趋势仍较平稳。

---

① 爱宕元：《唐代东渭桥与东渭桥仓》认为：“渭水河道因为在高陵县南十里，所以唐宋以后的五百年间此段河道理应北移近十里。”吴春、段清波：《西渭桥地望再考》（《考古与文物》1991 年第 4 期）认为，西自周至、东到高陵，渭河在“北宋以后向北移动了 4 公里左右”，“渭河北移的时间和幅度大致是这样的，从唐末、宋太宗至道年间可能已开始偏离于古河道向北迁移，加上其他方面的原因，每次大震以后都造成不同程度的北移，1556 年后形成了今天的格局”。即宋元明时代，关中的大地震导致了渭河大规模北移 4 千米。

自雍正朝开始，此段渭河又开始剧烈活动，向北岸侧蚀严重。雍正《高陵县志》作者感叹："渭桥一带，南多王田，河行旧迹，老岸具在，滩田里许，沙州称是。北村坟墓庐舍坍去大半，今且水刷未已，高岸为谷，不信然耶。"① 光绪《高陵县续志》卷一《地理志》则曰："自乾嘉而后，河日北徙，沿岸田庐坍陷不少，咸同数十年间，北岸田入河者无虑数十百亩，近犹漱荡不已。"是雍正以来，历乾隆、嘉庆、同治、光绪各朝向北侵蚀强烈。从雍正志所说渭南"滩田里许，沙州称是"来看，渭水河床此时期北移距离超过了 2 华里，是历史上北移幅度最大的时期。此一过程今天仍未结束，当你来到耿镇渭河桥头时，还能看到北岸的庄稼被水冲蚀而去的景象。

总之，唐东渭桥处渭水河道北移 5 里有余，是唐末千余年来渭河向北不断侧蚀的结果，也可看作宋末至嘉靖、清中叶以来两大严重侵蚀过程的塑造结果。

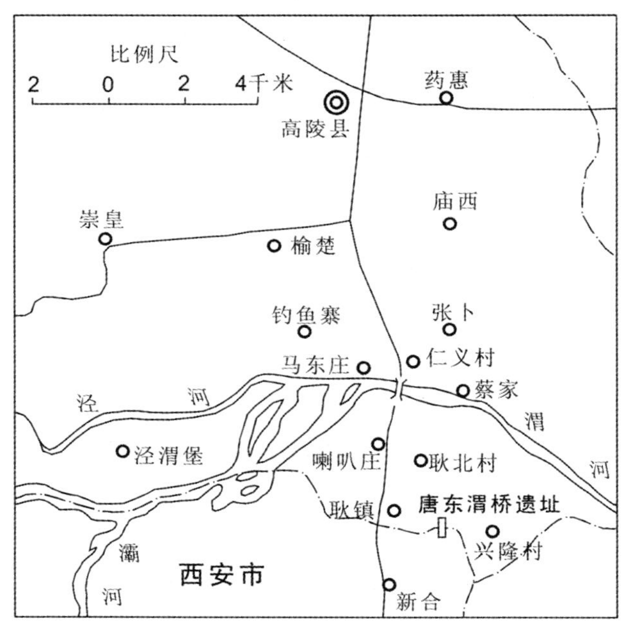

图 5—2 唐东渭桥位置图

① （雍正）《高陵县志》卷一《地理·川原》。

二　汉中渭桥处

中渭桥是渭河上最早的桥梁，始建于秦。《三辅故事》曰："咸阳宫在渭北，兴乐宫在渭南，秦昭王通两宫之间，作渭桥"。[1] 初名渭桥或石柱桥，两汉时更名横桥，也叫横门桥，后因东西各建渭桥，便被称作中渭桥。

秦汉中渭桥在秦都咸阳、西汉长安城中起着重要的交通枢纽作用，故文献记载颇多，今天虽没有发现其遗址遗迹，但其地理位置却可考证出来，而且得到相关考古材料的证明。据《三辅黄图》，"长安城北出西头第一门曰横门……门外有桥曰横桥。""渭桥在长安北三里，跨渭水为桥"[2]。《汉书·文帝纪》集解也有："苏林曰：（横桥）在长安北三里。"文献明确记载中渭桥在西汉长安城横门外三里。中国社会科学院考古研究所汉城队在横门外钻探出一条南北向大道，长 1250 米，向北多为淤沙堆积，不见路土。[3] 据足立喜六《长安史迹考》中的《汉唐之尺度及里程考》，汉代每里折今 414 米，汉三里共折 1242 米；或谓每汉里为 417.5 米，则三汉里折今 1252.5 米。由此说明考古钻探横门大道路土的长度与文献记载渭桥与汉长安城横门的南北距离是一致的，可以判定文献记载中渭桥的位置是基本准确的。此点也得到了几乎所有现代学者的认同。

汉长安城横门遗址在今西安市未央区六村堡乡相小堡村西 50 米，由此向北 1250 米，是秦汉时代中渭桥的南侧桥头，也即是当时的渭河南岸，而今日渭河却在横门遗址以北 4880 米。秦汉中渭桥使用时间很长，《水经注·渭水》载："后董卓入关，遂焚此桥，魏武帝更修之"，而据《后汉书·孝献帝纪第九》"董卓入长安"的时间在初平二年，即公元 191 年。以此年计算，距今 1808 年前开始渭河此段河床向北移动了 3630 米，则平均每年北移 2 米左右。

在秦与西汉相当长的时间内，渭河北段河床较少侵蚀移动，因当时

---

① 《史记·孝文帝本纪》索隐引《三辅故事》，又《三辅黄图》曰："横桥，秦始皇造。"可能是始皇帝在扩建咸阳时有过增筑。

② 陈直：《三辅黄图校证》，陕西人民出版社 1980 年版，第 138 页。

③ 刘庆柱：《论秦咸阳城布局形制及其相关问题》，《文博》1990 年第 5 期。

为保护桥梁而采取了人工护堤措施，而且在大部分时间内设置有专门机构，进行管理维修。《水经注·渭水》："桥之南北有堤激，立石柱，柱南京兆主之，柱北冯翊主之。有令丞，各领徒千五百人。桥之北道，垒石水中。"激，《汉书·沟洫志》颜师古注的解释是"聚石于堤旁冲要之处，所以激去其水也"，可知两岸的"堤激"与北岸的"垒石"皆为土石材料砌筑而成，其作用在于抗波防坍，相当于今日桥涵工程中常用的泊岸技术。而三千人的护桥队伍除了防止人为破坏这条重要交通线外，消除自然冲蚀的隐患也应是其主要任务。尽管如此，此段渭河仍有向南泛滥的事情发生，而且给京师长安造成了极大恐慌。据《汉书·成帝纪第十》，建始三年（前30年），"秋，关内大水。七月，虒上小女陈持弓闻大水至，走入横城门……吏民惊上城。"

此段渭河汉魏以来也不是匀速向北平移的，在人为与自然双重因素作用下，也有相对平稳和侵蚀剧烈的不同时期。具体各时期变化详情很难考证清楚。今只能据文献图籍及考察访问材料推测其概况。

魏晋北朝时代，中渭桥多次毁弃与重修，此段渭水河床似乎变化不大。据《元和郡县志》卷一《关内道·咸阳县》："中渭桥……董卓烧之，魏文帝更造。刘裕入关又焚之，后魏重造。"北周也曾进行过一次修建，庾信有《司水看修渭桥》诗纪其事，刊于《初学记·桥梁七》。曹魏、后魏与北周重修的中渭桥位置是否有变化，史籍中没有确载，估计应该建立于秦汉中渭桥附近。如此则说明此段河床位置移动很少。

唐代中渭桥建于贞观十年（636），其位置肯定发生了变化，《元和郡县志》卷一《关内道·咸阳县》说："贞观十年移于今所。"元和年间重修一次，地点未变。唐中渭桥位置是如何变化的呢？这产生了两种不同意见。孙德润等先生主张唐中渭桥只是沿渭水河道东西发生了变化，其撰文说："据当地刘仁义和张世堂二位老人谈，相传一百多年前，渭河南岸的贵家花园（北距高庙村二里）曾发现过古桥迹。南北向，木桥柱，四根一排，其宽度能通过一个大车和一行人，每排柱之间相距有丈七八尺。此类情况在明嘉靖《高陵县志》中亦有记载：'中桥柱七百五十，今水落犹见一二，然其地今隶咸阳'。这段记载说明，渭河北移是近200年开始的……贵家花园的古桥迹应是唐时中渭桥的遗迹。”[①] 高庙村位于汉长安城内洛城门附近。如此则唐中渭桥在汉长安城北不足二里，与汉中渭桥位置在汉城外三里相比更靠近汉长安城，其观点是从汉至唐此段渭河没有发生位移。段清波、周昆叔两位先生赞同此观点，以为“唐宋时名中渭桥，位置在汉桥址以东，大约在今日高庙村南二里的贵家花园处”[②]。

多数学者认为唐代中渭桥之所以改变位置就是因为渭河向北发生了位移。最早提出此观点的是杨思植和杜甫亭先生，他们合作撰写的论文《西安地区河流和水系的历史变迁》根据卫片、历史文献与实地考察资料，发现渭河南岸有若干条古河道遗迹，并绘制了渭河西安段的历史变迁图（见图5—3 西安附近河道变迁图），其中清楚地表示唐代渭河在中渭桥附近向北发生了位置移动。[③] 赞同渭河唐较汉时向北移动说的还有刘庆柱、史念海、王开等。[④]

我是赞同唐中渭桥北移说的，除了上述各位学者们的证据外还可补充一些。唐开元九年曾重修中渭桥，进士乔潭曾撰写《中渭桥记》记此事，其中有“连横门，抵禁苑”等语，说明其大的方位仍在西汉长安城横门外，如此则可断定唐中渭桥是向北推移了的。据宋敏求《长安志》卷十二《县二·长安》：“中桥渭水渡在（长安）县北二十六里，河伯庙在县北二十六里中桥村，黑帝坛在县北二十五里中桥。”宋时长安县在今西安市西关正街一线，向北26里，正在草滩农场与鱼塘一线，与图5—3所绘唐渭河流路相近。

---

① 孙德润等：《渭河三桥初探》，刊《陕西省考古学会第一届年会论文集》，《考古与文物丛刊》1983年第三号。

② 段清波、周昆叔：《长安附近河道变迁与古文化分布》，《环境考古研究》（第一辑），科学出版社1991年版。此观点似引用孙德润等先生上文，但理解有误。贵家花园不在高庙村南二里，而在其北，此点只要一看孙先生原文附图即可明白。

③ 杨思植、杜甫亭：《西安地区河流和水系的历史变迁》，《陕西师范大学学报》1985年第3期。

④ 刘庆柱：《论秦咸阳城布局形制及其相关问题》，刊《文博》1990年第5期；史念海主编：《西安历史地图集》，西安地图出版社1996年版；王开主编：《陕西古代道路交通史》，人民交通出版社1989年版；王开主编：《西安古代交通志》在第十五章《渭水三桥·中渭桥》明确地说：“唐代渭水又北移一段距离”，陕西人民出版社1997年版，第191页。

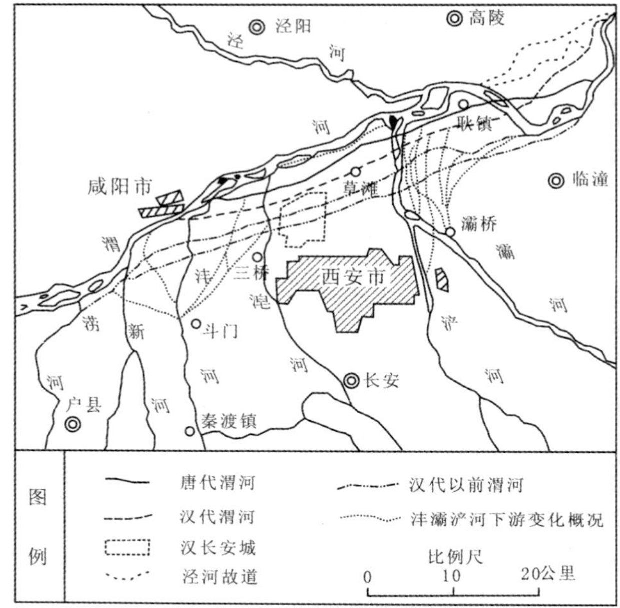

图 5—3　西安附近河道变迁图

同时，我觉得唐中渭桥东移说也很难与文献记载的汉长安城以北的地理状况相吻合。据《水经注·渭水》，渭水过秦汉中渭桥后，“又东与泬水枝津合，水上承泬水东北流，迳邓艾祠南，又东分为二水，一水东入逍遥园，注藕池。池中有台观，莲荷被浦，秀实可玩。其一水北流注入渭。”是说汉城北有一泬水枝津东北流，有规模宏大的逍遥园及藕池。[①]逍遥园是后秦时鸠摩罗什主持译经的皇家寺院，还发生过著名的战争，后晋义熙十三年（417），王镇恶攻长安，后秦主姚“泓屯逍遥园”拒之，“时泓所将尚数万人”。[②]汉长安城北即可容数万军屯驻，可见非不足二里之区也。《西京杂记·生作葬文》篇有：“杜子夏葬长安北四里”，“其临终作文曰：‘封于长安北郭，此焉宴息。’及死，命刊石，埋于墓侧，墓

① 逍遥园在汉长安城北还有一些文献证明，如《出三藏纪集》卷八僧叡《大品经序》说：“以弘治五年，岁在癸卯四月二十三日，于京城之北逍遥园中出此经。”僧叡是在逍遥园主持译经传教的著名高僧鸠摩罗什的弟子，故其说可信。

② （宋）司马光：《资治通鉴》，中华书局 1956 年版，第 3708 页。

前种松柏树五株，至今茂盛”。杜子夏，《汉书》有传，结合《西京杂记》行文看，此事未必虚假。这说明汉时长安城北已有部分地段距渭河已有四里的空间范围。

总之，我认为唐以前中渭桥附近渭河有向北推移的现象。当然，其间推移距离不可估计太大。

近代以来，中国开始有实测基础上的地图编绘，此段渭河也有了可以计算的较为确切的北移速度。现有两张五万分之一的地形图，一张据1914 年的测量资料绘成，一张据 1979 年的航拍资料绘成，见图 5—4 1914 年汉城北渭河河道实测图与图 5—5 1979 年汉城北渭河河道航测图。将这两张地图进行比较，可以看出此段渭河在此 65 年间向北移动了很长距离。[①] 由滗（藻）河村向北量算，1914 年至渭河 3. 8 千米，而 1979 年达到了 5. 5 千米，北移了 1. 7 千米左右；在相家巷向北量算，1914 年至渭河 3. 8 千米，1979 年则为 5. 25 千米，向北移动了 1. 45 千米；从高庙村向北量算，1914 年至渭河 2. 3 千米，1979 年则是 4. 5 千米，北移了 2. 2 千米。在这 65 年间，此段渭水河床北移了 1. 4—2. 2 千米，占秦汉以来此段渭河北移总数的 1/3 至 1/2 以上。此也与王丕忠先生据调查资料所得的结论基本一致，王先生说：“据了解，从民国初年到现在六十余年，渭水在阿房宫前殿以北地段（滩毛村南）已北移了大约五华里。”[②]

由图 5—4 还可推知，唐以后至 1914 年渭河在秦汉中渭桥附近向北侵蚀移动距离不少，1914 年相家巷北距渭河达到 3. 8 千米，而汉时渭河南岸则在相家巷北约 1. 3 千米，唐以前如上考证此段渭河向北有小幅度的移动，假设北移了 0. 5—0. 7 千米，则唐以后至 1914 年此段渭河共北移了 1. 8—2. 0 千米，是侵蚀相对强烈的时期。

图 5—4 与图 5—5 对比可知，1914 年咸阳与长安县的分界线是以渭河主泓来划分的，而 1979 年咸阳与南岸西安市的分界线却划在渭水南岸

---

① 此点最早由日本学习院教授鹤间和幸先生发现，见《汉长安城的自然景观》，刊中日历史地理合作研究论文集第 1 辑《汉唐长安与黄土高原》，《中国历史地理论丛》（增刊）1998 年 4 月。

② 王丕忠：《秦咸阳宫位置推测及其他问题》，《陕西省文博考古科研成果汇报会论文选集》1981 年。

陆地，即渭南有了部分咸阳的土地。这当然是渭水河床北移的结果。

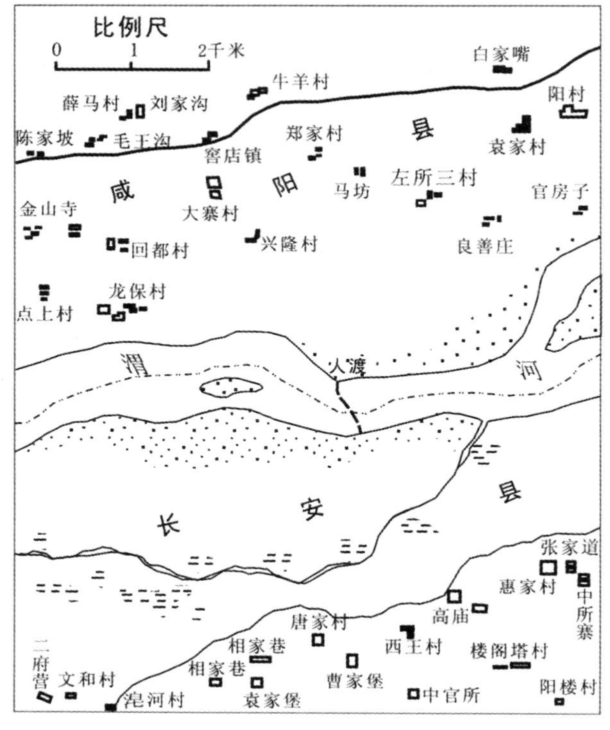

图 5—4　1914 年汉城北渭河河道实测图

渭河在 20 世纪北移的主要原因与过程，通过实地考察和访问可以得出一个大概，1999 年 9 月 18 日，笔者赴西龙、东龙与左所渭河渡口（即图 5—5 中表示的西面那个人渡）考察①，见渭河北岸有一高大的河堤，有些被水直冲的段落，人们正在垒砌石堤，堤呈圆弧形以顶冲主流。在左所渡口访问了 71 岁的摆渡老人和 55 岁的韦安锋先生。韦安锋先生介绍说：他上小学的左所村学校在现渭河河心滩附近，原为古代的庙，当地人称“大庙”，有上殿、下殿。左所村在庙北，今为河滩地，而庙南侧还有不少散户零星居住于渭河边，当时的渭河在今渭河南 2 里以上。1956—1962 年渭河主流直冲左所村一带，侵蚀很快，有时一天一节地（约四五

---

① 此次考察承蒙秦都咸阳遗址博物馆张俊辉、李朝阳两位先生关照与向导，在此深表谢意。

十米），到 1962 年已经冲到今咸铜铁路附近。如不是有火车道，渭河会更向北移，为保护铁道路基，用火车拉来石头向渭河中抛，故北岸才慢慢固定下来。1962—1966 年修建了北岸大堤，河床才基本不再移动，但其后此段河道北岸土地仍然有多次遭到渭河冲蚀。韦先生记事以来，其居住的左所村因渭河北冲已经搬了三次，渭河向北侵蚀的距离在三里左右。

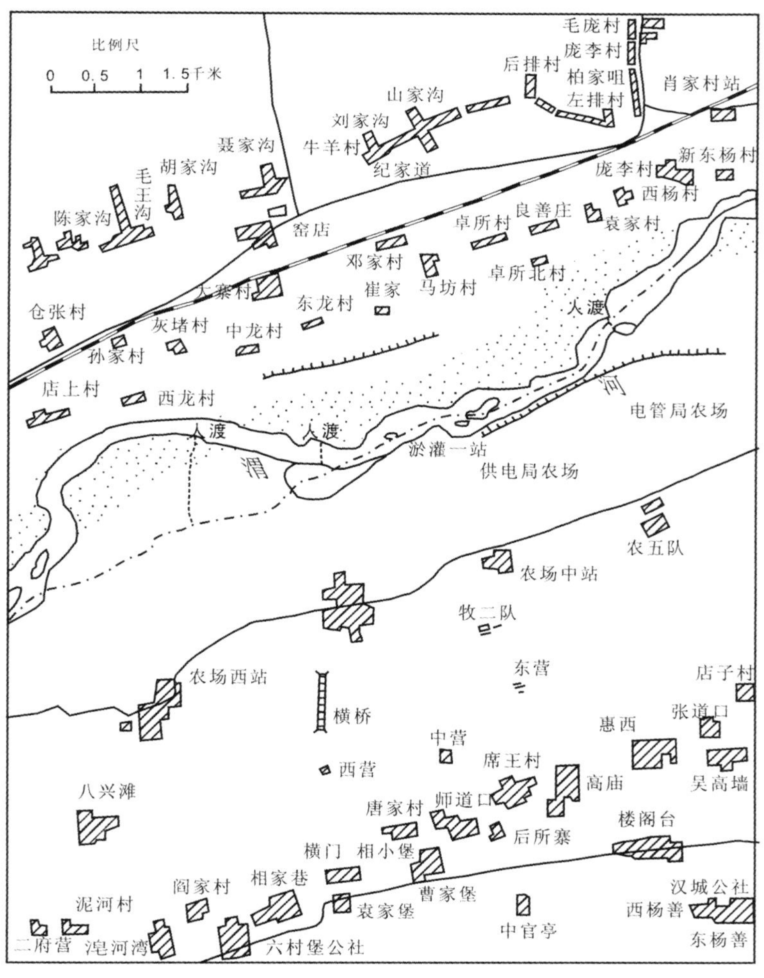

图 5—5　1979 年汉城北渭河河道航测图

此处渭河为何此时北移强烈呢？按当地老人的介绍并参阅有关图书资料，笔者觉得人为因素起着最主要的作用。20世纪50年代后期，因修建三门峡水库迁来不少移民，在西安北部渭河南岸草滩地区建立农场，为开发河滩地，同时也是为三门峡蓄水后控制渭河回水而保障西安的安全，在渭河南岸建立了固定河堤的工程，从而导致渭河主泓折射向东北岸，直冲左所村一带，于是造成了此次大规模侵蚀北移。图5—5中可以看到南岸建立的不少农场和修筑的两道河堤。我们强调此次渭河北移的人为因素影响的时候，并不应忽略此人为因素乃是在渭南草滩地区经过长期的自然淤积形成了广大面积的河滩地的基础上才能发挥作用的。

总之，汉中渭桥处渭水河床向北移动了3600余米，是秦汉以来两千年渭河向北逐渐侵蚀的结果，其侵蚀过程有越向后越强烈的趋势，尤其是20世纪五六十年代由于人为因素的参与北移速度最大。

三　汉西渭桥处

西渭桥初建于西汉建元三年（前138），时称便门桥或便桥，这在《汉书·武帝纪》中有明确记载。《三辅黄图》曰："在便门外，跨渭水，通茂陵。长安城西门曰便门，此桥与门对直，因号便桥。"① 唐代时仍有便桥的存在，只位置似乎发生了变动，因唐代此桥不似汉时为了到茂陵，而是"在城西北咸阳路"，曰西渭桥②，过渭水到咸阳。故又有咸阳桥之称，杜甫名诗《兵车行》所咏"爷娘妻子走相送，尘埃不见咸阳桥"中的咸阳桥即指此。宋时此桥仍有修复，位置似又与唐有细微的不同。宋敏求《长安志》卷十三《县三·咸阳》曰："唐末废。皇朝乾德四年重修，后为暴水所坏。淳化三年徙置孙家滩，至道二年复修于此。"其后未见修复或重造。

1986年在咸阳市钓台乡资村、西屯附近的沙河故道上发现了古桥遗址两处，按发现先后次序分别被称作沙河古桥Ⅰ号、Ⅱ号。主持发掘工作的考古学者依据地层分析和C^{14}测定等，撰文论证沙河古桥Ⅰ号、Ⅱ号

---

① 陈直：《三辅黄图校证》，陕西人民出版社1980年版，第138页。

② 《史记》卷一二〇《张释之列传第四十二》附唐司马贞《索隐》。

分别应是汉唐时代的西渭桥。[①] 此观点一出，立即引起了历史地理、考古文物等各方面学者的热烈讨论，李之勤、时瑞宝、邓霞、辛德勇、曹发展等先生先后撰写论文，对沙河古桥为西渭桥说提出质疑，并对西渭桥位置进行了充分的考证。[②]

由沙河古桥发现引发的对西渭桥地望的学术讨论成果很大，现今学术界虽没有形成完全统一的认识，但基本搞清楚了以下两个问题。第一，沙河古桥是西渭桥的证据不充分，很难成立。除以上所提各位先生质疑论文外，后来又有王开、王维坤、李之勤等先生在其论著中论述了不赞同此说的理由。[③] 这一问题的具体阐述请参阅以上各位专家的论著，此不赘述。

第二，汉代西渭桥的位置在文王嘴附近。最早提出此观点的是孙德润等先生，他们在实地调查中发现了桥的遗址，只是认为此桥是汉唐时期的西渭桥[④]。后来的各位先生如辛德勇、时瑞宝、邓霞、曹发展、王开等在论述汉西渭桥地望时无一例外都认为应在文王嘴附近。这个观点得到历史文献与实地考察两方面材料的支持。首先，与文献所记的方位及距离吻合。文献有关汉西渭桥的方位是与汉长安城便门对直，向西去茂陵较为便利。《三辅黄图》卷一《都城十二门》引《三辅决录》曰："长安城西门曰便门，桥北（疑为东）与门对"，《水经注·渭水》也说："便门桥与便门对直。"《汉书·武帝纪》颜师古注曰："跨渡渭水，以趋

① 段清波、吴春：《西渭桥地望考》，《考古与文物》1990 年第 6 期。其后两位作者又进一步阐述其观点，一是吴春、段清波《西渭桥地望再考》，刊《考古与文物》1992 年第 2 期；二是段清波、周昆叔《长安附近河道变迁与古文化分布》，刊《环境考古研究》（第一辑），科学出版社 1992 年版。

② 李之勤：《沙河古桥为汉唐西渭桥说质疑》，《中国历史地理论丛》1991 年第 3 期；时瑞宝、邓霞：《对陕西咸阳沙河古桥的初步认识，兼谈西渭桥地理位置》，《文博》1991 年第 4 期；辛德勇：《论西渭桥的位置与新近发现的沙河古桥》，《历史地理》第 11 辑，上海人民出版社 1993 年版；曹发展：《渭桥沣桥辨》，刊于纪念西北大学考古专业成立四十周年文集《考古与文物研究》，三秦出版社 1996 年版。

③ 王开主编：《陕西古代交通道路史》，人民交通出版社 1989 年版；王维坤：《再谈汉唐时代的渭河三桥》，李之勤：《〈沙河古桥为汉唐西渭桥说质疑〉增补》，二文为中日合作历史地理研究第二次学术研讨会交流论文，均收入论文集第 2 辑《汉唐长安与黄土高原》，《中国历史地理论丛》（增刊），1999 年 12 月。

④ 孙德润等：《渭河三桥初探》，刊《陕西省考古学会第一届年会论文集》，《考古与文物丛刊》1983 年第三号。

茂陵，其道易直”。一般认为便门应指汉长安城西面南头第一门的章门。把汉西渭桥定在文王嘴一带，正与便门对直，去茂陵也较走中渭桥近便。请参见图 5—6 汉西渭桥位置图。苏林在《汉书·武帝纪》后注曰：西渭桥“去长安四十里”，明确指出了桥与汉城间的里程。经实测，文王嘴渭河位于汉长安城西 33 里，以汉制每里折今 417.5 米计，40 里即 16600 米，合今 33.2 华里，可以说正相吻合。

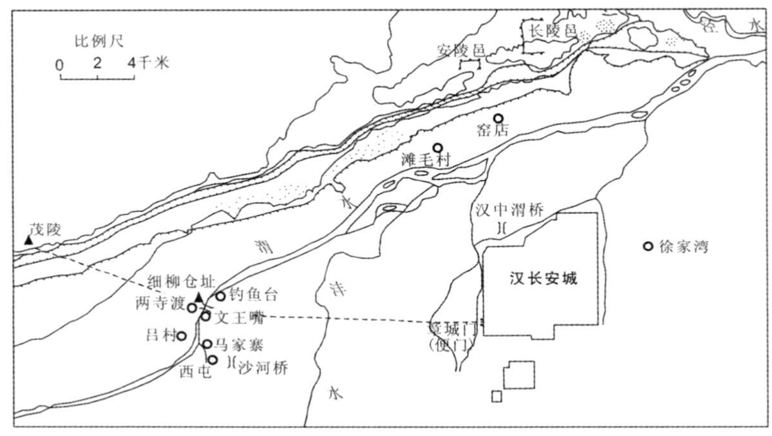

图 5—6 汉西渭桥位置图

其次，文王嘴一带的地理形势与古代建置也符合文献记载。据《水经注·渭水》西渭桥位于沣渭交汇口下游，其引《地说》说：“渭水又东与丰水会于短阴山内，水会无他高山异峦，所有惟原阜石激而已。”其中的“短阴山”与“原阜石激”，就是沣渭交汇口的自然地理标志。短阴山不甚高，又称作短阴原。据胡谦盈、卢连成诸先生的研究，今已枯竭的沙河是秦汉时的沣水河道。文王嘴位于沙河入渭处东侧，为一自然台地，高出周围地面五米有余，土质结构独特，非常坚硬。因此，今人所谓的文王嘴就是古代的短阴山或短阴原，而“原阜石激”中的石激似乎是指修建于此处的导流工程。后者可以用细柳仓的发现来证明。《汉书·文帝纪》如淳曰：“长安细柳仓在渭北，近石激”；《三辅黄图》卷六《仓》则谓，“古缴西有细柳仓”。石缴，又作古徼，乃“石激”之异写。1989 年咸阳市文物普查队在秦都区渭滨乡两寺渡村的渭河边上发现一处汉代遗址，1992 年 4 月配合基建进行了考古发掘，出土了西汉“百万石仓”瓦当等珍贵文物，考古工作者判定此瓦当应为汉细柳仓所用之物。汉细柳仓遗址应位于此，这也基本符合唐代文献《括地志辑校》卷一《咸阳县》所记“细柳仓在雍州咸阳县西南二十里”的距离和方位。宋敏求《长安志》卷十三《县三·咸阳》曰：“短阴山，又称短阴原，在（咸阳）县西南二十里，两寺渡村南五里。”两寺渡村今仍旧名，南五里即今马家寨村西。文王嘴、两寺渡一带地貌及其附近发现的古代遗址与文献所记完全符合。

第三，是实地调查也曾在此段渭河中发现过古代桥梁的遗址。孙德润等先生 1980 年调查结果，“据梁明杰老人讲，1978 年大旱时，在文王嘴一带的河床内暴露一古桥迹。当时有两根油松木柱露出水面一尺多。有人潜入水内发现六根，东西向排列，柱周围垒有石头。老人亲往试抱，柱粗四尺左右，顶端两侧为斜面，呈‘八’字形，尚未朽烂。十多人推拉，不能移动。此种情况 1949 年前也曾发现过。该桥迹东北距咸阳市十华里，西南距沙河入渭处二华里[①]”。惜当时没有进行进一步的深入考察和年代测定，希望有关部门能组织人力对这座古桥遗址重新进行勘探与科学发掘，以促使西渭桥地望这一重大学术问题的深入研究或最终解决。

在有关西渭桥地望的学术讨论中，不少学者对唐宋时代西渭桥的位置也有所论述。惜乎不够重视，所得结论差异很大，很难判定谁人优劣。如此我也无法讨论本节的主题——渭河的侧蚀问题，只能留待以后解决。

文王嘴位于渭河东岸马家寨与曹家寨两村之间。现在这段渭河从户县自西而东入咸阳界，到马家寨西即沙河入渭处折往东北流，至曹家寨北约二里处又折往东流，这一段长 6 千米的渭河基本呈西南东北流向。此与历史文献记载相合。程大昌《雍录》卷一《五代都雍总说》即说：“渭水又东受沣水……又东北行，则汉便门桥横亘其上，此时渭方自西南来，未全折东，故便门桥得以横绝而经达兴平也。”汉西渭桥架设在此处渭水河道上，这说明从西汉至今此段渭河基本没有发生侧蚀变化。这一点从此段渭河两岸发现有不少秦汉及其以前的文化遗址也可得到证明。

---

① 孙德润等：《渭河三桥初探》，刊《陕西省考古学会第一届年会论文集》，《考古与文物丛刊》1983 年第三号。

据《中国文物地图集·陕西分册》，在此段渭河的左岸，吕村东侧有一处新石器时代遗址，两寺渡村东北有一处新石器时代遗址和西汉细柳仓遗址，这三处紧邻渭河。在右岸，马家寨有西周和西汉遗址，也紧依渭河岸边。河床两岸现存的这些古代遗址，足以证明秦汉以来此段渭河没有较大的左右摆动。从本节图5—3中也可以看出此段渭河在秦汉时期以来都是基本稳定的。

为什么渭水河床在中渭桥与东渭桥处有大规模的侵蚀北移，而在文王嘴西渭桥附近的渭河却能两千多年基本没有变化呢？我认为这是由该区域特殊的地形、土质、水文与地质结构所决定的。

首先，该地区地势相对高亢，为一台地地形，古称短阴原，今称"文王嘴""钓鱼台"。余赴当地调查时，群众曾说："渭水再大，也上不了钓鱼台。"且两岸地层结构也不同于其他地方，土质均为黑红色胶泥杂有礓石土层，特别坚硬，河水不易侵蚀。西北岸因其土质坚硬而被群众称为铁嘴，现在还有一个叫"铁嘴村"的村庄，而东南岸的"文王嘴""钓鱼台"的得名也应与此类似。此段渭河岸原生台地的地形与坚硬土质在渭河中下游地区是独一无二的，它决定了此段渭水河床侧蚀变化很少，故这里河床狭窄，宽仅一里左右，两岸河漫滩发育不起来。

其次，此段渭河及其西部支流的水文特征也起了一定作用。沣渭交汇口以西无特大支流汇入，南岸虽有不少支流，但皆源于秦岭，河流相对短促，故此段渭河发生洪泛的可能性较小。渭河在此东北走向，河窄流急，与南岸沣涝支流冲刷带来的泥沙流向基本一致，能有效地携带多量泥沙输往下游，这也可以减缓沣河在交汇口形成冲积扇的速度。

最后，此段渭河正处于咸阳断坡与西安断陷的夹持之中。咸阳断坡在西侧向南凸出，而由于活动强烈的骊山断凸的影响，西安断陷东侧则向北凸出且有条状原面突起，比如有名的龙首原即横亘于汉唐长安城之间。两大断块凸出的相交轴线正发育了文王嘴一带东北西南走向的渭河。这种地质构造即两大相对凸出的断块夹持从宏观上决定了此段渭河的相对稳定。

四　影响渭河侧蚀北移的基本原因

以上通过考证汉唐渭河三桥的位置，探讨了历史时期西安附近的渭水河道侧蚀的时空特征，并简要分析了侵蚀的具体原因。总起来看，除汉西渭桥处的渭河基本没有侧蚀变动外，中渭桥、东渭桥两地都向北移动了较大距离，且还有时代越向后侧蚀摆动速度越大的趋势。下面就概括一下影响渭河侧蚀的基本原因。

我认为影响渭河发生侧蚀的原因主要为自然地理要素，而人为因素也起到了不应忽视的作用。在自然要素中，首先是新构造地质运动。渭河盆地主要为新生代形成断陷盆地，是个相对下降的地块，从其新生代以来沉积地层厚度看，沉降近 5000 米，而其南侧秦岭断块是个上升活动强烈的断块，与关中平原之间的高差达 3000 米左右。二者一升一降，其高差加起来接近万米。同时由于升降的区域差异运动，造成了每个断块都具有“北仰南俯”的特点，渭水河道被迫发育于渭河断陷的南侧。进入自 12000 年前以来的全新世，新构造运动仍在继续，有证据证明全新世以来秦岭断块山地与渭河断陷盆地之间至少有 20 米的差异运动，秦岭在上升，关中盆地在下沉。从近年关中精密水准测量资料判别，直到现在渭河平原地壳差异运动的表现还是很明显的。1972 年以前渭河平原对于陕北和秦岭仍在以平均每年约 3 毫米的速度下陷。这种差异地质运动必然会引起偏于秦岭一侧的渭河的向北摆动。当然这是从大趋势上来说的，在有些河段或某一时段，渭河也会有向南侧的摆动或者泛滥，尤其是下游地区。

由于新构造运动的影响，关中平原成为中国地震最强烈活动的地区之一，汾渭断陷谷自公元 1200 年以来，共有破坏性地震 108 次，且多集中在渭河凹陷带，沿着断裂线活动。1556 年华县八级地震使华县、华阴地区发生了地陷水裂现象，造成了二华地区继续沉陷。这应是二华夹槽形成的主要原因。地震对于渭河侧蚀有一定的间接作用，还没有发现其直接促使渭河侧蚀加强的文献或实物地理证据，不能过分强调其在渭河变动中的作用。

对西安地区渭河变动影响较大的次一级断块是骊山断凸、西安断陷与咸阳断坡。更新世时骊山西麓与北麓两组断层同时发生强烈活动，使其西北部翘起凸出，成为渭河地堑内最强烈的一个隆起断块。它不仅顶托着此段渭河向东北发展，而且也影响着西安断陷东部台原的发育。西安断陷与咸阳断坡对渭河的影响前已讲到。[①]

其次是渭河及其支流的水文特征。这方面的影响主要表现在渭河南岸支流的来水来沙直接地顶托与压迫渭水河床。渭河南北两岸支流的分支极不对称，北岸支流发源于黄土高原，数量少，流域面积大，坡缓流长，汛期能挟带大量泥沙入渭，由于泥沙颗粒细，在河口停积不下，绝大多数随渭河水流一起输运入黄河。而南岸支流发源于石质的秦岭山区，数量多，坡陡流短水急，并带来以砂质为主的粗粒物质，容易堆积在各支流河口形成河口小三角洲。这种特征从两方面对渭河北移起着促进作用：第一，是南岸支流的大洪水与基本东西走向的渭水河道呈正相交，形成直冲之势。其洪水不仅加强了渭水洪峰，而且直接冲击渭水北岸河床；第二，随着三角洲的扩展，在促使渭水河道严重壅塞不畅的同时，顶托着渭河向北侧蚀。应该注意的是，在人为因素参与下即人类生产生活活动破坏了良好的自然植被，水土流失加重，来水猛烈、沙泥增多是导致渭河北移速度逐渐递增的主要原因，这在下面还有论述。

最后，两岸土质的差异。由于渭河两岸堆积物质来源不同，北岸河漫滩、河岸物质来源于黄土塬区，主要为黄土质的细颗粒，结构松散，有利于河道侧蚀北移。南岸河漫滩、河岸物质则来源于秦岭北坡，主要为砂质的粗粒物质，相对而言不易侵蚀。在讨论汉西渭桥处时曾谈到两岸土质坚硬是此段渭河较少侧蚀移动的主要原因，而在东渭桥处，渭河向北侧蚀遇到原生黄土组成的奉正原时也受到了一定的阻遏。在汉中渭桥处，渭河北岸咸阳原前缘地带，地下一米左右即是松软细沙层，当地还有个村庄名叫沙梁子呢！这种土质稍遇水蚀，即会大块崩塌，极易造成渭河的北移。从土层中所含文化遗存来看，这种土层在秦汉以前已经形成，因为近代水冲以后，考古学者还在其中发现有大量的秦汉水井遗址及其他遗物，在东龙村东约150米处，还发现位于地表以下1.4米处的秦汉时代的道路遗迹。

人为影响因素也是较多的，比如修堤护岸，建立“石激”以顶托水

---

① 聂树人：《陕西自然地理》，陕西人民出版社1981年版；陕西省农牧厅：《陕西农业自然环境变迁史》，陕西科学技术出版社1986年版。

流。渭河在此处基本上是弯曲游荡性河床，在河岸上任意一点的改变都可能改变主泓流向，造成河床纵向或横向剖面的变化，中渭桥处渭河近代的变迁充分说明了这一点。在修建有渭桥时期，南北两岸同时修建人工护桥工程，又可以减少侵蚀，使河床长期稳定。

人类不合理地破坏南山森林植被，导致南岸支流来水来沙状况的加剧，也间接影响到渭水河床北移速度的加强。明清时代随着流民大量涌入秦岭山区进行农业开垦，尤其是清中期改变了山区农业经济结构，垦伐柞树扩种粮食作物以后，秦岭山地的自然植被遭到极大破坏，水土流失日益严重。[①] 嘉庆《咸宁县志》卷十《地理志》记载："乾隆以前南山多深林密嶂，溪水清澈，山下居民多资其利。自开垦日众，尽成田畴，水潦一至，泥沙杂流，下游渠堰易致游塞"。日益严重的水土流失造成两方面的结果：一是山体涵水能力下降，一遇降雨，容易形成山洪，下流直冲渭河北岸；二是泥沙俱下，加重了南岸支流的含沙量，而这又必然会加速其河口三角洲的发育，从而迫使渭河加速向北摆动。

原刊《汉唐长安与关中平原》中日历史地理合作研究论文集 1999 年 12 月，《中国历史地理论丛》增刊；《论西安咸阳间渭河北移的时空特征及其原因》（人大复印报刊资料《地理》全文复印转载）《云南师范大学学报》2011 年 8 月

第四节 地形因素对黄河决徙变迁的影响

黄河历来以善决善徙闻名于世。至于为何善决善徙，如何决徙，以往的研究多以洪水与泥沙两方面来探求，很少注意到地形这个很重要的限制因素。实际上，黄河下游地区的地形条件对河道决徙以及决徙后的影响范围等具有很大控制作用。探索地形因素与黄河变迁的关系，能为当前治河工作提供有益的借鉴。

---

① ［日］上田信：《中国生态结构与山区经济——以秦岭山区为例》，［日］沟口雄三等编《长期社会变动》，东京大学出版社 1994 年版。

一 地形大势决定了黄河频繁决徙及其泛滥范围

黄河上中游河段，大部穿行于高原山陵之间，比降较大，历史时期河床平而摆动极小。进入下游后，情形则截然不同。战国时代以前河床由自然堤组成，每遇汛期难免决溢泛滥；战国筑堤以后，决溢改道仍很频繁，据文献资料记载的不完全统计，决溢泛滥达 1595 次，较大规模的改道 26 次。河道摆动范围北至天津，南达淮河，波及面积约 25 万平方千米。黄河决徙，除了洪水与泥沙的作用以外，还有地形因素的影响。从构造上讲，华北平原是新生代一个巨大的凹陷盆地，黄河穿过三门峡谷进入平原，携带的泥沙沉积下来形成华北平原。华北平原南、西、北三面为断块隆起带，强烈的升降运动造成了高耸的淮阳丘陵，太行山与燕山山脉环峙周边，平原东部发育着范围广大的山东丘陵，平均海拔四五百米。这些山地丘陵对历史上黄河变迁影响极大，决定了黄河改道的范围只能局限于华北平原构造盆地之内。更因山东丘陵的阻挡使黄河只有西南——东北走向入渤海或者西北——东南走向入黄海两条出路。当黄河东北注入渤海时，太行山脉以东至山东地垒北缘之间的广大平原是其泛滥区域，“东行至泰山之麓，则决而西；西行至西山（即太行山）之麓，则决而东”。当黄河东南注入黄海时，淮阳丘陵以东至山东丘陵西缘之间的广大平原是其泛滥区域，历史上黄河的决徙变迁绝没有超出上述范围。

二 平原低谷是黄河决徙泛滥的天然通道

华北平原是内外营力结合的产物，南北地形高下略有差异。以孟津至泰山一线为界，此线以北地区，地质时代沉降速度相对较快，故地形低洼，平均海拔多在 50 米以下，地势由西南向东北逐渐降低，微向渤海倾斜，坡降平缓。此线以南地区沉降幅度较小，地形相对较高，平均海拔 70 米以下，今徐州、宿州市附近还孤立着一些百米以上的山丘。地势由西北向东南逐渐降低，微向黄海倾斜，坡降更趋平缓。平原地形的这种区域差异对黄河趋向有很大影响，历史上黄河之所以长时期东北注入渤海而后又东南改道流入黄海的一个重要原因就是受地形条件的控制。现今，华北平原的河流多向东北或东南向发育，它们多受黄河的影响，并曾是黄河泛滥的最理想通道。西汉时下游黄河北岸主要支流为淇水、漳水等，此外还在故漳河独流在今天津附近入海。禹贡大河基本是沿漳水路线北流即从淇口“北过降水（即漳水），至于大陆”的，故称为漳水泛道。漯水原是古大河的分支，由河南濮阳直趋东北入海。东汉以后，黄河改为基本沿漯水河道东北入海，此河道一般被称为漯水泛道。济水从荥阳分河水东行，沿山东丘陵西北缘入海，是黄河最长的一条分支。唐宋以前黄河南决多次泛入巨野泽，经巨野泽南流南清河，即泗水，北流北清河，即济水。元明期间黄河北决入梁山泊，下流也常经泗水、济水分流入海，被称为济清泛道。除泗水而外，还有汴水、濉水、涡水、颍水等，古多经浪荡渠与黄河干流沟通，黄河改徙东南流以后，这些河道都曾经是黄河决泛的流道。汴水泛道的流路大致经开封、兰考、徐州，在伾县入泗水，近似今图上的淤黄河；濉水泛道是经开封与商丘间分出的古濉水至宿迁入泗水的，涡、颍两条泛道上端在郑州与开封之间，分别至怀远和颍上入淮。再从各泛道行水的时间来看，以漯水与汴水为最长。漯水泛道以东汉早期至北宋庆历间改道北流，行水近十个世纪，而且五代末年的赤河和宋代的横陇河又都是从这条泛道中分出来的。汴水泛道从 12 世纪的金大定以后行河，元明时代虽南北不断决口，有时还出现过短期的改道，但大部分时间还是以汴水为正流。总的说来，1855 年铜瓦厢改道以前黄河下游各条泛道中，漯水和汴水是两条最重要的泛道。原因是其行河的地形条件最为有利，漯水泛道正处于一系列的地堑内，如东濮地堑、济阳地堑等；汴水泛道所处的正是商丘以北、徐州和泗洪三个沉降中心地带。

三　邙山与大伾山控制着黄河的基本流向

黄河出孟津由峡谷进入平原，谷口发育着两座小山。一是邙山，古称广武山，为黄土覆盖嵩山余脉形成的一道高岭，位于河南省巩县和荥阳县北，西起伊洛河口，东至荥阳古荥镇北，绵延近百里，中部被汜水断为两段，其西段又叫九曲山，东段又叫三皇山。另一为大伾山，即禹贡大伾，是古黄河岸边被河水冲蚀形成的阶地状台地，位于河南浚县，包括县城东的黎山与城西南阳的浮丘山。本节把黄河故道对面滑县西北的天台山、白马山也纳入了大伾山地的系列。[1] 这些山体海拔高度很低，算不上崇山峻岭，然而，由于它们正处于枢纽位置，对历史时期黄河基本流向影响极大。北宋以前，黄河下游河道变迁幅度很大，但大伾山以下河段几乎没有变化，总是走禹贡导河所谓“东过洛纳，至于大伾”的东北行路线，这主要是受邙山与大伾及其间小地形的控制。

雄峙黄河南岸的邙山不仅限制着河床向南摆动，而且还规定着黄河东北行的方向。当时黄河主流直冲九曲山，在坚硬基岩矶嘴的顶托下折向东北，而其东三皇山大致呈东北走向，如以汜河口与官庄峪两点衡量，东端向北倾斜 30 度以上，河水沿着山体和缓的倾角平顺地流出。这样，在九曲山与三皇山的导流作用影响下促使黄河主流趋向东北。

当然，除邙山的顶托作用以外，两岸地形也是促使黄河趋向东的重要因素。此段黄河北岸为太行山前大致东西走向的断裂地带，南岸除邙山横亘近百里外，还有一系列的高阜向东北方向延伸至大伾山前。据《元丰九域志》记载，黄河南岸的阳武县（今原阳县）有黑阳山，酸枣县（今延津县西）有上山、酸枣台，白马县（今滑县）有天台山与白马山。此外，还有人们修建的埽、堨，如汉安帝时在汴口石门以东“积石八所，皆如小山，以捍冲破”的八激堤等。这些高阜被坚固的金堤连接起来，再加横亘百里的邙山岭，共同拱卫南岸，导致黄河长时期的流向东北。

大伾山与黄河基本流向也有密切关系。首先，它曾经顶托黄河折而北流沿太行山东麓注入大陆泽；《禹贡·导河》之所以把弹丸大小的大伾山作为规定几千里黄河路线的几个特征点之一，与其重要的地理位置有关。大伾山正位于太行山与山东丘陵之间东北向冲积扇的顶点附近，黄河流向东北，以流经大伾的路线最为短捷，最为有利。所以，北宋以前东北流的黄河都经过大伾山，现行黄河山东河段大致循济清泛道，河南河段则继承了河行东南的故道，走了一段弯路，如果邙山以下北移至大伾一线，则行水条件当会更佳。公元 1128 年以前，黄河也有多次徙入泗水泛道，但不久即回复东北流，原因是决徙地点在大伾山以下，大伾山还有相当大的控制作用。1128 年杜充决河是在大伾上流，失去了大伾山的控制作用，遂导致黄河南流七百余年。

黄河改道东南以后，大伾山不再起控制黄河的作用，而邙山的控制

---

[1] 或以成皋九曲山为禹贡大伾山，唐宋至今学者弃而不用，其错误观点已成定论。

作用就显得更加重要。金元时期，由于地势原因东南流的黄河干流逐渐向西南摆动，汴水、濉水、涡水、颍水河道先后被其侵夺。正是因为有了邙山的导流作用，河道向南偏转终于受到了限制，颍水泛道遂成为黄河东南泛滥的最后界限。

四　地形与黄河决徙的关系

北宋以前，黄河经大伾山北流，决口改道主要集中于今河南省滑县至山东平原县之间。汉时此段河道左岸属魏郡、清河郡，右岸属东郡、平原郡。据《汉书·沟洫志》记载，汉代黄河决溢九次，其中八次发生在上述四郡境内，当时就有人说："河决率常于平原、东郡左右。"东汉至唐中叶黄河相对安流，其后决溢次数逐渐增加，据统计，从7世纪中叶至11世纪40年代总共决溢107次，其中39次发生在滑、澶二州河段，占整个下游决溢总数的三分之一以上。北宋庆历年间河决澶州形成北流新道，濮阳以上河床因被刷深而相对稳定，决口集中地点下移于澶州至大名一带。这种现象的出现，除其他因素以外，地形因素的影响是相当重要的。黄河在浚滑地段，河床十分狭窄，因为右岸有天台山、白马山，左岸有黎山、浮丘等山，河过浚滑以后流入低洼平原，类似出峡谷入平原的形势，河床淤积严重，流势摆动剧烈，因而决溢现象在此频繁发生。邙山以下的情形与此也极为相似。郑州、原阳、开封一带，地势低下，济水分河在郑州西北低洼之区溢为荥泽，在郑州与中牟之间溢为圃田泽。黄河过邙山以后，进入此低洼地带，两岸全靠堤防约束，一有决堤，极易发生改道。所以金元以后，黄河决口改道地点，多发生在郑州、开封至兰考之间。东北决则入济清泛道，东南决则流入泗、濉、涡、颍诸泛道。

关于决口河段与泛流河道的关系，大体是在滑县濮阳一带决口，则多决右岸而且多注入大野泽，而后再分流入南、北清河入海；在濮阳至大名河段决口，左决则注入御河，右决则多经山东境内泛道注入渤海。金代改道南流以后，郑州至兰考一线决口，北决多冲张秋泛道挟大清河入海，南决则多夺涡颍二水入淮。这一方面与各泛道有利的地形有关，另一方面与黄河河道自身的淤积抬高也有一定的关系。

原刊《人民黄河》1992年第1期

第六章

西安市《水与长安》陈列馆

——告诉你一个《水与长安》的故事

前言

水是决定城市选址与发展最重要的自然资源。城市的建设与持续繁荣必须尽可能地改造利用河湖水系，引水、蓄水、用水，大力发展水利事业，来满足市民的生活、生产与生态需求。

西安古称长安，作为中国历史前半期最繁荣昌盛王朝周秦汉唐的首都，创造了光辉灿烂的中华文明。“八水绕长安”，西安城市的水环境独特而又神奇。灵沼、郑国渠、昆明池、太液池、漕渠、曲江、泾惠渠等水利工程的建设，满足了3100年来西安城市持续发展的水利需求，在周、秦、汉、唐时代达到了中国城市水利的最高峰，民国时代的关中八惠也走在全国前列，影响深远。

历史时期，长安水利五次走在了全国前列。进入21世纪，随着西部大开发与“一带一路”战略的规划实施，中华文明发祥创新地的西安迎来又一次复兴的伟大时刻。“引汉济渭”工程与大西安建设的同步推进，渭河将成为西安的城中河，重现“八水绕西安”的盛况，使“长安水利”重现辉煌。

穿越古今，告诉你一个“水与长安”的故事。这个故事不仅是西安城市的事情，而且在中华文明发展史上意义重大。

一　八水绕长安：神奇的西安小平原

今之西安，古之长安，位居八百里秦川中部，四周山环水绕，被称为“西安小平原”。此处为关中腹地，雄居天下上游，宏观地理优势明显。这里川原相间，土地肥沃，八水环绕，微观水环境独特神奇。

“八水绕长安”，自古广流传。“八水”指的是八条在西安四周环绕穿流的河水，分别为北边的渭河、泾河，东面的灞河、浐河，西部的沣河、涝河，南侧的滈河、潏河，是长安周边乃至关中平原最重要的水系。两千多年前的汉代学者司马相如就明确提出了这一点，其《上林赋》曰：“终始浐灞，出入泾渭；酆镐潦潏，纡馀委蛇，经营乎其内。荡荡乎八川分流，相背而异态。”（注：“酆”即“丰”，指沣河，“镐”指滈水，“潦”即“涝”。）“长安八水”最初的流路见图6—1。

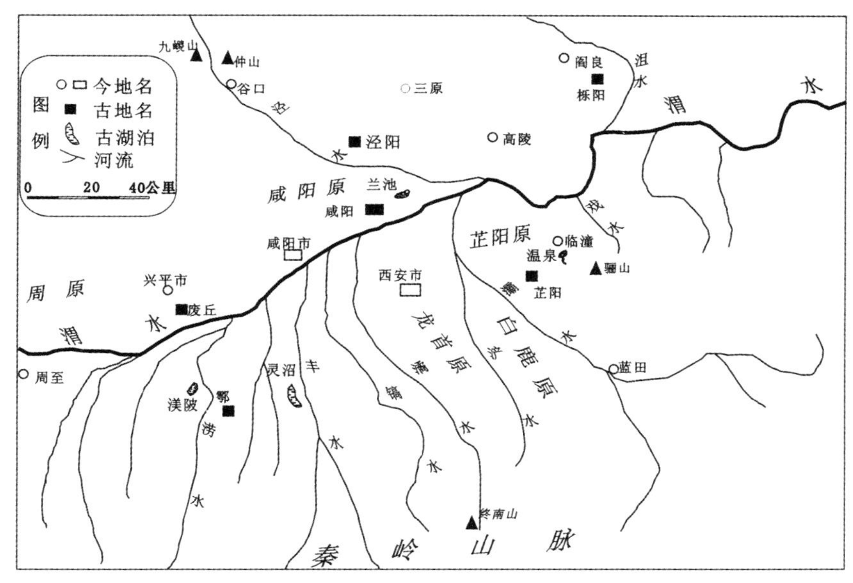

图6—1　长安八水路线图

“水与长安”的故事开始于百万年前：西安小平原气候温和，土壤肥沃，八水环绕，得天独厚的自然条件吸引了远古先民在此生息繁衍，开拓发展。早在百万年前，蓝田猿人就生息繁衍在这里；新石器时代，半坡先民在此建立村落；约五千年前，杨官寨居民在泾渭交汇处建立了环壕聚落，被认为是西安城市兴起的肇始。

二 水与西周丰镐

丰、镐是西周王朝政治、经济、文化的中心，作为都城沿用了近300年，在中国古代都城发展史上占有重要地位。文王都丰，丰京选址于沣河西岸，因沣河得名。《诗·大雅·文王有声》：“文王受命，有此武功。即伐于崇，作邑于丰。”文王消灭崇国全有关中后，志在东进灭商，果断地迁都，“作丰邑，自岐下而徙都丰。”丰邑位于沣水西岸，因沣水而得名，丰水即今沣河。

武王都镐，镐京选址于滈河西岸，因滈河得名。武王即位后，在沣水东岸与丰邑相对的地方营建了镐京。《诗·大雅·文王有声》：“考卜维王，宅是镐京。维龟正之，武王成之。”毛传曰：“武王作邑于镐京。”镐京选址于滈河西岸，得名于滈水。

周文王大修灵台与灵池，《诗经·大雅·灵台》：“经始灵台，经之营之。庶民攻之，不日成之。经始勿亟，庶民子来。王在灵囿，麀鹿攸伏。麀鹿濯濯，白鸟翯翯。王在灵沼，于牣鱼跃。虡业维枞，贲鼓维镛。于论鼓钟，于乐辟廱。于论鼓钟，于乐辟廱。鼍鼓逢逢，矇瞍奏公。”此诗叙述周文王营造灵台、灵囿、灵池，以承接天命，有兴周翦商之兆。首先是万民拥戴，得人之利；其次是灵囿中鸟兽献瑞，灵沼中鱼跃龙腾，符瑞毕观，是得天授神权之天时；台池周围，众人在巫师率领下敲钟击鼓，载歌载舞，喜庆热烈庄重的气氛上达于天，以翼神灵的欢愉；同时，人们也由此而更感到了神的崇高，尤其是意识到神与自己的同在，达到了人类意志与灵沼灵台之神性的交流与沟通。在水景边娱神，使人精神得到最大的满足，达到那个时代意识形态极高的层位。

丽山今写作骊山，其处有著名的温泉，水温保持在43℃左右。聚之为池，景色绝佳；且泉水含多种矿物质，洗浴具有疗养作用。据说西周时代就开始用此温泉，因当时无宫室建筑，沐浴时可见天上星辰月亮，故曰星辰汤。

烽火戏诸侯，西周末年，周幽王为博褒姒（bāo sì）一笑，点燃了骊山上的烽火台，戏弄了诸侯。褒姒看了果然大笑，幽王很高兴，因而又多次点燃烽火。后诸侯们不相信君王，不再勤王。犬戎乘机攻破镐京，杀死周幽王。

三　水与秦都咸阳

公元前359年，秦孝公迁都咸阳，秦始皇统一天下，秦都咸阳也由战国时七雄之一的国都上升为中国历史上第一个统一大帝国秦王朝的首都，成为当时全国政治、经济与文化的中心。从秦孝公迁都到秦亡，秦咸阳城作为国都存在了144年。

1. 咸阳：从渭水之北到渭水贯都。

秦都咸阳最初兴建于今咸阳市东渭城区窑店镇（见图6—2），正位于渭水北岸，九嵕山之南，按古人的阴阳观念，山之南水之北这些日照时间较长的地方属“阳”，而咸阳具有“山水俱阳”的地理特点，故名。

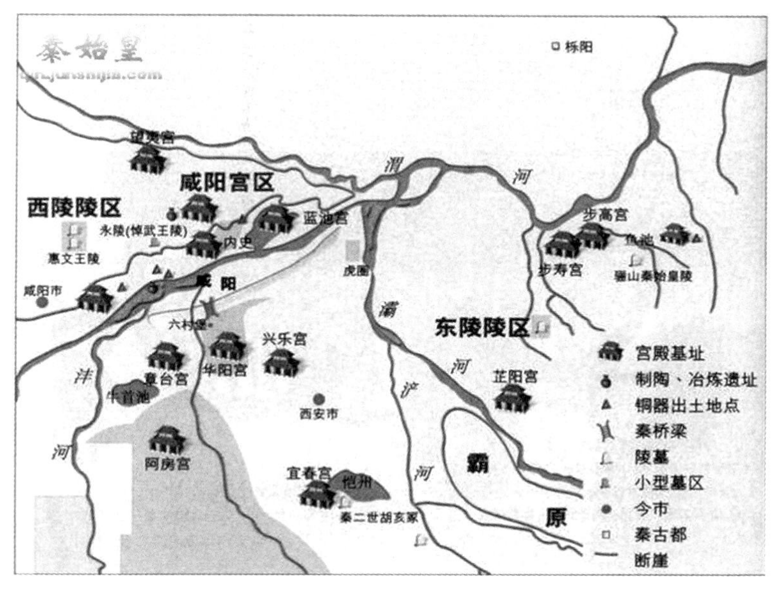

图6—2　秦都咸阳分布示意图

秦昭王时代，咸阳逐渐向南扩展，渭水南岸至少已有兴乐宫、甘泉宫、章台、诸庙、苑囿等秦王室重要建筑的建成，又建有渭河大桥连接南北，基本形成《史记·秦始皇本纪》所载的“诸庙、章台、上林皆在渭南”的咸阳城市布局（见图6—2）。

秦统一天下后对都城咸阳进行了全面改造，在渭水南北两岸扩建旧宫，营建新殿，使首都咸阳的城市规模盛况空前。《三辅黄图·咸阳故城》记载："始皇穷极奢侈，筑咸阳宫，因北陵营殿，端门四达，以则紫宫，象帝居。渭水贯都，以象天汉；横桥南渡，以法牵牛。"

秦始皇三十五年（前212），建阿房宫，《史记·秦始皇本纪》载，"为复道，自阿房渡渭属之咸阳，以象天极阁道绝汉抵营室也"。见图6—3秦都咸阳宫殿与天象位置对照示意图。天上的紫微垣对应咸阳宫，银河对应渭水，营室对应阿房宫，阁道星对应横跨渭水的横桥与复道，周围的宫殿也灿若群星，拱卫皇居。此时天地融为一体，天上的群星与地上的宫殿交相辉映，时空达到最完美的结合。这种法天布局使秦都咸阳成为具有磅礴气势与瑰丽景象的宇宙之都，充分表现出大一统秦帝国与日月同辉、与天地同在的不可一世的绝代风范。其后中国历代的皇宫皆有"紫宫"之称，又因皇宫有城垣且禁人出入，故人们常称之为"紫禁城"。

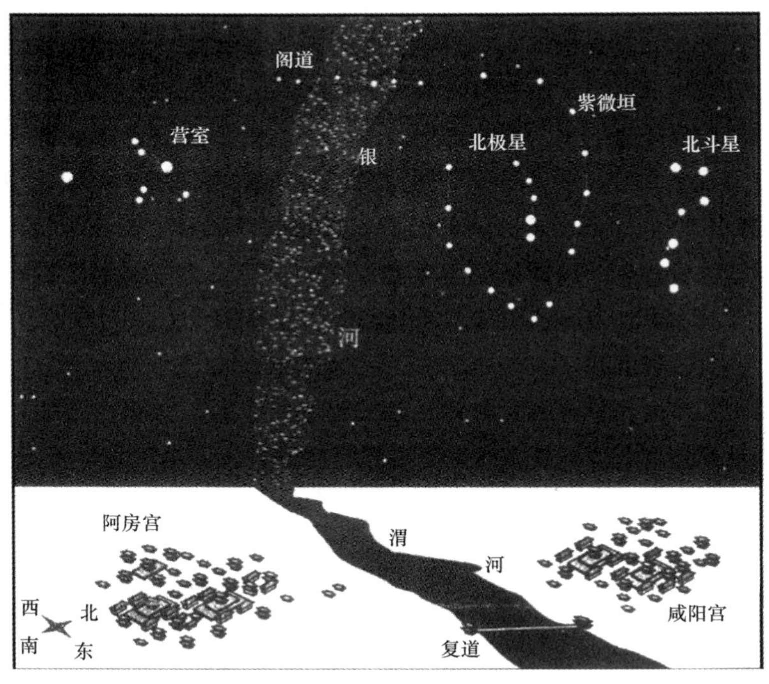

图6—3　秦都咸阳宫殿与天象位置对照示意图

在咸阳城的规划中，咸阳宫象征着天上的“紫宫”，也是天极所在。“紫宫”即紫微垣，位处北天中央位置，故又称中宫，北极居其中，众星四布以拱之，也可称作天极。地面上，咸阳宫在渭水北岸，为主宰人间的天之骄子——皇帝所居，以其为中心，各宫庙环列周围形成拱卫之势，构成“为政以德，譬如北辰，居其所而众星拱之”的格局，与天上的“紫宫”遥相对应。渭河象征着天上的银河。银河又称天河、天汉。

2. 兰池（长池）与一池三神山

据《史记》记载，秦始皇多次东巡到海上，相信方士“海中有三神山，名曰蓬莱、方丈、瀛洲，仙人居之”的上书，还曾多次派遣数千人寻仙境、求仙药。秦始皇修建“兰池宫”时为追求仙境，就在园林中建造一池湖水，湖中三岛隐喻传说中的蓬莱、方丈、瀛洲三神山。《三秦记》也曰：“秦始皇作长池，引渭水，东西二百里，南北二十里，筑土为蓬莱，刻石为鲸鱼，长二百丈，亦曰兰池阪。”长池是200里拓宽加固的渭水河道，兰池则是长池系统中的一个人工湖泊，故《三秦记》又云：“兰池阪即古之兰池。”秦始皇常游兰池，有时也夜宿兰池宫。

汉武帝在长安建造建章宫时，在宫中开挖太液池，在池中堆筑三座岛屿，并取名为“蓬莱”“方丈”“瀛洲”，以模仿仙境。此后这种布局成为帝王营建宫苑时常用的布局方式，至今传承了2000余年，一直影响到今天北京的中南海与北海公园。

《括地志》引曰：“始皇都长安，引渭水为池，筑为蓬莱山，刻石为鲸，长二百丈。”兰池是秦始皇引渭水为水源营建的以水体为主景的园林式建筑，水面浩大，其中垒石以像蓬莱仙山，刻石为巨鲸，当然其他辅助设施一定不少。从秦始皇多次东巡到海上，相信方士“海中有三神山，名曰蓬莱、方丈、瀛洲，仙人居之”的上书，派徐福率童男童女入海求仙人，且从黄土高原到浩渺大海边的那种惊喜，见到鲸鱼这种庞然大物的诧异，令其营建兰池并在其中筑山刻鲸，也是很可信的。这种模仿海中三山的造园方法对后世影响颇大。程大昌《雍录》认为“武帝之凿昆明池，刻石为鲸鱼，乃牵牛织女，正以秦之兰池为则也。”

明初建都南京，后迁至北京，以元大都为基础重建北京城。将元代的太液池向南扩展，形成三海即北海、中海、南海，并以此作为主要御苑，称为“西苑”。西苑改万岁山为琼华岛，改圆坻为半岛，并与屏山相连，用砖砌成城墙，建成一座团城，与紫禁城隔墙相望。在西苑的南部开凿南海，将水面扩大，并在南海中堆筑了一个大岛“南台”，从而构成了琼华岛、团城和南台一个新的“一池三山”形式（见图6—4）。中华人民共和国成立后，人民政府将琼华岛、团城辟为北海公园，中南部水面划为中南海。

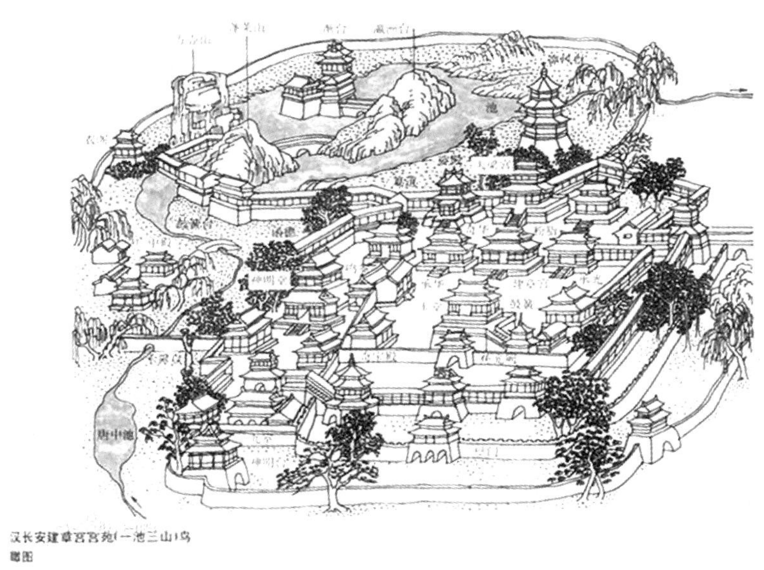

图6—4 秦开创的一池三神山皇家园林模式

3. 秦陵的水禽、河流及其功能

2000年，在秦始皇陵东北鱼池遗址的东侧钻探出一个陪葬坑，出土有青铜水禽44件，已经辨识的为仙鹤、天鹅、鸿雁等（见图6—5）。这些青铜水禽都位于陪葬坑底两侧的垫木台阶之上，斜向成行排列。两侧台阶的中间有条形深槽，槽中有水生动物，明显是一水文环境，代表着河川流水。如此众多的水禽，栖息在河槽两边，嬉戏自乐，怡然自得，构成了一幅美妙的水景图画。陪葬坑有神灵居住的水泽，又有上天降临的瑞鸟与人类表演的乐舞，表现的主题是在水景下人与神的相通，与西周时代的灵沼类似。

图6—5 K0007坑出土的青铜水禽

4. 郑国渠

《史记·河渠书》曰："韩闻秦之好兴事，欲罢之，毋令东伐，乃使水工郑国间说秦，令凿泾水自中山西邸瓠口为渠，并北山东注洛三百余里，欲以溉田。中作而觉，秦欲杀郑国。郑国曰：'始臣为间，然渠成亦秦之利也。'秦以为然，卒使就渠。渠就，用注填阏之水，溉泽卤之地四万余顷，收皆亩一钟。于是关中为沃野，无凶年，秦以富强，卒并诸侯，因命曰郑国渠。"

秦郑国渠开创了中国水利的四个领先：

第一个也是唯一一个由间谍主持修建并以其名命名的伟大水利工程。

第一个实现了跨流域供水的伟大工程（横绝清、浊、漆沮水的横绝工程，见图6—6）。

最成功的引浑淤灌性质的水利工程，"秦益富强，卒并诸侯"。

中国北方延续两千多年（持续时间北方第一）基本无间断的农田水利工程。

郑国渠为引泾三百里跨流域灌溉的伟大工程。引泾注洛三百余里，其间经过几条自然河流，这些河流皆是由北部山原发源向东南汇入渭河的，与自西而东的郑国渠不可避免地形成交叉。郑国渠是如何处理这种与天然河流的交叉的呢？按《水经注·沮水》记载，郑国渠“绝冶谷水”“绝清水”“与沮水合”，浊水也是注入郑渠的，即是将沿途与渠道交叉的各河流“横绝”而过。“横绝”工程代表着当时水利发展的高水平。

郑国渠是秦国统一六国的经济基础，司马迁的《史记》直接说：“用注填阏之水，溉泽卤之地四万余顷，收皆亩一钟。”“四万余顷”折今280万市亩；产量很高，“亩钟之田”后来成为良田美壤的代名词。“于是关中为沃野，无凶年，秦以富强，卒并诸侯，因命曰郑国渠”。

秦郑国渠开创的引泾水利工程历史悠久，规模很大，基本没有间断地发展下来。从秦（郑国渠）、汉（郑国渠、六辅渠、白渠），经唐（三白渠）、宋（丰利渠）、明（广惠渠）、清（龙洞渠），直到近现代的泾惠渠，基本是一脉相承，始终为关中平原也可以说是中国北方最重要的灌溉系统。

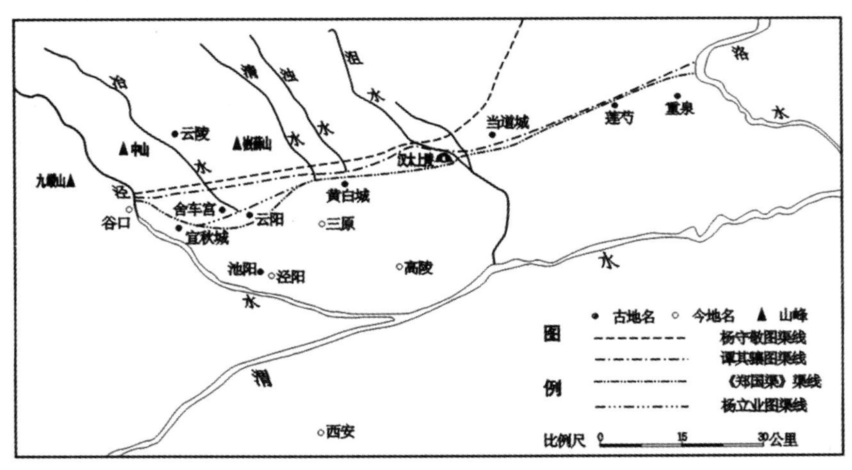

图6—6 秦郑国渠路线

四 水与西汉长安

自公元前202年汉高祖刘邦定都长安、建立汉王朝起，二百余年长安城一直作为西汉王朝的中心，缔造了文景之治和汉武盛世，成为丝绸之路的起点。汉长安城一直沿用至隋代，历经近八百年。

（一）昆明池建设及其贡献

《三辅黄图》，“汉昆明池，武帝元狩三年（前120）穿，在长安西南，周回四十里。西南夷传曰：天子遣使求身毒国市竹，而为昆明所闭。天子欲伐之，越隽昆明国有滇池，方三百里，故作昆明池以象之，以习水战，因名曰昆明池”。

1. 空前规模的都市供水水库，引蓄排水系统完备

昆明池是汉长安城的主要蓄水库，其南面设堰引取潏滈合流的交水（或作洨水），在池东、北两面各开一渠直接或通过泬水间接地供应汉长安城都市用水，其西侧又开人工渠以通沣河来调节水位。形成了以昆明池为中心的包括蓄、引、排相结合的供水、园林、城壕防护与航运等多种功能的复杂而又自成体系的综合性水利系统。

昆明池水利系统由洨水、石碣、引水渠、泄水渠、堨水陂、“飞渠”以及四周湖堤等设施组成。洨水是指把潏水与滈水在上游连接起来并向西入沣河的人工河道，既保证了昆明池有稳定的水源，又可以避免多量来水带来的洪水威胁；石碣是一座建在洨水上引水北流入昆明池的滚水石坝，其下有渠道提供昆明池的水源；引水渠共有三条，建在昆明池东、北两面，引池水直接或通过泬水间接地供应汉长安城的都市用水和漕渠用水；泄水渠是昆明池西侧沟通沣河的人工渠道，以排泄昆明池多余的水来调节水位；堨水陂为昆明池的二级调蓄水库；“飞渠”则是在建章门处专门引水入城的渡槽；这些设施与居中的昆明池大水库连接起来构成为复杂而又自成体系的综合性都市水利工程。

汉代昆明池的面积广大，蓄水量在3000万—5000万立方米，相当于现代的中型水库。昆明池及其引水渠道的修建，解决了汉长安城的蓄水供水问题，使汉长安城的用水得到可靠保证。昆明池选址得当，闸坝设置和渠道布设也恰到好处，石闼堰、堨水陂、飞渠的设置，都可以称为奇迹。西汉长安城开辟了中国都城大规模使用地面水的新格局，第一次成功地解决了中国都城的供水问题，是亘古以来的重大事件，开始了中国城市供水的新纪元。参见图6—7、图6—8。

2. 军事功能，影响深远，今天北京的昆明湖

汉武帝凿昆明池之原因，史书明记是为了训练水军以征伐昆明夷和

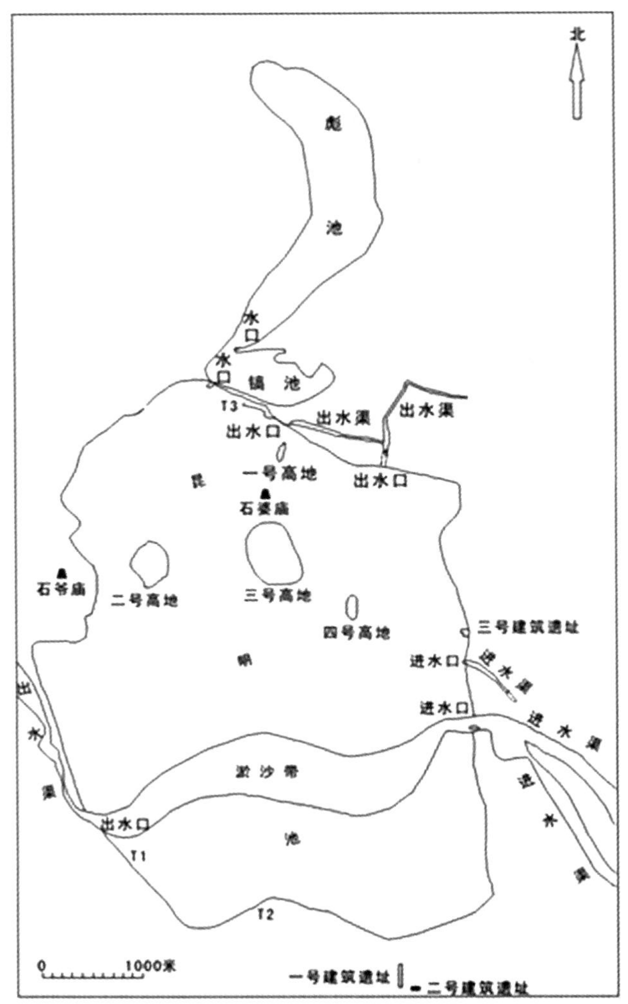

图 6—7 昆明池遗址范围示意图

（《西安市汉唐昆明池遗址的钻探与试掘简报》）

南越。最早提及昆明池操练水军功能的是《史记·平准书》：元鼎元年（前 114），“乃大修昆明池，列观环之。治楼船，高十余丈，旗帜加其上，甚壮。”操练水师的规模宏大，场面壮观，战船众多，《西京杂记》卷六载：“昆明池中有戈船、楼船各数百艘。楼船上建楼橹，戈船上建戈矛。四角悉垂幡旄，旍葆麾盖，照灼涯涘。余少时犹忆见之。”在最近的考古调查中，调查者“在池内一些砖厂取土形成的断崖上观察到一条条

‘U’形沟槽，沟槽内填满淤泥。这些沟槽有一定的宽度和走向，深度也较一般池底深得多，它们应是专门为像‘楼船’这些吃水较深的大船修建的航道”。这是很有可能的。

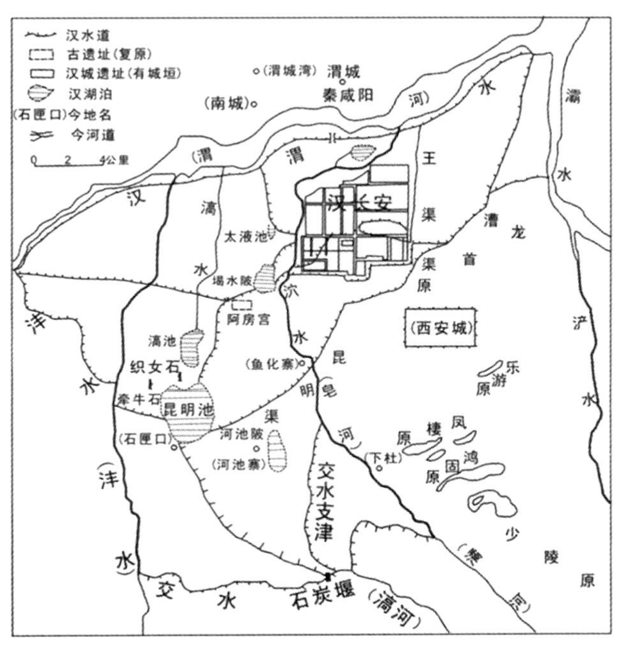

图 6—8　西汉长安城市水利布局图

杜甫在《秋兴》诗中写道:“昆明池水汉时功，武帝旌旗在眼中。”

今天著名的北京颐和园昆明湖，也与长安的昆明池有深刻的渊源。清代乾隆建清漪园时，凿深了瓮山泊，并加以扩充，称为昆明湖，取汉武帝在长安开凿昆明池操演水战的典故而命名，每年夏天在湖上练武演操。

3. 飞渠供水长安城：最早的渡槽

在章城门西南引潏水入城之水，《水经注》称为潏水枝渠，“飞渠”入城。“飞渠”也就是渡槽，入城后在未央宫前殿西汇为沧池，然后出池北流，经未央宫、武库、长乐宫之北称为明渠，在清明门（东墙中门）附近出城注入王渠，即护城河。从王渠东出之水，与昆明故渠相会，再东北流与漕渠相会而东。

汉昆明池与建章重水利建设中的石刻遗物见图6—9、图6—10、图6—11。

图6—9 汉昆明池西岸的石鲸鱼雕刻背面（现存马营寨村）

图6—10 牛郎（石爷）、织女（石婆）石像对比

图 6—11　建章宫太液池的石鱼

（二）桥梁建设

1. 渭河三桥

中渭桥是渭河上最早的桥梁，始建于秦。《三辅故事》曰："咸阳宫在渭北，兴乐宫在渭南，秦昭王通两宫之间，作渭桥。"初名渭桥或石柱桥，两汉时更名横桥，也叫横门桥，后因东西各建渭桥，便被称作中渭桥。

东渭桥修建于汉景帝时期，目的是修建阳陵，便于运输营建阳陵和阳陵邑的物资与人力。西渭桥初建于西汉建元三年（前 138），时称便门桥或便桥，这在《汉书·武帝纪》中有明确记载。《三辅黄图》曰："在便门外，跨渭水，通茂陵。长安城西门曰便门，此桥与门对直，因号便桥。"

在汉武帝时期，渭水上有三处大桥，它们是沟通渭河南北交通的枢纽，这三处大桥被称作"中渭桥""东渭桥"和"西渭桥"，统称为"渭河三桥"。其分布参见图 6—12。

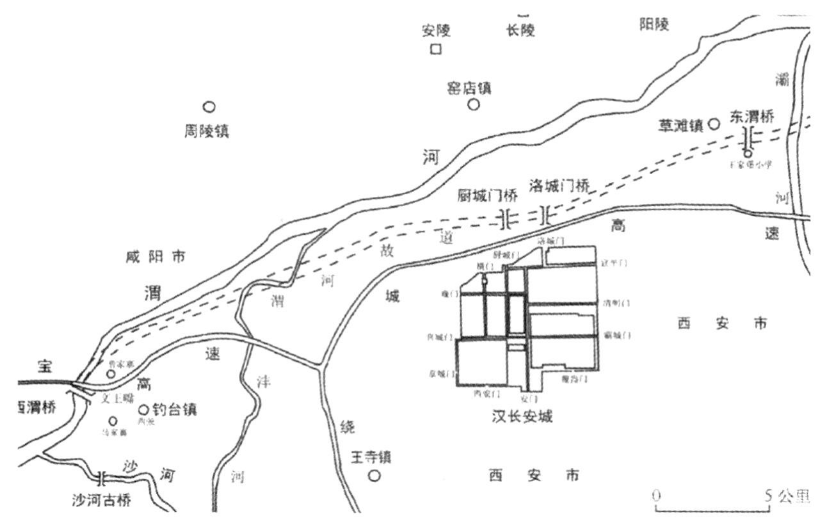

图 6—12　西汉渭河桥分布示意图

中渭桥遗址

中渭桥应当不止一座，考古发现的厨城门桥、洛城门桥可能就是中渭桥的一部分。2012 年在西安市北郊汉长安城遗址北侧的渭河古河道发现了渭河桥遗址，参见图 6—13。经调查和发掘，汉长安城以北及东北已经发现 3 组 7 座渭河桥。木桥桩竖插于河床上，桥梁石构件有方形、五边形和梯形等，散落在桥桩间。

图 6—13　厨城门一号桥遗址散落的石构件

东渭桥遗址

位于汉长安城北、灞河西岸的王家堡古桥可能就是东渭桥，参见图6—14。

图 6—14　王家堡古桥桥桩

西渭桥遗址

渭河东南岸的马家寨古桥，长 260 米，宽约 20 米，被认为是西渭桥，参见图 6—15。

图 6—15　马家寨古桥遗址

2. 沙河古桥遗址

1986 年在咸阳钓台乡的沙河（古沣河主河道）古河道发现两座古桥遗迹，其中一座长达 71 米，出土桥桩 112 根。很多学者认为沙河古桥是古沣水桥址。国内发现时代最早的大型木构桥梁，位于咸阳城西南 10 千米处秦都区钓台乡西屯村和资村交界处的古河道。参见图 6—16。

图 6—16　1989 年咸阳沙河古桥——木桥桩

3. 泬水古桥遗址

2004—2007 年，西安市西三环北段的潏河古河道出土了两座汉代古桥，密集的木桥桩排列有序。其中一号桥址出土了五排共 160 根木桩，属于木柱排架的木梁柱桥，这种桥在汉代壁画、画像砖中也很多见，参见图 6—17。古桥桥桩分布东西宽 48 米，河床宽约 70 米，据推算古桥的全长可能达百米以上。这两座木桥为跨越泬水的南北向大桥，位于汉长安城西南角以西 400 米，可能是从建章宫和长安城南通向上林苑的皇室御用桥梁。

图 6—17　沉水古桥木桥桩

（三）漕运与古船

1. 并渭漕渠

西汉关中是京畿重点，为了充实都城经济实力，漕运成为最早兴建也最为重视的水利事业。汉武帝时代，在关中也是在全国最早从事的大型水利建设是于元光六年（前 129）在渭水南岸开凿的漕渠，东西长三百余里，大为成功。

西安市文物保护考古所在进行灞桥段家村汉代水上大型建筑遗址的考古工作中，于 2001 年 2—5 月对其周围古遗址进行了全面的勘察和钻探，在灞河东西岸都钻探发现了漕渠遗址，其东与《中国文物地图集·陕西分册》标明的灞桥区、临潼区并渭漕渠相连，从而在灞河两侧发现基本相接的漕渠遗址约 16 千米，这当然是漕渠研究方面的重大收获。

2000 年在灞河段家村发现的汉代水上大型建筑遗址，位于今灞河东岸的河床上，东距河堤 200 余米，清理出土有大量的木桩和木板。这些木构件成组排列，可分为三类：大箱体一件，大凹槽型木结构一件，小箱体 11 件，从遗址发现有汉代砖、瓦和陶片，器物时代均晚不过东汉，结合木材的 C^{14} 年代测定，此水上建筑的时代被初步断定为汉代。

西汉漕渠东首有个标志性建筑即华仓，遗址在华阴市东北硙峪乡段家城和王家城北的瓦碴梁上，东倚凤凰岭，西南两方面紧临白龙涧河，北濒渭河，地势高敞是选作粮仓的好地方。华仓又称京师仓（瓦当见图6—18），是漕运的转储仓库，漕渠在此附近为东口也很正常，正如隋唐时以永丰仓为漕渠东口那样。

图 6—18　汉“京师仓当”文字瓦当

在汉初从关东每年漕运关中的漕粮不过数十万石，汉武帝初期也不过百万石，漕渠修成后，猛增到四百万石，武帝元封年间（前 110—前 105）竟创造了每年六百万石的高纪录，《史记·平准书》载：“山东漕益岁六百万石，一岁之中太仓甘泉仓满”。《汉书·食货志》载宣帝五凤年间（前 57—前 54）大司农耿寿昌上言：“故事岁漕关东谷四百万石，以给京师。”

2. 渭河漕运

渭河是可以行船的，漕船由黄河溯渭水可以到西汉的都城长安。这从当时向京师输送漕米数量的迅速增加上可以看出来。

澂邑漕仓遗址位于陕西省蒲城县洛滨镇西头村东洛河西岸二级台地上。有“澂邑漕仓”文字瓦当，见图 6—19。

图 6—19　汉“澂邑漕仓”文字瓦当

3. 古船

汉代时造船业发达，出现了长五至十丈的可装五百到七百斛的大船。古代渭河水量丰沛，在西安以东河段可以行驶大船。春秋时期著名的“泛舟之役”就是由秦都雍城向晋国运送粮食，水路部分走的就是渭河。

图 6—20　汉代的渭河古船

2012 年 12 月，考古工作者在渭河北埽（sào）岸南侧积沙中发现一条折成两段的木船。两段船体拼合后长约 9.71 米，中部宽约 1.98 米，东端残宽 1.3 米、西端宽 1.7 米。这是一种非常实用的船形，是目前中国发现最早的木板船，填补了汉代舟船实物发现的空白。船体使用大量木榫板和木钉并联船板的造船技术也是首次发现。参见图 6—20。

（四）郑白之沃："衣食京师，亿万之口"

汉武帝时又修建了白渠，郑白二渠使泾水东部平原成为关中最为发达的地区，成为供应都城长安数十万人口衣食所需的重要经济基地。《汉书·沟洫志》曾给其经济效益以高度评价："民得其饶，歌之曰：'田于何所？池阳谷口。郑国在前，白渠起后。举锸为云，决渠为雨。泾水一石，其泥数斗，且溉且粪，长我禾黍。衣食京师，亿万之口'。言此两渠饶也。"参见图 6—21。

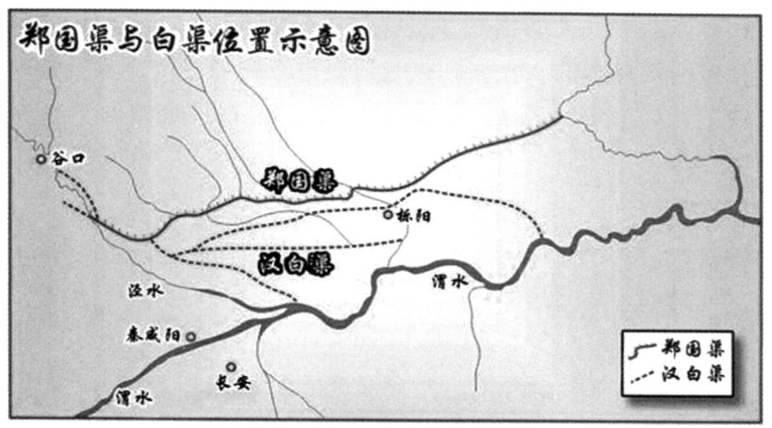

图 6—21　汉代的郑国渠与白渠

五　水与隋唐长安

公元 582 年，隋文帝在汉长安城东南新建大兴城，即后来的唐长安城。隋唐长安城沿用了汉旧都长安的名称，建立了由外郭城、宫城和皇城三部分组成、布局严整、规模惊人的都城。至盛唐时期，城内百业兴旺，人口最多时超过 100 万，是当时世界上规模最大的都市。

（一）隋唐长安城为公元七到九世纪世界文明的制高点

开皇二年（582），隋文帝命宇文恺在汉长安城南的龙首原南麓修建大兴城。这里地势较高、平坦辽阔，更靠近秦岭北麓诸河流，水源充沛。《隋书·高祖纪》："龙首山川原秀丽，卉物滋阜，卜食相土，宜建都邑，定鼎之基永固，无穷之业在斯。"

唐长安城的面积达 83.1 平方千米，按中轴对称布局，由外郭城、宫城和皇城组成。城内街道南北纵横交错，划分出 110 座里坊，形成"棋盘式"的格局。另外还有东市、西市等大型工商业区以及芙蓉园、曲江池等人工园林，中国最早的天坛等。城市总体规划整齐，布局严整，堪称中国古代都城的典范。在长安开创了"九天阊阖开宫殿，万国衣冠拜冕旒"的大唐盛世，建成当时的世界化大都市。参见图 6—22。

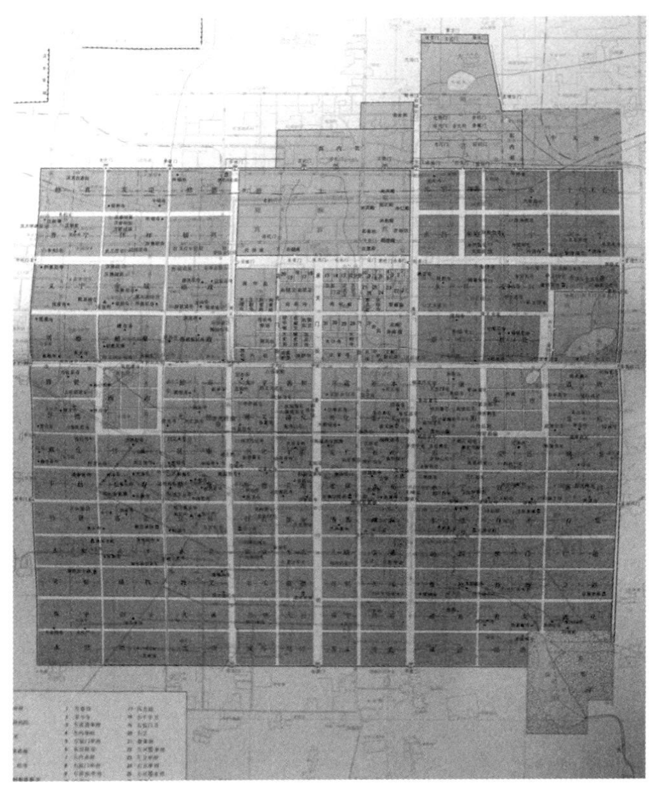

图 6—22　唐长安城平面示意图

（二）五渠引水入都城

1. 永安渠

开皇三年（584），“引交水西北入城，经西市而入苑”（《长安志》卷十二《长安县》）。渠道具体路线见图6—24。

2. 清明渠

开皇初，“自朱坡东南分沈（潏）水，穿杜牧之九曲池，循坡而西，经牛头寺下，穿韩符庄西，过韦曲，至渠北村，西北流入京城”。（《游城南记》）

3. 龙首渠（浐水渠）

开皇二年（583），“自东南龙首堰下支分浐水，北流至长乐坡西北分为二渠，东渠北流入苑，西渠屈而西南流，经通化门西南流入城”。（《长安志》卷九《唐京城三》）

4. 黄渠

黄渠在城东南，唐武德六年（623），“宁民令颜昶引南山水入京城”（《新唐书》卷三七《地理志》），应该是黄渠的前身。开元年间对曲江进行大规模疏凿，正式开辟黄渠以扩大曲江水源。

5. 漕渠

《新唐书·地理志》：“天宝二年（743），尹韩朝宗引渭水入金光门，置潭于西市，以贮材木。”其中“渭水”应为“潏水”之讹，此漕渠引水处在丈八沟，北流沿唐长安城西垣北进，至金光门东折入城，至西市，专为放流南山材木。代宗“大历元年（766），尹黎干自南山开漕渠抵景风、延喜门，入苑以漕炭薪”。

6. 排水沟渠

唐长安城内大部分街道的两侧都修有水沟，城门下有排水涵洞。宫殿建筑内，排水系统最为讲究，如大明宫有排水渠道，里面有横向砖壁，雨水经过时可将较大的杂物拦截下来；西内苑等地有砖石砌成的排水暗渠，为防止渠道淤塞，分段安装了多个铁质闸门，闸门拆卸自如，方便疏通。

说明：城市街道两侧和地下通常有土筑或砖砌的沟渠，主要作用是收集和输送路面上的雨水。街道路面中部略高，形成向街道两侧的斜坡，路面雨水可以顺势流入路边的排水沟中，防止雨水对路面的浸泡。参见图6—23。

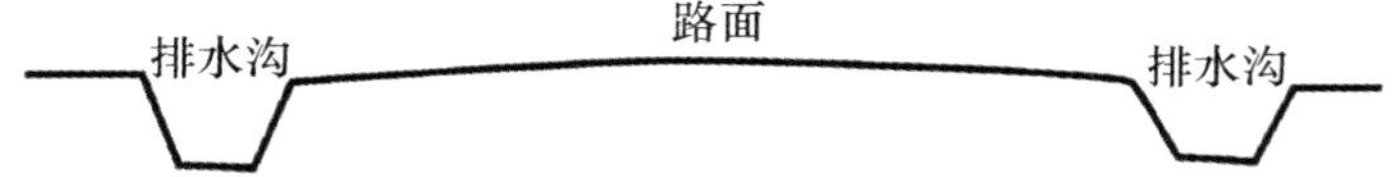

图 6—23　隋唐长安城道路与街沟剖面图

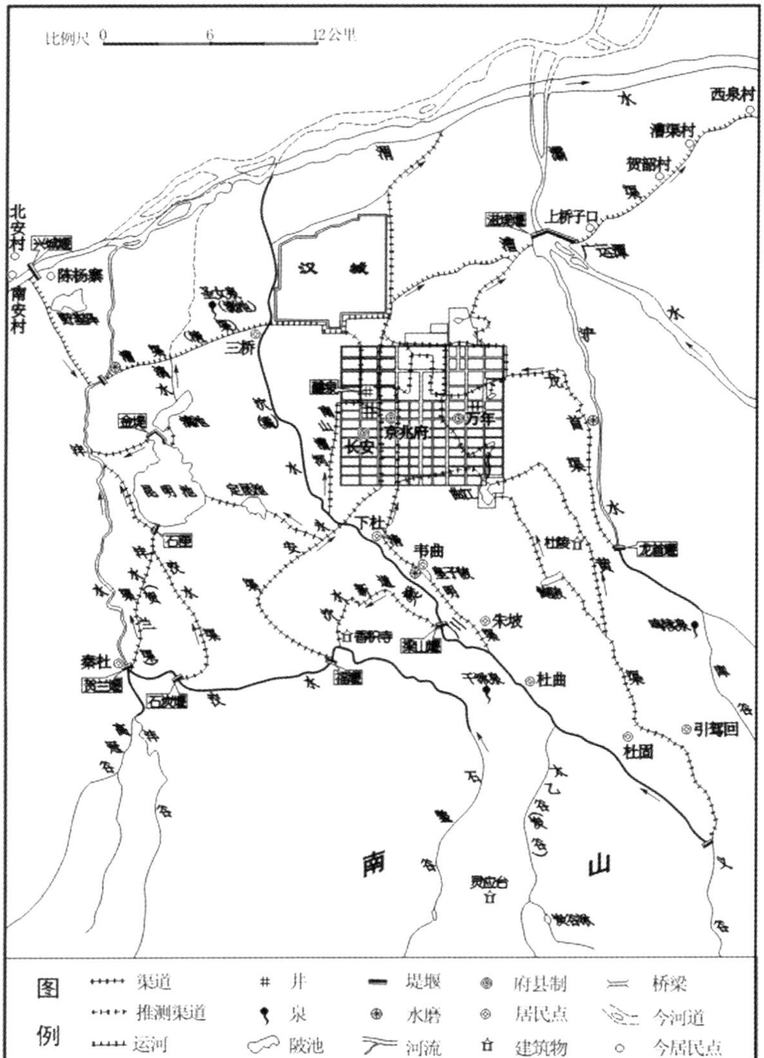

图 6—24　隋唐长安城水利工程布局图

图 6—25 唐长安西苑内排水渠铁水闸

（高 70 厘米，宽 57 厘米，厚 4 厘米）

唐长安城含光门遗址博物馆内保存有完整的隋代建设的过水涵洞。涵洞是设置于路面以下的大型地下供、排水孔道，通常位于城门外，以使水渠通过而不影响交通，一般为砖砌拱顶结构。涵洞口设水栅，既可通水，又可以防有人从涵洞进入皇城禁区。参见图 6—25、图 6—26。

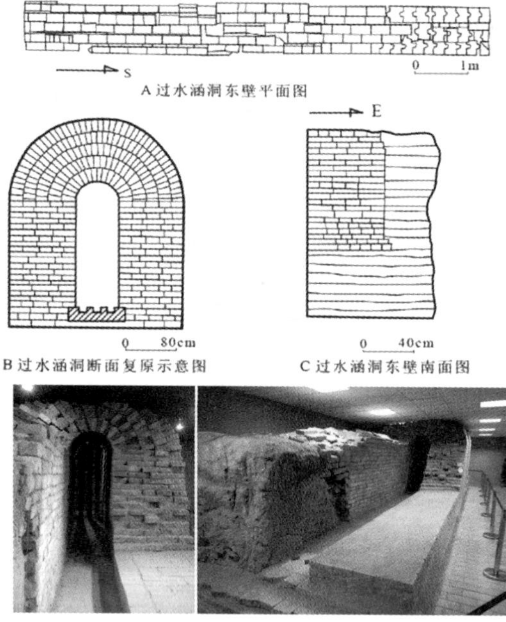

图 6—26 长安城含光门过水涵洞

（三）城市生活、园林用水

1. 井泉

隋唐时代，居民凿井汲泉就已相当普遍。姚合的迁居新昌里，乃是因为“旧客常乐坊，井泉浊而咸；新屋新昌里，井泉清而甘”（姚合《新昌里》）。唐长安城中有一处里坊，掘井取得地下泉水，水质甘洌，据说饮用后能治愈疾病，于是更名为“醴（lǐ）泉坊”。隋文帝在此设醴泉监，泉水专供皇宫御厨使用，唐代太平公主也曾在醴泉坊居住，无不与此处井水优质有关。（注：“醴”即甜酒，“醴泉”即甘洌如甜酒的泉水。）参见表6—1、图6—27、图6—28。

表6—1　隋唐长安城可考井泉分布

官坊名	井泉名	数量	官坊名	井泉名	数量
大明宫	麟德殿西侧井	2	务本坊	先天观井	1
兴庆宫	龙泉	1	靖安坊	张籍宅井	1
大安宫		3	开化坊	寿春公主宅井	1
西内苑	云韵殿井	1	光福坊	权德舆宅井	1
芙蓉苑	汉武泉	1	靖善坊	大兴善寺井	1
道政坊	刘某宅井	1	开明坊	萧氏宅井	1
常乐坊	八角井、姚合寓井	2	兰陵坊	室上人宅泉	1
新昌坊	姚合宅井、青龙寺共	2	保宁坊	昊天观井	1
安兴坊	同昌公主宅井	1	善和坊	御井	1
安邑坊	奉承园井	1	太平坊	王鉷宅井	1
宣平坊	来俊臣宅井、某宅井	2	布政坊	王纯宅井	1
青龙坊	普耀寺井	1	光德坊	御用井、京兆府麻井	2
光宅坊	光宅寺井	1	廷廉坊	西明寺井	1
永兴坊	魏征宅井、王乙宅井	2	醴泉坊	醴泉监七井、僧方回宅井、太平公主宅井	9
平廉坊		4	怀远坊	大云经寺井	1
永宁坊	杨凭宅井、王涯宅井	2	合计：		52
晋昌坊	慈思寺井	1			

资料来源：李令福《关中水利开发与环境》。

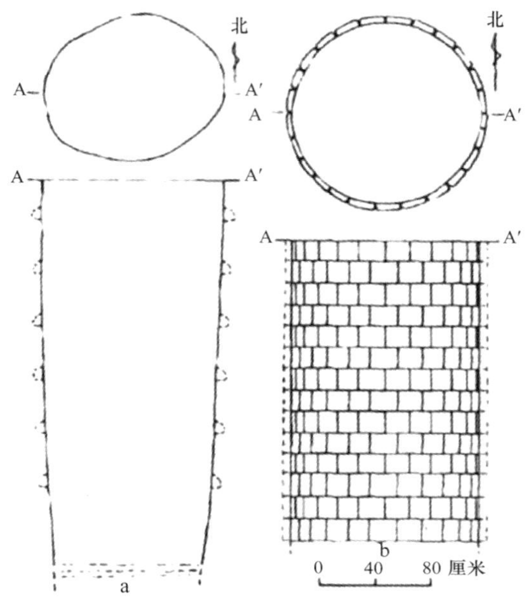

图 6—27 唐代砖砌水井剖面图

图 6—28 唐代砖井 陕西麟游县唐九成宫遗址

《太平御览》："醴泉坊，本名承明坊。开皇初，缮筑此坊，忽闻金石之声，因掘，得甘泉浪井七所，饮者疾愈，因以名坊。"《唐两京城坊考》："隋文帝置醴泉监，取甘泉水供御厨。"

2. 曲江池：白龙求雨、曲水流觞

曲江文化源远流长，她兴于秦汉，成于隋而盛于唐，是中国古典水景园林的集大成者。

秦汉时期利用曲江地区原隰相间、山水景致优美的自然特点，在此开辟有皇家禁苑——宜春苑、乐游苑，成为曲江文化的源头。到了隋朝，大兴城倚曲池而建，并以曲江为中心营建皇家禁苑——芙蓉园，使其成为首都城市建设的一部分，也就是说其性质有了较大变化，由秦汉郊外的皇家园林转变为隋朝都城中的皇家园林。隋炀帝又把曲水流觞、文人饮酒赋诗的文化传统与曲江风景园林建设结合起来，形成了曲江文化的宏大格局，为盛唐曲江文化的光辉灿烂奠定了基础。

唐代扩大了曲江园林的建设规模和文化内涵，除在芙蓉园中修紫云楼、彩霞亭、凉堂与蓬莱山外，又修成黄渠，扩大了芙蓉池与曲江池水面，曲池周边也建成了杏园、慈恩寺、乐游园、青龙寺等多个景点。园林景致优美，人文建筑壮观，成为了都城长安皇族、高官、士人、僧侣、平民会聚胜游之区，曲江流饮、杏园探花宴、雁塔题名、乐游原登高等在中国古代史上脍炙人口的文坛佳话就发生在这里。唐时的曲江性质大变，成为首都长安城唯一的公共园林，达到了它发展史上最繁荣昌盛的时期，成为盛唐文化的荟萃地，唐都长安的标志性区域，也奏响了中华文化的最强音。

曲江是一个泛称，具体是以曲江池为中心，由杏园、芙蓉园（芙蓉池）、慈恩寺（大雁塔）、乐游原、青龙寺等多个景点组成的大型园林文化区。它们位于唐长安城东南隅，相互连接成片，形成一个范围广大，内容丰富的公共园林文化区，不仅在古都西安发展史上空前绝后，而且在中国古代历史上也绝无仅有。请参见图6—29唐代曲江园林平面布局示意图。

唐长安城最具代表性的区域是曲江。唐时的人就是这么认为的，有诗为证："忆长安，二月时……更有曲江胜地，此来寒食佳期。"这是盛唐诗人鲍防任职福建时写的《忆长安》，说的是二月忆长安，首先想到的是杨柳新绿、莺歌燕舞的曲江胜迹。到了三月，百花怒放，春光无限，诗人杜奕《忆长安》咏道："忆长安，三月时……曲江竟日题诗。"诗人描绘出"三春车马客，一代繁华地"的曲江春游美景，来表达自己对长安的回忆。四月一日在曲江芙蓉园举行的樱桃宴，也给时人留下了深刻印象，唐代诗人丘丹在回忆长安的四月时，就特别歌咏到这件事：“忆长安，四月时：南郊万乘旌旗。尝酎玉卮更献，含桃丝笼交驰。芳草落花无限，金张许史相随。”唐德宗时文人欧阳詹感念曲江池在唐都长安的重要作用，在《曲江池记》中认为“兹池者，其谓之雄焉，意有我皇唐须有此地以居之，有此地须有此池以毗之。佑至仁之亭毒，赞无言之化育，至矣哉。”意思是说，天生大唐则必有长安城这样的城邑以成其都，有长安城则必有曲江池这样的池园来辅助其功，曲江池之于唐都长安就如同今日西湖之于杭州。

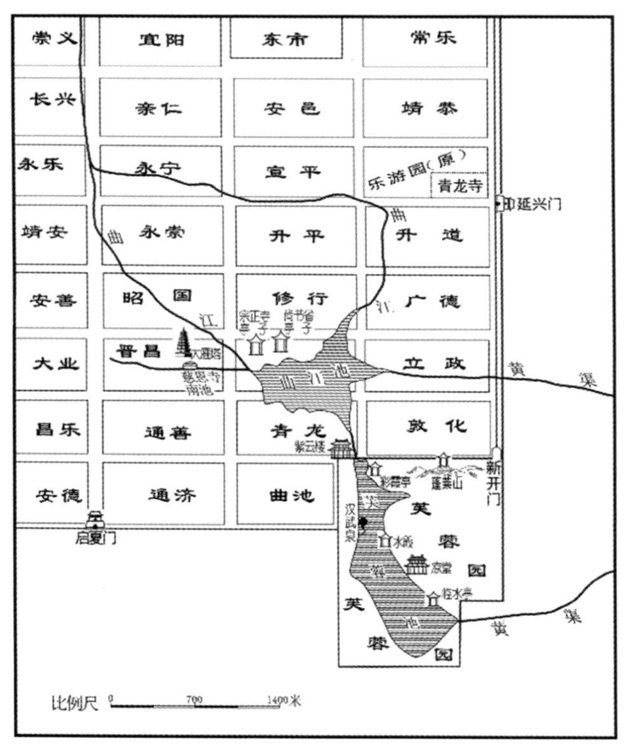

图 6—29　唐代曲江园林平面布局示意图

曲江池水面浩阔，烟水明媚，柳暗花明，杏园开十顷杏花，芙蓉园有成片红莲，慈恩寺栽珍奇牡丹，青龙寺植修竹古柏，曲江各景点园林风光无限，而且各具特点。其中“曲江烟水杏园花”成为曲江园林的代表性景观，唐代进士考试中就有“春涨曲江池”与“曲江亭望慈恩寺杏园花发”的题目，可见其影响深远，深入人心。

“曲江水满花千树”，曲江以水景为中心。“寻春与探春，多绕曲江滨”，曲江成为唐代文人饮宴、游赏、赋诗的乐园。更有长安普通市民倾城而动，在中和、上巳、重阳等节日来曲江踏青、修禊、斗花、登高、赏菊，“曲江初碧草初青，万毂千蹄匝岸行。倾国妖姬云鬟重，薄徒公子雪衫轻”；“争攀柳带千千手，间插花枝万万头”；形成历史上有名的《丽人行》《少年行》，其声势更盛。

曲江是唐长安城祈雨之处，且颇为灵验。文献中有两个故事，一是说黎干为京兆尹时，曾在曲江池畔制成泥龙以求雨，观者数千。二是说唐代宗时，静住寺僧人不空三藏刻木龙投入曲江中，“旋有白龙才尺余，摇须振鳞自水出，俄而身长数丈，状如曳素，攸忽亘天”，立即乌云密布，暴雨如注，为长安城解除了干旱。

3. 华清宫：莲花汤、海棠汤

唐玄宗李隆基时期以温泉总源为轴心，以西绣岭和总源为轴线，依山面渭，大筑宫殿楼阁，建造了二阁、四门、四楼、五汤、十殿和百官衙署、公卿府第，并将温泉置于宫室之中，改“温泉宫”为“华清宫”。因宫殿建于温泉之上，故又名“华清池”。华清宫成了玄宗皇帝的“冬宫”，几乎每年冬天他都要出游华清宫，具有了副都或行都的性质。

华清宫的东面有按歌台、斗鸡殿、舞马台，是玄宗与贵妃歌舞、斗鸡与舞马游乐的地方。华清宫西面有西瓜园，是专门给贵妃建的。贵妃爱吃瓜，于是引温泉水于此园中种瓜，每年“二月中旬已进瓜”。

华清宫御汤遗址主要是指骊山脚下以温泉为中心的一组建筑群落，是唐华清宫的核心部分。发现于 1982 年 4 月的基建维修，经考古专家清理，星辰汤、莲花汤、海棠汤、太子汤、尚食汤这些千年汤池才得以显山露水。出土的遗物还有莲花方砖、青滚砖、带有工匠姓名砖、陶质下水道、莲花青石柱础、莲花纹瓦当等建筑材料 2000 余件。其中的莲花汤与海棠汤分别是唐玄宗与杨贵妃的专用浴室，重现了盛唐华清宫富丽华贵的风韵，在中国沐浴文化占有着规格第一的宝座。参见图 6—30、图 6—31。

图 6—30 唐华清宫莲花汤

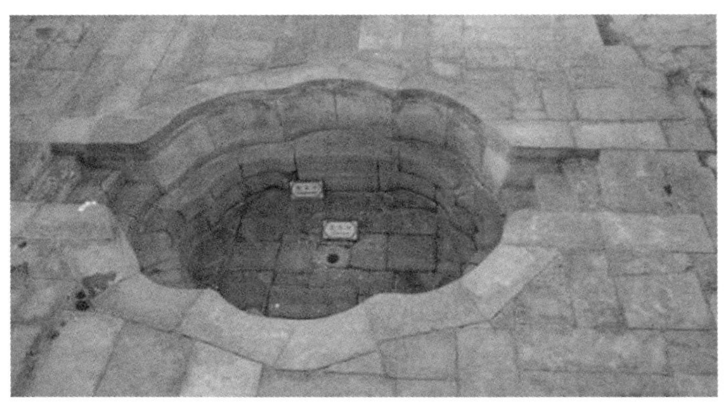

图 6—31 唐华清宫海棠汤

（四）漕运与广运潭

据《隋书》卷二四《食货志》，开皇四年，恢复汉代的漕渠，“命宇文恺率水工凿渠，引渭水，自大兴城东至潼关，三百余里，名曰广通渠。转运通利，关中赖之。”《新唐书》卷五三《食货志》：“天宝元年，长安令韦坚为陕郡太守兼水陆转运使，治汉隋运渠，起关门，抵长安，通山东租赋。乃绝灞浐，并渭而东，至永丰仓与渭合。”

据《新唐书》卷一三四《韦坚传》，韦坚在灞浐之汇地区兴修的广运潭码头特别有名："初，浐水衔苑左，有望春楼，坚于下凿为潭以通漕，二年而成。帝为升楼，诏群臣临观。坚预取洛、汴、宋山东小斛舟三百首贮潭，篙工柁师皆大笠、侈袖、芒履，为吴楚服。每舟署某郡，以所产暴陈其上……船皆尾相衔进，数十里不绝。关中不识连樯挟橹，观者骇异。……船次楼下，坚跪取诸郡轻货上于帝，以给贵戚近臣。上百牙盘食，府县教坊音乐迭进，惠宣妃亦出宝物供具。帝大悦擢坚左散骑常侍，官属赏有差，蠲役人年赋，舟工赐钱二百万，名潭曰广运。"

（五）桥梁

1. 隋唐灞桥

（1）隋唐灞桥遗址的发现

1994 年，灞桥柳镇柳巷村民在河道挖沙时发现一件石刻龙头，几乎将挖掘机顶翻。专家前往现场勘察，发现除石刻龙头外，还有雕刻石狮的石柱、石板等，初步判断为石桥墩。考古人员对灞桥遗址进行了发掘，清理出三孔桥洞，桥墩东西两端均成尖状，有分水尖，其上部安装有石雕龙头装饰，雕刻精美，气势雄伟。出土的四座桥墩造型、大小基本一致，宽 2.40—2.53 米，长 9.25—9.57 米，残高 2.68 米。在四座石砌桥墩之间，为三孔桥洞，宽 5.14—5.76 米，从残存的桥墩看，桥洞均以石条砌成拱形。在残高 2.68 米的桥墩下，铺砌有一层宽达 17 米的石板基础，石板下沙层中夯满直径 15 厘米的竖木桩，木桩上面铺方木，方木之上再覆以石板，保存完好。参见图 6—32、图 6—33。

图 6—32　隋唐灞桥—1994 年发掘现场—石桥墩

图 6—33 隋唐灞桥——2004 年发掘现场

（2）隋唐灞桥的意义

灞桥是从东进入长安的咽喉要道，在军事战略意义举足轻重。隋末，唐高祖李渊起兵太原进军长安，就取道蒲津关经灞上入长安。灞桥是隋唐长安城东的交通枢纽，不仅在科技史、桥梁史、建筑史上具有重要研究价值，在隋唐政治、经济、军事、文化方面也占有重要地位。灞桥在隋唐两代是中原通往西域和巴蜀的必经之地，在“丝绸之路”中外文化交流方面具有不可替代的作用，是各国商旅前来长安的必由之路。

隋唐灞桥是我国现存时代最早、规模最宏大、桥面跨度最长的一座大型多孔石桥遗址。经考证隋唐灞桥建于隋文帝开皇二年（582），比建于隋大业年间的赵州桥还早二十多年。

（六）三白渠及碾硙利用

开元《水部式》，“京兆府高陵县界，清白二渠交口著斗门堰。清水，恒准水为五分，三分入白渠，二分入清渠。若水雨过多，即与上下用处相知开放，还入清水。”清水即冶峪与清峪水合流后的总称，其不仅是清渠的水源，而且还在高陵县与白渠相交，设置有斗门堰引水补充中白渠的水量，平时使来水的五分之三进入中白渠，五分之二流入清渠。

《水部式》还记载有一种斗门堰限水分水的具体方式，由其可知当时控制水量大小的方法。《水部式》曰："泾水南白渠、中白渠。南渠水口初分，欲入中白渠、偶南渠处，各著斗门堰。南白渠水，一尺以上二尺以下入中白渠及偶南渠。"南白渠向中白渠、偶南渠分水处是通过斗门和堰的联合运用来调节水量的。

渠首石堰的设置，使引水量大增，唐代三白渠灌溉面积在永徽年间达到了一万余顷，可以说达到了古代史上的最高峰。

碾硙是利用水的动能冲击机械来发挥作用的，这种水力利用也是水利的一种形式。碾硙的发展也不可否认是水利综合利用能力的提高，且众多的碾硙也说明三白渠引水能力的增强。唐朝政府为了使碾硙作为灌区水利的补充，达到二者均衡发展相得益彰，特制定了一些法律规制。开元《水部式》曰："诸水碾硙，若壅水质泥塞渠，不自疏导，致令水溢渠坏，于公私有妨者，碾硙即令毁破。""诸溉灌小渠上，先有碾硙，其水以下即弃者，每年八月三十日以后正月一日以前听动用。自余之月，仰所管官司于用硙斗门下著锁封印，仍去却硙石，先尽百姓灌溉。若天雨水足，不须浇田，任听动用。其旁渠疑有偷水之硙，亦准此断塞。"

《新唐书》卷146《李栖筠传》：广德二年（764）"关中旧仰郑白渠溉田，而豪戚壅上游取硙利，且百所。"

六　水与宋至民国西安城

（一）最早的地下渠道供水

1. 龙首渠

洪武十二年（1379），"开西安府甜水渠。初，西安城中皆成卤，水不可饮……乃令西安官役工凿渠甃石，引龙首渠水入城中，萦绕民舍，民始得甘饮"（《明太祖洪武实录》卷一二八，洪武十二年十二月）。甜水渠即龙首渠，是修复元中叶以后废弃的龙首渠西支，入城供水，"覆以石甃，以障尘秽。计十家渠口一，以便汲水"。明代西安甜水渠吸取宋元以来龙首渠城市供水的经验教训，在建筑形式上实行地下暗渠形式，既保证了水源清洁，又便于居民汲引。等道路线参见图6—34。

2. 通济渠（丈八沟、龙渠）

成化元年（1465），凿修了通济渠，从城西南引潏河入西城。会龙首渠于城中，不仅利益城西，且能利及城东，正使"烟火万家兮仰给无穷"。

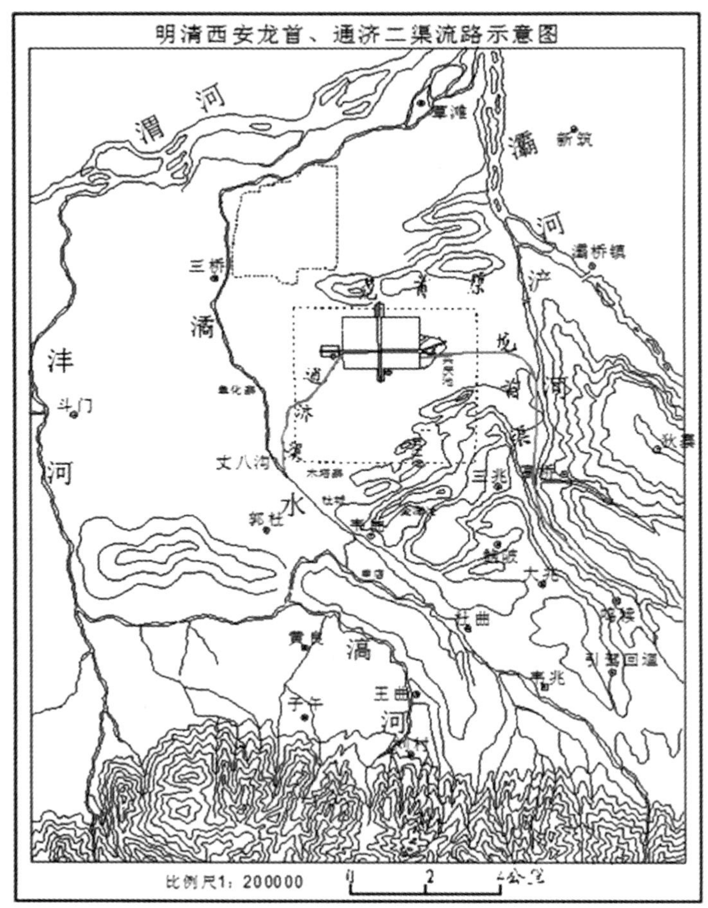

图 6—34　明清龙首、通济二渠路线

3. 城内的渠道供水

据王恕《修龙首通济二渠碑记》，弘治十五年修葺后，城内地下砖渠“每十家作一井口，以砖为栏，以磁为口，以板为盖，启闭以时，尘垢不洁之物，无隙而入，湛然通流，举皆充溢”。龙首渠城内渠道自此全为砖砌，一改明初石甃的面貌，渠道不仅坚固、清洁，而且走地下，被人誉为东方最早的地下渠道供水。参见图 6—35、图 6—36。

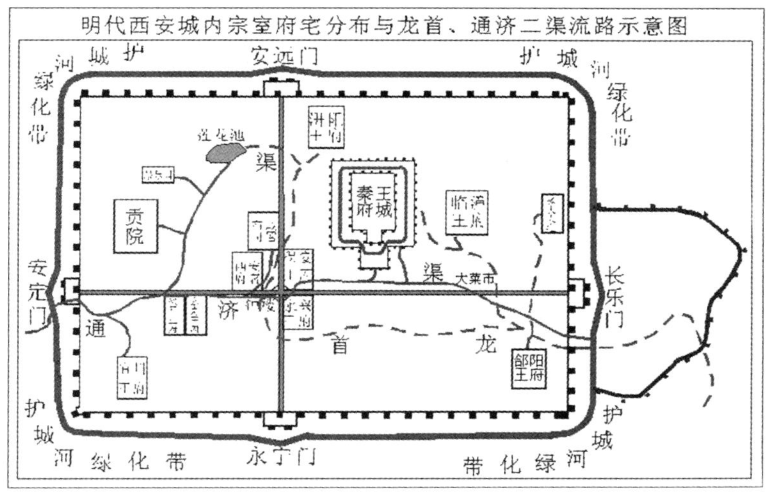

图 6—35　龙首、通济二渠在西安城内

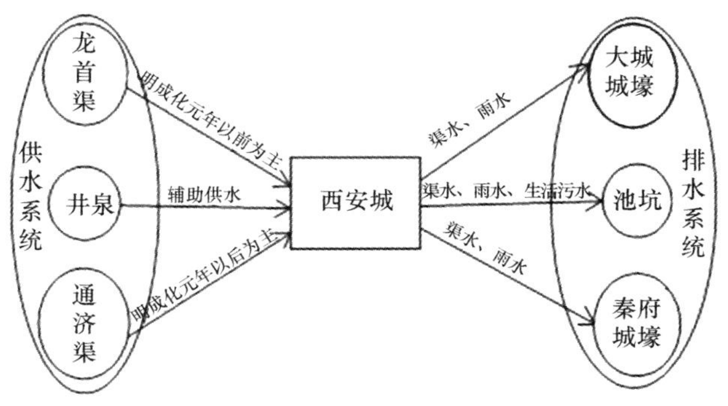

图 6—36　明清西安城市供水系统

（二）甜水大井

西安明城墙西门内瓮城中，开凿于康熙年间的四眼官井，水源旺盛且水质清爽甘甜，被称为“甜水大井”。当时西安城内每家院中都有水井，但许多井水咸涩难饮，人们只得购买水质较好的“甜水”度日，城西卖水和茶肆生意因此一度十分兴隆。参见图 6—37、图 6—38、图 6—39。

图 6—37　传统时代的送水车

图 6—38　西安西门瓮城“井养无穷”碑与甜水大井

图 6—39　曾经为市民提供甜水的西门大井

西门大井是一处公用井，它的开凿缓解了当时西安城居民生活用水的压力。井口安装有十字形木架，井上四辘轳可同时取水。清道光年间，为保护大井，长安县令胡兴仁命匠人给井壁从下到上砌了一圈石条，并在井边立碑，上刻“井养无穷”四个字。

康熙六年（1667），“时又有善识井脉工匠建议开西瓮城井，水甘而旺，遇旱不涸，足资汲饮”（民国《续修陕西通志稿》卷一三一《古迹一》）。《续修陕西通志稿》又强调“嘉庆七年，知县费浚复修之，旁立一碑，上刻‘井养无穷’四字，道光中长安令胡兴仁所立”。随着两眼甜水井的开凿，已基本满足西城居民的汲饮所需。

（三）李仪祉与关中八惠

民国时期，关中地区频遭大旱，以李仪祉为首的一批水利人，修建了“关中八惠”，分别是“泾、洛、渭、梅、沣、黑、泔、涝”八个灌渠。参见图6—40。其中，西安地区有“四惠”，分别是“泾惠、黑惠、涝惠和沣惠渠”，有力地保障了当时农业的发展。

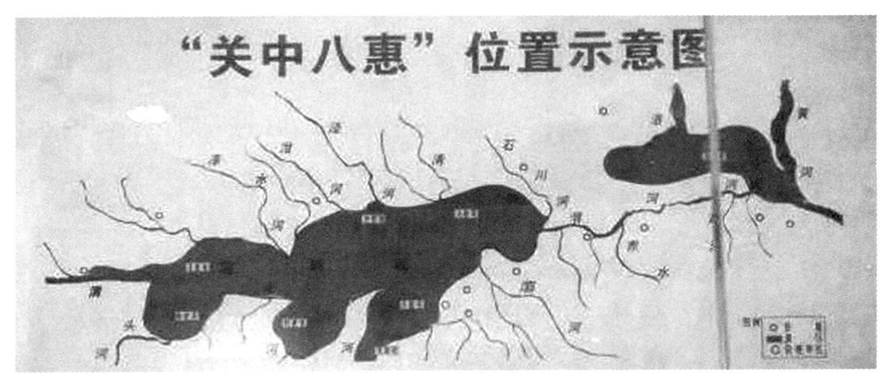

图6—40　“关中八惠”位置示意图

泾惠渠作为中国最早的大规模现代化水利工程，具有一定的示范作用。开创了我国现代农田水利科学技术发展之先河，在勘测、设计上以科学方法为指导，与旧式水利工程有着实质性区别；普遍使用了钢筋、水泥等新式建筑材料，使得工程质量、近代化程度及其所产生的效益均大大提高。

李仪祉（1882—1938），陕西省蒲城县人，著名水利学家和教育家，中国现代水利建设的先驱，近代陕西水利事业的奠基人。他主张治理黄河要上中下游并重，防洪、航运、灌溉和水电兼顾，改变了几千年来单纯着眼于黄河下游的治水思想，把我国治理黄河的理论和方略向前推进了一大步。他创办了我国第一所水利工程高等学府——南京河海工程专门学校和多所院校，培养了一大批水利建设人才，并亲自主持建设陕西泾、渭、洛、梅四大惠渠，树立起我国现代灌溉工程的样板，对我国水利事业作出重大贡献，陕西人民受益尤大。

七　西安水利重现辉煌

由于水环境的变化，西安长期饱受水资源匮乏的制约。为解决城市用水困境，保障经济发展的需求，中华人民共和国成立以后，开展了一系列水利工程建设，西安的生态水环境也日益得到改善。当前西安市的水务工作也将在未来进一步解决水资源短缺、洪涝干旱、水污染等重大水问题，重现“八水绕西安”，为建设现代化、国际化的生态西安提供水资源的有力保障。

（一）现代西安的城市水利

新中国成立以来，各地兴修水利，大力发展农业。如今西安的水库大都修建于20世纪六七十年代，为西安市的供水、灌溉、防洪等作出了重要贡献。

由于上游植被破坏导致河流水量减少，加上水资源分布不均、污染严重以及用水工艺落后，中华人民共和国成立以来西安的城市用水一度十分紧张。为此，西安市政府在秦岭北麓兴建一批水源工程，并通过境外调水等措施，有效缓解了城市用水难的局面。

1. 缺水的城市

西安市是资源型缺水城市，人均水资源占有量278立方米，占全省和全国人均的1/4和1/6，世界平均水平的1/24。曾发生过多次水荒，常常大范围断水，许多地方需要靠人挑、车拉来解决基本生活用水问题，城市发展受到制约，居民日常生活也受到困扰。参见图6—41。

图 6—41　20 世纪 80 年代西安城市居民用水

2. 倾斜的雁塔

俗话说，“十塔九斜”，大雁塔经历 1300 年风雨和 70 多次地震，倾斜在所难免。最早对大雁塔倾斜的记载为康熙五十八年（1719），当时塔身向西北方向倾斜 198 毫米。1941 年大雁塔倾斜 413 毫米，而从 1945 年起倾斜速度加快，到 1996 年已达 1010.5 毫米。造成大雁塔倾斜的主要原因是地下水开采过度。为改善这一状况，西安市逐步封停自备水井，地下水回灌，完善污水处理系统，大雁塔逐步归位。参见图 6—42。

图6—42　1910年左右的大雁塔、倾斜的大雁塔与现在的大雁塔

3. 城市供水

（1）引乾济石

引乾济石调水工程是我省第一个南水北调工程，它将长江水系和黄河水系连通，是西安城区规划的六大供水水源之一。它将陕南柞水县境内的乾佑河水，通过18.04千米长的秦岭输水隧洞，引入长安区石砭峪水库。经水库调蓄后，成为西安城市的供水水源。

（2）引湑济黑

西安市引湑济黑调水工程是通过引水隧洞将长江流域湑水河水量引至周至县黑河，所引水量经过黑河引水工程向西安城市供水。自2010年12月投入使用以来，年调水量达4248万立方米，每年可满足西安130万人的生活用水。

（3）黑河引水工程

黑河系水源由黑河、石头河、石砭峪、沣峪、田峪五个水源组成。1983年，为尽快扭转西安严重缺水的局面，陕西省和西安市政府提出修建水库，引黑河地表水通过暗渠入西安，此工程为黑河引水工程。该工程以西安市城市供水为主，兼顾农业灌溉、发电、防洪等综合效益。参见图6—43。

图6—43　黑河水库工程

（4）李家河水库

李家河水库位于西安市蓝田县境内灞河支流辋川河中游，是西安市浐河以东地区的骨干水源工程，也是西安市继黑河引水工程之后实施的又一重大水源工程。

（二）八水绕西安：新时期的西安水环境

在党的十八大报告中"把生态文明建设放在突出地位""努力建设美丽中国"这一精神的指导下，西安确定实施以恢复昆明池为重点的"八水绕西安"等一系列工程，加快推进大西安建设，拉大城市空间，完善城市功能，保护生态环境。参见图6—44、图6—45、图6—46。

"八水绕西安"工程为水系保护、利用、整治、开发及提升工程，打造西安市"库、河、湖、池、渠"连通的水系网络体系、防洪安全体系、水生态修复体系、水资源保障体系、水景观文化体系，支撑具有历史文化特色的国际化大都市建设，提升城市品位，传承历史文化，建设美丽西安。

（1）"5引水"对灞（浐）河，荆峪沟、大峪水库、滈河，沣河进行生态引水，实现城市景观水循环，改善城市水质，保障生活用水、生产用水，补充生态景观用水。

（2）“7 湿地”生态修复包括开展灞河灞桥湿地、灞渭湿地、泾渭湿地、沣渭湿地、黑渭湿地、涝渭湿地、滈渭人工湿地的生态建设修复工程，以生态保护为主，亲水娱乐、科普教育为辅，打造原生态的休闲观光湿地公园。

图 6—44 “八水绕西安”工程分布图

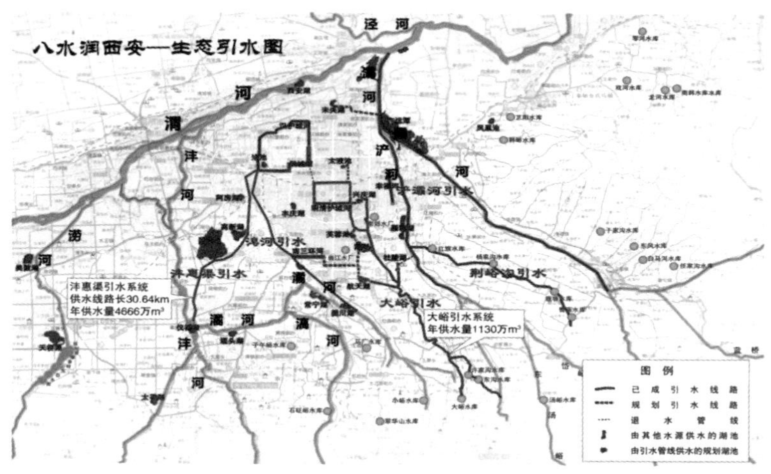

图 6—45 “八水绕西安”生态引水路线平面图

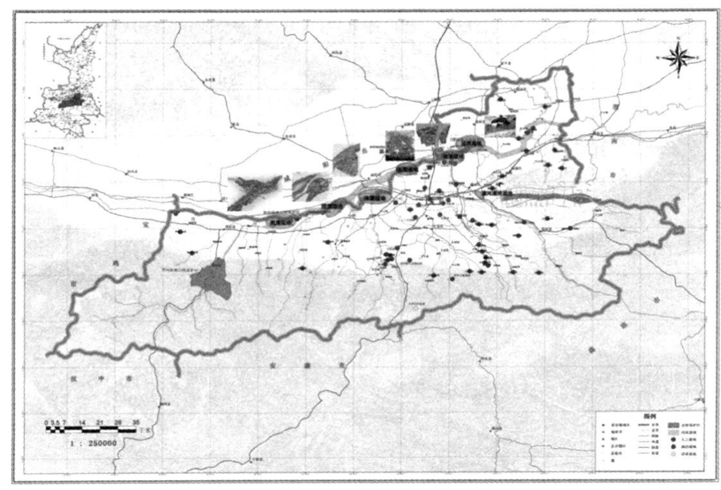

图 6—46 “八水绕西安”湿地规划图

（3）“10 河系”

“10 河系”综合整治为水系规划的重点，以防洪保安全、生态促发展为理念，对浐河、灞河、泾河、渭河、沣河、涝河、潏河、滈河、黑河水系、引汉济渭水系等 10 条河流进行综合治理与利用，在满足城市防洪标准的基础上，改善河流的水生态环境。参见图 6—47。

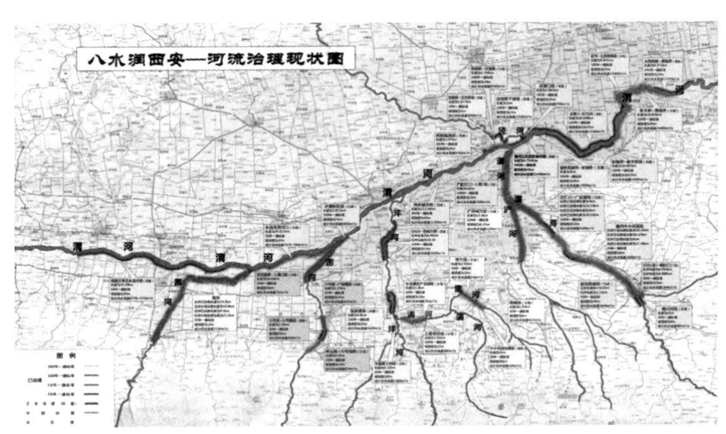

图 6—47 “八水绕西安”河流治理现状

(4)“28 湖池”

在建成的汉城湖、护城河、未央湖、丰庆湖、雁鸣湖、广运潭、曲江南湖、芙蓉湖、兴庆湖、大明宫太液池、美陂湖、樊川湖、阿房宫生态湖泊的提升建设基础上，开展昆明湖、汉护城河、仪祉湖、堰头湖、仓池、航天湖、天桥湖、太平湖、西安湖、凤凰池 、常宁湖、杜陵湖、高新湖、幸福河、南三环河建设，构建西安城市可持续发展的水系网络。参见图 6—48。

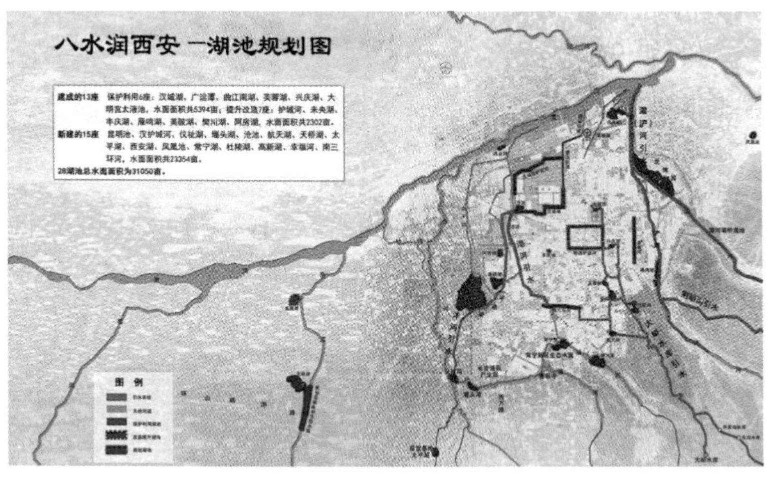

图 6—48 “八水绕西安”——湖池规划图

古都西安的水利建设在历史上能够创造辉煌的原因：一是地形有利，盆地地形，西北高东南低，适合中国古代的自流灌溉。二是水源相对充足，黄河、渭河、汧河、泾河、洛河及南山诸水，尤其是古代的气候温湿时代。三是国家政治经济中心区，长安是中国历史前半期的政治中心——周秦汉唐的都城所在地，为国家基本经济区。四是英雄辈出，各时代都有著名的留存千古的水利专家：秦郑国、汉白公、唐刘仁师、民国李仪祉。

清初学者刘献廷《广阳杂记》卷四：“有圣人出经理天下，必自西北水利始。水利兴，而后天下可平，外患可息，而教化可兴矣。”这是对历史的总结，也是学者对现实的祈愿。

关中的西安水利在周秦汉唐民国五个时期走在全中国前列，现在引汉济渭工程与国家“一带一路”建设为西安水利重现辉煌带来了新机遇。整合大西安所在的关中生产用水、生活用水和生态用水，所有的城市用水、乡村用水要有一盘棋的完整规划。学习以色列人通过科学规划保证水资源保护的效益，在获得社会效益和环境效益的同时，又增加了经济效益，提高整个社会在节约用水和水资源利用效率上的积极性和自觉性。把整个关中水资源的保护、开发和利用建设成中国的示范区，全行业、全领域对水资源统一核算和利用，走在全国的前列，实现关中水利开发利用的第六次辉煌。

后　记

从 1987 年开始历史地理学研究至今，笔者从事历史地理学研究已经 32 个年头了。感谢陕西师范大学西北研究院编辑出版历史地理学术文库，鼓励科研人员编辑发表的论文结集出版。笔者回顾自己的学术历程，整理科研文章，发现第二个十年主要研究的是关中水利科学技术的发展历史，同时在水文化建设实践中也参与了实践工作，留下了一些文稿。遂有本书的编辑。

本书由已发表的论文与水文化建设成果编辑而成。编辑过程中，虽有文句与史料上的校正，也有多篇论文的内容综合，但由于时间紧张不能有较大篇幅的删改与增补，致使部分章节的文字会有少许重复，个别统计数据与历史事实只能截至论文写作时候，学界的最新成果没能有所吸收与评论。好在文责自负，笔者还是对自己的学术观点有着足够的信心。早几年秦汉中渭桥遗址的发现与笔者用文献推测的具体位置有所差异，其余基本历史事实变化不大，而且中渭桥遗址的发现也没有改变笔者的主要观点。

史念海先生与日本国妹尾达彦、鹤间和幸两教授合作开展历史地理课题的考察与研究是笔者科研方向转到关中水利科技史的契机。国家社科基金资助的课题“渭河平原水利开发的历史地理学研究”为笔者系统深入开展相关学术研究打下了坚实基础。曲江新区管委会、临潼唐文化发展办公室（华清宫景区）、泾惠渠管理局（陕西水利博物馆）、昆明池景区管委会与西安市水务局（汉城湖管委会）等水文化建设的相关实践活动给笔者诸多古今贯通的研究视角。特别感谢上述各位先生及单位的帮助与支持。

感谢中国社会科学出版社的张林女士，作为本书的责任编辑在文字校对、版式设计等方面付出了辛勤劳动。